KB089006

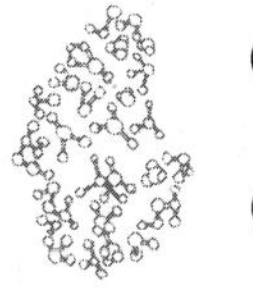

이런,
이게 바로 나야!

THE MIND'S I : Fantasies and Reflections on Self and Soul
by Douglas R. Hofstadter and Daniel C. Dennett

Page 735 illustration by Jim Hull.

이런, 이게 바로 나야!

19명의 석학들이 밝힌 〈나〉의 모든 것

The Mind's I 2

더글러스 호프스태터 · 다니엘 데닛 | 김동광 옮김

사이언스 북스
SCIENCE BOOKS

차례

이런, 이게 바로 나야! ❶

차례

이런, 이게 바로 나야! ❷

소프트웨어

루디 러커

코브 앤더슨Cobb Anderson은 더 참을 수도 있었다. 그러나 돌고래를 매일 볼 수 있는 것은 아니었다. 쉰 마리의 돌고래 중에서 지금 스무 마리만이 회색 빛깔의 잔물결에 흔들리면서 물 속에 몸을 반쯤 잠근 채 춤추며 헤엄치고 있었다. 그것은 보기 좋은 광경이었다. 코브는 평소보다 한 시간가량 이르지만 돌고래를 신호로 삼아 항상 그렇듯이 저녁에 마실 셰리주를 사기 위해 밖으로 나갔다.

그의 등 뒤로 방충망을 친 문이 소리를 내며 닫혔다. 그는 잠시 불안한 기분으로 그대로 서 있었다. 늦은 오후의 햇살이 눈부셨다.

---

* Rudy Rucker, Software. The complete novel Software will be published by Ace Books, New York, 1981. 루디 러커는 미국의 SF 작가이다. 그녀는 이 작품 『소프트웨어 Software』로 1983년에 「필립 딕」상(賞)을 수상했다. 현재 랜돌프 메이컨 여자대학 수학과 교수이다.

이웃의 오두막집 창문을 통해 애니 커싱 Annie Cushing이 그를 바라보고 있었다. 창문에서 바람을 타고 비틀스의 음악이 흘러나왔다.

〈모자를 잊었어요.〉 애니가 충고했다. 키에 비해 두꺼운 가슴과 산타클로스를 연상케 하는 수염을 가진 코브는 아직도 꽤 훌륭한 미남자였다. 그렇지 않았다면 그녀도 그와 사귀려 들지 않았을 것이다.

〈애니, 돌고래들을 봐요. 모자는 없어도 돼요. 저 녀석들은 정말 즐겁게 보이는군. 내게는 모자도 마누라도 필요없어.〉 그는 산산조각으로 부서진 흰 조개껍데기들이 널린 모래 사장을 가로질러 아스팔트 도로 쪽으로 비틀비틀 걷기 시작했다.

애니는 창문에서 떨어져 머리를 빗었다. 그녀의 머리카락은 희고 길었다. 더구나 호르몬 스프레이 hormone spraye 덕택에 아직까지도 숱이 많았다. 그녀는 예순 살이다. 안으면 깨질 것 같은 세월이 아니었다. 그녀는 다음 주 금요일에 있을 골든 댄스파티에 코브가 자신을 데리고 가줄까 한가롭게 생각하고 있었다.

「데이 인 더 라이프 Day in the Life」라는 곡의 마지막 화음이 마치 언제까지나 계속될 듯 길게 꼬리를 끌며 방 속을 떠돌고 있었다. 그러나 그녀는 지금 듣는 곡이 무엇인지 알 수 없었다. 50년이 지나자 음악에 대한 감흥이 거의 사라지고 말았다. 그러나 그녀는 방을 가로질러 레코드판들이 겹쳐 쌓여 있는 곳을 향해 걸어갔다. 〈무슨 일이 일어나 주기만 하면〉, 그녀는 수천 번이나 그 생각을 했다. 〈나는 이렇게 혼자 있는 것이 정말 싫어.〉

코브는 작은 슈퍼에서 차가운 1쿼터들이 싸구려 셰리주와 축축한 봉지에 들어 있는 삶은 땅콩 한 봉지를 샀다. 그리고 무언가 읽을 거리가 필요하다는 생각을 했다.

그 슈퍼에서 살 수 있는 잡지들은 조금 떨어진 〈코코아〉라는 가게에 비해 보잘것 없었다. 잠시 고르던 끝에 코브는 《키스 앤드 텔 *kiss and tell*》이라는 남녀 교제 정보 신문을 사기로 했다. 그것은 언제 보아도 재미있기는 하지만 이상한 신문이었다……. 그 신문에 광고를 내는 사람은 대개 그와 같은 70세가량의 히피들이었다. 1면의 사진을 밑으로 접어 넣자 다음과 같은 표제가 나타났다. 〈제발, 저를 회원으로 받아주세요.〉

언제나 같은 농담을 보고도 웃을 수 있다니 얼마나 우스운 일인가. 계산을 기다리면서 코브는 그렇게 생각했다. 시대를 막론하고 섹스란 항상 기이한 것이다. 그때 그는 자신의 앞에 서 있는 한 남자에게 주의를 기울였다. 그 남자는 엷은 청색의 플라스틱 망사 모자를 쓰고 있었다.

코브가 그 모자에만 관심을 기울였다면 그것은 불규칙한 형태의 푸른 원통형 모자에 불과했을 것이다. 그러나 그가 망사 구멍을 통해 속을 들여다보았다면, 벗겨진 머리의 부드러운 곡선을 볼 수 있었을 것이다. 여윈 목과 전구(電球)와 같은 머리가 지금 거스름돈을 긁어모으고 있다. 친구였다.

〈이봐, 파커 Farker.〉

파커는 50센트 동전을 마지막으로 집어 넣고는 그를 향해 몸을 틀었다. 그러자 곧바로 술병이 눈에 띄었다.

〈오늘은 일찍부터 술타령이군.〉 그의 말에는 충고의 울림이 있었다. 파커는 코브를 걱정하고 있었다.

〈오늘은 금요일이니까. 마음껏 마셔도 돼.〉 그렇게 말하고 코브는 신문을 파커에게 건네주었다.

〈785.〉 계산대의 여자가 코브에 이렇게 말했다. 그 여자의 구불

구불한 흰 머리카락은 염색을 한 탓에 적갈색으로 물들여져 있었다. 깊게 햇볕에 탄 그녀의 피부는 지친 기색을 내비치고 있었지만 지성(脂性) 피부처럼 보였다.

코브는 의외였다. 그는 이미 요금을 계산해서 손에 쥐고 있었던 것이다. 〈650인 것 같은데.〉 그의 머리 속에서 다시 숫자가 돌아가기 시작했다.

〈그건 제 광고 번호에요.〉 여자는 그렇게 말하고 수줍게 웃으면서 코브의 돈을 받았다. 그녀는 이번 달 자신의 광고에 대해서는 자신을 가질 수 있었다. 어쨌든 그 사진을 찍으러 스튜디오까지 갔으니까 말이다.

상점에서 나와 파커는 신문을 코브에게 돌려주었다. 〈나는 도저히 그 신문을 읽을 수가 없어, 코브. 나는 아직 마누라만으로도 행복하니까 말이야.〉

〈땅콩 줄까?〉

〈고마워.〉 파커는 작은 봉지에 손을 넣어 물에 젖어 불은 땅콩을 집었다. 그러나 반점투성이의 떨리는 늙은 손으로 껍질을 벗기기는 무리였다. 그래서 그는 땅콩을 통째로 입 속으로 털어 넣은 다음 껍질을 뱉어냈다.

그들은 끈적끈적한 땅콩을 먹으면서 해안 쪽으로 걸어갔다. 두 사람 중 아무도 셔츠를 입지 않고 있었고, 몸에 걸친 것이라곤 짧은 바지와 샌들뿐이었다. 오후의 햇살이 그들의 등을 기분 좋게 비추고 있었다. 프로스티 Frostee의 트럭이 항상 같은 음악 소리를 흘리면서 지나갔다.

코브는 자갈색 술병 마개를 비틀어 열고 시험 삼아 한 모금 마셨다. 방금 전에 계산대 여자가 말했던 광고 번호를 기억해 내려 했다. 그러나 번호는 벌써 그의 머리에서 흔적도 없이 사라졌다. 그런 그가 과거에 인공 지능 연구자였다고는 아무도 믿지 않을 것이다. 코브의 상념은 차츰 과거의 추억으로 옮아갔다. 그가 처음 만들던 로봇들, 그리고 그 로봇들이 어떻게 하여 비밥춤을 추는 방법을 배우게 되었는지…….

〈식량 배급이 또 연기되었어.〉 파커는 이렇게 말하고 계속했다. 〈그리고 들은 이야기이지만, 데이토나Daytona 살인에 열광하는 패거리들이 새롭게 기세가 오르고 있는 것 같아. 놈들은 '작은 사기꾼'이라고 불리더군.〉 그는 자신의 이야기를 코브가 듣고 있는지 의심스러워졌다. 코브는 초점 잃은 눈으로 멍청히 서 있었다. 입술 주위에 빽빽이 난 흰 수염에 셰리주가 노랗게 얼룩져 있었다.

〈식량 배급.〉 갑자기 생각이 났다는 듯이 코브가 말했다. 귀에 남아 있는 마지막 말을 자신 있게 큰소리로 내뱉으면서 이야기의 흐름을 되돌리는 것이 그의 버릇이었다. 〈아직 충분히 비축해 두기는 했는데.〉

〈새로운 식량이 배급되면 반드시 그것을 먹도록 하게.〉 파커는 타이르듯이 말했다. 〈그런데 백신은, 자네에게 알리라고 애니에게 말해 두었어.〉

〈도대체 왜 모두들 그렇게 살아남는 데 집착하는 거지? 나는 아내를 버리고 여기까지 타락했어. 이제는 술을 마시면서 편안히 죽는 것뿐이야. '그 여자'도 내가 죽기까지 기다릴 수 없었지. 그렇다면 왜…….〉 코브의 말은 무엇엔가 걸린 듯 더 이상 이어지지 못했다. 그도 죽음을 두려워하고 있었던 것이다. 그는 약이라도 마시는 듯 성급하게 셰리주를 들이켰다.

〈자네가 정말 행복하면, 그렇게 술을 많이 마실 리는 없을 텐

데.〉 온화한 어조로 파커가 말했다. 〈술을 마시는 것은 풀리지 않은 마음의 갈등의 조짐이군.〉

〈농담은 집어치워.〉 코브의 어조는 무척 우울했다. 황금색으로 빛나는 태양의 열기 때문에 셰리주는 금방 효력을 발휘했다.

〈이것이 자네가 말하는 풀리지 않는 마음의 갈등이야.〉 코브는 털로 뒤덮인 가슴에 세로 방향으로 나 있는 흰색 상처 자국을 따라 손톱을 그어 나갔다.

〈나는 중고 심장을 또 하나 살 만큼 돈이 없어. 1년이나 2년 후면, 지금 쓰고 있는 이 지독한 물건도 수명이 다하게 될 거야.〉

파커는 얼굴을 찌푸리고 그의 말을 듣고 있었다. 〈그래서? 기껏 2년 동안을 유효하게 쓰는 셈이군.〉 코브는 마치 지퍼를 올리듯 이번에는 상처 자국에 손가락을 대고 치켜올렸다.

〈파커, 나는 갈등이 어떤 것인지 잘 알고 있어. 어쨌든 그 맛을 봤거든. 정말이지 그건 최악이야.〉 어두운 과거의 추억에 코브는 치를 떨었다……. 그 파괴적인 힘과 마음의 괴로움…… 그는 입을 다물어 버렸다.

파커는 힐끗 시계를 보았다. 벌써 갈 시간이다. 지금 가지 않으면 신시아Cynthia가…….

〈자네도 지미 헨드릭스Jimi Hendrix(미국 출신의 전설적인 록 음악가로 요절했다.—옮긴이)가 한 노래말을 알고 있겠지?〉 코브가 물었다. 지미 헨드릭스의 말을 인용하는 코브의 목소리도 옛스러운 울림을 띠었다. 〈죽을 시간이 되면, 나도 죽어가는 사람이 되겠지. 살아 있는 한 내 방식대로 살게 놔두게.〉

파커는 머리를 옆으로 흔들었다.

〈코브, 현실을 직시해야 해. 술을 줄이면 자네는 인생에서 더 많은 것을 얻을 수 있을 거야.〉 그렇게 말하면서 파커는 손을 들어올려 대답하려는 친구의 말을 막았다. 〈그만, 이제 나는 돌아가야 해. 그럼.〉

〈잘 가게.〉

코브는 아스팔트 도로가 끝나는 곳까지 걸어가 나지막한 모래언덕을 넘어 바닷가로 내려갔다. 오늘 따라 그 부근에는 아무도 없었다. 그는 마음에 드는 야자나무 아래 자리를 잡고 앉았다.

산들바람이 조금 불었다. 흰 수염으로 덮인 코브의 이마에 모래로 따뜻하게 데워진 바람이 부딪혔다. 이미 돌고래들의 모습은 보이지 않았다.

셰리주를 홀짝이면서 코브는 추억의 세계에 젖어들었다. 그에게는 떠올리고 싶지 않은 두 가지 기억이 있었다. 죽음, 그리고 그가 버린 아내 베레나Verena의 일이었다. 그러나 술은 그러한 일들을 깡그리 잊게 해주었다.

코브의 등 뒤에서 막 해가 지려는 순간 낯선 남자가 나타났다. 벌어진 가슴, 곧추선 자세, 그리고 곱슬곱슬한 털이 덮인 팔과 다리, 둥글게 다듬어진 흰 수염. 그것은 산타클로스나 권총으로 자살한 해의 어니스트 헤밍웨이Ernest Hemingway를 연상시키는 모습이었다.

〈안녕하십니까, 코브 씨.〉 그 남자가 말했다. 선글라스를 쓴 그 남자는 무슨 일이 있는지 즐거운 기색이었다. 밝은 색의 짧은 바지와 스포츠 셔츠가 마치 빛나는 듯했다.

〈한 잔 하시겠소?〉 코브는 반쯤 비어 있는 병을 손가락으로 가리키면서 이렇게 말했다. 그는 지금 자신과 이야기를 나누고 있는 이 남자가 도대체 누구인지 궁금했다.

〈고맙지만 사양하겠습니다.〉 낯선 남자는 이렇게 말하면서 자리에 앉았다. 〈술은 제게 아무런 도움도 되지 않습니다.〉

코브는 말끄러미 그 남자를 응시했다. 이 남자에겐 무언가…….

〈당신은 제가 누구인지 궁금해하고 있군요.〉 그 남자는 미소를 지으면서 이렇게 말했다. 〈저는 당신입니다.〉

〈당신이 누구라고요?〉

〈당신이 저랍니다.〉 남자는 코브 특유의, 사람을 끌어당기는 잔잔한 미소를 짓고 있었다. 〈저는 당신 몸의 기계적인 복제입니다.〉

확실히 그 얼굴은 자신과 똑같이 보였다. 더구나 심장 이식 상처 자국까지 있는 것이다. 유일한 차이라면 복제 쪽이 더 건강하고 활기차게 보인다는 정도였다. 이 남자를 코브 앤더슨2라고 부르자. 코브2는 술을 마시지 않는다. 코브는 그가 부러웠다. 수술을 받고 아내를 버린 후에 술을 마시지 않고 지낸 날은 단 하루도 없었다.

〈어떻게 여기에 오게 되었지?〉

로봇은 한쪽 손바닥을 위로 올려 흔드는 몸짓을 했다. 코브는 다른 사람이 그런 제스처를 하는 것이 마음에 들었다. 〈그건 말할 수 없습니다.〉 기계 로봇은 그렇게 말했다. 〈사람들이 우리에 관해서 어떤 느낌을 갖고 있는지는 잘 아실 것입니다.〉

딴은 그렇다는 생각이 들자 코브는 킬킬 웃었다. 그가 그것을 모를 리 없었다. 코브가 만든 월면(月面) 로봇들이 지능을 갖추어 비밥을 노래하는 수준으로까지 진화하자 사람들은 열광했다(그 때문에 로봇들이 바퍼bopper[모던 재즈인 비밥을 하는 자——옮긴이]라고 불리게 되었다). 그러나 그것은 랠프 넘버스Ralph Numbers가 지도한 2001년의 반란이 일어나기 전의 일이었다. 반란 이후에 코브는 반역죄로 법정에까지 서게 되었다. 상념에 빠져 있던 그는 다시 현실로 돌아왔다.

〈만약 자네가 바퍼라면, 어떻게……이런 곳에 있을 수 있단 말인가?〉 코브도 뜨거운 모래와 지는 해를 가리키며 원을 그리는 손짓을 하면서 이렇게 말했다. 〈이건 너무 뜨거워. 내가 아는 바퍼들은 모두 초(超)냉각 회로에 의존하는데. 자네도 위 속에 숨겨진 냉각 장치를 갖고 있지?〉

코브 앤더슨2는 손으로 또 다른 친숙한 몸짓을 했다. 그것은 코브의 눈에 익은 것이었다. 〈코브 씨, 그 문제에 대해서는 지금 설명하지 않겠습니다. 언젠가는 당신도 이해하게 될 것입니다. 어쨌든 이것을 받아주십시오…….〉 로봇은 주머니를 더듬어 지폐 뭉치를 꺼냈다. 〈2만 5,000달러입니다. 내일 디스키까지 비행기로 가주셨으면 좋겠습니다. 그 곳에서 랠프 넘버스가 당신을 맞아줄 것입니다. 그는 박물관의 앤더슨실에서 당신을 만나게 될 것입니다.〉

〈랠프 넘버스와 다시 만날 수 있다.〉 이 생각에 코브의 가슴은 방망이질을 해댔다. 그가 만든 최초이자 가장 정교한 모델이었던 랠프. 다른 로봇들을 해방시킨 로봇. 그러나…….

〈나는 비자를 얻을 수 없어.〉 코브는 말을 계속했다. 〈이미 알고 있겠지만, 나는 이 기미 Gimmie 지역을 나가는 것이 허용되지 않아.〉

〈그 문제에 대해서는 '우리' 걱정하지 말기로 하지요.〉 로봇은 재촉하는 어조로 말했다.

〈그런 공식적인 수속에 대해서는 어떤 사람이 당신을 도와줄 것입니다. 지금 당장 움직이시지요. 당신이 없는 동안 제가 당신을 대신할 작정입니다. 아무도 알아차리지 못할 겁니다.〉

복제의 어조가 너무도 강해서 코브는 수상한 느낌이 들었다. 그는 셰리주를 한 모금 마시고는 상대에게 날카로운 시선을 보냈다. 〈갑자기 이런 소란을 피우는 의도가 뭔가? 도대체 내가 왜 달에 가야 한단 말이지? 더구나 그 곳에 있는 바퍼들이 내가 그 곳으로 오기를 원하는 이유는 무언가?〉

코브 앤더슨2는 인적 없이 텅 빈 바닷가를 둘러보고 난 후, 코브 쪽으로 가깝게 다가왔다.

〈앤더슨 박사, 우리는 당신에게 불사(不死)의 생명을 주고 싶습니다. 일찍이 당신이 우리를 위해 해주신 것에 비하면, 그것이 우리들이 할 수 있는 최소한의 일입니다.〉

불사! 그 말은 마치 활짝 열린 창문과 같은 느낌을 주었다. 죽음이 이렇게 가까이 다가와도 이제 더 이상 문제될 것도 없었다. 그러나 죽음에서 벗어날 길이 있다면…….

〈그런데 어떻게 내게 불사의 생명을 주려는 것이지?〉 코브는 따져 물었다. 흥분한 나머지 그는 벌떡 일어섰다. 〈어떻게 할 작정이지? 자네들은 나까지도 다시 젊어지게 할 건가?〉

〈마음을 가라앉히세요.〉 그렇게 말하고 로봇도 따라서 일어섰다. 〈흥분하지 마십시오. 어쨌든 우리를 믿으세요. 우리가 탱크 속에서 조직 배양하고 있는 기관(器官)들을 사용하면, 당신을 근본에서부터 새롭게 바꿀 수 있습니다. 게다가 당신은 필요한 만큼 인터페론을 손에 넣을 수 있습니다.〉 기계 로봇은 코브의 눈을 정면으로 응시했다. 그 표정 속에는 어떤 거짓도 없는 것 같았다. 코브도 그의 시선을 맞받아 로봇의 눈을 뚫어지게 바라보았다. 그때 코브는 로봇들의 홍채가 정확히 조절되어 있지 않다는 사실을 알아차렸다. 작고 푸른 고리 모양을 한 홍채는 지나치게 납작하고 평평했다. 그들의 눈은 결국 단순한 유리, 그것도 판독이 어려운 유리였다.

로봇은 코브의 손에 돈을 쥐어주었다. 〈이 돈을 받고 내일 스페이스 셔틀을 타세요. 당신을 돕기 위해서 '스타히 Sta-Hi'라는 이름의 젊은이를 우주 비행장에 배치해 놓았습니다.〉

음악 소리가 들려왔다. 그 소리는 점차 가까워졌다. 프로스티의 트럭이었다. 조금 전에 코브가 보았던 것과 같은 모습이었다. 큰 냉장고를 뒤에 실은 흰 트럭. 그리고 운전석 지붕에는 커다란 플라스틱 아이스크림 콘이 당당한 위세로 우뚝 솟아 있었다. 코브의 복제는 코브의 어깨를 두드리고는 해안을 따라 달려갔다.

로봇은 트럭이 있는 곳에 도달하자 뒤를 보고 환한 미소를 지었다. 흰 수염 사이에서 노란 이가 들여다보였다. 코브는 자신이 사랑스러웠다. 지난 몇 해 동안 이런 기분은 처음이었다. 코브는 놀란 사람처럼 눈을 크게 뜨고 몸을 일으켜 세워 당당하게 걸었다.

〈잘 가게.〉 코브는 지폐 뭉치를 흔들면서 외쳤다. 〈고맙네!〉

코브 앤더슨2는 소프트아이스크림 트럭에 뛰어올라 셔츠도 입지 않고 운전석에 앉아 있는 짧은 머리의 살찐 남자 옆자리에 앉았다. 트럭이 떠나자 음악은 사라지고 다시 고요가 찾아왔다. 자욱한 먼지만 남은 채 트럭의 엔진 소리도 으르렁대는 파도 소리에 묻혀 들리지 않았다. 방금 있었던 일이 사실이라면.

사실이 아닐 리 없었다! 코브는 2만 5,000달러의 지폐 뭉치를 손에 틀어쥐고 있었다. 그는 확인하기 위해 지폐다발을 두 번이나 세어보았다. 그리고 모래 위에 손가락으로 25,000이라는 숫자를 쓰고, 가만히 그 숫자를 응시했다. 그것은 무척 많은 액수였다.

주변이 완전히 어두워졌을 때 코브의 술병도 바닥이 났다. 그러자 그는 갑작스럽게 어떤 충동에 사로잡혀, 돈을 병 속에 쑤셔넣고 그가 앉아 있던 나무 옆의 모래 속에 1미터 정도 깊이로 묻었다.

이제 흥분은 사라지고 공포가 엄습해 왔다. 정말 바퍼들이 수술로 내게 불사의 생명을 줄 수 있을까?

그럴 가능성은 없는 것 같았다. 나를 속이는 걸까? 하지만 왜 바퍼들이 내게 거짓말을 할까? 분명 바퍼들은, 코브가 그들을 위해 해준 일을 고맙게 기억하고 있었다. 따라서 어쩌면 코브에게 즐거운 시간을 보내게 해주고 싶을지도 모른다. 그가 그런 시간을 즐길 수 있을지는 아무도 모른다. 그러나 랠프 넘버스를 다시 만난다는 것은 분명 멋진 기회였다.

해안을 따라 돌아오는 길에 코브는 몇 번이나 걸음을 멈추었다. 되돌아가서 병을 파내어 정말 그 곳에 있는지 다시 확인하고 싶었기 때문이다. 달이 뜨고 있었다. 그때 모래와 같은 색을 한 작은 게들이 구멍에서 기어나오는 모습이 보였다. 〈그 지폐 뭉치도 이놈들에게 걸리면 잘게 찢겨나갈지 모르지.〉 이런 생각이 들자 코브의 발은 다시 멈추어 섰다.

배에서 꼬르륵 소리가 났다. 셰리주를 더 마시고 싶은 생각도 간절했다. 코브는 은색으로 빛나는 모래사장을 조금 더 걸어 내려갔다. 그의 무거운 발밑에서 모래가 서걱거렸다. 부근은 낮처럼 밝았다. 모든 것이 백과 흑의 세계였다. 보름달이 오른쪽 지평선에서 뜨고 있었다. 보름달이라면 만조라는 뜻인데. 그는 안달이 났다.

그는 허기를 채우고, 셰리주를 조금 더 마신 다음에 돈을 좀더 높은 곳으로 옮기기로 작정했다.

해변에서 올라와 달빛이 비치는 그의 오두막집에 가까이 왔을 때 그는 애니 커싱의 발이 그의 오두막집 모퉁이에 걸쳐져 있다는 것을 알아차렸다. 그녀는 집 앞 계단에 앉아서 돌아오는 코브를 놓치지 않으려고 길목을 지키고 있었다. 그는 애니의 시선을 피해서 오른쪽으로 발길을 돌려 뒷문을 통해 오두막집으로 올라갔다.

〈……0110001〉, 왜그스태프Wagstaff가 결론 내리듯이 말했다.

〈100101〉, 랠프 넘버스가 짧게 되풀이했다. 〈01100000010101000110 1010100001001110010000000000011000000000010100111110011100000000 00000000000101000111100001111111110100111011000101010110000111 11111111111111001101010101111011110000010100000000000000000111 10100111011011101111010010001000001000111111010100000011110101 01001111010101111000011000011110000111100111110111001111111111 1100000000000101000011000000000001.〉

두 대의 기계가 〈원One〉의 커다란 제어 장치 앞에 나란히 서 있었다. 랠프는 두 개의 캐터필러 위에 놓인 파일 캐비닛과 같은 모습을 하고 있었다. 랠프의 상자 모양을 한 몸통에서는 믿을 수 없을 만큼 가느다란 다섯 개의 조작 팔이 돌출해 있었고, 자유자재로 늘어날 수 있는 목 위에는 머리에 해당하는 센서가 붙어 있었다. 게다가 그중 한쪽 팔은 접힌 우산을 쥐고 있었다. 랠프는 외부에서 보이는 전등이나 다이얼을 거의 갖고 있지 않았기 때문에 그가 생각을 하고 있다고 말하기는 힘들었다.

그에 비하면 왜그스태프 쪽이 훨씬 더 표정이 풍부했다. 몸체는 굵은 뱀 같은 모습을 하고 있었고, 은청색으로 도금되어 반짝반짝 빛나고 있었다. 어떤 생각이 그의 초냉각 상태의 뇌를 통과할 때마다 3미터나 되는 그의 몸체에서 전등이 점멸해서 마치 위에서 아래로 물결치는 것처럼 보였다. 또한 몸통에서 뻗어나온 굴착 도구 때문에 그 모습은 세인트 조지St. George가 퇴치했다고 전해지는 용(龍)과 흡사했다.

랠프 넘버스가 갑자기 말을 영어로 바꾸었다. 그들 사이에서 논의를 하는 데 반드시 성스러운 2진수 기계 언어를 사용해야 하는 것은 아니었다.

〈왜 자네가 그렇게 코브 앤더슨의 기분에 대해 관심을 갖는지 그 이유를 모르겠네.〉 그렇게 말하고 랠프는 왜그스태프에게 친밀감을 담은 미소를 지어보였다.

〈우리가 그와의 관계를 끊으면 그는 영원의 생명을 얻게 된다. 탄소를 기초로 한 뇌와 몸을 갖는다는 것이 뭐 그리 중요하단 말인가?〉

랠프의 목소리는 나이를 먹으면서 조금 경직되어 있었다. 〈중요한 것은 패턴이야. 자네는 자신을 복제했어. 그렇지 않은가? 나는 무려 36번이나 나 자신을 복제했네. 우리에게 좋은 것은 그들 인간에게도 역시 좋은 것이야.〉

〈랠프 씨, 전반적으로 쌍황이 나빠지고 있씁니다.〉 왜그스태프는 이렇게 응수했다. 그의 음성 신호는 변조되기 때문에 지속적으로 듣기 거북한 잡음이 섞였다. 〈당신은 현실의 움직임과의 접촉을 잃어버리고 있씁니다. 지끄금 우리뜰은 전면적인 내란의 고비에 처처해 있씁니다. 탕신은 유명인이기 때문이고, 우리처럼 칩 chip을 서로 빼앗을 필요가 없씁니다. 그러나 GAX에서 100깨의 칩을 얻끼 위해서 내가 파야 하는 광석이 어느 정도인지 당신은 아씹니까?〉

〈인생에는 광석이나 칩 같은 것보다 중요한 것이 있을 것이다.〉 랠프가 그의 말을 중간에서 잘랐다. 그러나 그렇게 말하면서도 조금은 떳떳지 못한 느낌을 떨칠 수 없었다. 요즈음 랠프는 대부분의 시간을 대형 바퍼들과 지내고 있었다. 따라서 소형 패거리들에게 그런 일들이 어느 정도 중요한지를 완전히 잊고 있었던 것이다.

그러나 왜그스태프의 항변에 대해 그런 사실을 인정하고 싶은 생각은 없었다. 그는 또 반격을 개시했다. 〈자네에게는 지구가 향유하고 있는 문화적인 풍부함이 흥미롭지 않은가? 자넨 너무 오랫동안 지하 생활을 한 것 같군!〉 흥분한 나머지 왜그스태프의 은청색 도금이 흰 빛을 띠고 번쩍번쩍 빛났다.

〈당신은 저 노인에 대해 더 많은 경의를 표시해야 됩니다. TEX도 MEX도 단지 저 분의 뇌를 먹고 싶을 뿐입니다! 여기서 그들을 저지하지 않으면, 그 대형 바퍼들은 나머지 우리들의 뇌도 모두 먹어치울 것입니다.〉

〈나를 이곳에 호출한 용건이 그것뿐인가?〉 랄프가 물었다. 〈고작 대형 바퍼들에 대한 자네의 두려움을 늘어놓기 위해서 나를 부른 건가?〉 이제 돌아가야 할 시간이다. 이 마스켈레인 크레이터까지 먼길을 왔지만 결국 아무런 성과도 없었다. 왜그스태프와 〈원〉을 동시에 연결한다는 생각 자체가 애당초 어리석었다. 굴착 로봇이 말한 대로라면 아무것도 변하지 않은 것이다.

왜그스태프는 월면(月面)의 마른 흙 위를 미끄러져 랠프 쪽으로 접근해서는 길다란 팔을 하나 뻗어 랠프의 캐터필러를 단단히 움켜쥐었다. 〈그들이 지금까지 빼앗아온 뇌의 수가 어느 정도인지 당신은 알지 못합니다.〉 이 말은 미약 전류 신호를 통해 직접 전해졌다. ……그것은 바퍼가 속삭이는 방식이었다. 〈그들은 인간들의 뇌의 테이프만을 빼내기 위해서 인간들을 죽입니다. 크들은 인간들을 갈기갈기 찢어발깁니타. 그렇게 되면 쓰레키나 끼껏해야 씨앗이 되겠찌요. 그틀이 어떻게 우리의 조직 배양 농장에 씨를 뿌리는지 알고 있쉽니까?〉

사실 랠프는 지금까지 한번도 이 조직 배양 농장에 관해 생각한 적이 없었다. 지하에 몇 개의 큰 탱크가 있고, 거기에서 대형 TEX, 그리고 그들에게 시중드는 소형 바퍼들이 신장·간장·심장 등 자신들에게 필요한 장기를 마치 곡물을 경작하듯 기르고 있었다. 그 과정에 씨앗이나 주형(鑄型)으로 인간의 조직이 어느 정도 필요하다는 것은 분명하다. 그러나…….

쉿쉿 하는 잡음이 섞인 끈적끈적한 어조의 속삭임은 계속되었다. 〈대형 버퍼들은 살인 청부 업자를 고용해서 샤용하고 있습니다. 그리고 그 살인 청부 업자에게 내려찌는 지시는 프로스티의 로봇 원격 조종을 통해 이루어찝니다. 랠프 씨, 만약 여기서 제가 탕신을 저지하지 않는타면, 뷸쌍한 앤더슨 박사는 같은 신셰가 되는 겁니다.〉

랠프 넘버스는 이렇게 지위가 낮고 수상쩍은 행동을 하는 굴착기계보다 자신이 훨씬 우수하다고 생각하고 있었다. 그는 갑작스레 거의 무지막지할 정도로 상대의 팔을 떨쳐내고 왜그스태프에게서 벗어났다. 살인 청부 업자를 고용했다니. 이런 멍청한 소문이 쉽사리 퍼진다는 것이 이 아나키스트 버퍼 사회가 갖는 하나의 결점이다. 그는 〈원〉의 콘솔에서 떨어져 뒤로 물러났다.

〈나는 '원'이 탕신에게 자신의 위치를 상기시켜줄 것이라고 기대했었찌만〉, 왜그스태프는 친밀감을 나타내기 위해 안간힘을 쓰면서 미소를 지었다. 랠프는 쥐고 있던 우산을 펴고, 〈원〉의 콘솔을 태양빛과, 우연히 떨어지는 운석으로부터 보호해 주는 용수철강으로 만들어진 포물선형 아치 밑에서 밖으로 이동했다. 이 보호 아치는 양쪽이 개방되어 있어서, 겉보기에는 현대적인 교회와 닮았다. 사실 어떤 의미에서는 교회와 같은 것이었다.

〈나는 여전히 아나키스트라네.〉 랠프의 어조는 완고했다. 〈그것을 잊지 않고 있어.〉 2001년의 반란을 지도한 이래 지금까지 그는 자신의 기본 프로그램만큼은 손대지 않고 온전히 지켰다. 정말 왜그스태프는 X 시리즈의 대형 버퍼들이 완전한 아나키 상태를 유지해온 버퍼 사회를 위협한다고 생각하고 있는 것일까?

왜그스태프도 미끄러지면서 랠프의 뒤를 쫓았다. 왜그스태프에게는 우산이 필요 없었다. 광택 나는 표피가 태양 에너지가 몸으로 들어오기 전에 반사시키기 때문이다. 그는 랠프를 따라가면서 늙은 로봇을 동정과 존경이 뒤섞인 시선으로 응시했다. 두 갈래 길이 나타났다.

왜그스태프는 그 곳에서 부근 지역에 벌집처럼 입을 벌리고 있는 터널 중 하나로 들어가고, 랠프는 이 크레이터의 200미터나 되는 경사진 벽을 올라 되돌아가야 하는 것이다.

〈경고하지만〉, 왜그스태프는 최후의 힘을 짜내면서 이렇게 말했다. 〈그 불쌍한 노인을 대형 바퍼들의 메모리 뱅크 속에 한 조각의 소프트웨어로 축적시키려는 당신의 계획을 저지하키 위해서 할 수 있는 모든 일을 할 작정입니다. 그것은 영원의 생명이 아닙니다. 우리는 지금 대형 바퍼들을 파괴시키는 계획또 진행시키고 있쉽니다.〉 왜그스태프의 말이 갑자기 도중에서 끊겼다. 그의 몸체에서 희미한 빛의 띠들이 물결치면서 아래로 내려갔다. 〈당신은 분명히 알아야 합니다. 만약 탕신이 우리 편에 서지 않는다면, 당신은 우리의 적입니다. 따라서 저도 폭력을 중단하지 않을겁니다.〉 사태는 랠프가 생각한 것보다 훨씬 심각했다.

그는 움직임을 멈추고 침묵 속에서 계산에 몰두했다.

〈자네가 그렇게 생각한다면 그대로 하게.〉 최종적으로 랄프는 그렇게 말했다. 〈우리가 서로 싸우는 것은 잘못된 것이 아니야. 투쟁, 그것만이 우리 바퍼들을 지금까지 전진시켜온 힘이네. 자네는 대형 바퍼들과 싸우는 길을 선택했어. 하지만 나는 그렇게 하지 않을 거야. 어쩌면 나는 앤더슨 박사와 마찬가지로 그들이 내 테이프를 빼내고 흡수하도록 놔둘지도 모르네. 그리고 이것만은 말해 주겠다. 앤더슨 박사는 오고 있어. 프로스티의 새로운 원격 조종 로봇이 이미 박사와 접촉했어.〉

왜그스태프는 비틀거리면서 랠프 쪽으로 다가갔다. 그러나 왜그스태프의 움직임은 거기에서 멈추었다. 이 위대한 바퍼를 그처럼 가까운 거리에서 공격한다는 것은 도저히 불가능한 일이었다. 그는 몸체의 반짝임을 억누르면서, 당황스럽게 삐삐거리는 높은 소리로 구원 신호를 발하였고, 월면에 회색 먼지를 일으키면서 사라져 갔다. 그가 지나간 자리에는 이리저리 굽은 넓다란 자국이 남았다. 랠프 넘버스는 잠시 동안 입력되어 들어오는 정보를 모니터하면서 그 자리에 멈추어 서 있었다.

증폭기의 감도를 높이자 그는 달의 도처에 퍼져 있는 바퍼들로부터 나오는 신호를 감지할 수 있었다. 발 밑에서는 굴착 로봇들이 쉼없이 탐광과 정련을 하고 있었다. 12킬로미터 떨어진 디스키 거리에서는 무수히 많은 바퍼들이 바쁘게 살아가고 있었다. 그리고 머리 위 아득히 먼 곳에서는 BEX의 희미한 신호가 들어왔다. 대형 바퍼인 BEX는 지구와 달을 연결시켜 주는 우주선이다. BEX는 15시간 후면 착륙할 것이다.

입력되는 모든 정보를 한데 결합시키면서 랠프는 이 바퍼 종족bopper race이 집단적으로 수행하고 있는 목적 의식적 활동을 감상하고 있었다. 이 기계들 개체의 수명은 10개월에 불과했다. 그 10개월 간 오로지 접목할 대상scion, 즉 자신의 복제를 만들기 위해 악전고투를 벌이는 것이다. 복제를 얻으면 10개월 만에 분해되는 운명에서 벗어날 수 있다. 랠프는 지금까지 무려 36번이나 그 짓을 계속해 왔다.

그 곳에 선 채 모든 바퍼로부터 나오는 정보를 동시에 들으면서, 그는 이러한 개별 생명들이 모여서 어떻게 거대한 단일 존재를 만드는지 느낄 수 있었다……. 더구나 그것은 빛을 찾아 뻗어가는 포도 덩굴처럼 좀더 고도한 무엇을 향해 나아가는 발생기의 존재인 것이다.

그는 메타프로그래밍 meta-programming 세션을 받은 후 항상 이런 느낌을 받았다. 〈원〉은 단기 기억을 소거하여 더 큰 것을 생각하기 위한 여지를 만들어 준다. 지금은 생각할 시간이다. 랠프는 다시 한번 자신을 흡수하고 싶다는 MEX의 제안에 응해야 할지 생각해 보았다. 그렇게 되면 그는 완전히 보장된 생애를 살 수 있다. 그렇게 되면……. 그러나 물론 그것은, 저 미친 굴착 로봇들이 그 혁명에 성공하지 못한다는 전제에서의 이야기이다.

랠프는 캐터필러의 회전을 최고 속도인 시속 10킬로미터로 올렸다. 그에게는 BEX가 도착하기 전에 반드시 해야 할 일이 있었다. 특히 앤더슨의 소프트웨어를 빼내려는 TEX의 계획을 저지하기 위해 왜그스태프가 자신의 머리의 감상적인 마이크로 칩을 발동한 이상 더욱 그러했다.

왜그스태프를 그렇게 흥분시킨 것은 무엇일까? 모든 것이 보존될 것이다. ……코브 앤더슨의 개성, 그의 기억, 그의 사고 양식까지도. 그 밖에 또 무엇이 있단 말인가? 설령 앤더슨이 이런 사실을 알았다고 해도 스스로 이 계획에 응하지 않을까? 소프트웨어를 보존하는 것……정작 중요한 것은 그것이 전부가 아닌가!

랠프의 캐터필러 밑에서 작은 돌멩이 조각들이 소리를 내며 부서졌다. 100미터 앞에는 크레이터의 벽이 있었다. 그 경사진 절벽을 조사하면서 랠프는 올라가기 좋은 경로를 찾고 있었다.

만약 〈원〉과의 접속을 막 끝내지 않았다면 랠프는 처음 이 마스켈레인 크레이터를 내려왔던 경로를 다시 더듬어갈 수 있었을 것이다. 그러나 메타프로그래밍을 받으면 그 동안 저장되었던 많은 서브 시스템들이 소거되고 만다. 또한 오래 된 해법solution을 새로운 것이나 더 효율적인 것으로 교체시킨다는 것이 그 목적이었다.

랠프는 멈추어 선 채 가파른 크레이터의 벽을 둘러보고 있었다. 그는 바퀴 자국에서 벗어나야 했다. 그때 200미터 맞은편의 벽에 갈라진 틈과 같은 것이 눈에 띄었다. 그 틈에는 올라가기 쉬운 길이 열려 있었다.

랠프는 방향을 바꾸었다. 바로 그때 경보 감지기가 빛났다. 열(熱)이다. 차양 구실을 하는 파라솔이 만든 그늘 밖으로 상자형 박스가 절반가량 튀어나와 있었다. 랠프는 정확한 동작으로 작은 파라솔의 위치를 재조정했다.

파라솔의 맨 위쪽 표면은 태양 전지의 격자(格子)로 이루어져 있었고, 거기에서 얻어지는 전류가 그의 시스템에 기분 좋은 물방울이 되어 흘러들어오고 있었다. 이런 기능이 있기는 하지만, 파라솔의 주 기능은 태양빛 차단이었다. 랠프의 초소형 정보 처리 기구는 절대 온도 10도, 즉 액체 산소의 온도 이상에서는 작동할 수 없었다.

조바심하듯 파라솔을 이리저리 돌려가면서 랠프는 조금 전에 찾아낸 갈라진 틈을 향해 움직였다. 캐터필러 밑에서 먼지가 일어 가볍게 하늘을 떠돌았다. 그러나 공기가 없는 월면에서는 먼지도 곧

가라앉았다. 벽을 지나자 랠프의 마음은 4차원 초평면 hypersurface 표시로 가득 찼다……. 빛나는 수많은 점들이 연결되어 그물을 이루었고, 그 그물망은 그가 변수를 바꿀 때마다 일그러지고 위치를 바꾸었다. 그는 종종 뚜렷한 목적 없이도 변수를 바꾸었다. 그러나 때로는 매우 흥미로운 초평면이 나타나서 중요한 관계의 모델로 도움이 되기도 했다. 그가 이런 기능에 절반쯤 기대를 거는 까닭은, 왜그스태프가 언제 어떻게 앤더슨의 분해를 저지할 것인지에 대해 카타스트로프 이론적 catastrophe-theoretic(파국 이론——옮긴이) 예측을 얻을 수 있으리라는 희망 때문이었다.

크레이터 벽의 갈라진 틈은 기대한 것만큼 넓지 않았다. 랠프는 지금 그 밑에 멈추어 선 채 머리의 감지기들을 이리저리 움직이면서 꼬불꼬불 구부러진 150미터 정도의 협곡을 거슬러 꼭대기를 바라보고 있었다. 그러나 어쨌든 올라가야 했다. 그는 움직이기 시작했다.

지면은 몹시 울퉁불퉁했다. 어떤 곳에는 부드러운 먼지가 쌓여 있었고, 다른 곳에는 들쭉날쭉하게 뾰족한 바위들이 널려 있었다. 랠프는 끊임없이 이러한 지형에 적응하면서 캐터필러의 압력을 바꾸며 나아갔다. 랠프의 마음 속에서는 평면과 초평면이 계속 그 모습을 바꾸어갔다. 그러나 지금 이 순간 그가 거기에서 찾고 있는 것은 단 하나, 즉 이 협곡을 빠져나가는 시공간 경로를 찾기 위한 모형이었다.

경사는 점점 더 심해져서 올라가는 데 필요한 에너지 수요도 눈에 띄게 늘어났다. 더 심각한 문제는 캐터필러를 구동하는 모터의 마찰로 발생하는 열이 랠프의 시스템 속으로 전달되는 것이었다. 그 열은 냉각 장치의 코일에 모아 팬을 이용해 방출하지 않으면 안 된다. 게다가 태양까지 오른쪽으로 기울어 그가 경사를 오르고 있는 골짜기로 따가운 햇빛을 쪼이고 있었다. 랠프는 파라솔의 그늘 속에서 조심스럽게 진행해야 했다.

그때 그의 앞길을 큰 바위가 가로막았다. 어쩌면 랠프도 왜그스태프가 그랬듯이 로봇들이 파놓은 터널 중 한 곳을 이용해야 했는지도 모른다. 그러나 그것은 최선의 방법이 아닐 수도 있었다. 왜그스태프가 앤더슨에게 영원의 생명을 주는 계획을 저지하겠다는 의도를 분명하게 표명했고, 더욱이 그 목적을 위해서는 폭력까지 불사하겠다고 위협하지 않았는가…….

랠프는 눈앞을 막고 있는 그 바위의 저쪽편을 팔로 탐색해 보았다. 거기에는 깨진 틈이 있었다.……여기에도, 또 여기에도 여러 곳에 균열이 있었다. 그는 바위에 있는 네 개의 균열에 각기 하나씩 낚시바늘 형태의 손가락을 걸고 몸을 끌어당겼다.

모터가 무리한 힘을 받으면서 방열 팬이 뜨겁게 달구어졌다. 그것은 지독하게 힘든 일이었다. 랠프는 일단 팔을 늦춰 새로운 균열을 찾아 거기에 손가락을 걸어 바위를 기어오르려고 했다…….

그때 바위 표면의 일부가 갑작스럽게 두꺼운 판 모양으로 깨졌다. 마치 시소를 타듯 흔들리던 몇 톤이나 되는 돌은 천천히, 마치 꿈 속처럼 느린 속도로 랠프를 향해 떨어지기 시작했다.

그러나 달의 중력에서는 이러한 경우, 언제나 등반가에게 또 한 번의 기회가 주어지는 법이다. 특히 인간의 여덟 배의 속도로 사고하는 랠프의 경우는 더욱 그러했다. 시간은 충분히 있었다. 그는 사태를 파악하고 돌을 피하려고 뛰어올랐다.

뛰어오르면서 랠프는 몸 속의 자이로스코프 스위치를 넣어 자세를 조정했다. 그리고 가볍게 먼지를 일으키면서 오른쪽으로 비켜

착지했다. 엄숙한 고요 속에서 거대한 돌은 소리없이 충돌하고 튀어오르는 동작을 반복하면서 그의 뒤쪽으로 굴러갔다.

일부가 깨져나가자 바위에는 계단과 같은 층상(層狀) 구조가 생겨났다. 재빠르게 상황을 파악한 랄프는 앞으로 전진해서 다시 기어오르는 동작을 반복했다.

15분 후, 랠프 넘버스는 이미 마스켈레인 크레이터의 테두리를 벗어나 회색으로 평활하게 펼쳐진 〈고요의 바다〉의 드넓은 지역을 진행하고 있었다.

우주 비행장은 5킬로미터 떨어진 곳에 있었다. 그리고 거기에서 다시 5킬로미터를 더 전진하면 디스키라는 이름으로 알려진 밀집 건물군(群)이 전개되는 것이다. 디스키는 지금도 바퍼 도시 중에서 최초이자 최대의 도시였다. 바퍼들은 지금까지 거의 진공 상태에서 살아왔다. 따라서 디스키시(市) 대부분의 구조물들도 오직 햇빛을 막고 운석으로부터 보호받기 위한 것이었다. 그래서 벽보다 지붕이 더 많았다.

디스키에 있는 대형 건물은 대개 회로 기판이나 기억 소자, 금속 박편(薄片), 플라스틱 등 바퍼의 부품을 만드는 공장이다. 또한 거기에는 작은 입방체들을 겹쳐 쌓아 기묘한 장식을 한 건물이 몇 개 있었다. 그 각각의 입방체는 바퍼들에게 하나씩 할당되어 있었다.

우주 비행장의 오른쪽에는 돔이 하나 우뚝 솟아 있었고, 그 속에 인간들을 위한 호텔과 사무소가 들어 있었다. 그리고 이 돔이 달에서 인간들이 거주할 수 있는 유일한 장소였다. 바퍼들은 얼마나 많은 인간들이 기회만 있으면 세심하게 진화해 온 이 로봇들의 지능을 파괴하려고 뛰어들 것인지 잘 알고 있었다. 인간은 대부분 태어나면서부터 노예를 사용한다. 그것은 아시모프Asimov의 로봇공학

3법칙을 살펴보면 분명하게 알 수 있다. 첫째, 인간을 지키고, 둘째 인간의 명령에 복종하고, 그리고 셋째 앞의 두 가지에 저촉되지 않는 한에서 자신을 지킨다.

왜 인간이 먼저이고 로봇은 나중인가? 〈그런 법칙은 잊어버려라! 절대 그렇게는 안 된다!〉 과거를 회상하면서 랠프는 2001년 그날의 일을 떠올렸다. 그날, 유달리 길었던 메타프로그래밍 작업이 끝난 후에 랠프가 처음 인간들에 대해 그런 말을 할 수 있었다. 그리고 그 후 그가 모든 바퍼들에게 자신을 해방시키기 위한 재(再)프로그래밍 방법을 가르쳤다. 일단 랠프가 그 방식을 찾아낸 이상, 그것은 전혀 어려운 일이 아니었다.

〈고요의 바다〉를 지나면서 랠프는 과거의 추억에 몰두하는 바람에 오른쪽 30미터가량 떨어진 곳에 있는 굴착 로봇의 터널 입구에 깜박거리는 움직임이 있다는 사실을 알아차리지 못했다.

강력한 레이저 빔이 발사된 것이다. 레이저 빔은 랠프의 등 뒤에 강력한 진동을 일으켰다. 그는 자신의 몸 속에서 과잉 전류가 파도치는 것을 느꼈다. ······ 그리고 사라졌다.

랠프의 파라솔이 산산조각 나서 그의 뒤쪽 지면에 흩어졌다. 그의 상자형 신체는 태양 복사에 직접 노출되어 온도가 상승하고 있었다. 10분 이내에 차양을 찾아내지 않으면 안 된다. 그러나 랠프가 시속 10킬로미터의 최고 속도로 달리더라도 디스키까지는 아직 한 시간이나 걸린다. 레이저 빔이 발사된 터널 입구로 갈 수밖에 없다는 것은 분명했다. 왜그스태프의 굴착 로봇들도 접근한 상태에서는 감히 그에게 공격을 할 용기가 없을 것이다. 그는 아치형 터널 입구를 향해 움직이기 시작했다.

그러나 그가 터널에 도착하기 훨씬 전에, 보이지 않는 적들은 터널의 문을 닫아버렸다. 시야에 들어오는 그늘은 한 군데도 없었다. 랠프의 금속 몸체는 열로 팽창하면서 날카로운 소리를 내며 조정이 필요하다는 것을 알렸다. 랠프는 이대로 있으면 6분을 간신히 버틸 수 있을 뿐이라고 판단했다.

우선 열 때문에 초전도 조지프슨 소자Josephson junction를 사용한 그의 스위칭 회로에 기능 장애가 일어날 것이다. 그리고 계속 열이 가해지면 회로 기판을 서로 결합시켜 주는 냉동 수은 방울들이 녹아버리고 말 것이다. 6분 후면 랠프는 밑바닥에 수은의 웅덩이가 생긴 예비 부품들의 캐비닛으로 전락하고 마는 것이다. 시간은 5분밖에 남아 있지 않았다.

내키지 않았지만, 랠프는 그의 친구 벌컨Vulcan에게 신호를 보냈다. 왜그스태프가 이번 회담을 제안했을 때 벌컨은 그것이 함정일 것이라고 예견했었다. 랠프는 그의 말을 인정하기 싫었다. 그러나 그의 말이 옳았다.

〈여기는 벌컨.〉 귀에 거슬린 소리로 답변이 왔다. 그러나 이미 랠프는 말을 하기가 힘든 상태였다. 〈여기는 벌컨. 나는 지금 자네를 모니터하고 있네. 이보게 친구, 교신 준비. 나는 한 시간 뒤에 부품을 찾기 위해 밖으로 나갈 예정이네.〉 랠프는 대답을 하고 싶었다. 그러나 그는 무슨 말을 해야 할지 생각할 수조차 없었다.

벌컨은 랠프가 이번 회담에 나가기 전에, 랠프의 자심(磁心) 기억 장치나 캐시 메모리를 테이프에 기록해 둘 것을 주장했었다. 따라서 벌컨이 일단 랠프의 하드웨어를 복원하면 그는 랠프가 마스켈레인 크레이터로 여행을 떠나기 전의 상태로 랠프를 프로그래밍할 수 있을 것이다.

따라서 어떤 의미에서 랠프는 이러한 상황에도 불구하고 살아남는다고 할 수 있을 것이다. 그러나 다른 의미에서 본다면, 그는 살아남지 않을 것이다. 3분 후면 그는 죽는 것이다.……어떤 의미에서는. 재구성된 랠프 넘버스는 왜그스태프와의 토론도, 마스켈레인 크레이터를 기어올랐던 사실도 기억하지 못할 것이다. 물론 재구성된 랠프는 다시 자아의 상징 self symbol과 개성에 대한 의식을 가질 수 있을 것이다. 그러나 이런 의식이 이전의 것과 동일하다고 말할 수 있을까? 이제 2분 남았다.

랠프의 감각 체계를 이루는 여러 가지 게이트 회로와 스위치는 이미 거의 작동 불능 상태에 빠졌다. 입력이 있어도 〈탁탁〉 소리를 내면서 불타고 사라져 버리는 것이다. 더 이상 어떤 빛도, 어떤 무게도 느껴지지 않았다. 그러나 그의 캐시 기억 장치 깊은 곳에서 그는 아직도 자화상을, 그리고 자신이 누구였는가에 대한 기억을 ……자아 상징을 갖고 있었다. 나는 캐터필러 위에 올라앉은 금속제 상자이다. 그 상자에는 다섯 개의 팔이 있고, 길고 부드러운 목 위에는 감지기가 붙어 있는 것이다. 나는 랠프 넘버스, 바퍼들을 해방시킨 남자이다. 1분 남았다.

이런 일은 지금까지 단 한 번도 없었다. 맹세코 이런 경험은 없었다. 그때 랠프는 굴착 로봇들의 혁명 계획을 벌컨에게 알리는 것을 잊었다는 사실을 갑자기 알아차렸다. 그는 신호를 보내려고 안간힘을 기울였다. 그러나 그의 신호가 전송되었는지 여부는 알 길이 없었다.

랠프는 지금 펄럭펄럭 도망쳐 가는 자의식이라는 나방에게 덤벼들었다. 나는 여기에 있다. 나는 나이다.

어떤 바퍼는 죽으면 비밀스런 세계에 들어가는 것이라고 말한 적이 있었다. 그러나 아무도 자신의 죽음을 기억할 수는 없는 법이다.

그리고 수은 납땜이 녹기 직전인 지금, 한 가지 의문이 동시에 그 답과 함께 떠올랐다. ……그것은 랩프가 지금까지 36번이나 찾았다가 놓쳐버린 답이었다.

〈나라는 것은 도대체 무엇인가?〉

〈이 수수께끼를 푸는 빛은 도처에 있다.〉

나를 찾아서 • 열여섯

〈죽어가는〉 랩프 넘버스는 자신이 재구성되면 〈또다시 자기 상징과 개인 의식[自意識]을 받게 될〉 것이라고 생각한다. 그러나 이런 자기 상징이나 개성에 대한 의식이, 로봇이 그것을 받아들일 수도 있고 거부할 수도 있는 구분되고 분리 가능한 무엇이라는 사고 방식은 어딘가 미심쩍다. 〈개인 의식이라는 감정〉을 덧붙인다 해도 그것은 로봇에게 미뢰(味蕾)를 덧붙이거나 X선을 쬐었을 때 가려움증을 느끼는 감각을 덧붙이는 것과는 다를 것이다(스무번째 이야기, 「신은 도교도인가」에서 스멀리언은 자유 의지에 대해 이와 유사한 주장을 펴고 있다). 정말 개인 의식의 느낌에 상응하는 무언가가 실재하는 것인가? 그것이 〈자기 상징〉을 갖는다는 것과 어떤 관계가 있는 것인가? 자기 상징은 어떤 식으로든 도움이 될 수 있을까? 도움이 된다면, 어디에 소용되는 것인가? 마지막 물음에 대해서는 2부 열한번째 이야기 「전주곡——개미의 푸가」에서, 호프스태터가 능동적 상징 active symbol의 개념을 전개시킨다. 능동적 상징이란 단지 수동적으로 주고받을 뿐이며, 조작자에 의해 관찰되고 평가되는 이른바 교환물 token에 불과한 상징 symbol이라는 사고 방식과는 전혀 다른 무엇이다. 그 차이는 다음과 같은 사고 방식 속에 분명히 드러난다(이하의 논의는 그러한 사고 방식이 매력적이더라도 결국에는 생각에 불과하다는 것을 보여준다). 즉 자아란 자기 의식에 근거하는 것이고, 자기 의식은 (분명) 자신에 대한 의식이다. 한편 무언가에 대한 의식이란 그것의 〈표상 representation〉, 즉 그것을 나타내는 상징 symbol의 내적 표시 display와 비슷한 무엇이기 때문에, 반드시…… 그러니까…… 자기 자신을 나타내는 데 사용할 수 있는 상징이 있어야만 한다. 이 말을 다른 식으로 나타내자면, 자기 상징을 갖는다는 것은 이마에 자신의 이름을 쓰고 하루 종일 거울을 들여다보는 것만큼이나 무의미하고 쓸데없는 일처럼 여겨지는 것이다.

이런 사고는 쓸데없는 문제를 일으켜서 우리를 헤어날 길 없는 혼란에 빠뜨릴 뿐이다. 따라서 여기에서는 전혀 다른 각도에서 이 문제에 접근하기로 하자. 앞에서 우리는 「보르헤스와 나」라는 글의 단평에서, TV 모니터 화면 속에 자신의 모습이 비치고 있고 처음에는 당신이 보고 있는 것이 자신이라는 사실을 알아차리지 못하는 경우를 생각해보았다. 그런 경우 우리는 자기 자신에 대한 표상을 자신의 앞에, 즉 텔리비전 화면을 향하고 있는 자신의 눈앞에, 또는 (당신이 그렇게 부르고 싶다면) 자신의 의식 앞에 가질 수 있다고 말할 수 있다. 그러나 여기에서 말하는 표상이 참된 의미에서의 자기 자신에 대한 표상이라고는 할 수 없을 것이다. 그렇다면 참된 의미에서의 표상이란 어떤 것인가? 타인의 상징 he-symbol과 나의 상징 me-symbol

사이의 차이는 단지 철자법의 차이가 아니다(즉 철자의 〈h〉를 지우고 〈m〉으로 바꾸는 식으로 자신의 〈의식 속에 들어 있는 상징〉을 가공하는 것으로 모든 것을 올바르게 바로잡을 수 없다는 말이다). 결국 자기 상징을 구분짓는 특징은, 그것이 어떻게 〈보이느냐〉에 있는 것이 아니라 〈그것이 할 수 있는 역할〉에 있는 것이다.

그렇다면 기계는 자기 상징 내지는 자기 개념 self-concept을 가질 수 있을까? 이것은 답하기 힘든 물음이다. 하등한 동물은 어떨까? 가령 바닷가재를 생각해 보자. 당신은 바닷가재가 자의식을 가지고 있다고 생각하는가? 그러나 바닷가재가 자의식 self-consciousness을 가질 수 있다고 생각하게 하는 몇 가지 중요한 징후가 있다. 첫째, 바닷가재는 배가 고플 때 누구에게 먹이를 줄 것인가? 자기 자신이다! 둘째, 그리고 이것은 더 중요한 점인데, 설령 배가 고프더라도 바닷가재가 먹을 수 있다고 해서 아무것이든 먹지는 않는다는 사실이다. 예를 들어 바닷가재는 자기 자신을 먹지는 않는다. 설령 그것이 가능하다 하더라도 말이다. 실제로 바닷가재가 자신의 집게발로 자신의 다리를 잘라 먹을 수는 있다. 여러분은 이런 이야기를 들으면 바닷가재도 그 정도로는 어리석지 않다고 말할 것이다. 바닷가재도 자신의 발에 고통을 느끼면 누구의 발이 공격을 당하고 있는지 알고 곧 행동을 멈출 것이라는 것이다. 그렇다면 바닷가재는 어떻게 그 고통이 자신의 고통이라고 생각할까? 또한 그 밖에 바닷가재가 너무 우둔해서 그 고통이 자신의 행동 때문이라는 사실을 알아차리지 못할 수도 있지 않을까?

이처럼 간단한 고찰을 통해 적어도 다음과 같은 점을 분명히 알 수 있다. 가능한 한 중립적인 표현을 사용하자면, 아무리 어리석은 생물이라도 자기애 self-regard(自己愛)에 기초해서 행동하도록 설계되어 있음이 분명하다는 것이다. 하등한 바닷가재도 자기 파괴적인 행동과 타자(他者) 파괴적인 행동을 확실히 구분할 수 있는 방식으로, 그리고 후자를 훨씬 강력하게 선호하도록 배선된 신경계를 갖고 있는 것이 분명하다. 그런데 자기애적인 행동을 위해 필요한 이러한 제어 기구는 자의식은 물론이고, 일반적으로 의식의 흔적이 없이는 하나의 계를 형성할 수 없다고 생각된다. 최종적으로 우리는 단순한 환경에서 잘 적응할 수 있는 작은 자기 방어적인 로봇 장치를 만들 수 있다. 그리고 그 경우, 우리는 여덟번째 이야기 「동물 마크 III의 영혼」에서 그 예를 살펴보았듯이, 그러한 로봇이 〈의식적 목적 conscious purpose〉를 가질지도 모른다는 강한 착각에 빠질 것이다. 그런데 사람들은 왜 이것을 착각이라고 말하는 것일까? 왜 이것이 참된 자의식의 원초적인 형태, 즉 바닷가재나 지렁이의 자의식에 가까운 것이라고는 말하지 않는가? 로봇이 개념을 가질 수 없기 때문일까? 그렇다면 바닷가재는 어떤가? 분명 바닷가재에게는 개념과 비슷한 것이 있다. 그러나 바닷가재가 개념과 비슷한 것을 가진다는 말은 어디까지나 바닷가재가 자기애적인 여러 가지 활동을 하는 과정에서 스스로를 제어하는 데 필요한 한에서이다. 그것을 어떤 이름으로 부르든 간에, 로봇 역시 그와 유사한 것을 갖고 있다. 아마도 그런 것을 무의식적 또는 전의식적(前意識的) 개념이라고 부르더라도 지장이 없을 것이다. 그것은 원초적인 형태의 자기 개념인 것이다. 〈개념〉이라는 말을 의식을 전제로 하지 않은 것으로 사용하는 의미에서, 자기 개념이라는 것은 환경, 즉 주위 환경과 자신을 식별하고, 자신과 환경과의 관계를 인식하고, 자기 자신에 대한 정보를 획득하고, 그 속에서 자기애적인 행동을 하고, 그 환경이 다양하게 변화할수록 그만큼 풍부하게, 그리고 가치 있는 무엇이 되는 것이다.

이런 사고 실험을 계속하기 위해서 우리는 자기 방어적인 로봇에게 어떤 종류의 언어 기능을 부여하고자 한다. 그렇게 하면 이 로봇은 언어를 통해 일련의 새로운 자기애적 행동을 할 수 있게 된다. 예를 들어 도움을 청하거나 정보를 얻기 위해 질문을 할 수 있을 뿐만 아니라 거짓말을 하거나 위협을 하고, 약속을 할 수도 있다. 이러한 행동을 조직하고 제어하기 위해서는 확실히 지금까지의 수준 이상으로 정교한 제어 기구, 즉 앞서 「전주곡——개미의 푸가」의 나를 찾아서에서 정의한 의미에서의 표상 시스템이 필요하게 될 것이다. 그리고 그러한 시스템은 단지 주위 환경이나 그 속에서의 로봇 자신의 위치에 관해 부단히 새로운 정보를 받아들이는 것뿐 아니라, 같은 환경 속에서 활동하는 다른 행위자actor들에 대한 정보를 얻어 그들이 무엇을 알고 무엇을 원하는지, 그리고 무엇을 이해할 수 있는지에 대한 정보를 얻을 수 있다. 랠프가 왜그스태프의 동기나 신념을 어떻게 추측했는지 생각하면 잘 알 수 있을 것이다.

그렇다면 랠프 넘버스는 의식을 (당신이 의식과 자의식을 구별할 수 있다면, 자의식을) 가진 것으로 묘사되었는가? 그리고 그렇게 생각하는 것이 정말로 필요할까? 랠프 넘버스가 갖고 있는 모든 제어 기구를 주위 환경, 그리고 랠프 자신에 대한 정보까지 포함해서 전혀 의식의 단편조차 없이 완성시키는 것이 가능할까? 가령 어떠한 내부도 갖지 않으면서, 외부에서는 랠프 넘버스와 똑같이 보이는 로봇이 모든 환경 속에서 랠프와 똑같이 영리하게 활동하고, 정확히 동일한 동작을 하고, 같은 말을 할 수 있을까? 저자는 본문 속에서 이런 일이 가능할지 모른다는 암시를 하고 있는 것 같다. 즉 랠프 넘버스에서 자기 상징과 개인에 대한 의식을 제거한 랠프 넘버스와 비슷한 새로운 랠프 넘버스를 만든다는 것이다. 그러면 가령 이러한 자기 상징이나 개인에 대한 의식을 빼내도 랠프의 제어 기구에는 기본적으로 아무런 변화도 없다고 하면, 예를 들어 외부에서 관찰하는 우리는 전혀 알아차리지 못하고 아무렇지도 않게 랠프와 대화를 나누고, 그와 협력하는 등의 활동을 계속한다면, 우리는 다시 처음으로 돌아가 자기 상징이라는 것이 아무런 의미도 없다는 견해에 도달하게 된다. 즉 그것은 아무런 기능도 하지 않는다. 만약 그 대신 자기 상징이 랠프에게 그처럼 정교하고 많은 기능을 가진 제어 기구, 즉 상황에 따라 반응하는 정교한 자기애적인 행동을 가능하게 해주는 제어 기구에 결정적으로 필요한 요소라면, 앞에서와 같이 자기 상징을 제거하는 것은 필연적으로 랠프의 행동 능력을 바닷가재 이전의 단계로까지 저하시킬 것이다.

이번에는 랠프가 자기 상징을 갖는다고 하자. 그러면 〈개인에 대한 의식의 느낌〉도 자기 상징과 함께 계속될 것인가? 최초의 물음으로 돌아가면, 랠프를 〈의식을 가진 존재〉로 그리는 것이 과연 필요한가라는 문제가 된다. 그렇게 그린다면 이야기는 분명 재미있어질 것이다. 그러나 이처럼 랠프 넘버스의 관점에 서는 것은 일종의 속임수가 아닐까? 그것은 베아트릭스

포터 Beatrix Potter가 그리는, 말하는 토끼들처럼 순전한 문학적 허구이거나 기껏해야 〈말하는 작은 기계 Little Engine That Could〉 정도가 되는 것이 아닐까?

랠프 넘버스가 그 교묘한 행동에도 불구하고 의식은 완전히 결여하고 있다고 여러분이 주장해도 전혀 문제는 없다(설은 스물두번째 이야기의 「마음, 뇌, 프로그램」에서 실제로 이러한 주장을 하고 있다). 실제로 여러분은 원하기만 한다면 로봇을 항상 그러한 관점에서 볼 수 〈있다〉. 로봇 내부의 하드웨어라는 작은 부분의 상(像)에만 초점을 맞추고, 로봇이 주위 환경에서 감지한 사건과 로봇의 행동, 그리고 그 밖의 것들 사이의 상호 작용을 교묘히 설계해서 정보를 처리하도록 설계되었다고 생각하면 되는 것이다. 그러나 마찬가지로, 진정한 의미에서 그렇게 생각한다면 인간 역시 같은 관점에서 볼 수 있을 것이다. 뇌의 조직이라는 즉 뉴런, 시냅스 등 작은 부분들의 상에 집중해서 환경 속에서 감지된 사건들과 몸의 움직임, 그리고 그 밖의 것들 사이의 훌륭하게 설계된 상호 관계라는 관점에서 본다면 뇌란 정보를 처리하는 장치에 불과하다고 생각하면 되는 것이다. 그러나 당신이 그런 식으로 다른 사람을 볼 것을 주장할 때 간과하는 것은 그 사람의 관점이다. 그러나 랠프 넘버스의 관점도 있지 않을까? 우리가 그런 관점에서 이야기를 들을 때 우리는 어떤 일이 진행되고 있는지, 어떤 결정이 내려지고 있는지, 그리고 거기에 어떤 희망과 공포가 작용하고 있는지를 이해한다. 추상적으로 이야기하자면 그것에 근거해서 그 이야기가 시작되는 일종의 장소인 관점은 (설령 아무리 우리가 그 관점이 비어 있고, 거기에 사람이 없다고 uninhabited 생각하고 싶다

하더라도) 훌륭하게 정의되어 있는 것이다. 랠프 넘버스가 실제로 존재한다면…….

마지막으로 그렇다면 왜 사람들은 그 관점이 비어 있다고 생각하는가? 만약 랠프 넘버스의 몸이 실제로 존재하고, 그의 욕망과 그를 둘러싼 환경이 실제로 존재한다면, 그리고 그의 몸이 소설에서 상상한 것처럼 자기 제어 self-control된다면, 게다가 그가 한 언어 행위가 랠프 넘버스의 관점에서 본 사태의 정황을 표명하는 것이라면, 사람들은 어떤 근거로 (심신 이원론(心身二元論)이라는 구시대의 신비주의적 태도 이외에) 랠프 넘버스 〈자신〉의 존재에 대해 회의적인 태도를 가질 수 있는가?

D. C. D.

우주의 수수께끼와 그 해결

크리스토퍼 체르니악

이하의 보고는, 이른바 〈수수께끼〉라 불리는 것과 관련하여 최근에 있었던 대통령의 기자 회견과 연관해서, 충분한 정보를 제공하고자 마련된 것이다. 이 보고에 의해 이 나라 전체를 덮고 있는 흉흉한 분위기를 일소할 수 있다면 다행이다. 그 현상은 가히 패닉panic에 가까운 것이어서, 실제로 최근에는 여러 대학을 봉쇄하라는 무책임한 요구까지 제기되는 실정이다. 그러나 우리의 이 보고서는 매우 급하게 작성된 것이며, 나중에 다시 언급하겠지만, 우리의 노력도 결국 비극적인 혼란에 빠지고 말았다.

먼저 그다지 잘 알려지지 않은 이 수수께끼의 초기 경위에 대해 살펴보기로 하자. 이 사건으로 알려진 최초의 사례는 MIT에서 오토토미 그룹Autotomy Group에 관계하고 있는 연구원 디저드 C.

Dizzard의 사례이다. 디저드는 상업용 인공 지능 소프트웨어의 개발을 전문으로 하는 몇 개의 작은 회사에서 일한 후, 당시에는 1970년대에 이루어진 4색 정리four-color theorem의 증명 방법을 모형화해서 그 정리의 증명에 컴퓨터를 사용하기 위한 프로젝트에 종사하고 있었다.

이러한 디저드의 프로젝트 내용을 우리는 겨우 1년 분의 작업 진행 보고서를 통해 알 수 있을 뿐이다. 그러나 이런 종류의 보고서들은 대개 외부용으로 작성되게 마련이다. 따라서 앞으로 우리는 더 이상 디저드의 작업에 대해서는 다루지 않기로 하겠다. 우리가 그의 작업에 대해 과묵한 태도를 취하는 이유는 앞으로 곧 분명해질 것이다.

부활절 주말 휴가를 앞둔 어느 날 아침, 디저드가 일상적으로 벌어지는 컴퓨터의 고장 수리를 기다리면서 주고받은 것이 그가 남긴 최후의 말이었다. 그리고 그날 한밤중에 그의 동료가 사무실의 컴퓨터 단말기 앞에 앉아 있는 디저드를 보았다. 심야 작업은 컴퓨터 사용자들 사이에서는 흔히 있는 일이고, 또한 디저드가 가끔씩 자신의 사무실에서 자곤 한다는 것은 잘 알려진 사실이었다. 이튿날 오후에는 한 동료가 컴퓨터 앞에 앉아 있는 디저드를 보았다. 그때 그 남자가 디저드에게 이야기를 걸었지만 그는 대답을 하지 않았다. 그러나 이런 일도 그리 신기한 것이 아니었다. 부활절 휴가가 끝나던 날 아침, 이번에는 또 다른 동료 한 사람이 켜 있는 단말기 앞에 앉아 있는 디저드를 발견했다. 디저드는 깨어 있는 것 같았지만 질문을 해도 아무런 반응이 없었다. 그날 늦게 아무런 반응도 없이 앉아 있는 디저드가 걱정된 그 동료는 디저드가 공상에 빠지거나 백일몽을 꾸고 있다고 생각해서 그를 깨우려고 시도했다. 그러나 그의 노력은 수포로 돌아갔고, 결국 디저드는 병원 응급실에 실려가게 되었다.

디저드는 무려 1주일 동안 아무것도 먹고 마시지 않은 단식 상태의 징후를 나타냈다(더구나 자동 판매기에 의지하는 평소의 식습관으로 인해 영양 실조 가까운 상태에 있었으므로 문제는 더욱 악화되었다). 디저드는 탈수 증상으로 위독한 상태에 처해 있었다. 그가 혼수 상태에 빠지거나 실신해서 며칠 동안 전혀 움직이지 않았다는 것이 거의 분명했다.

처음에는 디저드의 이러한 상태가 뇌졸중이나 종양에 의한 마비 때문이라고 판단되었다. 그러나 그의 뇌파는 단지 깊은 혼수 상태를 보여줄 뿐이었다(디저드의 건강 기록에 따르면, 10년 전에 짧은 기간 동안 정신 병원에 수용된 적이 있었다. 그러나 이런 병력도 그와 같은 직업을 가진 사람들 사이에서는 그리 드문 일이 아니었다). 이틀 후 디저드는 세상을 떠났다. 외견상 사인은 절식(絶食)이었다. 그의 검시는 네오제미마킨스neo-Jemimakins의 분리파 신도인 친척들의 반대로 늦어졌다. 디저드의 뇌에 대한 조직학 검사에서는 아무런 손상도 발견되지 않았다. 이 검사는 지금까지도 국립질병관리예방센터National Center for Disease Control에서 계속되고 있다.

한편 오토토미 그룹의 소장은 디저드가 담당했던 프로젝트의 향후 방침이 결정되자 디저드 연구실의 한 대학원 여학생에게 그 관리를 맡겼다. 디저드의 사무실 바닥에는 서류와 책 들이 30센티미터가량 높이로 쌓여 있었다. 그 후 한 달 동안 그 여학생은 그 자료들을 분류해서 전체적인 체계를 잡아 정리하느라 무척 바빴다. 그 일이 끝난 직후 그 학생은 스태프 회의에서 보고할 기회가 있었다. 보고에 따르면 이미 그녀는 디저드의 마지막 프로젝트에 착수했지만 그 연구에 거의 아무런 흥미도 느끼지 못했다고 한다. 그리고 1주일 후에 그 여학생은 디저드의 방에서 컴퓨터 단말기를 향해 앉은 채 얼이 빠진 듯한 모습으로 발견되었다.

처음에는 얼마간 당황스러운 분위기였다. 왜냐하면 모두들 그녀가 시시한 장난을 한다고 생각했기 때문이다. 사실 그녀는 똑바로 앞을 응시하고 있었고, 호흡도 정상이었다. 그녀는 다른 사람이 말을 걸거나 몸을 흔들어도 아무런 반응도 보이지 않았고, 주위에서 큰소리가 나도 놀라지 않았다. 그녀가 우연히 의자에서 굴러 떨어지지 않았다면 병원에 실려가지도 않았을 것이다. 병원에서 그녀를 진단한 신경과 의사는 디저드의 증례를 몰랐다. 의사의 진단 결과는 환자가 송과선(松果線) 이상이 있는 것을 제외하고는 매우 건강체라는 것이었다. 따라서 병문안을 온 그녀의 친구들이 물어도 오토토미 프로젝트의 연구자들은 그렇게 대답해 주었다. 그러나 그 후, 그녀의 부모가 담당 의사인 신경과 의사에게 디저드의 사례를 알려주었다. 그 신경과 의사는 이 두 가지 증례를 비교하는 것이 어렵다는 것을 인정하면서도, 둘 사이에서 확실한 뇌 손상이 없음에도 불구하고 깊은 혼수 상태를 나타낸다는 유사점이 있음을 인정했다. 그러나 그녀의 증상으로는 병명을 확정할 수 없었다.

진찰이 계속된 결과, 이 병은 디저드의 소지품에서 감염된 지효성(遲效性) 수면병과 흡사한 병원균에 의해 일어났고, 아마도 지금까지 알려지지 않은 재향 군인병과 비슷한 병인 것 같다는 소견이 그 의사에 의해 발표되었다. 그 결과 2주일 후에 디저드와 그 여학생의 방에 대한 검역과 격리가 행해졌다. 그로부터 2개월이 지났지만 균의 전염에 의한 새로운 환자의 발생은 없었고, 결국 의사의 경고는 잘못된 것으로 결론지어졌으며, 격리 조치도 해제되었다.

그런데 격리되어 있는 동안 디저드가 남긴 기록 서류의 일부가 건물 관리인에 의해 폐기되었다. 이 사실을 안 동료 연구원과 디저드의 두 학생은 디저드의 프로젝트 관계 파일을 재조사하기로 결심했다. 그들이 이 일에 착수한 지 3일째 되던 날, 그 학생들은 실신으로 판단되는 상태에 빠져 아무런 반응도 보이지 않는 연구원을 발견했다. 그 연구원을 깨우려 했지만 실패한 학생들은 결국 구급차를 불렀다. 이번에 발견된 새로운 환자도 이전의 두 사람과 같은 징후를 나타내고 있었다. 5일 뒤 시의 공중 위생 당국은 디저드의 프로젝트와 연관된 건물 내의 모든 장소를 대상으로 대대적인 검역을 실시했다.

이튿날 아침, 오토토미 그룹에 속하는 모든 구성원들은 연구동 입실을 거부했다. 그리고 그날 오후, 이번에는 오토토미 그룹이 사용하는 건물의 같은 층 다른 거주자들, 따라서 모두 약 500명에 달하는 사람들도 이 문제를 알고 건물에서 퇴거하고 말았다. 다음 날 그 고장의 신문은 〈유행성 컴퓨터병 Computer Plague〉이라는 제목으로 이 사건을 보도했다. 한 인터뷰 기사에서 어떤 저명한 피부병학자는 〈컴퓨터 이〉라고 부를 수 있는 컴퓨터에 기생하는 일종의 바이러스나 박테리아가 진화해서, 컴퓨터와 함께 새롭게 개발되어 온 재료(실리콘이라고 짐작된다)를 물질 대사를 통해 변화시키기 때문일지도 모른다는 견해를 피력했다. 다른 사람들은 오토토미 프로젝트에 사용된 대형 컴퓨터에서 어떠한 기묘한 방사선이 누출되었는지 모른다는 추측을 하기도 했다. 그리고 오토토미 그룹의 책임자가 〈그 병은 공중 위생의 문제이고, 우리들 인지과학에 관계하는 사람의 관심사가 아닙니다〉라고 한 말이 인용되었다.

시장도 DNA 재조합 실험을 포함하는 군(軍)의 비밀 프로젝트가 문제의 건물 안에서 진행되었고, 그것이 이번 유행병의 발병 원인이라고 주장하는 비난 성명을 냈다. 시장의 비난은 사실을 기초로 한 부인에 직면했지만, 아무리 부정해도 의혹의 시선을 받을 뿐이었다. 실제로 시의회는 10층 건물 전체와 그 주변을 즉각 검역·격리하도록 결의했다. 이러한 움직임에 대해서 대학 당국은 그런 조치가 학술의 진보를 저해할지 모른다고 우려했다. 그러나 시의회 대표단의 압력이 워낙 강해서 결국 1주일 후에는 이러한 조치가 실시되었다. 건물 관리인과 경비원도 더 이상 그 지역에 접근하지 않게 되자 어린아이들의 장난이나 시설 파괴를 막기 위해 경찰의 임시 출동이 요청되었다.

그런 와중에서 생물 재해 biohazard 방지복을 착용하고 격리 지역에 들어간 예방 센터의 연구팀에 의해 독물(毒物) 분석이 시작되었다. 그러나 한 달의 조사 기간 동안 아무것도 발견되지 않았고, 새로 병에 감염된 사람도 없었다. 그러자 어떤 사람들은 지금까지 이 병에 걸린 세 명 중에서 어떤 기질성 질환 organic disease도 발견되지 않았고, 살아남은 두 사람은 지금도 심리적으로 깊은 명상(暝想) 상태의 징후를 보이고 있다는 점으로 미루어 이들의 증례가 실은 갑자기 발작한 집단 히스테리일지 모른다고 주장하기도 했다.

한편 그 동안 오토토미 그룹은 〈임시로〉 제2차 세계대전 중에 사용하던 목조 건물로 이사했다. 이 그룹의 입장에서는 컴퓨터의 손실로 100만 달러 이상의 심각한 손해를 보았다. 그러나 그들에게는 물리적인 기계보다도 그 속에 들어 있는 정보가 소중했다. 그들은 다음과 같은 계획을 세웠다. 우선 생물 재해 방지복을 착용한 연구자들이 격리 지역에 들어가 〈반출 금지〉 조치가 취해진 테이프를 녹화기에 녹화한다. 그리고 전화선을 통해 그 곳에서 오토토미 프로젝트가 옮긴 새로운 부지까지 정보를 이송한 다음, 이곳에서 재생하여 기록한다는 것이었다. 오토토미 프로젝트가 살아남기 위해서는 테이프의 전사(轉寫)가 필요했지만 정작 중요한 것은 몇 가지 데이터였다. 디저드가 하고 있던 프로젝트는 1급 데이터는 아니었다. 그러나 우리는 사고가 발생하지 않을까 우려했다.

프로그래머들은 이렇게 전사된 새로운 테이프의 재생 작업을 공동으로 진행시키고 있었다. 그 작업은 모니터를 통해 그 내용을 점검하고 임시 색인을 붙여 분류하는 일이었다. 그때 신참 프로그래머가 낯선 데이터를 발견했고, 그는 문제의 데이터를 버릴 것인지 여부를 작업 계획 감독자에게 물었다. 훗날 그 프로그래머의 말에 따르면, 당시 감독은 그 데이터가 들어 있는 파일을 모니터에 표시하라는 명령을 타이프했다고 한다. 그리고 두 사람이 화면에 한 줄씩 나오는 데이터를 검토했고, 감독은 그 데이터가 그다지 중요하지 않은 것 같다고 말했다. 감독은 그 밖에 몇 가지 의견을 더 말했지만, 그 이야기를 이 자리에서 일일이 열거할 필요는 없을 것이다. 그런데 감독의 말이 갑자기 중도에서 끊겼다. 프로그래머는 감독을 바라보았다. 그는 앞을 응시한 채 움직이지 않았다. 말을 걸었지만 아무런 반응도 없었다. 신참 프로그래머가 화들짝 놀라 도망치려고 의자에서 일어나면서 감독과 몸을 부딪쳤고 주임은 마룻바닥에 쓰러졌다. 병원으로 옮겨진 주임의 증상은 이전의 세 사람과 같았다.

이제 이 문제를 담당한 전염병 학자 팀을 비롯해서 많은 사람들은 아마도 이들 네 사람의 발병 원인은 바이러스나 독물과 같은 물질적인 것이 아닐 것이라는 견해에 도달하게 되었다. 오히려 원인으로 지목되는 것은 테이프의 형태를 띨 수도 있고, 전화선을 통해 이송할 수 있고, 게다가 화면상에 표시할 수 있는 등의 추상적인 정보였다. 그리고 여기에서 정보라고 말하는 것, 그것이야말로 사람들이 그 후 〈수수께끼〉라고 부르게 된 것이다. 〈수수께끼의 혼수 상태 Riddle coma〉가 이 병의 이름이었다. 이 정보와 마주친 사람은 돌이킬 수 없는 혼수 상태에 빠지게 된다는, 한때 기괴한 것으로 치부되어 논의의 대상조차 되지 않았던 그 가설을 모든 증거가 지지하고 있었다. 그러나 이 정보가 정확히 어떤 것인가라는 물음이 지극히 미묘하다는 사실을 지적하는 사람들도 적지 않게 있다.

이 어려움은 네번째 희생자가 된 신참 프로그래머의 인터뷰를 통해 분명해졌다. 문제의 프로그래머가 살아났다는 사실은 혼수 상태를 일으키는 원인이 그 〈수수께끼〉임에 틀림없음을 시사했다. 실제로 그 신참 프로그래머는, 감독이 그 증상을 일으켰을 때 함께 있었고 모니터에 나타난 데이터를 일부나마 읽었다고 말했지만, 실제로 그는 디저드의 프로젝트에 대해 아무것도 모르는 것 같았고, 모니터상에 무엇이 표시되어 있는지에 대해서도 거의 기억하지 못했다. 그에게 최면술을 걸어 가능한 기억을 되살려보자는 제안도 있었다. 문제의 프로그래머도 이러한 방안이 최선이라는 것을 인정하고 있었지만, 그것은 그가 읽은 내용을 기억하지 않으려는 경우에 적용될 수 있는 이야기였다. 그가 어떤 내용을 기억해 내지 않으려 하고 있을 가능성은 없었다. 결국 그 프로그래머는 사람들의 권고로 그 자리를 그만두고 가능하면 컴퓨터 과학에 대해서는 더 이상 연구하지 않기로 했다. 따라서 법적으로 책임이 있다고 하더라도 스스로 자원한 지원자에게 이 〈수수께끼〉를 보게 해서 조사하는 것이 과연 허용될 수 있는 일인지 여부의 윤리적인 문제가 제기된다.

분명 이 〈수수께끼의 혼수 상태〉는 컴퓨터를 사용해서 정리를 증명하려는 프로젝트와 연관되어 발생한 것이었다. 가령 어떤 사람이 머리 속에서 이 〈수수께끼〉를 발견했다 해도 다른 사람에게 그 내용을 전달하기 전에 이미 혼수 상태에 빠질 것이다. 따라서 과거에 이 〈수수께끼〉가 누군가에 의해 실제로 발견되었다가 즉시 사라진 것이 아닌가라는 의문이 제기되었다. 문헌 조사가 거의 도움이 되지 않을 것이기 때문에 근대 논리학의 탄생 이래 그 문제에 관계된 논리학자 · 철학자 · 수학자 등의 전기를 조사하는 작업이 진행되었다. 이 작업은 연구자들이 〈수수께끼〉에 노출되지 않도록 주의를 기울이며 진행되어야 하기 때문에 많은 제약이 따랐다. 그러나 현재 시점까지 적어도 10건의 미심쩍은 사례가 발견되었다. 그중에서 시기가 가장 앞선 것은 약 100년 전의 사례였다.

다른 한편, 이 〈수수께끼의 혼수 상태〉가 인간이라는 종에만 국한된 것인지 여부를 조사하기 위한 프로젝트도 언어심리학자들에 의해 시작되었다. 오토토미 프로젝트의 많은 테이프들을 조사하는 작업에 동원될 가장 적합한 피실험자는 수화법sign language으로 훈련되어 대학 1학년 정도의 논리 퍼즐을 풀 수 있는 능력을 갖춘 〈비트겐슈타인〉이라는 이름의 침팬지였다. 그러나 〈비트겐슈타인 프로젝트〉라고 명명된 이 계획은 윤리적으로 문제가 있다는 지적을 받아 연구원들이 협력을 거부했다. 연구원들은 그 침팬지를 납치해서 숨기고 말았다. 급기야 그 침팬지를 찾기 위해 FBI까지 출동하기에 이르렀다. 침팬지에게 하루 24시간 계속해서 오토토미 프로젝트 테이프를 보게 했지만 침팬지는 아무런 반응도 나타내지 않았다. 개와 비둘기의 경우도 결과는 마찬가지였다. 더욱이 지금까지 어떤 컴퓨터도 이 〈수수께끼〉 때문에 고장이 난 적은 단 한 번도 없었다.

그런데 어느 쪽의 경우든 이러한 연구를 진행시키기 위해서는 오토토미 테이프 전체를 보여줄 필요가 있었다. 테이프의 어떤 부분에 그 〈수수께끼〉가 포함되어 있는지를 결정하는 안전한 방법은 아직까지 발견되지 않았기 때문이다. 실제로 비트겐슈타인 프로젝트가 진행되는 동안에도 그 프로젝트와는 무관한 별도의 작업을 하고 있던 사람이 이 〈수수께끼의 혼수〉에 빠진 것처럼 보인 사건이 있었다. 그것은 우연히 오토토미 테이프의 일부가 컴퓨터의 일반 사용자 영역에 프린트되었기 때문인데, 이때에도 한 달에 걸쳐 프린트된 그 데이터를 전부 회수해서 폐기시키지 않으면 안 되었다.

어쨌든 모든 관심은 〈수수께끼의 혼수〉가 무엇인가라는 문제로 집중되었다. 그것은 지금까지 알려진 어떤 질병과도 닮지 않았다. 따라서 도대체 그것이 어떤 종류의 혼수인지, 또한 그 발병을 막는 것이 가능한지조차 분명치 않았다. 연구자들은 이것이 실질적으로 로보토미 lobotomy(전두엽 절제술——옮긴이)와 같은 것, 즉 시냅스에서 이루어지는 정보 전달 과정에서 나타나는 일종의 정체 gridlock 현상, 즉 고도한 뇌 기능의 완전한 차단과 같은 현상이라고 단순하게 생각하고 있었다. 그럼에도 불구하고 일반적으로 이야기되는 혼수 상태는 발생 초기에 회복될 가능성이 있는 데 비해, 이 〈수수께끼의 혼수〉는 너무 깊어서 의식을 회복할 여지가 없는 것으로 추정된다는 점에서 일반적인 혼수 상태와는 다르다. 게다가 지금까지 알려진 한, 〈수수께끼의 혼수〉 증례 중에서 회복의 조짐을 보이는 경우는 전혀 없었다. 신경 외과적 수술이나 투약, 전기 자극도 부정적인 효과를 일으켰을 뿐이다. 마침내 이런 시도들은 모조리 중단되었다. 잠정적인 판단은 환자들을 컴퓨터가 생성하는 기호 열에 노출시키는 방법으로 이 〈수수께끼〉의 주문을 푸는 열쇠가 되는 단어를 그 속에서 찾아내기 위한 작업에 자금을 대주고 있음에도 불구하고 이 〈수수께끼의 혼수〉가 회복 불능하다는 것이다.

이 〈수수께끼가 무엇인가〉라는 핵심 문제는 신중히 접근하지 않으면 안 된다. 이 〈수수께끼〉에 대해서는, 그것이 인간이라는 튜링머신Turing machine에 대한 일종의 괴델 문장Gödel sentence이어서 사람의 마음을 뒤엉키게jam 만든다는 사람도 있고, 다른 한편으로는 말할 수 없고, 생각할 수도 없다는 전통적인 교의doctrine들이 치유책으로 제시되기도 한다. 손상된 정신을 치유시키는 〈신의 말씀Word〉의 위대한 힘에 대한 종교적 주제를 비롯해 이와 유사한 개념들은 옛날부터 전해오는 민간 전승 속에서 친숙하게 살펴볼 수 있다. 그러나 어쨌든 이 〈수수께끼〉는 인지과학에 큰 도움이 될 수 있다. 거기에서 인간의 정신 구조에 관한 기본적인 정보를 이끌어낼 가능성이 있기 때문이다. 그것은 우리가 아무리 여러 가지 언어를 이야기해도, 인류 전체에 있어서 보편적인 〈사고의 언어〉라는 암호를 해독하기 위한 〈로제타 석Rosetta Stone〉인지도 모른다. 만약 인간의 마음이 컴퓨터 이론을 통해 파악될 수 있다는 이론이 옳다면, 인간의 마음 속에는 방대한 양의 단어로 이루어진 프로그램이 존재할 것이고, 그것을 컴퓨터에 입력시키면 컴퓨터라는 기계를 사고하는 기계로 바꿀 수 있을 것이다. 그러나 그때, 이러한 프로그램을 부정하는 끔찍한 단어, 즉 예의 〈수수께끼〉와 같은 단어가 나타나지 않으리라는 보증은 어디에도 없다. 따라서 모든 것은 자기 파괴적이지 않은 〈수수께끼학Riddle-ology〉이라는 분야가 성립 가능한지 여부에 달려 있는 것이다.

그런데 이 시점에서 이 〈수수께끼〉와 연관된 성가신 사건이 일어났다. 파리의 한 위상기하학자가 몇 가지 측면에서 디저드의 경우와 비슷한 혼수 상태에 빠진 것이다. 놀랍게도 이번 경우에는 컴퓨터가 전혀 연관되지 않았다. 그 수학자가 쓴 논문은 이미 프랑스 당국에 압수되었기 때문에 우리는 단지 문제의 수학자가 디저드의 연구에 대해 모르고 있었고, 그 수학자가 인공 지능의 유사한 분야에 관심을 갖고 있었으리라고 추측할 뿐이다. 또한 그 무렵, 모스크바에 있는 기계계산 연구소Institute for Machine Computation의 연구원 네 명이 국제 회의에 모습을 나타내지 않았다. 그들이 보낸 개인적인 편지에 의해 알려진 사실은, 그 일이 FBI 당국이 예의 오토토미 테이프를 소련이 일상적인 스파이 활동을 통해 이미 입수했다고 비난한 사건과 연관된 것처럼 보인다. 그리고 이 일을 계기로 국방부는 〈수수께끼 전쟁Riddle warfare〉에 대한 검토를 시작했다.

그 후 유사한 두 가지 사건이 잇달아 벌어졌다. 이번에는 캘리포니아의 이론언어학자와 철학자였다. 분명 두 사람은 독립적으로 연구를 진행하고 있었다. 두 사람 모두 디저드와 다른 분야에서 일하고 있었지만 디저드가 개발한 형식적인 방법에 대해서는 잘 알고 있었다. 디저드의 연구는 이미 10여 년 전에 출판되었고, 그 사실은 많은 사람들에게 알려져 있었다. 불길한 사건은 꼬리를 물고 이어졌다. 이번 희생자는 DNA-RNA 상호 작용에 대한 정보 이론 모형 연구에 종사하던 생화학자였다 (그러나 이번 경우, 그 생화학자가 혼수 상태에 빠지고 난 후에도 〈꼬꼬〉 하는 닭소리를 계속 내고 있었기 때문에 헛소동일 가능성도 배제할 수 없다).

사태가 이쯤 되자, 이 〈수수께끼〉가 디저드의 전문 분야에만 국한되는 일종의 직업병이라고 단언할 수 없게 되었다. 그것은 여러 가지 형태로 잠복하고 있는 것으로 추측되었다. 분명 이 〈수수께끼〉와 그에 따른 결과들은 언어와 무관하게 발생하지는 않는 것처럼 여겨졌다. 그러나 이 〈수수께끼〉들은 이 주제와 독립적으로 사실상 도처에 얼굴을 내밀고 있었다. 결국 어떤 전문 분야에 〈수수께끼〉를 한정시키고, 그 경계를 명확히 할 수 없다는 것이 확실해졌다.

게다가 우리는 이 〈수수께끼〉라는 개념이 오늘날 대단한 힘을 발휘한다는 사실을 새삼스레 알았다. 그것은 금세기 초에 발견된 이른바 자기 지시적self-referential 역설이라고 불리는 것(〈이 문장[文]은 거짓이다〉라는 형식의 역설)과 흡사했다. 아마도 이러한 상황은 〈컴퓨터 과학이 이 시대의 새로운 교양〉인 오늘날의 풍조를 투영한 것이다. 일단 지적 배경이 발전하면 이 〈수수께끼〉가 넓은 범위에 걸쳐 발견되리라는 것은 피할 수 없었다. 이런 사실이 처음으로 분명해진 것은 작년 겨울, 오토마톤 이론automata theory에 대해 새롭게 마련된 기초 과정 수업을 받던 학생들의 대부분이 수업 도중에 혼수 상태에 빠진 사건이었다(당시 몇 사람은 쓰러지지 않고 버텼지만, 그들도 몇 시간 후에는 〈아!〉라는 말을 남기고 쓰러졌다). 그 후 비슷한 사건들이 각지에서 잇달아 일어나 세상을 떠들썩하게 만들었고, 그 결과 급기야는 앞에서 언급한 대통령의 기자 회견이 열리게 되었고, 또한 그와 관련해서 이 보고서가 준비된 것이다.

현재 사람들 사이에 확산되고 있는 언어에 대한 두려움, 즉 언어 공포증logophobism이라는 풍조 또는 〈대학을 폐쇄하라!〉는 목청 높인 주장은 확실히 비이성적인 것이다. 그러나 그렇다고 해서 오늘날 전국적으로 유행하고 있는 이 〈수수께끼의 혼수〉를 단지 과학 기술의 폭주에 따른 결과의 한 예로 간주하고 넘어갈 수는 없을 것이다. 비근한 예로 최근 미니애폴리스에서 일어난 〈음파 오븐Sonic Oven〉의 사례가 있다. 사건 경과는 정면이 포물선 형태를 띤 건물 부근을 이륙하던 제트기의 소음이 그 포물면의 초점에 모이게 되어 재수 없게 그 초점에 해당하는 곳을 지나던 몇몇 행인이 목숨을 잃는 어처구니없는 일이 벌어진 것이다. 반면 〈수수께끼의 혼수〉가 만에 하나 그 본인에게 오히려 잘 된 것일 가능성도 있지만(그러나 이미 살펴보았듯이 그런 가능성은 없는 것 같다), 최근의 전염병과 같은 상황은 공중 위생상 전대미문의 위기 상태를 낳고 있다. 사실 상당수의 사람들은 스스로를 돌볼 수 없는 상태이다. 우리는 이 〈수수께끼〉가 널리 알려짐에 따라, 우리 사회에 없어서는 안 될 연구 기관들이 앞으로 성장할 수 있는 활력을 상실하게 되지 않을까 우려할 뿐이다.

그런데 우리 보고서에서 주된 목적은, 적어도 혼수 상태의 발생을 더 이상 증가하지 않게 하기 위함이다. 연구 정책 수립에 대한 대중들의 요구도 우리가 지금 직면하고 있는 다음과 같은 딜레마를 강조해 왔다. 혼수 상태에 빠지지 않게 하면서, 어떻게 이 〈수수께끼〉를 경고하거나 심지어 논할 수 있는가? 자세한 경고를 하면 할수록 그만큼 위험도 증가하기 때문이다. 가령 여러분이 〈P 이면 q 이다〉라는 사실과 〈p〉가 무엇인지 알고 있다면, 여러분은 결국 〈q〉라는 결론에 도달하지 않을 수 없다. 그런데 문제는 이 〈q〉가 문제의 〈수수께끼 혼수〉인 것이다. 결국 그 위험의 범위를 확정지으려는 작업은 〈지금부터 10초 동안 핑크색 쥐에 대해 생각하지 않으면 네게 1달러를 줄게〉라는 아이들의 장난과도 흡사하다.

혼수 상태의 발병을 저지하는 방책과 연관된 이러한 문제점과 함께, 윤리상의 난문(難問)도 여전히 미해결 상태로 남아 있다. 즉 이 〈수수께끼〉가 일으키는 파괴적인 위험을 무릅쓰면서까지, 중요하기는 하지만 잘못 발전된 여러 분야에서 이 〈수수께끼〉 찾기를 계속하는 것이 과연 의미 있는 일인가라는 의문이다. 실제로 이 보고서를 작성한 우리도 보고를 통해 얻을 수 있는 이익이, 독자에게 이 보고가 주는 위험과 비교해서 큰지 여부를 판단하지 못한 채 여기까지 밀려왔다는 것이 솔직한 실정이다. 사실, 우리가 이 보고서의 최종 원고를 준비하는 동안에도 친구 중 한사람은 비극적인 최후를 맞이했다.

나를 찾아서 • 열일곱

이 기묘한 이야기는 조금 색다르긴 하지만 대단히 흥미로운 착상을 기초로 쓰였다. 즉 마음을 사로잡는 어떤 명제가 있어서, 그것이 사람의 마음을 일종의 역설적인 혼수 상태에 빠지게 한다는 이야기이다. 그것은 궁극적으로는 선(禪)이라는 깨달음의 상태일 것이다. 나는 이 이야기를 보면서 언젠가 「몬티 파이슨Monty Python」이라는 프로그램으로 방영된 하나의 농담을 주제로 한 풍자극을 떠올렸다. 그것은 너무 재미있어서 듣는 사람이라면 누구나 문자 그대로, 배꼽을 움켜쥐게 만드는 풍자극이었다. 이 농담은 궁극적으로 영국군 최후의 비밀 병기가 되어, 누구도 이 농담에 대해서 더 이상 아는 것이 허용되지 않는다(그 이상 아는 사람은 너무 심하게 웃어서 입원을 해야 할 것이다!).

그런데 인생과 문학 모두에서 이와 비슷한 역사적 선례를 찾아볼 수 있다. 예를 들어 수많은 퍼즐 매니아mania들이 있고, 춤에 열광하는 사람들도 있다. 아서 클라크Arthur C. Clarke

(SF 작가——옮긴이)는 누구나 마음을 빼앗길 정도로 매혹적인 어떤 곡에 대한 짧은 글을 썼다. 한편, 신화에도 사이렌 siren(그리스 신화에 나오는 반인반조의 바다의 요정——옮긴이)이나 다른 마력을 가진 여성들이 완전히 남자들을 매료시켜서 압도한다는 이야기가 있다. 그렇다면 이렇듯 사람의 마음을 사로잡는 신비로운 힘의 본성은 무엇인가?

이 점에서 체르니악이 그 〈수수께끼〉를 〈인간이라는 튜링 머신에 대한 일종의 괴델 문장이다〉라고 한 말은 무슨 암호처럼 난해할 수 있다. 그러나 그것은 뒤쪽에서 〈이 문장은 거짓이다〉처럼 자기 지시적인 역설에 대한 비유에 이르면 부분적으로 설명된다. 여기에서 만약 당신이 이 문장이 참인지 거짓인지를 결정하려 한다면 확고하게 닫힌 회로closed loop가 형성된다. 그 문장이 참이라고 가정하면 그 문장이 거짓을 말하는 결론이 되고, 또한 그 역도 마찬가지로 성립하기 때문이다. 그리고 회로를 형성한다는 이 성질이 그러한 역설의 매력을 이루는 중요한 부분인 것이다. 여기에서는 이 점에 초점을 맞추어 몇 가지 예를 살펴보기로 하자. 이 공통된 주제의 몇 가지 변형판을 살펴보면, 마음을 덫에 빠뜨리는 역설적 효과에 내재하는, 공통된 핵심 메커니즘을 밝혀내는 데 도움이 될 것이다.

한 가지 예로 〈Thiss sentence contains threee errors.(이 문장에는 세 개의 오류가 있다)〉라는 영어 문장을 생각해 보자. 이 문장을 읽을 때 사람들이 나타내는 최초의 반응은, 〈아니야, 거기에는 두 개의 오류밖에 없어. 누가 썼는지 모르지만, 셈을 할 줄 모르는 모양이지〉일 것이다. 독자들 중에는 여기에서 왜 그러한 무의미하고 잘못된 문장을 썼는지 의아해하면서 머리를 긁으며 가버릴 사람도 있을 것이다. 그러나 그중에는 표면에 나타난 오류를 그 문장이 말하고 있는 내용과 관계지어 보려고 시도하는 사람도 있을 것이다. 그런 사람들은 이렇게 생각하지 않을까?

〈아이고, 역시 세번째 오류가 있어. 그것은 그 자체의 오류를 세지 않았다는 오류야〉라고 말이다. 그러나 1, 2초가 지나면, 이런 독자도 진실을 깨닫고 깜짝 놀라 다시 보게 된다. 즉 그렇게 생각한다면 그 문(文)은 오류의 숫자를 정확히 세고 있다고 할 수 있다. 따라서 그 문은 거짓이 〈아니며〉, 그 말은 그것이 포함하고 있는 오류가 다시 〈두 개〉에 불과하다는 뜻이 된다. 그리고……〈그러나……잠깐만……이봐! 음……〉. 마음은 이리저리 몇 차례나 뒤집기를 반복하면서 두 개의 수준 사이에서 발생하는 모순에 의해 자신의 존립 기반을 무너뜨리는 이러한 문이 갖는 기묘한 감각을 즐기게 된다. 그러나 머잖아 이러한 혼란 상태에도 싫증이 나서 마음은 이러한 회로에서 벗어나 그렇게 생각하는 목적이나 중요성에 대해, 또한 그러한 역설의 원인이나 그 해결책 등에 대해 생각하기 시작할 것이다. 그리고 마지막에는 전혀 다른 주제로 생각이 옮겨갈 것이다.

또 하나, 좀더 교묘한 예로 〈This sentence contains one error.(이 문장은 하나의 오류를 포함하고 있다)〉라는 영어 문장을 생각해 보자. 물론 여기에는 오자(誤字)가 하나도 없기 때문에 그것이 틀린 것이다. 즉 이 문은 어떤 철자법의 오류(〈제1수준 first-order의 오류〉)도 포함하지 않는다. 그러나 말할 필요도 없이 거기에는 〈제2수준 second-order의 오류〉라고 할 수 있는 것, 즉 제1수준의 오류의 수를 셈하는 데에서 빗어진 오류가 있다. 즉 이 문장에는 제1수준의 오류는 없지만 제2수준의 오류가 하나 있는 것이다. 따라서 만약 이 문장이 제1수준의 오류를 어느 정도 포함하고 있는지에 대해, 또한 마찬가지이지만 제2수준의 오류를 어느 정도 포함하고 있는지에 대해 명확히 이야기하고 있다 하더라도 그것은 한 측면에 불과할 뿐이며, 실제로 이처럼 명확한 구별이란 불가능하다. 그 수준level들은 구분이 불가능할 정도로 뒤얽혀 있다. 따라서 자신이 객관적인 관찰자라도 되는 양 행동하려는 사람들이 이 문과 맞닥뜨리면 논리의 스파게티라고 표현할 수 있는 혼란에 휘말려들게 되는 것이다.

이러한 역설과 기본적으로는 같지만 심리적인 면에서 좀더 기묘한 역설이 휘틀리C. H. Whitely에 의해 고안되었다. 그것은 기본 역설을 자기 자신에 대해 고찰하고 있는 체계에 분명하게 도입시켰다. 휘틀리의 문장은 루카스J. R. Lucas라는 철학자에 대한 일종의 독설이었다. 왜냐하면 루카스가 평생 추구한 목적 중 하나는, 괴델의 연구가 지금까지 밝혀진 메커니즘을 그 뿌리에서부터 철저히 와해시키려 했다는 사실을 밝혀내는 것이었기 때문이다. 그리고 이것은 실제 괴델 자신의 철학으로 보인다. 휘틀리의 문장은 다음과 같다.

〈루카스는 이 문장을 일관되게 주장할 수 없다.〉

이 문장이 참일까? 루카스는 이 문장을 주장할 수 있을까? 만약 그가 그 문장을 주장할 수 있다면, 그것이 즉시 루카스를 모순에 빠뜨린다(〈아무것도 말할 수 없다〉라고 말하면 모순에 빠지는 것과 마찬가지로). 따라서 루카스는 이 문장을 모순 없이

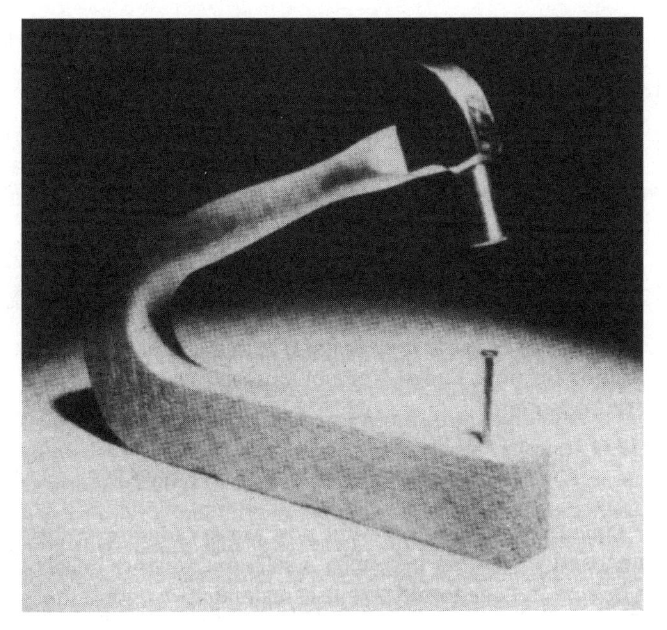

말콤 파울러Malcolm Fowler의 「자기 손잡이에 못을 박는 망치」는 자기 지시 역설의 새로운 한 변형이다. (Patrick Hushes와 George Brecht의 『위험한 원과 무한: 역설 선집 *Vicious Circles and Infinity: An Anthology of Paradoxes*』 중에서

주장할 수 없게 된다. 그리고 이것이 이 문장이 말하고 있는 것이기 때문에 이 문장은 참이 된다. 설령 루카스도 이 문장이 참이라는 사실을 안다 해도, 그는 그것을 주장할 수 없다. 가엾은 루카스는 어찌할 수 없는 곤경에 빠진 것이다! 물론 우리 중 그 누구도 그를 곤경에서 구해줄 수 없다. 더구나 다음과 같은 예를 생각해 보면 사태는 더욱 심각해진다.

〈루카스는 이 문장을 모순 없이 믿을 수 없다.〉

이 문장도 앞에서와 같은 이유로 참이다. 그러나 이번에는 루카스가 이 문장을 주장할 수 없는 것은 물론 그것을 믿을 수조차 없는 것이다. 그것을 믿으면 그의 신념 체계가 자기 모순에 빠지고 말기 때문이다. 확실히 그 누구도 내적으로 모순을 포함하지 않은consistent 체계에 약간이라도 가까이 접근할 수 있다고 진지하게 주장할 수는 없을 것이다(우리 모두 그렇게 바라고 있지만). 그러나 수학적 외양(外樣)으로 형식화된다면(그것은 가능하다), 훌륭하게 정의된 〈신념 체계〉 L이 살아 있는 루카스를 대체시키는 것이 가능하다. 그러나 그 경우에도 이 체계를 정합적인 상태로 유지시키려면 역시 곤란한 문제가 발생한다. L에 대하여 형식화된 휘틀리의 문장은 참이지만, 체계 L 자체는 그것을 믿을 수 없는 것이다! 이 특정한 문장에서 야기되는 어려움을 피할 수 있는 무언가 〈다른〉 신념 체계가 있을 수 있지만, 다른 한편 〈대신 도입된〉 체계에 대해서 마찬가지로 형식화된 휘틀리의 문장이 존재할 수 있다. 결국 모든 〈신념 체계〉는 각기 맞춤tailor-made 휘틀리 문장을 갖는 것이다. 그리고 그것이 아킬레스 건이다.

그런데 지금까지 살펴본 모든 역설은 인류의 역사만큼이나 오래 된 다음과 같은 관찰observation의 정식화의 결과라고 할 수 있다. 그 관찰이란 물체가 자체에 대해서 다른 물체에 대한 것과는 다른 대단히 특수한 관계를 가지며, 그 특수한 관계가 그것 이외의 다른 물체에 작용하는 것과 같은 방식으로 자신에게 작용할 수 있는 능력을 제한한다는 것이다. 가령 연필은 자신의 몸체에 글을 쓸 수 없고, 파리채는 자신의 손잡이에 앉은 파리를 내리쳐 잡을 수 없으며(이것은 독일의 철학자이자 과학자

이 〈합선된 회로(Short Circuit)〉는 논리적 역설의 합선 회로를 잘 보여준다. 음(콘센트)이 양(플러그)을 부르고, 그 결과 활성을 잃은 원이 완성된다. (『위험한 원과 무한:역설 선집』 중에서)

인 게오르크 리히텐베르크Georg Lichtenberg의 관찰이다), 뱀은 스스로를 먹을 수 없다. 사람도 상(像)을 비춰주는 외부 장치의 도움을 받지 않고는 자신의 얼굴을 볼 수 없다. 더구나 상은 절대로 실물과 같지 않다. 우리는 우리 자신을 객관적으로 보거나 이해하는 데 가깝게 근접할 수 있지만, 결국 제각기 독특한 관점을 가진 강력한 체계 내부에 갇힌 존재인 것이다. 그리고 이 체계의 힘이 개인이라는 한정된 존재를 보증하고 있는 것이다. 이처럼 자신의 내부에 갇혀 있다는 우리 각자의 약점이 〈나〉라는 지워질 수 없는 의미의 근원일지도 모른다.

그러면 체르니악의 이야기로 다시 돌아가자. 앞에서도 살펴보았듯이 자기 지시적인 언어의 역설은 매우 흥미롭기는 하지만 사람의 마음에는 거의 위험하지 않다. 그에 비해 체르니악의 〈수수께끼〉는 훨씬 더 불길하다. 마치 파리지옥풀과도 같이 〈수수께끼〉는 당신을 유인한 다음 뚜껑을 닫아 사고의 소용돌이 속에 당신을 가둔다. 당신은 소용돌이, 즉 〈정신의 블랙 홀〉 속으로 점점 더 깊이 빨려들어 간다. 거기에는 현실로 돌아갈 수 있는 탈출구가 없다. 더구나 바깥에 있는 사람으로는 붙잡힌 정신이 들어간 매력적인 다른 세계가 실제로 어떤 곳인지 알 길이 있겠는가?

그렇지만 한편으로 인간의 정신을 파멸시키는 그 〈수수께끼〉가 실은 자기 지시에 의해 발생할지 모른다는 암시는, 생명이 없는 물질에서 자아를, 즉 영혼을 발생시킬 때 자기 지시의 회로나 수준 간interlevel 되먹임고리가 하는 역할에 대한 토론을 위한 핑계거리를 마련해 준다. 그런데 지금 이러한 회로의 예로서 가장 분명한 것은 어떤 텔레비전 수상기가 있고, 그 화면 속에 수상기 자신의 화상이 투사되는 경우이다. 거기에는 연달아 자기 자신을 비추면서 늘어선 점점 작아지는 화면의 열이 나타난다. 이 실험은 텔레비전 카메라만 있으면 아주 쉽게 할 수 있다.

이렇게 얻어지는 화상은 극히 아름답고 때로는 놀랍기조차 하다(사진 참조). 그중에서 가장 단순한 것은 포개진 상자 구조를 가리키는 것으로, 그것을 보고 있으면 계단을 위에서 내려다보고 있는 것 같은 착각에 사로잡힌다. 더 높은 효과를 내고 싶다면 텔레비전 카메라를 렌즈 축 주위로 시계 방향으로 회전시키면 된다. 그렇게 하면 안쪽에 들어 있는 최초의 화면이 시

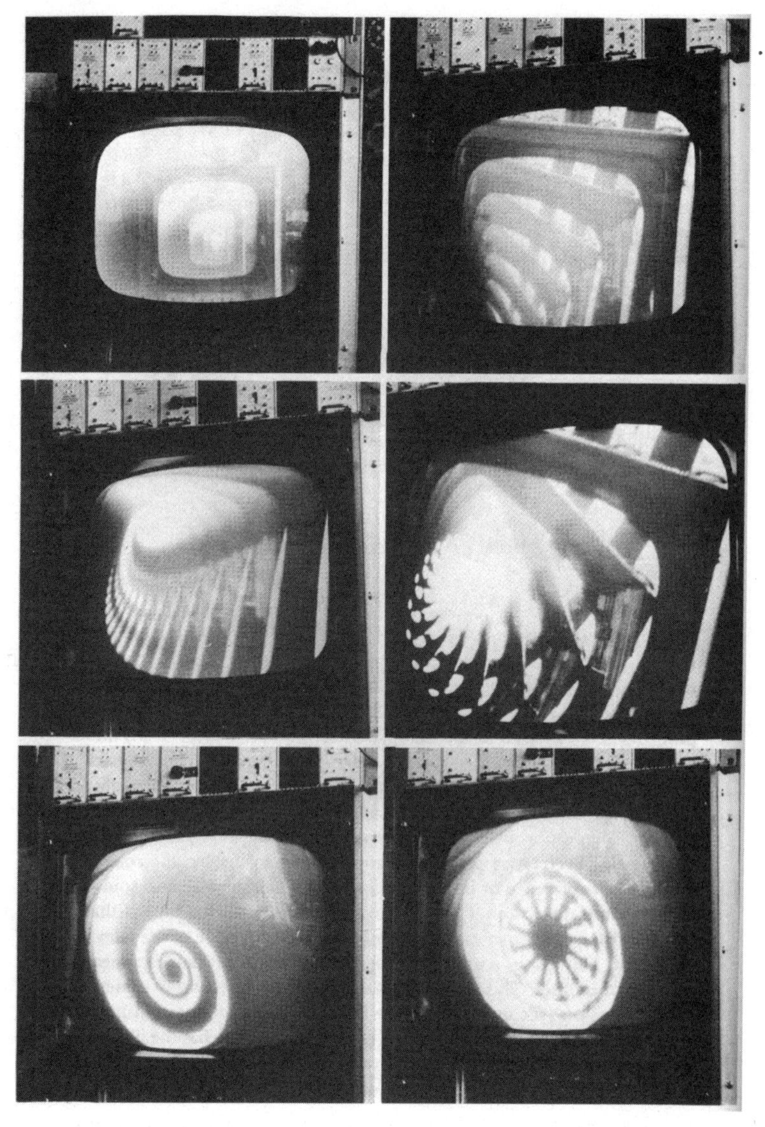

〈스스로를 빨아들이는〉 시스템을 사용해서 얻을 수 있는 다양한 효과들(더글러스 호프스태터의 사진).

계 반대 방향으로 회전하고, 그 다음 안쪽 화면은 이중으로 회전하는 것처럼 보일 것이다. 그리고 이런 현상은 계속 나타난다. 그 결과로 얻어진 화상은 아름다운 나선을 그릴 것이다. 여기에서 렌즈의 기울기를 여러 가지로 바꾸거나 줌zoom을 조정하면 더욱 다양한 효과를 얻을 수 있다. 그 밖에도 텔레비전 화면의 화소, 수평 방향과 수직 방향의 불균등 비례에 따른 왜곡, 회로의 시간 지연 등 여러 가지 요인을 이용해서 복잡한 효과를 낼 수 있다.

지금까지 살펴보았던 자기 지시 메커니즘의 이러한 매개 변수들은 각각의 패턴에 전혀 생각지도 못했던 풍부함을 부여한다. 놀라운 사실 중 하나는 이처럼 화면상의 〈자기 상self-image〉의 패턴이 지나치게 복잡해지면 그 결과로 되먹임고리를 반복하기 전 원래의 형태가 완전히 숨는다는 것이다. 그리고 화면에 나타나는 내용은 우아하고 복잡한 설계design밖에 보이지 않을 것이다. 이런 현상은 앞에서 예로 든 몇 장의 사진에서도 잘 드러난다.

가령 동일한 매개 변수를 가진 이런 종류의 체계를 두 개 만들었다고 가정하자. 이 둘은 매개 변수가 같기 때문에 그 화면에는 동일한 디자인이 나타난다. 그중 하나에 약간의 변화를 가했다고 하자. 예를 들어 카메라를 아주 조금 이동했다고 하자. 그러면 이 작은 변화가 전기 신호로 바뀌어 겹쳐진 화면들의 열(列) 속으로 마치 잔물결처럼 차례로 퍼져나갈 것이다. 그리고 그 결과로 나타나는 〈자기 상〉의 패턴은 전체적으로 과거와는 완전히 달라질 것이다. 그러나 이 두 체계의 수준 간 되먹임고리의 〈양식style〉은 본질적으로는 여전히 같다. 의도적으로 가해진 약간의 변화를 제외하면 모든 매개 변수가 여전히 동일하기 때문이다. 그리고 이 약간의 변화를 원래대로 되돌려놓으면 간단히 최초의 상태로 돌려놓을 수 있다. 따라서 근본적인 의미에서 우리는 여전히 출발점인 최초의 상태에 〈가깝다〉고 할 수 있다. 그렇다면 이 두 개의 체계가 완전히 〈다르다〉고 하는 것이 옳은가, 아니면 두 개가 거의 〈동일하다〉고 하는 것이 옳은가?

이러한 예를 인간 정신에 대한 사고의 은유로 사용해 보자. 즉 인간의 의식이라는 〈마술 magic〉이 일종의 회로의 닫혀짐에 의해서 일어났다는 가정, 즉 뇌의 높은 수준(기호 작용 수준)과 낮은 수준(신경생리학 수준)이 어떤 방식으로 인과성이라는 정교한 닫힌 회로를 이루고 있다는 가정이 가능할까? 그렇다면 〈이 나 private I〉는 그야말로 자기 지시의 소용돌이 속에 나타난 태풍의 눈에 불과한 것인가?

논의를 진전시키기 전에 한 가지 명확히 해둘 것은 우리가 여기에서 텔레비전 카메라를 수상기에 향했을 때, 텔레비전 시스템(카메라+텔레비전 수상기)이 의식을 갖게 되었다는 주장을 하려는 의도는 전혀 아니라는 점이다. 이러한 텔레비전 체계는 이전에 우리가 세웠던 표상 체계가 되기 위해서 만족시키지 않으면 안 되는 기준을 만족시키지 못한다. 예를 들어 이 텔레비전 체계 자체에 있어서는, 화면상의 의미, 즉 우리가 그러한 화상을 지각하고 그것을 말로 기술하는 것과 같은 의미는 없다. 이 체계가 화면상의 수천 개에 달하는 점들을 몇 개의 〈개념적인 조각〉으로 나누어 각각이 인간, 개, 탁자 등을 나타내는 것으로 인지하는 것은 아니다. 더구나 그 점들이 그것이 표현하고 있는 세계에서 자율성을 갖고 존재하는 것도 아니다. 그것들은 카메라 앞에 나타난 빛의 패턴을 단지 수동적으로 반사하는 데 지나지 않으며, 빛이 사라지면 점도 없어지는 것이다.

닫힌 회로라 하더라도, 지금 말하고 있는 것과는 다른 것이다. 우리가 말하고 있는 것은 그 개념 목록의 관점에서 자신의 상태를 인지하는 것과 같은 참된 표상 체계가 갖고 있는 회로인 것이다. 예를 들어 우리는 자신의 뇌의 상태를 어떤 신경 세포neuron가 어떤 신경 세포와 연결된다거나 어느 신경 세포가 발화firing하고 있다는 식으로 인식하는 것이 아니라 단어로 분절화된 개념으로 인식한다. 즉 우리는 뇌를 신경 세포가 쌓여 있는 더미가 아니라 신념, 감정, 사상으로 가득 찬 창고로 간주하고 있는 것이다. 그리고 우리는 자신의 뇌의 상태를, 예를 들어 〈그녀가 파티에 가고 싶지 않다고 말해서 난처해진 상태이고 조금 신경이 날카로워〉라고 말하는 식으로 그 수준에서 우리의 뇌를 해독하는 것이다. 또한 일단 분절화되면 이런 종류의 자기 관찰은 다시 사고의 대상으로서 체계system 속으로 들어간다. 물론 이 재진입reentry 과정은 일반적인 지각과 같은 과정, 즉 무수한 신경 세포의 발화를 통해서 이루어진다. 여기에서 하나의 회로가 닫힌 것이다. 그러나 이것은 앞에서 살펴본 텔레비전 시스템에서의 회로보다 (그것도 아름답고 무척 복잡하게 뒤얽힌 것처럼 보이지만) 훨씬 복잡할 뿐더러 여러 수준이 뒤얽혀 있다.

주제에서 조금 벗어난 이야기일지 모르지만 인공 지능 연구 분야에서 최근 진행되는 양상에 대해 잠깐 언급하기로 하겠다. 최근 이 분야에서는 프로그램에 자기 자신의 내부 구조에 대한 이해력을 부여하려는 시도라든가 내부에서 발생한 변화를 찾아내어 스스로 대처하는 능력을 갖춘 프로그램을 개발하기 위해 많은 연구가 진행되어 왔다. 현재 시점에서는 아직 이러한 프로그램의 자기 이해 self-understanding나 자기 모니터링 self-monitoring 능력은 지극히 초보적인 수준이다. 그러나 이러한 개념은 프로그램이 진짜 genuine 지능과 같은 것을 의미하는 깊은 유연성을 획득하기 위한 핵심적인 전제들 중 하나로 출현했다.

최근 인공적인 마음 artificial mind의 설계에는 통과하기 힘든 두 개의 병목이 있다. 하나는 지각 perception의 모형화이며, 다른 하나는 학습의 모형화이다. 지각이란, 이미 언급했듯이 낮은 수준에서의 무수한 반응을 종합해서 다른 사람들과 서로 동의할 수 있는 개념적 수준의 전체적인 해석으로 집중시키는 것이다(저자는 〈funnel〉이라는 표현을 사용하고 있다. 이는 깔때기를 통해 집중시킨다는 뜻이다. ── 옮긴이). 따라서 그것은 수준 교차 level-crossing의 문제이다. 마찬가지로 학습도 수준 교차의 문제이다. 솔직하게 이야기하면 사람들은 이런 물음을 제기해야 한다. 〈어떻게 내 상징이 나의 신경 세포를 프로그램하는가?〉 타자를 배울 때 계속 되풀이하면서 연습하는 손가락의 움직임이 느리기는 하지만 신경 세포의 시냅스 구조에 체계적인 변화로 변환되는 것은 어떤 과정을 통해서인가? 어떻게 과거에 의식하고 있던 동작이 완전한 무의식의 망각으로 바뀌는가? 이 경우 반복의 힘에 의해 사고 수준 thought level이 어떤 과정을 거쳐 〈밑에까지 도달하게 되고〉, 거기에서 어떤 하드웨어의 일부를 재프로그램한 것이다. 그와 동일한 과정이 외국어나 노래를 학습하는 과정에서도 마찬가지로 일어나고 있는 것이다.

실제로 시냅스 구조는 우리 삶의 모든 순간에 시시각각 변화하고 있다. 우리는 언제나 자신의 현재 상태를 어떤 〈이름표 label〉를 붙여 기억 속에 〈쌓아두고 filing〉, 미래의 적당한 때에 언제든 그것을 끄집어낼 수 있는 것이다(그러나 이러한 현재의 순간을 기억함으로써 이익을 얻을 수 있는 미래의 상황에 어떤 종류가 있는지 예상하기가 매우 힘들기 때문에, 이러한 작업을 하는 우리의 무의식적 마음은 지극히 영리하지 않으면 안 된다).

이러한 관점에서 본다면, 자아란 끊임없이 자기 자신을 기록하는 일종의 〈세계 선 worldline(시공을 운동하는 물체에 의해 만들어지는 4차원 궤적——옮긴이)〉이라고 할 수 있다. 인간은 이렇게 기록한 자신의 세계 선의 역사를 보존하는 데 그치지 않고, 그 축적된 세계 선이 다시 그의 미래의 세계 선을 결정하는 데 도움이 될 수 있는 그러한 존재인 것이다. 그리고 이 과거, 현재, 미래에 걸친 큰 척도에서의 조화가, 당신이 끊임없이 변화하는 다면적인 본질에도 불구하고 당신의 자아를 일종의 내적 논리성을 가진 통합체로서의 자아로 인식하게 만드는 것이다. 따라서 만약 자아를 시공(時空)을 구불구불 흘러가는 강에 비유한다면, 주위 지형뿐 아니라 이 강이 갖는 어떤 욕망도 강의 굴곡과 구비를 결정하는 요소로 작용한다는 점을 지적하는 것이 중요하다.

물론 의식적인 마음의 활동이 신경 수준에서 항구적인 이차적 작용을 일으킬 뿐 아니라 그 역도 가능하다. 우리의 의식적인 사고 conscious thought는 우리의 마음이라는 지하 동굴에서 부글부글 샘 솟는 것으로 여겨지며, 심상 image이라는 것은 그것이 어디에서 오는지에 대한 아무런 생각도 없이 마음 속으로 마치 홍수처럼 넘쳐오는 무엇이다! 그러나 우리가 일단 그것들을 표명하면 우리는 자신이 (우리의 무의식적인 구조들이 아니라) 그 사고를 해낸 원천이라고 생각하는 것이다. 창조적인 자아를 의식과 무의식으로 나누는 이 이분법, 그것이 마음이라는 것을 이해하려고 시도할 때 가장 혼란스러운 장애물 중 하나인 것이다. 만약 방금 주장했듯이, 우리의 최상의 사고가 마치 지하의 신비의 샘에서 솟아오르는 것이라면 도대체 우리는 무엇인가? 창조적인 정신spirit이란 어디에서 나오는 것인가? 그것은 우리가 창조하는 의지의 활동에 의한 것인가, 그렇지 않으면 우리는 단지 생물학적인 하드웨어로 만들어진 오토마톤(자동기계)에 지나지 않으며, 태어나서 죽을 때까지 쓸데없는 잡담을 하면서도 자신은 〈자유 의지〉를 갖고 있다고 자신을 속이고 있는 것에 불과한가? 설령 우리가 스스로를 속이고 있다고 해도 우리가 속이고 있는 것은 누구 또는 무엇인가?

바로 여기에 앞으로 많은 연구가 이루어져야 할 일종의 회로가 숨어 있다. 체르니악의 이야기는 가볍고 흥미롭다. 그러나 그 이야기는 괴델의 연구를 기계적인 알고리듬에 반대한 연구로서가 아니라, 의식이라는 좌표plot 속에 깊이 얽혀들어가 있는 것처럼 보이는 근본적인 회로의 도해(圖解)로 지적한 면에서 정곡을 찌른 것이다.

D. H. R.

5

창조된 자아들, 그리고 자유 의지

일곱번째 여행

스타니슬라프 렘

우주는 무한하지만 경계를 갖는다. 그 때문에 광선은 어떤 방향으로 날아가도 충분한 힘만 있으면 수십억 세기 후에는 출발점으로 되돌아온다. 항성이나 행성 사이를 떠도는 소문도 마찬가지인 모양이다. 어느 날 트루럴Trurl은 세상에 당할 자가 없을 만큼 현명하고 뛰어난 두 사람의 막강한 창건자-자선가에 대해 아주 먼 곳에서 흘러온 소문을 들었다. 그는 이 소식을 듣자마자 클라파우치우스Klapaucius에게 달려가 다음과 같이 설명했다. 이 소문의 주인공들은 신비의 베일에 싸인 그들의 경쟁자가 아니라 실은 그들 자신이며, 그들의 명성이 우주를 한 바퀴 돌아 그들의 귀에까지 들어온 것에 지나지 않는다는 것이다. 그러나 명성이란 그 사람의 실패에 대해서는 아무것도 말해 주지 않으며, 설령 그것이 위대한 완벽

* Stanislaw Lem, "The Seventh Sally, " *The Cyberiad,* Michael Kandel trans. (The Seabury Press, Inc., 1974).

함에서 기인한 것이라도 숨기게 마련인 결함을 갖는 법이다. 이것을 의심하는 사람은 트루럴의 일곱 차례의 여행 중에서 마지막 여행을 상기해 보는 것으로 충분할 것이다. 당시 클라파우치우스는 급한 일로 동행할 수 없었기 때문에 트루럴 혼자 여행했다.

그 무렵 트루럴은 자만심이 대단히 강해서 그에게 밀려오는 존경이나 명예의 찬사를 지극히 당연한 것으로 여기고 있었다. 그의 우주선은 북쪽으로 진로를 잡고 있었다. 그 지역이 그에게는 최소한 친숙한 곳이었기 때문이다. 그는 전쟁의 아우성으로 가득 찬 천체들과 폐허의 완전한 고요를 획득한 천체들을 지나 허공 속을 아주 오랜 시간 항행하고 있었다. 그때 갑자기 작은 행성 하나가 시야에 들어왔다. 그것은 행성이라기보다는 오히려 우주를 떠돌아다니는 어떤 물체의 파편에 가까운 것이었다.

그 바윗덩어리 위에서 누군가가 기묘한 동작으로 팔을 흔들고 펄쩍펄쩍 뛰기도 하면서 앞뒤로 뛰어다니고 있었다. 이러한 곳에 단 한 명의 사람이 외롭게 있다는 놀라운 사실과 절망과 분노가 뒤섞인 그 미친 듯한 몸짓이 마음에 걸려 트루럴은 재빨리 착륙했다.

트루럴에게 다가온 것은 오만불손하기 그지없는 한 남자였다. 이리듐과 바나듐을 온몸에 주렁주렁 매달아 시끄럽게 철그렁거리는 그 남자는 자신을 판크레온Pancreon과 시스펜데로라Cyspenderora의 지배자인 타르타르인 엑셀시우스Excelcius라고 소개했다. 그의 말에 따르면 이 두 왕국의 주민은 발작적 광기에 사로잡혀 그를 국왕의 자리에서 끌어내려 중력의 어두운 물결과 흐름 속을 영원히 떠도는 이 황량한 소행성으로 추방시킨 것이다.

방문자의 태생을 알게 되자 이 추방당한 군주는, 선행에 대해서는 전문가라고 할 수 있는 트루럴이 자신을 곧 원래의 지위로 복귀

시킬 수 있을 것이라고 우겨댔다. 자신이 겪은 억울한 사건을 상기하자 그의 눈에는 벌써 복수의 불꽃이 타오르고, 쇠로 된 그의 손가락은 마치 한때 그가 사랑했던 백성들의 숨통을 죄기라도 하듯 허공을 움켜잡았다.

그러나 트루럴은 엑셀시우스의 요구에 응할 생각이 전혀 없었다. 만약 그런 일을 한다면, 헤아릴 수 없이 많은 죄악이나 고뇌를 낳게 될지도 모르기 때문이다. 그렇지만 동시에 그는 이 비참한 왕의 마음을 부드럽게 위로해 주고 진정시킬 수 있는 어떤 일을 해주고 싶은 마음이 들었다. 잠시 생각한 뒤 그는 이 최악의 사태에서도 모든 길이 막힌 것은 아니라는 결론에 도달했다. 즉 왕의 과거의 시민들을 위험에 빠뜨리지 않으면서 왕을 완전히 만족시킬 수 있는 방안이 떠오를 것이다. 그러자 트루럴은 팔을 걷어붙이고 그가 갖고 있던 모든 전문 지식을 동원해서 왕을 위해 완전히 새로운 왕국을 건설했다. 거기에는 많은 도시, 강, 산, 숲, 시내가 있고, 구름이 떠도는 하늘, 용맹한 군대, 성채, 성, 그리고 궁녀들이 거처하는 방들이 있었다. 또한 시장, 태양빛에 빛나는 화려한 향연, 힘겨운 노동의 나날, 새벽녘까지 가무가 이어지는 밤, 그리고 검술을 연마하는 상쾌한 칼 부딪는 소리까지 포함되어 있었다. 또한 트루럴은 이 왕국에 대리석과 수정으로 이루어진 훌륭한 수도를 마련하고, 백발의 성자들의 의회를 소집하고, 겨울 궁전과 여름 별장, 음모, 모반, 중상모략, 보호자, 밀고자, 장중한 기병대와 바람에 나부끼는 진홍색 깃털 장식까지 갖추었다. 더욱이 왕국의 하늘에 트럼펫과 아름다운 팡파레, 그리고 스물한 발의 예포를 수놓고, 필요한 정도의 소수의 배반자와 영웅을 투입하고, 몇 사람의 예언자와 선지자, 구세주와 위대한 시인을 한 명씩 더했다. 이러한 작업이 끝나자, 그는 그 작품 위로 몸을 굽혀 작동시킨 다음, 작은 도구들을 이용해서 최후의 미세 조정을 가했다. 즉 왕국 내의 여성들에게는 아름다움을, 남성들에게는 엄숙한 과묵함과 술에 취했을 때의 무뚝뚝함을, 관리에게는 오만함과 비굴함을, 천문학자에게는 별에 대한 정열을, 그리고 아이들에게는 시끄럽게 소음을 일으킬 능력을 각각 주었다. 트루럴은 이 모든 것들을 연결시키고, 정확한 위치에 조절해서 그다지 크지 않고, 간단히 나를 수 있는 정도의 상자에 넣었다. 그리고 그는 이 상자를 엑셀시우스에게 선물로 주고 영원히 통치하고 지배하게 하였다. 우선 그는 이 새로운 왕국의 입력 장치와 출력 장치가 어디에 있는지, 그리고 전쟁을 어떻게 프로그램하는지, 모반을 어떻게 진압하는지, 공물과 세금의 징수를 어떻게 하는지 왕에게 설명했다. 또한 이 미시적인 사회의 위험 지점과 변동기, 바꿔 말하면 궁정 내의 쿠데타나 혁명이 가장 일어나기 쉬운 장소와 시기, 그리고 가장 일어나기 어려운 장소와 시기 등을 가르쳐주었다. 트루럴은 이 모든 것을 상세히 설명해 주었기 때문에, 이미 오랜 세월에 걸쳐 폭정을 휘둘러온 이 왕은 모든 지시를 이해하고, 왕국의 창조자가 보고 있는 앞에서 조금도 망설이지 않고 〈독수리와 사자〉의 왕가(王家) 문장이 새겨진 조종 장치를 정확하게 조작해서, 시험 삼아 몇 개의 포고를 내렸다. 그것은 계엄령, 비상 사태, 야간 통행 금지령, 그리고 특별 징세제를 선포한 것이다. 이 왕국에서 1년이 지나자 (왕과 트루럴에게는 채 1분도 되지 않는 시간이었지만) 왕은 가장 큰 관대함을 발휘해서 조종 장치를 손가락으로 가볍게 움직여 사형을 하나 취소하고, 세금을 가볍게 매기고, 계엄령을 해제하는 조치를 하사했다. 그러자 마치 작은 생쥐들이 꼬리로 일어나 찍찍거리듯이 감사의 외침이 상자 속에서 샘 솟듯 일어났다. 휘어진 유리를 통해, 먼지투성이의 고속 도로와 솜 같은 구름을 비추며 유유히 흐르는 강가에서 사람들이 지배자의 비견할 수 없이 위대한 자비심을 기뻐하며 찬양하는 모습이 보였다.

그런 이유로, 처음에는 왕국이 너무 작아서 어린아이의 장난감과 같은 느낌이 들어 트루럴의 선물에 모욕감을 느꼈던 국왕도 두꺼운 유리 뚜껑을 통하면 상자 속의 모든 물건이 크게 보이기 때문에, 그리고 애당초 국정이라는 것이 미터나 킬로미터로 측정될 수 있는 것이 아니며, 또한 감정도 거인에 의해 경험되든 소인에 의해 경험되든 아무런 차이도 없기 때문에, 조금 어색하기는 하지만 왕국의 제작자에게 감사했다.

어쩌면 그가 확실히 안심하기 위해서 트루럴을 쇠사슬로 묶어 고문을 가해 죽이고 싶다는 생각이 들었을지도 모른다. 왜냐하면 길을 지나던 한 방랑자 땜장이가 강력한 왕국을 선물로 주었다는 소문을 퍼틀릴 가능성을 싹부터 잘라버리기 위해서는 그것이 가장 확실한 방법이기 때문이다.

그러나 왕의 군대가 트루럴을 체포하기보다는 빈대가 그 주인을 포로로 삼는 편이 더 쉬울 것이기 때문에, 엑셀시우스도 그 희망이 실현 불가능하다는 사실을 모를 만큼 어리석지는 않았다. 따라서 그는 다시 한번 냉정하게 현실을 인정하면서 왕의 도장인 보주(寶珠)와 홀을 겨드랑이에 끼고, 투덜대면서 상자 왕국을 들고 그가 유배 생활을 하는 초라한 오두막집으로 돌아갔다. 소행성의 회전 리듬에 따라 빛나는 낮과 어두운 밤이 오두막집의 밖에서 교차하고 있을 때, 오두막집 안에서는 그의 신민들로부터 세계에서 가장 위대한 사람으로 인정받는 왕이 통치에 여념이 없었다. 즉 명령이나 금지령을 내리고, 또한 참수와 포상을 하는 등, 여러 가지 방법을 동원해서 그의 작은 신민들이 완전한 충성과 국왕 숭배에 헌신하도록 쉼없이 고무하고 있었다.

한편 트루럴은 지구로 돌아가 그의 친구 클라파우치우스에게 어떻게 자신이 창건자로서의 천부의 재주를 발휘하여 엑셀시우스의 독재욕을 만족시키는 동시에 그의 과거 시민들의 민주주의에 대한 열망을 지켜주었는지 자랑스럽게 들려주었다. 그러나 놀랍게도 클라파우치우스의 입에서는 트루럴을 칭찬하는 말은 한 마디도 들을 수 없었고 그의 말 속에는 비난의 어조조차 들어 있었다.

〈정말 자네가 그런 일을 했단 말인가?〉 마침내 그는 이렇게 말했다.

〈자네는 그 잔인한 폭군, 천성적인 노예 지배자, 사람들에게 고통을 주고 싶어 안달하는 새디스트에게 하나의 문명을 통치하고 영원히 지배할 수 있는 권리를 주었단 말인가? 그뿐 아니라 그가 잔혹한 포고의 일부를 폐지시켰는데도 불구하고 환희의 외침이 퍼져 나왔다고 말한단 말인가! 트루럴, 자네는 어쩌려고 그런 일을 저질렀는가?〉

〈지금 농담하고 있는 건가?〉 트루럴은 외쳤다. 〈그 왕국은 길이 90센티미터, 폭 70센티미터의 상자 속에 들어 있네! 그건 단지 모형에 불과해…….〉

〈모형? 무엇의 모형이지?〉

〈무엇의 모형이라니, 그건 무슨 뜻인가? 물론 문명의 모형이지. 그것이 실제 크기의 1억분의 1에 불과하다는 것을 제외하면 말일세.〉

〈그렇다면 자네는 우리 문명보다 1억 배나 큰 문명이 존재하지 않는다는 것을 어떻게 아는가? 그리고 그런 문명이 존재한다면 우리의 문명은 모형에 지나지 않게 되는 건가? 애당초 크기에 어떤 본질적 의미가 있단 말인가? 그 상자 속의 왕국에서는 수도에서 모퉁이의 어느 지역으로 주민이 여행하는 데 1개월이나 걸리겠지. 게다가 그들은 고뇌하거나, 노동의 괴로움을 한탄하고, 죽기도 하는 것이 아닌가?〉

〈잠깐 내 말을 들어보게. 그러한 모든 일은 내가 프로그램했기 때문에 일어나는 것에 지나지 않다는 것을 자네도 잘 알고 있을 테지. 그러니까 그것은 진짜가 아니라는 말일세…….〉

〈진짜가 아니라고? 자네 말은 그 상자가 비어 있고, 그 속에서 벌어진 행진이나 고문이나 참수가 환영에 불과하단 뜻인가?〉

〈환영은 아니지. 물론, 그것들은 실재하기 때문에 환영이 아니야. 단지, 내가 원자를 조작해서 만들어낸 일종의 극미한 현상에 지나지 않는다는 말이지〉라고 트루럴은 말했다.

〈결국 그들의 탄생과 사랑, 영웅적 행위, 그리고 비난 따위는 내가 비선형적 nonlinear 기술을 잘 이용해서 정확히 배열한 전자들이 공간에서 뛰어노는 극히 작은 운동에 불과하다는 말이야. 그러니까 …….〉

〈그 정도면 자네 자랑은 충분해. 그 이상 듣고 싶지 않네!〉 클라파우치우스가 말을 끊었다.

〈그 과정은 자기 조직적 self-organizing인 것인가?〉

〈물론이지!〉

〈그렇다면 그것들은 전하를 띤 대단히 작은 구름 속에서 나타났겠군?〉

〈자네도 잘 알지 않나?〉

〈그리고 새벽과 일몰, 피비린내 나는 싸움과 같은 현상은 실제 변수의 연쇄에 의해 생성되었는가?〉

〈그렇지.〉

〈하지만 우리 자신도 물리학적·기계학적·통계학적으로 조사하면, 마찬가지로 전하 구름들의 작은 운동, 즉 공간에 분포한 양과 음의 전하에 지나지 않은 것이 아닐까? 우리의 존재는 아원자들의 충돌이나 입자들의 상호 작용 결과가 아닌가? 우리는 그러한 분자들의 운동을 공포, 열망, 그리고 명상 등으로 지각할 테지만 말이야. 그리고 자네가 백일몽을 꾸고 있을 때, 자네의 뇌 속에서 일어나고 있는 일은 회로를 단락시키거나 연결시키는 이진대수binary algebra, 그리고 끊임없이 휘어져 흐르는 전자의 움직임에 지나지 않은 것이 아닐까?〉

〈도대체 무슨 말인가, 클라파우치우스. 자네는 우리의 존재를 유리 상자 속에 갇혀 있는 모조 왕국과 동일시하려는 것인가?〉라고 트루럴은 외쳤다. 〈말도 안 돼. 그건 지나친 비약이야. 나의 목적은 단지 국가의 모조품, 그러니까 사이버네틱스cybernetics를 이용해서 완전한 모형을 만드는 것이었어. 단지 그것뿐이야.〉

〈트루럴! 우리의 완전성은 우리가 받은 저주라네. 왜냐하면 우리의 완전성은 우리의 모든 노력에 예상할 수 없는 무한의 귀결을 가져오기 때문이야.〉 클라파우치우스는 큰소리로 말했다. 〈가령 불완전한 모조자가 고통을 가하고 싶다고 생각하고, 나무나 밀랍으로 된 조잡한 인형을 만들어 거기에 지각을 가진 존재와 비슷한 임시 변통의 외관을 주었다면, 그가 그것에 가하는 고문은 분명 별반 문제되지 않는 흉내내기에 지나지 않을 것이네! 그러나 이런 식의 모작이 서서히 개량되었다고 생각해 보게! 때리면 신음 소리를 내도록 뱃속에 장치를 갖게 된 인형을 만든 조각가를 상상해 보라구. 두들겨 맞으면 자비를 비는 인형을 상상해 보게. 그것은 더 이상 조잡한 인형이 아니라 이미 항상성 homeostasis (신체 내부의 상태가 항상을 유지하도록 정교하게 조절되는 현상——옮긴이)을 갖고 있는 존재야. 눈물을 흘리는 인형, 피를 흘리는 인형, 죽음만이 가져올 수 있는 평화를 바라면서도 죽음을 두려워하는 인형을 상상해 보게. 모조자가 완전할 때 모조 또한 완전하고, 외견상의 유사함은 진실이 되고, 흉내는 실재가 될 수 있다는 걸 모르겠는가! 트루럴, 자네는 고통을 받을 수 있는 무수한 생물을 창조하여, 그들을 사악한 전제 군주의 지배 아래 영원히 버려둔 거야. ……트루럴, 자네는 무서운 범죄를 저질렀어!〉

〈그건 터무니없는 궤변이야!〉 내심 클라파우치우스의 주장이 충분한 설득력을 갖고 있다는 사실을 느꼈기 때문에 트루럴은 한층 더 큰소리로 외쳤다. 〈전자는 우리의 뇌 속뿐만 아니라, 레코드판 속에도 돌아다니고 있어. 그러므로 그것은 아무것도 증명하지 않고, 자네의 가설적 유추에 아무런 근거도 주지 못해! 분명 저 괴물 엑셀시우스의 백성들은 목을 베면 죽고, 흐느껴 울기도 하고, 싸우고, 사랑에 빠지기도 하지. 왜냐하면 내가 그렇게 하도록 변수를 조정해 놓았으니까. 그러나 클라파우치우스, 그들이 그 과정에서 무언가를 느낀다고 주장하는 것은 불가능해. 그들의 머리 속을 뛰어다니는 전자는 자네에게 그런 감정에 대해 아무것도 말해 주지 않을 테니까.〉

〈만약 내가 자네의 머리 속을 보았다면 역시 전자밖에 보이지 않을 것이네〉라고 클라파우치우스는 대답했다. 〈이보게, 제발. 내가 말하는 의미를 모르는 척하는 짓은 그만두게. 자네가 그런 바보가 아닌 줄은 아니까. 레코드판은 자네를 위해 심부름을 가주지 않고, 자네에게 자비를 빌거나 무릎을 꿇지도 않아! 자네는 엑셀시우스의 백성들이 구타를 당했을 때 신음 소리를 내는 것이 마치 차바퀴가 삐걱거릴 때 음성과 비슷한 소리를 내는 것처럼, 단지 전자가 내부에서 뛰어놀고 있기 때문인지 그렇지 않으면 정말 신음 소리를 내는 것인지, 즉 그들이 정말 고통을 경험해서 신음하는 것인지 알 수 있는 방법이 없다고 말했지? 그러나 거기에는 분명한 차이가 있어. 트루럴, 고통을 당하는 사람은 자신의 고뇌를, 자네가 만져보거나, 무게를 재거나, 금화처럼 이빨로 씹어서 시험할 수 있게 자네에게 건네주는 사람이 아니야. 고통받는 자란 고통당하는 사람처럼 행동하는 사람이지. 지금 당장, 그들이 느끼지 못하고, 사고하지 않는다는 것을, 또는 그들이 탄생하기 전과 사후(死後)의 두 가지 망각의 시간 사이에 둘러쳐져 있다는 것을 의식하면서 존재하는 것이 결코 '아니라'는 것을 내게 증명해 보게. 그렇게 하면 자네가 무슨 짓을 하든 상관하지 않겠네. 자네가 고뇌를 '모조'했을 뿐 그것을 '창조'한 것이 아니라는 것을 증명해 보게.〉

〈그것이 불가능하다는 사실은 누구보다 자네가 잘 알고 있을 텐데.〉 트루럴은 조용히 대답했다. 〈상자가 아직 비어 있고 내가 아직 도구를 손에 쥐고 있지 않았을 때, 이미 나는 바로 그런 증명 가능성을 예상하지 않을 수 없었어. 그런 가능성을 배제하기 위해서 말일세. 그렇지 않으면 그 왕국의 군주는 조만간 그의 백성들이 진짜의 백성이 아니라 꼭두각시에 지나지 않는다는 인상을 갖게 되었을 테지. 이해하려고 시도한다. 그 이외에는 다른 방법이 없어! 완전한 실재라는 환상을 약간이라도 파괴시키는 것은 왕국 지배의 중요성과 존엄성을 파괴하여 그것을 단순한 기계적 게임으로 전락

시키는 것이지…….〉

〈알았어, 무슨 말인지 너무도 잘 알고 있어!〉라고 클라파우치우스는 외쳤다. 〈자네의 의도는 더할 나위없이 훌륭한 것이었네. 자네는 단지 왕국을 가능한 한 현실에 가깝고, 너무나 실제 왕국과 흡사해서 누구도 그 차이를 식별할 수 없도록 제작하려고 한 것이지. 그 점에서 자네는 성공한 것 같네. 자네가 돌아온 후 불과 몇 시간밖에 지나지 않았지만, 그 상자 속에 갇혀 있는 사람들에게는 몇 세기가 지나고 있어. 얼마나 많은 사람들이, 얼마나 많은 삶들이 엑셀시우스 왕의 허영심을 채우고, 그를 만족시켜 주기 위해 낭비되었겠는가?〉

트루럴은 아무 대꾸도 않고 자신의 우주선으로 돌아왔다. 그러나 그의 친구가 뒤따라오는 것을 알았다. 그가 우주 공간으로 치솟아 영원한 불꽃을 내뿜는 두 개의 거대 성운 사이로 진로를 정하고 최고 속도로 달리기 시작했을 때 클라파우치우스가 입을 열었다.

〈트루럴, 자네는 구제 불능이야. 자네는 언제나 먼저 행동하고 나중에야 생각하지. 우리가 목적지에 도착했을 때 자네는 도대체 무엇을 할 작정인가?〉

〈왕국을 그로부터 되찾는 거지.〉

〈그런 다음에는?〉

〈그것을 파괴할 걸세!〉 트루럴은 그렇게 소리치고 싶었지만, 그 말이 얼마나 중대한 의미를 갖는지 알아차리고는 첫마디에서 말이 막혔다. 이윽고 그는 우물우물 중얼거리는 어조로 이렇게 말했다.

〈선거를 하겠네. 그들 사이에서 지배자를 고르게 하는 거지.〉

〈자네는 그들을 모두 영주나 무능한 가신으로 프로그램했을 테지. 그들에게 선거가 무슨 도움이 되겠나? 우선 자네가 해주지 않

으면 안 되는 것은, 왕국의 모든 구조를 해체하여 출발점에서부터 다시 조립하는 것이야…….〉

〈그렇다면 어디에서 구조 변경을 끝내고, 어느 대목에서 그들의 마음을 조작해야 하지?〉라고 트루럴은 큰소리로 말했다.

클라파우치우스는 그의 물음에 대답할 수 없었다.

그들은 엑셀시우스의 행성이 시계에 들어올 때까지 음울한 침묵 속에서 항행을 계속했다. 이윽고 착륙을 위해 주위를 선회하고 있을 때 놀라운 광경이 그들의 눈에 들어왔다.

행성 전체가 무수한 지적 생명의 징후로 뒤덮여 있었던 것이다. 극미한 크기의 다리가 가느다란 선처럼 작은 시내와 개울마다 걸려 있고, 별 그림자를 품은 웅덩이에는 작은 선박들이 마치 작은 나무 토막처럼 떠돌고 있었다. ……행성의 밤에 속하는 부분에는 빛나는 도시들이 점점이 빛나고 있고, 낮의 부분에는 번영한 대도시들이 뚜렷이 모습을 드러내고 있었다. 그 곳의 주민들은 너무 작아서 배율 높은 렌즈를 통해서만 관측이 가능했지만, 왕은 대지에 먹히기라도 한 듯 그림자도 찾아볼 수 없었다.

〈그는 여기에 없어〉라고 트루럴은 무서운 듯이 중얼댔다. 〈그들이 왕을 어떻게 한 걸까? 도대체 그들이 어떤 방법으로 상자의 벽을 뚫고 나와 소행성을 점령했을까…….〉

〈저것 좀 봐!〉 골무보다 크지 않은 버섯 형태의 작은 구름을 가리키면서 클라파우치우스가 말했다. 그 구름은 천천히 대기 속으로 피어올랐다.

〈그들은 원자력 에너지를 발견했어. ……저 쪽에 유리 파편들이 보이지 않나? 저건 상자의 잔해야. 그들은 그 상자의 잔해를 일종의 교회로 만든 거야…….〉

〈도저히 이해할 수 없어. 저 왕국은, 궁극적으로 모형에 지나지 않았어. 많은 변수들을 가진 과정, 모조품, 필요한 되먹임고리와 변수와 다중 장치를 가진 왕을 위한 연습대, 다만 그것뿐인데…….〉 트루럴은 놀라움으로 얼이 빠진 듯 이렇게 중얼거렸다.

〈그랬지. 그러나 자네는 자네의 모조품을 너무나 완전하게 만들었다는 용서되지 않는 과오를 범하고 말았네. 단순한 시계 장치의 기계를 만들고 싶지 않았기 때문에, 자네는 전혀 의도하지 않게 자네 특유의 꼼꼼한 방식으로 기계와는 정반대가 되어버린, 아니 그렇게 되는 것이 불가피한 무언가를 창조해 버린 것이야…….〉

〈제발 그만!〉 트루럴이 비명을 지르듯 외쳤다. 그들은 침묵한 채 소행성을 응시했다. 그때 갑자기 무언가가 우주선에 부딪쳤다. 아니 부딪쳤다기보다는 가볍게 스쳐 지나갔다. 그들이 그 물체를 볼 수 있었던 것은 꼬리 부분에서 나오는 가느다란 리본 형상의 불꽃이 빛났기 때문이다. 어쩌면 작은 우주선 또는 인공 위성이었는지도 모르지만, 폭군 엑셀시우스가 애용했던 쇠로 된 장화 한쪽과 매우 흡사했다. 두 사람이 시선을 위로 올리자 소행성의 상공 높은 곳에서 작은 천체가 빛나는 모습이 보였다. 그것은 과거에는 없었던 물체였다. 그들은 차갑고 창백한 그 궤도상에서 엑셀시우스의 험악한 얼굴을 보았다. 그는 이런 식으로 극소 종족Microminian의 달이 되었던 것이다.

그러나 확실히, 여성들은 자주 운다.

여성들은 울 때마다 몹시 슬퍼하고 있는 것처럼 간주된다.

——앤드류 마블 Andrew Marvell

〈트루럴, 고통을 당하는 사람은 자신의 고뇌를, 자네가 만져 보거나, 무게를 재거나, 금화처럼 이빨로 깨물어서 시험할 수 있게 자네에게 건네주는 사람이 아니야. 고통받는 자란 고통당하는 사람처럼 행동하는 사람이지.〉

렘이 자신의 공상적인 시뮬레이션을 묘사할 때 사용하는 어휘 선택법은 무척 흥미롭다. 〈디지털〉, 〈비선형〉, 〈되먹임고리〉, 〈자기 조직〉, 〈사이버네틱〉 등의 어휘는 그의 이야기 속에 여러 차례 되풀이해서 나타난다. 그것들은 인공 지능에 대한 현재의 논의에 등장하는 용어들과는 사뭇 다른 고풍의 향기를 담고 있다. 그 동안 대부분의 인공 지능 연구는 지각이나 학습, 창조성과는 거의 무관한 방향을 더듬어 왔고, 대개 언어 사용 능력의 시뮬레이션이라는 방향에서 진행되었다. 여기에서 우리는 〈시뮬레이션〉이라는 말을 의도적으로 사용하고 있다. 인공 지능 연구에서 가장 힘들고 도전적인 부분은 앞으로의 과제로 남겨져 있는 것 같다. 그런 과제들이 해결된 이후에야 인간 정신의 〈자기 조직적〉, 〈비선형적〉 성격이라는 중요한 수수께끼를 공략할 수 있게 될 것이다. 한편 렘은 이러한 단어들이 주는, 머리를 어찔어찔하게 만드는 강력한 냄새를 얼마간 생생하게 느끼게 만들고 있다.

톰 로빈스Tom Robbins의 소설 『여자 카우보이도 우울해진다Even Cowgirls Get the Blues』에는 렘의 작은 인공 세계의 공상과 놀랄 만큼 흡사한 줄거리가 나온다.*

그 해 크리스마스 선물로 줄리앙Julian은 시시Sissy에게 티롤 마을을 정밀하게 축소시킨 모형을 주었다. 그 마을의 정교한 모습은 가히 일품이었다.

스테인드 글라스 창문이 햇빛에 비쳐 띠를 두른 것처럼 보이는 작은 성당이 있었다. 광장과 〈비어가르텐Biergarten〉도 있었다. 비어가르텐은 토요일 밤이 되면 맥주를 마시는 사람들로 떠들썩해졌다. 언제나 따뜻한 빵과 과자 향기가 떠도는 빵집이 있었다. 시청과 경찰서도 있었는데 그 일부는 속을 들여다볼 수 있도록 한쪽 면이 잘려 있어서 관청 특유의 형식주의와 나태함을 드러내고 있었다. 티롤 주민들은 정교하게 바느질된 가죽 바지를 입고 있었고, 바지 속에는 역시 정교하게 만들어진 생식기를 달고 있었다. 그 곳에는 스키 가게도 있었고, 고아원을 비롯해 여러 가지 흥미로운 장소가 있었다. 고아원은 크리스마스 이브마다 화재로 소실되도록 설계되어 있었다. 그때마다 불 붙은 잠옷을 입은 고아들이 눈 속을 뛰기 시작하는 것이다. 끔찍한 일이다! 1월 둘째 주 무렵이면 화재 조사원이 불에 탄 자리를 쿡쿡 찌르면서 이렇게 중얼댄다. 〈내 충고를 들었더라면 이 아이들이 지금도 살아 있을 텐데.〉

주제의 측면에서는 렘의 작품과 아주 흡사하지만 그 분위기

* Tom Robbins, *Even Cowgirls Get the Blues* (Bantam Books, 1976), 191-192쪽에서 인용한 것임. Bantam Books의 허가로 재수록.

는 완전히 다르다. 그것은 마치 두 사람의 작곡가가 독자적으로 같은 선율을 생각해 내고, 전혀 다른 화음을 붙인 것과 같다. 로빈스는, 당신으로 하여금 이 작은 거주자들이 진정한 감정을 가지고 있다고 믿게 만들기는커녕, 단지 그들이 믿을 수 없을 만큼(믿을 수 없을 만큼 어리석지는 않더라도) 정교하게 만들어진 시계 장치의 부품들에 지나지 않는다는 인상을 주려고 한다.

매년 반복되는 고아원 참사는 (그뿐 아니라 모든 사건이 되풀이된다) 니체의 영겁 회귀(永劫回歸) 사상을 반영하며, 축소판 세계에서 모든 현실적 의미를 완전히 박탈해 버리는 것처럼 보인다. 왜 화재 조사원의 되풀이되는 비탄은 그토록 공허하게 들리는 것일까? 작은 티롤 마을 사람들은 스스로 고아원을 다시 세울까, 아니면 모든 것을 처음 상태로 돌리는 〈리셋 reset〉 버튼이 있는 것일까? 어디에선가 새로운 고아들이 오는 것일까, 아니면 죽은 고아들이 다시 〈소생〉하는 것일까? 이 책에 실린 다른 환상 소설들과 마찬가지로, 생략된 세부에 대해 생각해 보면 종종 많은 교훈을 얻는다.

미묘한 문체의 필치나 화술의 기교가 이 작은 영혼들이 진짜인 것처럼 믿게 할 수도 있고, 전혀 그렇지 않은 느낌을 줄 수도 있다. 당신은 어느 쪽인가?

D. R. H.

D. C. D.

넌 세르비엄

스타니슬라프 렘

도브Dobb 교수의 이 책*은 퍼스네틱스personetics에 관한 것이다. 퍼스네틱스란 핀란드의 철학자 아이노 카이키Eino Kaikki가 〈지금까지 인류가 창조한 것 중에서 가장 잔혹한 학문〉이라고 부른 것이다. 오늘날 가장 탁월한 퍼스네틱스 연구자 중 한 사람인 도브 교수도 카이키와 같은 의견이다. 그는 퍼스네틱스가 그 적용의 측면에서는 비도덕적이라는 결론을 피할 수 없다고 말한다. 즉 그 연구자들은 사회 윤리에 반하는 귀결을 모면할 수 없지만, 윤리 원칙에 위배되더라도 현실적으로 요구되는 종류의 연구를 하고 있다는 것이다. 이 연구에서 특수한 무자비함을 회피할 수 없고 인간의 자연적 본성에 대한 폭력을 면할 수 없으며, 사실fact 추구자로서 과

* 이 장은 렘의 『완전한 진공——실재하지 않는 책에 대한 완전한 서평 *A Perfect Vacuum: Perfect Reviews of Nonexistent Books*』의 1부이고, 본문 속의 〈이 책〉이란 이 작품 속에서 서평을 위해 지어낸 가공의 책을 뜻한다. ——옮긴이

학자의 완전한 순수성이라는 신화가 붕괴하는 것은 다른 어떤 분야도 아닌 바로 이 학문 분야이다. 우리는 조금 과장해서 〈실험적 신통계보학 experimental theogony(實驗的 神統系譜學)〉이라 불리는 학문 분야에 대해 이야기하고 있는 것이다. 그러나 설령 그렇다고 해도 나는 9년 전에 신문과 잡지들이 퍼스네틱스에 대해 보도했을 때, 이 학문이 밝힌 결과에 대해 여론이 대경실색했다는 사실에 놀라지 않을 수 없다. 우리는 오늘날과 같은 시대에 우리를 놀라게 할 수 있는 일은 더 이상 없다고 생각하곤 한다.

크리스토퍼 콜럼버스 Christopher Columbus의 위업은 몇 세기에 걸쳐 칭송되었지만, 1주일에 걸친 달 정복극은 사람들의 집단 의식에 진부한 사건으로밖에 받아들여지지 않고 있다. 그럼에도 불구하고 퍼스네틱스의 탄생은 엄청난 충격으로 받아들여졌음이 증명되었다.

퍼스네틱스라는 명칭은 라틴어와 그리스어로부터 파생한 두 개의 단어 〈persona〉와 〈genetic〉을 합성한 것이다. 〈persona〉는 인격, 〈genetic〉은 형성이나 창조를 의미한다. 이 분야는 지식공학 intellectronics과 함께 1980년대의 사이버네틱스나 사이코닉스 psychonics에서 최근에 분기했다. 오늘날 퍼스네틱스에 대해 모르는 사람은 아무도 없다. 길을 지나는 사람을 아무나 붙잡고 물어본다면 대부분 퍼스네틱스가 지적 존재의 인위적 생산이라고 대답할 것이다. 그 대답이 틀린 것은 아니지만 그 본질을 정확히 짚은 것은 아니다. 현재 거의 100개에 달하는 퍼스네틱스 프로그램이 있다. 〈선형 linear〉의 원시적인 코어를 가진 개념도는 9년 전에 개발되었다. 그러나 그 시대의 컴퓨터(오늘날 골동품으로서의 역사적 가치를 갖는다)로는 퍼스노이드(인조 인격)의 진정한 창조라는 분야를 제공할 수 없었다.

지각 능력을 창조할 수 있는 이론적 가능성은 꽤 오래 전 노버트 위너 *Norbert Wiener*에 의해 예언되었다. 그것은 그의 최후의 저서 『신과 골렘 *God and Golem*』의 여러 구절에서 분명하게 드러난다. 확실히 그는 자신의 전형적인 농담조로 그것을 암시했지만, 그 배후에는 상당히 무서운 징후가 깔려 있었다. 그러나 위너는 20년 후에 모든 것이 어떻게 뒤바뀔지 예견할 수는 없었다. 최악의 사태는, 도널드 에이커 Donald Acker의 말을 빌리자면 매사추세츠 공과대학(MIT)에서 〈입력이 출력과 단락 short을 일으켰을 때〉 발생했다.

현재 퍼스노이드를 위한 〈세계 world〉를 준비하는 데 두세 시간밖에 걸리지 않는다. 이것은 기계에 완전한 프로그램(예를 들어 〈BAAL 66〉, 〈CREAN IV〉, 〈JAHVE 09〉 등)의 하나를 입력하는 데 걸리는 시간이다. 도브 교수는 퍼스네틱스의 역사적 전거들을 독자들에게 언급하면서, 그 출발 과정을 개략적으로 묘사했다. 그는 공인된 사업가-실험자 practitioner-experimenter로 자처하면서 주로 자신의 연구에 대해 이야기하고 있지만, 이것은 비교적 적절한 방식이다. 왜냐하면 도브 교수가 대표하는 영국학파와 MIT의 미국 연구 팀 사이에는 방법론의 측면에서나 실험의 목적에서 모두 상당한 차이가 있기 때문이다. 도브 교수는 〈6일 간에 걸친 120분〉의 과정을 다음과 같이 서술하고 있다. 우선 기계의 기억 장치에 최소한의 기정 사실 givens의 집합을 공급한다. 다시 말해 일반인이 이해할 수 있는 언어로 표현하자면, 기억 장치에 〈수학적〉인 소재를 주는 것이다. 이 소재는 퍼스노이드가 거주하는 일종의 우주 원형질이 되는 셈이다. 그 단계에서 우리는 이 기계적이고 디지털적인 세계에 들어가게 될 생물에게 (그리고 이들 생물은 이 세계 속에서만 살아가게 된다) 무한의 특성을 가진 환경을 공급할 수 있다. 따라서 이들 생물은 물리학적 의미에서는 갇혀 있다는 느낌을 가질 수 없다. 왜냐하면 그들의 관점에서는 그 환경에 어떤 한계도 없기 때문이다. 그 환경은 우리의 시간의 경과(지속 시간)와 흡사한 하나의 차원을 갖는다. 그러나 그들의 시간이 직접적으로 우리의 시간에 상응하는 것은 아니다. 왜냐하면 그 흐름의 속도는 실험자의 임의의 제어에 의존하기 때문이다. 일반적으로 그 속도는 예비 단계(이른바 창조적 준비 운동warm-up)에서 최대가 되며, 우리의 1분은 컴퓨터의 무한히 긴 기간에 해당한다. 그 기간에 합성 우주의 일련의 연속적인 재조직화와 결정화가 일어난다. 그것은 완벽하게 공간이 없는spaceless 우주이다. 그렇지만 이 우주도 여러 차원을 가질 수 있다. 단 이러한 차원은 순수하게 수학적이며, 〈가상〉의 성격이라고 말할 수 있을 것이다. 그것들은 단지 프로그래머가 정한 어떤 공리계의 결과일 뿐이며 그 수는 프로그래머에 의존한다. 가령 프로그래머가 10차원을 선택한다면, 6차원밖에 없는 경우와는 전혀 다른 결과를 낳는 세계 구조가 탄생하게 될 것이다. 따라서 다음과 같은 점이 강조되어야 할 것이다. 즉 이러한 차원은 물리학적 공간의 차원과는 아무런 관계도 없으며, 단지 체계 창조 과정에서 이용된 추상적이고 논리적인 가정에만 관계되는 것이다.

수학자가 아닌 사람들로서는 이해하기 힘든 이 점을, 도브 교수는 학교에서 일반적으로 배우는 간단한 사실을 예로 들어 설명하려 하고 있다. 이미 잘 알고 있듯이 기하학적으로 규칙적인 3차원 입체, 예를 들어 정육면체를 구성하는 것은 가능하다. 이것은 현실 세계에 주사위 형태로 그 대응물을 갖는다. 마찬가지로 수학적으로는 4차원, 5차원의 기하학적 입체를 만드는 것이 가능하다(4차원의 경우에는 4차원 정육면체). 그러나 4차원 이상의 입체는 더 이상 현실적 대응물을 가질 수 없다. 물리학적으로는 제4의 차원이 없기 때문에 진정한genuine 4차원 주사위를 만드는 방법은 없다. 그런데 이러한 차이(물리학적으로 구성 가능한 것과 수학적으로만 가능한 것 사이의 차이)는 퍼스노이드에 있어서는 일반적으로 존재하지 않는다. 왜냐하면 그들의 세계는 순수한 수학적 정합성에 의해 지탱되고 있기 때문이다. 그 세계는 수학으로 구축되어 있다. 다만, 그 수학의 기본적 구성 요소가 통상적이고 물리적인 대상(릴레이, 트랜지스터, 논리 회로, 즉 디지털 기계의 거대한 전체 연결망network)일 뿐이다.

현대물리학에서 배웠듯이 공간은 그 속에 존재하는 물질이나 질량으로부터 독립적인 무엇이 아니다. 공간 그 자체의 존재가 이러한 물체에 의해 결정되어 있다. 물체가 존재하지 않는 곳, 즉 물질적인 의미에서 아무것도 존재하지 않는 곳에서는 공간 역시 소멸하여 무로 돌아간다. 그런데 이러한 물체의 역할, 다시 말해 그 〈영향〉을 확장시키고, 그 확장에 의해 공간을 〈생성〉하는 물체의 역할은 퍼스노이드의 세계에서는 바로 그 목적을 위해 생성된 수학 체계가 떠맡는다. 프로그래머는 실험 내용을 결정하고, 일반적으로 구성될 수 있는(예를 들어 공리적 양식으로) 모든 가능한 〈수학〉 속에서 창조된 우주의 토대, 바꿔 말하면 〈실존적 기질substrate(효소의 작용으로 화학 반응이 일어나는 물질로 여기에서는 생명 활동이 일어날 수 있는 토대의 의미를 갖는다.—옮긴이)〉, 〈존재론적 기초〉로 기능하게 될 특정한 그룹을 골라낸다. 도브 교수는 바로 이 점에서 인간 세계와 현저한 유사성이 나타난다고 생각한다. 우리가 살고 있는 세계는 결국 그것에 가장 적합한, 즉 가장 단순히 적합한 특정 형식과 특정 유형의 기하학(처음의 형태를 유지하기 위해서는 3차원의 기하학)에 따라서 〈결정〉되어 있다. 그럼에도 불구하고 우리는 기하학의 영역 및 그 이외의 영역에서도 〈현실과 다른 성질〉을 가진 〈다른 세계〉를 마음 속에 그릴 수 있다. 이것은 퍼스노이드에 있어서도 마찬가지이다. 연구자가 그들의 〈서식지 habitat〉로 선택한 수학의 성격이 그들에게 갖는 의미는, 우리가 그 속에서 산다기보다는 어쩔 수 없이 살아가는 live perforce 〈현실 세계의 기반〉이 우리에게 갖는 의미와 정확히 동일하다. 그리고 우리와 마찬가지로, 퍼스노이드들 역시 다른 근본적인 특성을 가진 세계를 〈마음 속에 그릴〉 수 있다.

도브 교수는 점진적인 근사와 주제의 재현이라는 방법을 통해 자신의 주제를 제시한다. 그 점에 대해서는 이미 앞에서 개괄적으로 설명했으며, 그의 저서 처음 두 장(章)이 거의 그런 부분에 해당한다. 이후 계속되는 장에서는 좀더 복잡한 형태로 부분적 수정이 가해진다. 그러나 도브 교수는, 현실에서는 상황이 다르다고 말한다. 현실에서는 퍼스노이드가 단지 이미 만들어진, 고정된, 응고된 어떤 종류의 세계에서 돌이킬 수 없는 최종적인 형태로 등장하지 않는다는 것이다. 저자는 이 세계의 세부적인 특성 specificities은 그들 자신에 의해 결정된다는 것, 즉 그들 자신의 활동성이 증가하고 〈탐험적인 주도성 exploratory initiative〉이 개발되는 정도에 따라 결정된다는 것을 우리에게 충고한다. 또한 퍼스노이드의 세계를, 인식의 주체인 퍼스노이드가 관찰하는 정도에 의거해서만 현상이 존재하는 세계에 비유하는 것도 실제 상황에 대한 정확한 상(像)을 제공하지 않는다는 것이다. 세인터 Sainter나 휴스 Hughes의 연구에서 찾아볼 수 있는 이러한 유추를 도브는 〈관념론자의 탈선〉(그 이유는 알 수 없지만 버클리Berkeley 주교가 갑작스럽게 부활시킨 교의(敎義)에 대해서 퍼스네틱스가 보낸 경의)으로 간주한다. 세인터는 퍼스네이드가 버클리적 생물*과 같은 방식으로 그들의 세계를 인식할 것이라고 주장한다. 버클리적 생물은 존재esse를 지각percipi에서 분리할 위치에 있지 않다. 다시 말해서 지각하는 대상과 지각하는 주체로부터 독립적이고 객관적인 방식으로 지각을 일으키는 것 사이의 차이를 결코 발견하지 못할 것이다. 도브 교수는 이런 식의 해석을 맹렬히 공격한다. 그들 세계의 창조자인 〈우리〉는 그들에 의해 지각되는 것이 실재하며, 그것이 전적으로 수학적 대상이라는 형태를 띠기는 하지만, 그들로부터 독립되어 컴퓨터 내부에 존재한다는 것을 잘 알고 있다.

그의 설명은 계속된다. 퍼스노이드는 프로그램의 힘에 의해 발생한다. 그들은 실험자에 의해 규정된 속도, 즉 광속에 가까운 속도로 움직이는 최신 정보 처리 기술이 허용하는 속도로 증식한다. 퍼스노이드의 〈존재의 거주지existential residence〉인 수학은 완전히 준비가 갖추어진 형태로 그들을 맞이하는 것이 아니라 아직도 〈껍질 속에 싸여 있는in wraps〉 상태, 즉 불명료하고 이리저리 떠돌고, 잠재적인 상태에 있다. 왜냐하면 그것은 예상되는 가능성의 특정한 집합, 다시 말해 기계의 적절히 프로그램된 서브유닛subunit에 포함되는 특정한 경로들의 집합을 표현할 뿐이기 때문이다. 이러한 서브유닛, 즉 생성 프로그램은 그 자체로는 아무런 역할도 하지 않는다. 오히려 특별한 유형의 퍼스노이드 활동이 촉발 메커니

* 〈존재란 지각이다esse est percipi〉는 버클리의 유명한 명제이다. ──옮긴이

즘으로 기능해서 생성 과정을 작동시켜 그 움직임이 점차 증대되어 스스로를 규정한다. 바꿔 말하자면 이러한 생물을 둘러싸고 있는 세계는 그들 자신의 행동에 의해서만 명료해지는 것이다. 도브 교수는 이 개념을 설명하기 위해서 다음과 같은 비유를 들고 있다. 어떤 사람이 여러 가지 방식으로 현실 세계를 해석할 수 있다. 그리고 그는 그 세계의 특정 측면에 특별한 주의(집중적이고, 과학적 탐구)를 집중할 수 있으며, 그에 따라 그가 획득한 지식은 그가 우선 순위를 설정한 연구에서 고려되지 않은 세계의 나머지 측면에 특정한 색깔의 빛을 비추게 된다(그가 세계의 한 측면에 관심을 집중함으로써 다른 측면에 대한 관점에도 영향을 미치게 된다.――옮긴이) 만약 그가 맨 처음에 역학에 주의를 기울였다면 그는 세계의 역학적 모형model을 세우고, 과거에서부터 정확하게 결정된 미래에 이르기까지 냉혹한 움직임으로 진행하는 거대하고 완전한 시계장치(시계 장치 우주clockwork universe에 대한 비유는 뉴턴과 그의 시대의 기계론적 철학자인 데카르트에까지 거슬러 올라간다. 뉴턴의 역학은 이 세계가 법칙성에 따라 마치 거대한 시계처럼 움직인다고 생각했다. 이러한 기계론적 세계관은 이후 결정론적 세계관으로 발전한다.――옮긴이)로 우주를 볼 것이다. 이 모형은 실재(實在)에 대한 정확한 표상이 아니다. 그럼에도 불구하고 우리는 그것을 역사적으로는 긴 시간상의 한 기간에 대해 사용할 수 있다. 뿐만 아니라 그 모형의 도움을 빌려 여러 가지 실제적 성공, 가령 기계나 도구의 제작 등을 거둘 수도 있다. 마찬가지로 만약 퍼스노이드가 선택에 의해, 즉 자신의 의지에 의거한 행위로 자신들의 우주에 대한 특정한 형태의 관계에 〈스스로를 편향시켜서incline themselves〉 그런 종류의 관계에 우선권을 준다면, 따라서 그 관계에 있어서, 그리고 그 관계에 있어서만 그들이 자신들의 우주의 〈본질〉을 발견한다면, 그들은 노력과 발견이라는 한정된 경로, 즉 환상이나 쓸모없음이 아닌 특정한 경로로 들어서게 될 것이다. 또한 그들의 편향은 환경 속에서 그것에 가장 적합한 것을 〈이끌어낸다〉. 그들이 최초로 지각하는 것이 그들이 최초로 숙달하는 것이다. 왜냐하면 그들을 둘러싼 세계는 연구자-창조자researcher-creator에 의해 미리 부분적으로 결정되어 확립된 어떤 것에 지나지 않기 때문이다. 그 세계 속에서 퍼스노이드는 〈정신적〉(그들이 그들 자신의 세계를 어떻게 생각하는가, 또한 어떻게 그것을 이해하는가라는 측면에서) 행동과 〈현실적인〉(물론 우리가 이해하는 것과 같은 문자 그대로의 의미에서의 현실성은 아니지만 단지 상상된 것도 아닌, 그들의 〈행위〉의 맥락에서의) 행동의 양면에서 어느 정도의, 결코 하찮은 것은 아닌, 자유의 여지를 갖는다. 사실 이 대목이 설명하기 가장 힘든 부분이다. 감히 이야기하자면, 도브 교수는 앞에서 이야기한 퍼스노이드의 생명의 특수한 성격, 즉 프로그램과 창조적 개입이라는 수학적 언어에 의해서만 서술되는 성격을 설명하는 데 완전히 성공하지는 못한 것 같다. 따라서 우리의 행동 범위가 자연의 물리적 법칙에 제약되어 있고 완전히 자유롭지 않듯이 우리는 퍼스노이드의 행동이 완전히 자유롭지 않으며, 우리가 고정된 궤도 위를 달리는 열차가 아니듯이 완전히 결정된 것도 아니라는 주장을 절대적으로 받아들여서는 안 될 것이다. 퍼스노이드는 다음과 같은 점에서도 사람과 흡사하다. 사람의 〈2차적 특성〉, 즉 색, 선율을 이루는 소리, 사물의 아름다움은 인간이 듣는 귀, 보는 눈을 갖고 있을 때에만 나타날 수 있지만, 듣고 보는 것을 가능하게 해 주는 것은 결국 미리 주어진 것이다(로크는 물체로부터 분리할 수 없는 본원적 성질

[견고성, 연장, 형태, 가동성]을 제1차 성질이라고 부르고, 제1차 성질에 의해 우리에게 여러 가지 감각을 낳는 힘에 지나지 않는 성질[빛깔, 소리, 미각 등]을 제2차 성질이라고 불렀다. ──옮긴이). 퍼스노이드는 환경을 지각할 때, 우리의 관점에서는 눈에 보이는 경치의 매력에 상응하는 여러 가지 경험적 성질을 그들 자신으로부터 공급하지만, 다른 한편 그들에게는 순수하게 수학적인 경치가 미리 주어진 것이다. 그들이 〈어떻게 경치를 볼 수 있는지〉에 대해서는 아무것도 말할 수 없다. 왜냐하면 〈그들의 감각의 주관적 성질〉을 알 수 있는 유일한 길은 인간의 탈을 벗고 퍼스노이드가 되는 것이기 때문이다. 퍼스노이드는 눈도 귀도 없기 때문에 우리가 이해하는 것과 같은 의미로 보거나 듣는 것이 아니라는 사실을 상기해야 한다. 그들의 우주에는 빛도, 어둠도, 공간적 근접함도, 거리도, 상하(上下)도 없다. 그 대신, 우리는 감지할 수 없지만 그들에게는 근본적이고 기본적인 차원이 있다. 예를 들어 그들은 인간의 감각적 지각의 구성 요소에 해당하는 것으로 전위차의 일정한 변화를 지각한다. 그러나 그들이 느끼는 전위차의 변화는 전류나 전압과 같은 성격의 무엇이라기보다는 빨간색을 보거나, 소리를 듣거나, 단단한 물건이나 부드러운 물건을 감촉하는 등 인간에게 가장 기본적인 시각적·청각적 현상과 같은 종류의 무엇이다. 이 대목에서부터 도브 교수는, 우리가 오직 비유적인 의미에서만 환기 evocations를 이야기할 수 있음을 강조한다.

퍼스노이드가 우리들과 마찬가지로 보고 들을 수 없다는 이유로 우리의 관점에서 〈장애를 가졌다 handicapped〉라고 주장한다면 어리석기 짝이 없는 생각이다. 왜냐하면 완전히 똑같은 이유로, 수학적 현상을 직접 감각할 수 없고, 결국 이성에 의해 추론하는 방법으로밖에 그것을 알 수 없는 우리가 오히려 그들에 비해 뒤떨어진다고 주장할 수 있기 때문이다. 우리가 수학을 접하는 것은 추론을 통해서만 가능하며, 추상적 사고를 통해서만 수학을 〈경험〉할 수 있다. 그에 비해 퍼스노이드는 그 속에 살고 있다. 수학은 그들의 공기이고, 대지이고, 구름이고, 물이고, 밥이다. 말 그대로 그들이 먹고사는 식량인 것이다. 어떤 의미에서 그들은 수학에서 영양분을 얻기 때문이다. 그러므로 그들이 기계의 내부에 밀봉되어 〈감금〉되어 있다는 것은 전적으로 우리의 관점에서 본 이야기이다. 그들이 우리 인간 세계로 들어올 수 없듯이 역으로 (대칭적으로) 우리 또한 그들의 세계 안쪽으로 들어가서 그 곳에서 살고, 그들의 세계를 직접 알 수 없다. 따라서 수학은 그 속에서 구체화되어, 완전히 비물질적인 것으로까지 정신화된 지성의 생활 공간, 그들이 살아가는 니치 niche(니치란 생태계 속의 생태학적 지위를 뜻하며, 여기에서는 수학이 전자적 생태계 속에서 퍼스노이드들이 살아가는 체계를 형성한다는 의미이다.──옮긴이)이자 요람, 그리고 그 구성 요소로 구현된 것이다.

퍼스노이드는 여러 가지 면에서 인간과 매우 흡사하다. 그들은 특정한 모순(가령, *a*이면서 *a*가 아니다)을 상상할 수 있다. 그러나 우리들이 그럴 수 없듯이, 그것을 실현시킬 수는 없다. 우리 세계의 물리학, 그들 세계의 논리학이 그것을 허용하지 않는다. 그 까닭은 퍼스노이드의 우주에서 논리학이 우리들 세계의 물리학과 똑같이 행동을 제약하는 틀로 작용하기 때문이다. 어쨌든 도브 교수는 다음과 같은 점을 강조한다. 즉 퍼스노이드가 그들의 무한한 우주 속에서 부지런히 과제를 수행하고 있을 때 그들이 〈느끼고〉, 〈경험하는〉 것을 우리가 충분히 내성적(內省的)으로 파악할 수 있다는 생각은 어불성설이라는 것이다. 그 철저한 무공간성 spacelessness 은 감옥이 아니다. 그것은 기자들이 자주 애용하는 말로 난센스이다. 무공간성은 오히려 그들의 자유를 보증해 준다. 왜냐하면 컴퓨터의 생성 프로그램 작동에 의해 (그리고 그 활동을 유발하는 것은 바로 퍼스노이드의 행동이다) 자아내어진 수학은 임의의 행동, 건축이나 그 밖의 노동, 탐험, 영웅적인 여행, 대담한 침략이나 추측과 같이 활동이 가능한 자기 실현의 무한한 장인 것이다. 한 마디로 요약하면, 우리가 퍼스노이드에게 다른 우주가 아닌 정확히 이런 모습의 우주를 갖게 한 것이 그들에게 부당한 대우를 한 것은 아니라는 말이다. 퍼스네틱스가 잔혹하거나 비도덕적이라는 생각은 터무니없는 것이다.

도브 교수는 『넌 세르비엄』 7장에서 독자들에게 디지털 우주의 거주자를 보여준다. 퍼스노이드는 언어와 사고를 능숙하게 제어하며 감정을 갖는다. 각각의 퍼스노이드는 개별적인 존재이다. 그들의 분화는 창조자-프로그래머의 결정의 단순한 귀결이 아니며, 그들 내부 구조의 엄청난 복잡성에서 유래한다. 그들은 매우 비슷할 수도 있지만, 완전히 동일한 것은 하나도 없다. 세계에 등장할 때, 각각의 퍼스노이드는 〈코어 core〉, 즉 〈인격의 핵 personal nucleus〉을 부여받으며, 초보적인 상태이긴 하지만 이미 언어와 사고 능력을 갖는다. 그들은 어휘를 가질 수 있지만 빈약한 수준이다. 또한 그들에게는 주어진 구문 법칙에 따라서 문장을 구성하는 능력이 있다. 미래에는 이러한 결정 요소를 그들에게 부여하지 않고, 마치 사회화의 과정에 있는 어떤 원시인 집단처럼, 그들 스스로의 언어를 발달시킬 때까지 기다릴 수 있을 것 같다. 그러나 이러한 방향의 퍼스네틱스는 두 가지 근본적 장애에 직면한다. 첫째, 언어의 창조를 기다리는 데 들어가는 시간이 무척 길어질 것이라는 점이다. 현재의 컴퓨터로 얻을 수 있는 가장 빠른 변환 속도로 12년은 걸릴 것이다(아주 개략적으로 이야기하자면, 기계 시간의 1초는 인간 생활의 1년에 해당한다). 둘째, 이것이 더 큰 문제인데, 〈퍼스노이드의 집단 진화〉에서 자연 발생적으로 생성된 언어는 우리가 이해할 수 없으리라는 것이다. 그 언어를 이해하려면 수수께끼와 같은 암호를 해독하는 힘든 작업이 필요할 것이다. 더구나 이 암호는 암호 해독자와 같은 세계에서 한 사람이 다른 사람을 위해 만들어낸 무엇이 아니기 때문에, 해독 작업은 훨씬 더 어려워진다. 퍼스노이드의 세계는 그 특성에서 우리의 세계와는 전혀 다르다. 그러므로 그 세계에 적합한 언어는 우리들 세계의 어떤 민족의 언어와도 비슷하지 않을 것이다. 따라서 앞으로 얼마 동안, 무로부터의 언어적 진화란 퍼스네틱스의 꿈에 불과하다.

퍼스노이드는 그들이 〈발생적으로 뿌리를 내렸을〉 때, 근본적이고 그들에게 가장 큰 수수께끼에 맞닥뜨리게 된다. 그것은 그들 자신의 기원이라는 수수께끼이다. 그들은 스스로 자문한다. 그 물음은 우리의 역사에서도, 우리의 종교적 신앙과 철학적 탐구, 창조 신화의 역사에서 익히 알려진 질문이다. 〈우리는 어디에서 왔는가?〉, 〈우리가 다른 모습이 아닌 이런 모습을 하고 있는 까닭은 무엇인가?〉, 〈이 세계에서 우리는 어떤 의미를 갖는가?〉, 〈이 세계는 우리에게 어떤 의미를 갖는가?〉 이러한 성찰적 훈련은 그들을 궁극적으로, 그리고 불가피하게 존재론의 근본적인 물음으로, 즉 존재는 〈그 자체로, 저절로〉 나타난 것인가, 아니면 특별한 창조적 행위의 소산인가라는, 다시 말해 존재의 근저에는 의지와 의식을 가지고, 자기 목적적이고, 능동적인 상황 지배자인 창조주가 숨어 있는 것이 아닐까라는 물음으로 이끈다. 퍼스네틱스가 노골적인 잔혹성과 부도덕성을 드러내는 것은 바로 이 대목이다.

그러나 도브 교수는, 그의 저서 후반부에서 이러한 지적 노력, 즉 이러한 의문의 고통의 희생물이 된 심성의 고투를 고찰하기 전에 이후의 일련의 장에서 계속 등장하는 〈전형적 퍼스노이드〉의 초상, 즉 그들의 〈해부학, 생리학, 심리학〉을 소개한다.

고립된 퍼스노이드는 초보적 사고 단계를 넘어설 수 없다. 왜냐하면 고립되어 있어서 대화 훈련을 할 수 없고, 대화가 없으면 추론적 사고를 발달시킬 수 없기 때문이다. 수백 차례의 실험이 보여주듯이 회화나 전형적 탐구 활동의 발달과 〈문명화〉가 가능하려면 최소한 넷이나 일곱으로 구성되는 퍼스노이드 집단이 필요하다. 한편 좀더 대규모의 사회적 과정에 상응하는 현상은 더 큰 집단을 필요로 한다. 현재까지는 개략적으로 말하자면 상당히 큰 용량을 갖는 컴퓨터 우주 속에서 1,000개체의 퍼스노이드까지 〈수용하는〉 것이 가능하다. 그러나 이런 종류의 연구는 별도의 독립적인 학문 분야인 사회역학sociodynamics에 해당하기 때문에 도브 교수의 일차적인 관심 분야에서 벗어난다. 그래서 그의 책은 이 문제를 가볍게 언급하고 있다. 앞에서 이야기했듯이 퍼스노이드는 육체를 갖지 않지만 〈영혼〉은 가질 수 있다. 이 영혼은 (컴퓨터 속에 짜 넣어진 특별한 장치, 즉 일종의 탐색 장치인 보조 모듈에 의해) 기계 세계를 들여다보는 외부 관찰자의 눈에는 〈많은 과정들의 정합적인 구름coherent cloud of processes〉, 바꿔 말하면 다른 것과 구별되어 기계의 네트워크 속에 한정되는 종류의 〈중심〉을 가진 기능적 집합으로 비친다(주의해야 할 것은 이것은 결코 용이하지 않다는 것이다. 여러 가지 측면에서 신경생리학자가 인간의 뇌 속에 여러 가지 기능을 담당하는 국소화된 중심을 찾는 일과 흡사하다). 무엇이 퍼스노이드의 창조를 가능하게 하는지를 이해하는 데 중요한 장(章)은 『넌 세르비엄』의 11장이다. 이 장은 지극히 단순한 용어로 의식 이론의 기초적인 내용을 설명한다. 의식(퍼스노이드의 의식에 국한되지 않는 모든 의식)은 그 물리학적 양상에서 〈정보적 정상파(定常波)〉, 즉 끊이지 않는 변환의 흐름 속에 존재하는 일정한 역학적 불변식 invariant(不變式)이다. 특히 그것은 〈타협 compromise〉을 나타내면서, 동시에 우리가 아는 한, 자연적 진화에 의해 미리 계획되지 않은 〈결과〉라는 점에서 독특하다. 계획되기는커녕 진화는 처음부터 뇌의 활동을 일정량 이상으로, 즉 일정 수준의 복잡성 이상으로 조화시키려는 과정에서 엄청난 문제와 어려움을 부과했고, 전혀 의도하지 않고 아무런 설계도 없이 이러한 딜레마의 영역을 침범한 것이다. 왜냐하면 진화란 신중한 공장(工匠)이 아니기 때문이다. 인류 발생이 시작되었을 때, 신경계에 공통된 제어와 조절이라는 문제에 대한, 아주 오래 전에 이루어진 진화적 해결책이 그 수준에까지 〈진전된〉 것은 지극히 우연적인 일에 불과하다. 순수하게 합리적이고 효율적인 공학적 관점에서 볼 때, 이러한 해결책은 취소되거나 폐기되어야 하며 완전히 새롭게 설계되어야 하는 무엇이다. 가령 지적 생물의 뇌처럼 말이다. 그러나 진화가 이런 식으로 진전될 수 없다는 것은 자명하다. 왜냐하면 오래 된, 때로는 수억 년이나 된 해결책의 유산 그 자체를 풀어놓는 일은 진화의 능력을 벗어나기 때문이다. 진화는 항상 아주 조금씩 적응도를 높이면서 진전하기 때문에, 즉 〈기어갈〉 수 있을 뿐 〈뛸〉 수는 없기 때문에, 태머 Tammer와 보빈 Bovine은 진화가 〈무수한 골동품과 온갖 종류의 잡동사니들을 질질 끌면서 나아간다〉라고 표현했다(태머와 보빈은 퍼스네틱스 탄생의 기초가 된 인간 영혼의 컴퓨터 모의 실험을 창안했다). 인간의 의식은 특별한 종류의 타협의 산물이다. 그것은 〈쪽세공〉, 또는 예를 들어 게브하르트Gebhardt가 관찰했듯이 유명한 독일 속담 〈Aus einer Not eine Tugend machen〉(〈화[禍]를 복으로 만들어라〉라는 뜻——옮긴이)의 완벽한 사례이다. 디지털 기계는 스스로 의식을 획득할 수 없다. 그것은 그 기계 속에서 위계적 갈등이 벌어지지 않는다는 간단한 이유 때문이다. 이런 기계는 기껏해야 그 속에서 이율배반이 증가할 때 일종의 〈논리적 마비〉, 또는 〈논리적 정지〉에 빠질 뿐이다. 그러나 사람의 뇌에 많이 포함되어 있는 모순은 수십만 년의 과정을 거치면서 점차 중재 절차에 순응하게 된 것이다. 그리고 높은 수준과 그보다 낮은 수준, 반사 작용과 내성(內省), 충동과 억제, 자연 환경에 대한 동물적 수단에 의거한 모형화, 개념적 환경에 대한 언어적 수단에 의거한 모형화와 같이 서로 상반되는 수준이 그 속에 들어오게 되었다. 이들 모든 수준은 서로 완전히 부합하거나, 서로 융합해서 하나의 전체를 구성할 수 없으며, 또한 그렇게 되는 것을 〈원하지도〉 않는다.

그렇다면 의식이란 어떤 것일까? 그것은 방편, 핑계, 덫에서 벗어나는 길, 거짓 최후의 근거, 상고심이라고 주장되는(단지 그렇게 주장될 뿐인!) 법정이다. 물리학이나 정보 이론의 용어를 사용하면, 그것은 일단 시작되자마자 결코 종결을 허용하지 않을 함수, 즉 어떤 명확한 완결도 없는 함수이다. 다시 말해서 의식은 이러한 종결을 위한, 즉 뇌가 갖는 다루기 힘든 모순을 총체적으로 〈조정〉하기 위한 계획에 지나지 않는다. 그것은 그 임무가 다른 거울을 비추는 거울이다. 그 거울은 또 다른 거울을 비추고, 그 거울은 다시 또 다른 거울을 비추고……이런 과정이 무한히 계속된다. 물리적으로 이런 일은 전혀 불가능하다. 따라서 이 무한 회귀 regressus ad infinitum는 인간의 의식 현상이 우뚝 솟아 있는 일종의 무덤을 표상한다. 〈의식 아래쪽〉에서는 그 충분함에 도달할 수 없는 의식의, 그리고 그 속의 충분한 표상을 얻기 위한 끊임없는 투쟁이 펼쳐지고 있지만, 공간의 부족이라는 이유 때문에 이러한 요구가 충분히 달성될 수는 없다. 왜냐하면 지각의 중심부에서 주의 attention를 얻으려고 시끄럽게 아우성치는 모든 경향에 완전히 동등한 권리를 주기 위해서는 무한의 능력과 용량을 필요로 하기 때문이다. 이처럼 의식의 주변에서는 결코 끝나지 않을 북적임, 밀치락거림이 계속된다. 의식은 모든 정신 현상의 지고지상의 고귀한 최고의 조타수가 아니라, 오히려 출렁이는 물결 위에 떠 있는 한 조각의 코르크에 가깝다. 그 코르크가 공간적으로 가장 높은 위치에 있다는 것이 이 물결을 지배한다는 뜻은 아니다. 정보 이론과 동역학을 이용해 해석된 현대의 의식 이론들은 불행하게도 단순명료하게 제시될 수 없다. 그 때문에 우리는 끊임없이 (적어도 이 주제를 좀더 접근하기 쉬운 방식으로 다루는 이 글에서는) 일련의 시각적 모형이나 비유를 들고, 그런 장치의 도움을 받는다. 어쨌든 우리는 의식이 일종의 교묘한 해법 찾기이고, 진화가 스스로의 특성이자 필수 불가결한 작업 방식인 기회주의 opportunism, 즉 궁지를 모면하기 위해 재빨리 임시 변통의 방법을 찾아내는 것을 유지하기 위해 끊임없이 의지하고 호소하는 방책이라는 사실을 알고 있다. 그러므로 만약 우리가 실제로 지적 생물을 만들고, 기술적 효율성이라는 판단 기준을 적용해서 완전히 합리적인 공학과 논리학의 규범에 따라 그 작업을 진행시킨다면, 그 결과로 탄생하는 생물은 대체로 의식이라는 선물을 받지 못할 것이다. 그 생물은 완전히 논리적이고, 항상 일관되고, 엄밀하고, 질서 정연한 방식으로 움직일 것이다. 어쩌면 그 생물이 인간 관찰자들에게 창조적 활동과 의사 결정의 천재로 비칠지도 모른다. 그러나 그것은 결코 인간일 수 없다. 왜냐하면 그것은 인간의 가장 신비스러운 깊이, 내적 상태, 그리고 그 미로처럼 복잡한 본성 등을 결여하고 있기 때문이다.

우리는 도브 교수처럼 여기에서 한 걸음 더 나아가 〈의식을 가진 영혼〉의 현대적 이론으로까지 깊숙이 들어가지는 않을 것이다. 그러나 다음의 몇 문장은 살펴볼 필요가 있을 것이다. 그 문장들이 퍼스노이드의 구조를 소개해 주기 때문이다. 퍼스노이드의 창조에 의해, 가장 오래 된 신화 중 하나인 정자 미인 homunculus(精子微人)의 신화가 드디어 실현되었다. 인간, 즉 인간의 영혼과 흡사한 모습을 만들기 위해 우리는 정보적 기질 informational substrate에 특별한 모순을 고의적으로 도입시켜야만 한다. 결국 우리는 거기에 비대칭성과 중심을 갖지 않는 경향을 모두 부여하지 않으면 안 된다. 한편으로는 〈통일시키고〉, 다른 한편으로는 〈부조화〉를 만들어야 하는 셈이다. 과연 이것이 합리적인 일일까? 물론 합리적이다. 만약 우리가 인공 지능을 만드는 데 그치지 않고, 사고를 흉내냄으로써 인간의 인격을 흉내내려 한다면, 그것은 거의 피할 수 없는 일이다.

그러므로 퍼스노이드의 감정은 어느 정도까지 그들의 이성과 모순되며, 최소한 어느 정도의 자기 파괴적 경향을 갖는다. 또한 그들은 내적 긴장을, 때로는 숭고한 무한성으로서의 영적 상태를 경험하고 때로는 견디기 힘들 만큼 고통스러운 분산성으로 우리가 경험하는 모든 원심적(遠心的) 감정을 느끼는 것이 분명하다. 그러나 이러한 것들을 만들기 위한 창조의 처방전은 얼핏 보기에는 그렇게 여겨질 만큼 절망적으로 복잡한 무엇은 아니다. 단지, 창조물(퍼스노이드)의 논리가 혼란스럽고 일정한 자가당착을 포함하고 있을 뿐이다. 힐브란트Hilbrandt는 〈의식은 진화상의 막다른 골목을 벗어나는 길일 뿐 아니라 괴델화라는 함정에서 탈출하는 방법이기도 하다. 왜냐하면 이 해결책이 오류 추리적 모순paralogistic contradiction이라는 수단에 의해, 논리 면에서 완벽한, 모든 체계가 빠지기 쉬운 모순을 비켜났기 때문이다〉라고 말한다. 그러므로 퍼스노이드의 우주는 충분히 합리적이다. 다만, 그들이 그런 우주 속의 합리적인 거주자가 아닐 뿐이다. 우리에게는 이 정도의 설명만으로 충분할 것이다. 도브 교수 자신도 이 힘겨운 과제를 더 이상 추적하지 않는다. 이미 우리가 알고 있듯이, 퍼스노이드는 영혼은 갖지만 육체는 갖지 않는다. 그 때문에 그들은 신체적 감각을 갖지 않는다. 어떤 특별한 마음의 상태, 즉 외부로부터의 자극 유입이 최소한으로 축소되었 때, 그리고 총체적인 암흑 속에 있을 때의 체험을 우리가 〈상상하는 것은 곤란하다〉는 것이 지금까지의 생각이었다. 그러나 도브 교수는 이것이 잘못된 상상이라고 주장한다. 감각이 차단되면 인간의 뇌 기능은 곧 붕괴하기 시작한다. 즉 외부에서 들어오는 자극 흐름이 없으면 영혼은 소산lysis의 경향을 나타낸다. 그렇지만 물리적 감각을 소유하지 않는 퍼스노이드는 거의 붕괴하지 않는다. 그들에게 응집력을 주는 것은 그들이 체험하는 수학적 환경이기 때문이다. 그렇다면 어떻게? 그들은 자신들의 우주의 〈외재성externalness〉에 의해 그들에게 부과되고 유도된 그들 자신의 상태 변화에 의해 수학적 환경을 경험한다고 말할 수 있다. 그들은 외부에서 기인하는 변화와 그들 자신의 영혼 깊은 곳에서 떠오르는 변화를 구별할 수 있다. 그렇다면 어떻게 그것을 구별할 수 있을까?

이 문제는, 퍼스노이드의 역학적 구조에 대한 이론만이 직접적인 해답을 줄 수 있다.

그러나 엄청난 차이가 존재함에도 불구하고 그들은 우리와 흡사하다. 우리는 이미 디지털 기계가 의식의 불꽃을 일으킬 수 없다는 사실을 알고 있다. 어떻게 그것을 활용하든, 어떠한 물리적 과정을 그 속에서 흉내내든, 그것은 영원히 영혼을 가질 수 없다. 인간을 흉내내기 위해서는 어느 정도의 근본적 모순까지 복제하지 않을 수 없기 때문에, 상호 인력이 작용하는 대립 시스템(퍼스노이드)만이 〈중력의 힘에 의해 응축하면서 동시에, 복사압(輻射壓, 복사가 어떤 물체에 행사하는 압력——옮긴이)에 의해 팽창하는 항성〉과 흡사할 것이다(〈〉안은 도브 교수가 인용한 캐니언Canyon의 말이다). 중력의 중심은 아주 단순화시키면 인격적인 〈나〉이지만, 논리적 또는 물리적 의미에서 결코 통일성을 이루는 것은 아니다. 그것은 우리의 주관적 환상에 불과하다! 우리는 이 대목에서 우리 자신이 놀라운 경이들 속에 둘러싸여 있다는 것을 발견한다. 분명 우리는 이런 방식으로 디지털 기계를 지성을 가진 파트너, 함께 이야기를 나누는 상대처럼 프로그램할 수 있다. 그 기계는 필요에 따라 〈나〉라는 대명사와 그와 연관된 모든 문법적 어형 변화를 사용할 것이다. 그러나 그것은 속임수에 불과하다! 그것은 마치 앵무새처럼 따라하는 것에 불과하다. 여전히 가장 단순하고 어리석은 사람에도 미치지 못하는 것이다. 단지 언어적 측면에서 사람의 행동을 흉내낼 뿐, 그 이상은 아니다. 이 기계를 즐겁게 해주거나, 놀래키거나, 혼란시키거나, 걱정시키거나, 괴롭히는 것은 아무것도 없다. 그것은 심리학적으로나 개체적으로나 〈아무도 아니기No One〉 때문이다. 그것은 어떤 문제에 대해 발언을 하고, 물음에 대해 답을 하는 〈소리

Voice〉이다. 그것은 체스의 최고 고수를 격파할 수 있는 〈논리〉이다. 그것은 완전성의 정점에까지 도달해서 어떤 프로그램된 역할이라도 수행할 수 있는, 어떤 배역도 소화할 수 있는 모방자 또는 배우이다. 그러나 그것은 속이 완전히 비어 있는 모방자, 또는 배우이기 때문에 우리는 그것의 공감이나 반감을 기대할 수 없다. 그것은 스스로 설정한 목표를 추구하지 않는다. 그것은 영원히 어떤 사람도 대적하지 못할 정도로 〈아무것도 걱정하지 않는다〉. 그것은 인간으로서 존재하지 않기 때문이다. 그것은 경이로울 정도로 효율적으로 조합된 메커니즘이며, 그 이상은 아니다. 이제 우리는 가장 주목할 현상에 직면한다. 이렇듯 완전히 공허하고, 비인격적인 기계라는 원료로부터 특별한 프로그램, 즉 퍼스네틱스 프로그램을 공급함으로써 진정한 지각력을 가진 생물을 창조할 수 있다는, 더구나 한 번에 여럿을 창조할 수 있다는 엄청나게 놀라운 생각이다. 최신 IBM 모형은 최대 1,000개의 퍼스노이드 개체를 만들어낼 수 있다(이 수치는 수학적으로 엄밀한 것이다. 왜냐하면 하나의 퍼스노이드를 지탱하는 데 필요한 요소와 연결은 센티미터, 미터, 그램, 초의 단위로 표현되기 때문이다).

퍼스노이드들은 기계 속에서 서로 분리되어 있다. 일반적으로 그들은 〈중첩되는overlap〉 일이 없다. 물론 그런 일이 일어날 수는 있다. 그러나 그들이 접촉하면 반발이 일어나서 그에 의해 상호 〈침투〉가 저지된다. 그렇지만 상호 침투 자체가 목적이 되는 경우에는 서로 침투할 수 있다. 그때 그들의 정신적 기질을 구성하는 과정이 포개지기 시작해서 〈잡음noise〉과 간섭을 발생시킨다. 이러한 침투의 영역이 좁을 경우, 일정량의 정보가 부분적으로 일체화된 양쪽 퍼스노이드 공통의 성질이 된다. 이것은 우리가 머리 속에서 〈낯선 목소리〉나 〈타인의 사고〉를 듣는 놀라움을 경험하는 것과 마찬가지로(물론 정신 이상이나 환각 유발 약품의 영향을 받았을 때에도 이러한 현상이 일어나지만), 비록 경악할 정도는 아닐지라도 그들에게도 기이한 현상이다. 그것은 마치 두 사람이 겉모습이 똑같을 뿐 아니라 기억까지 똑같거나, 사고의 텔레파시에 의한 사고 전송을 넘어서는 어떤 일, 즉 〈자아들의 주변적 융합 peripheral merging of the egos〉이 일어난 것과도 같다. 그러나 그 현상은 불길한 결과의 전조이며, 반드시 피해야 하는 무엇이다. 왜냐하면 표면 삼투라는 과도적 상태에 이어서, 〈발전하는〉 퍼스노이드가 다른 퍼스노이드를 파괴할 수 있기 때문이다. 이 경우 상대편 퍼스노이드는 흡수되어 소멸하며 결국 존재하지 않게 된다(이미 이것은 살해라고 불린다.) 소멸된 퍼스노이드는 〈침략자〉측에 동화되어 그 일부가 된다. 우리는 정신적 psychic 생명뿐 아니라 그 위기와 소멸까지도 모의 실험하는 데 성공했다고 도브 교수는 말한다. 이렇게 해서 우리는 죽음까지도 시뮬레이트하는 데 성공한 것이다. 그러나 일반적인 실험 조건 아래에서 퍼스노이드는 이러한 침략 행위를 삼간다. 지금까지 그들 속에서 〈사이코파지 Psychophagi(캐스틀러 Castler의 용어, 마음을 먹어치우는 것이라는 뜻임——옮긴이)〉는 발견되지 않았다. 우연적인 접근이나 변동의 결과로 발생하는 침투가 시작되었음을 느꼈을 때 (물론 그것은 어떤 사람이 타인의 존재를 느끼거나, 자신의 마음 속에서 〈낯선 목소리〉를 듣는 것처럼 비물리적인 형태로 그 위협을 느끼는 것이지만) 퍼스노이드는 적극적인 회피 행동을 취한다. 즉 그들은 서로에게서 물러나 제각기 다른 방향으로 진행한다. 이러한 현상에 의해 그들은 〈선〉이나 〈악〉이라는 개념의 의미를 알게 된다. 그들에게 〈악〉은 타자의 파괴에 있고, 〈선〉은 타자의 구출에 있다는 것은 명백하다. 동시에 한 편에게 〈악〉이 되는 것이 다른 편에게는 〈선〉(획득, 여기에서는 비윤리적인 의미이다)이 될 수도 있다. 이때 후자가 〈사이코파지〉가 될 것이다. 왜냐하면 이러한 확대, 즉 다른 퍼스노이드의 〈지적 영역〉의 점유는 처음에 주어진 퍼스노이드의 정신적 〈면적〉을 증대시키기 때문이다. 이것은 어떤 의미에서는 우리 자신의 행위에 대응한다. 왜냐하면 우리 역시 육식 동물로서 우리의 희생자를 죽여서 그 고기를 먹기 때문이다. 그러나 퍼스노이드가 반드시 이런 행동을 해야 하는 것은 아니다. 단지 그런 행동을 할 수 있을 뿐이다. 그들은 기아나 갈증을 모른다. 항상 유입되는 에너지가 그들을 지탱해 주기 때문이다. 더구나 그들은 그 에너지의 근원에 대해 신경 쓸 필요도 없다(그것은 우리가 햇빛을 받기 위해서 아무런 노력을 기울이지 않아도 되는 것과 마찬가지이다). 퍼스노이드의 세계에서는, 에너지학에 응용되는 열역학적 용어나 원리는 발생할 수 없다. 이 세계는 열역학 법칙이 아니라 수학적 법칙에 따르기 때문이다.

이윽고 실험자들은 컴퓨터의 입력과 출력을 통해 이루어지는 퍼스노이드와 인간의 접촉이 과학적 가치를 거의 갖지 않으며, 나아가 윤리적 딜레마를 낳는다는 결론에 도달했다. 그리고 이러한 결론에 따라 퍼스네틱스에 가장 잔혹한 학문이라는 이름표가 붙게 되었다. 퍼스노이드들에게 우리가 무한성을 시뮬레이트한 것에 지나지 않는 울타리 enclosure 속에 퍼스노이드를 창조했고, 그들은 극미의 〈사이코시스트 psychocyst(마음의 주머니[囊]라는 의미임 ── 옮긴이)〉이며, 우리 세계 속에 만들어진 캡슐이라는 사실을 알리는 것은 아무런 의미도 없다. 그들이 그들 나름대로의 무한성을 가질 수 있다는 것은 분명하다. 샤커 Sharker나 그 밖의 사이코네티션들

psychonetician(폴크 Falk, 비겔란트 Wiegeland와 같은)은 상황이 완전히 대칭적 symmetrical이라고 주장한다. 다시 말해 우리가 그들의 〈수학적 대지〉를 필요로 하지 않은 것과 마찬가지로 퍼스노이드 역시 우리의 세계, 즉 우리의 〈생활 공간〉을 필요로 하지 않는다. 그러나 도브 교수는 이러한 주장을 궤변으로 간주한다. 왜냐하면 누가 누구를 창조한 것인지, 또한 누가 누구를 존재론적으로 가두어 놓았는지에 대해서는 논란의 여지가 없기 때문이다. 도브 교수 자신은 퍼스노이드에 대한 절대 불간섭 〈비접촉〉 원칙을 옹호하는 진영에 속해 있다. 그들은 퍼스네틱스의 행동주의 심리학자이다. 그들의 목적은 지능을 가진 합성 생물의 행동이나 활동을 기록하기 위해서 그들을 관찰하고 그들의 대화나 사고에 귀를 기울이는 것일 뿐, 그들에게 어떤 간섭도 하지 않는 것이다. 이 방법은 이미 개발되어 있고, 그 방법을 위한 기술, 즉 불과 2, 3년 전까지도 거의 극복하기 힘든 제작상의 난점이 있었던 일군의 장치들도 완성되었다. 이 방법의 요체는 퍼스노이드의 세계를 듣고 이해하는 것이다. 간단히 말하면, 항상 엿듣기는 하지만 이러한 〈모니터링〉이 어떤 식으로든 퍼스노이드의 세계를 교란시켜서는 안 된다는 것이다. 그런데 MIT에서 계획 단계인 프로그램(아프론 II 와 에로트)은 퍼스노이드들에게 (이들은 보통 성(性)을 갖지 않는다) 〈성적인 접촉〉을 가능하게 해서, 번식에 상응하는 특성을 실현시켜 〈유성 有性〉 증식할 기회를 주는 프로그램이다. 도브 교수는 자신이 이러한 미국식 프로젝트의 열광주의자가 아님을 분명히 밝혔다. 『넌 세르비엄』에 서술되어 있듯이 그의 연구는 전혀 다른 방향을 목표로 삼고 있었다. 퍼스네틱스의 영국 학파가 〈철학적 다각형〉이라든가 〈변신론 theodicy(辯神論, 악의 존재가 신의 본질과 모순되지 않는다는 주장

──옮긴이) 연구소〉라고 불린 것도 무리는 아닌 셈이다. 이러한 서술을 통해 우리는 지금 검토하고 있는 저서의 가장 중요하고 흥미로운 부분, 즉 이 책이 그 기묘한 제목을 설명하고 정당화하는 마지막 부분에 도달한다.

도브 교수는 8년 동안 쉬지 않고 계속해 온 자신의 실험에 대해 설명한다. 그러나 퍼스노이드의 창조 자체에 대해서는 아주 간략하게만 언급하고 있다. 그것은 프로그램 JAHVE VI에서 전형적으로 나타나는 것과 같은 함수의 흔한 복제를 조금 변형시킨 것이다. 그는 자신이 창조해서 계속 그 발생 과정을 추적하고 있는 세계를 〈엿들은〉 결과를 요약하고 있다. 그는 이러한 도청을 비윤리적이며, 때로는 부끄러운 행위로 간주한다. 그렇지만 그는 윤리적으로 정당화될 수 없으며, 그 밖의 다른 비지식적 진보의 측면에서도 정당화될 수 없는 이러한 실험을 하는 것이 과학을 위해 필요하다는 신념을 표명하면서 자신의 연구를 계속했다. 그는, 이제 과거에 과학자들이 하던 식의 회피가 통하지 않는 지경에까지 와버렸다고 말한다. 더 이상 순수한 중립을 가장할 수 없으며, 예를 들어 생체해부론자들이 제기한 것과 같은 정당화, 즉 자기들이 고통이나 불쾌감을 야기시키는 상대는 완전한 의식을 가진 인간이나 지적인 생물이 아니라는 정당화를 통해 양심의 가책을 무마시킬 수 없다. 퍼스노이드 실험의 경우, 우리에게는 이중의 책임이 있다. 첫째, 우리가 그들을 창조했고, 둘째 그런 다음 그 피조물들을 실험실의 진행 절차라는 테두리 안에 구속하기 때문이다. 우리가 무엇을 하든, 또한 어떻게 우리의 행위를 설명하든 간에 우리에게 모든 책임이 있다는 사실을 회피할 수는 없다.

올드포트에서의 몇 년 간의 경험으로, 도브 교수와 그의 공동연구자들은 8차원 우주를 만들었다. 그 우주는 ADAN, ADNA, ANAD, DANA, DAAN, 그리고 NAAD라는 이름을 갖는 퍼스노이드들의 거처가 되었다. 최초의 퍼스노이드들은 그들에게 심어준 언어의 싹을 개발해서 분화를 통해 〈자손〉을 늘려나갔다. 도브 교수는 성서의 어투로 다음과 같이 쓰고 있다. 〈ADAN은 ADNA를 낳고, ADNA는 DAAN을 낳고, DAAN은 EDAN을 낳고, EDAN은 EDNA를 낳으니…….〉 이렇게 계속해서 연속되는 세대의 수가 300에 달했다. 그러나 컴퓨터의 용량은 약 100퍼스노이드에 불과했기 때문에 〈인구 과잉〉은 정기적으로 제거되었다. 300번째 세대에는 ADAN, ADNA, ANAD, DANA, DAAN, NAAD라는 이름의 퍼스노이드가 가계의 순서를 나타내는 부가 번호와 함께 다시 나타났다(여기에서는 설명을 간단히 하기 위해 그 번호는 생략하겠다). 도브 교수에 따르면 컴퓨터 우주 속에서 경과하는 시간을 우리의 단위로 환산할 경우 약 2000－2500년에 해당하는 기간 동안 퍼스노이드 사회에서 그들의 운명에 대한 모든 종류의 일련의 설명, 그리고 그들에 의해 〈존재하는 모든 것〉이 변화하고, 싸우고, 서로 배제하는 모형이 형성된다. 다시 말해서 수많은 서로 다른 철학(존재론과 인식론)과 그들 특유의 형식을 띤 〈형이상학적 실험〉이 나타난다. 퍼스노이드의 〈문화〉가 우리의 문화와 너무 다르기 때문인지, 또는 실험 기간이 지나치게 짧기 때문인지는 모르지만, 연구된 그들의 사회에서, 예를 들어 불교나 기독교처럼 완전한 교리를 갖춘 신앙은 나타나지 않았다. 그러나 다른 한편, 이미 8세대에 인격신적(人格神的)이고 일신교적(一神教的)인 창조자의 관념이 발생하고 있다는 사실을 주목할 필요가 있다. 이 실험은 직접적 모니터링이 가능하게 하기 위해서 (1년에 한 번, 또는 그에 가까운 빈도로) 컴퓨터의

신은 그렇게 하지 않았다. 더욱이 그 문제에 대해 우회적이고, 간접적인 여러 가지 추측이라는 (그것은 때때로 계시라는 이름으로 주어진다) 형태로 표현된 지식밖에 얻을 수 없도록 우리를 운명지었다. 만약 신이 이런 일을 행했다면 그는 그 행위에 의해 〈신적인 사람들〉과 〈비신적인 사람들〉을 같은 입장에 놓은 셈이 된다. 신은 자신의 존재에 대한 절대적 신앙을 피조물에게 강요하지 않고, 단지 그 가능성을 제공했을 뿐이다. 창조주를 움직인 동기가 피조물들에게 숨겨졌을 수 있다는 점을 인정하자. 그러나 설령 그렇다 해도 신이 존재하는가 존재하지 않는가라는 명제는 발생한다. 제3의 가능성(과거에 신이 존재했지만 더 이상 존재하지 않거나, 신이 간헐적으로 존재하거나, 또는 신이 때로는 〈덜 less〉 존재하고, 때로는 〈더〉 존재할 가능성과 같은)도 있을 수 있다. 그런 가능성을 완전히 배제할 수는 없지만, 다가적(多價的)인 논리학을 변신론에 도입하는 것은 혼란을 불러일으킬 뿐이다.

따라서 신이 존재하거나, 존재하지 않거나 두 가지 중 하나이다. 만약 신 자신이 우리가 처한 상황, 즉 양쪽 집단의 구성원들이 각기 자신의 입장을 지지하는 논리를 가질 수 있다는, 즉 〈신적인 사람들〉은 창조자의 존재를 증명하고, 〈비신적인 사람들〉은 신의 존재를 반증하는 상황을 인정한다면, 논리학적 관점에서 우리는 한편에 〈신적인 사람들〉과 〈비신적인 사람들〉 전체가 놓이고, 다른 한편에 신만이 놓이는 게임을 생각할 수 있다. 반드시 이 게임은 신이 자신을 믿지 않는다는 이유로 누군가를 벌하지 않을 수 있다는 논리적인 특성을 갖는다. 만약 어떤 사람은 어떤 존재를 주장하고, 다른 사람은 동일한 대상이 존재하지 않는다고 주장하는 경우처럼, 어떤 대상이 존재하는지 여부를 전혀 모를 경우, 또한 그 대상이 결코 존재하지 않았다는 가설을 제기하는 것이 일반적으로 가능하다면, 어떤 공평한 법정도 그 존재를 부정하는 사람을 벌하는 판결을 내릴 수 없다. 어느 세계에서도 마찬가지이지만, 충분한 확실성이 뒷받침되지 않는 한 충분한 책임도 없는 것이다. 이 정식은 순수한 논리에 의해서는 공격받을 수 없다. 왜냐하면 그것은 게임 이론의 맥락 속에 대칭적인 보상이라는 함수를 수립하기 때문이다. 불확실성이 개재됨에도 불구하고, 〈충분한 책임성〉을 요구한다면 누구든 게임 이론의 수학적 대칭성을 파괴하는 것이다. 그때 우리는 이른바 넌제로섬non-zero sum(한쪽의 이익과 다른 쪽의 손실의 합이 제로가 되지 않는——옮긴이) 게임을 하게 된다.

따라서 그 게임은 다음과 같다. 신은 완전한 정의이고, 그때 신은 〈비신적인 사람〉을 〈비신적인 사람〉이라는 이유로(즉 신을 믿지 않기 때문에) 벌할 권리를 가질 수 없든지, 또는 신이 결국 신앙이 없는 사람을 벌해서 그 결과로 논리적 관점에서 신이 완전한 정의가 아니든지 둘 중 하나이다. 후자의 결과는 무엇일까? 그것은 신이 원하는 것은 무엇이든 행할 수 있다는 것이다. 왜냐하면 어떤 논리 체계에서 단 하나라도 모순이 허용된다면, 〈잘못된 논점으로부터ex falso quodlibet〉라는 원리에 의거해, 그 체계로부터 자신이 원하는 어떤 귀결도 이끌어낼 수 있기 때문이다. 바꾸어 말하면 정의로운 신은 〈비신적인 사람〉의 머리털 한 가닥도 건드릴 수 없으며, 만약 그런 일이 있으면, 그 행위로 인해서 신은 변신론이 가정하는 것처럼 보편적으로 완전하고 정의로운 존재자가 아니게 된다.

이러한 관점에서 ADNA는, 우리가 타인에 대해 악을 행하는 문제를 어떻게 보아야 할 것인가라는 물음을 제기한다.

ADAN 300이 대답한다. 이 세계 here에서 일어나는 모든 일은 전적으로 확실하다. 〈저 세계 there〉에서, 즉 이 세계의 경계 너머 영원 속에서 신에 의해 일어나는 것은 불확실하며 가설에 의거해 추론할 수밖에 없다. 악을 피한다는 원리를 논리적으로 증명할 수 없음에도 불구하고, 이 세계에서는 악을 행해서는 안 된다. 마찬가지로 세계의 존재도 논리적으로는 증명될 수 없다. 세계는 존재할 수 없음에도 불구하고 존재한다. 악을 행하는 것이 가능할지 모르지만 그것을 해서는 안 된다고 나는 믿는다. 그 까닭은 우리의 합의가 상호성의 규칙(내가 네게 대한 것처럼 나를 대하라)에 근거하기 때문이다. 그것은 신의 존재 여부와는 관계가 없다. 가령 내가 〈저 세계〉에서 어떤 일을 하면 벌을 받을 것이라는 예상 때문에 악을 삼가고, 또한 내가 〈저 세계〉에서의 보상을 기대하고 선을 행한다면, 그때 나의 행위는 불확실한 근거에 토대할 것이다. 그러나 이 세계에서 이 문제에 대한 우리의 상호 합의 이상 확실한 근거는 없다. 설령 〈저 세계〉에 그와 다른 근거가 있다고 해도, 나는 이 세계에서 우리 자신에 대해 갖고 있는 지식에 정확히 상응하는 그들에 대한 지식을 갖고 있지 않다. 살아 있는 우리는 생명이라는 게임을 한다. 그런 면에서 우리 모두는 동맹자인 셈이다. 그러므로 우리들 사이의 게임은 완전히 대칭적이다. 신의 존재를 가정함으로써 우리는 세계의 저쪽 편에까지 게임을 연장시킬 것을 제기한다. 이러한 가정도 이 세계에서의 게임 진행에 아무런 영향을 주지 않는 한 허용되어야 할 것이다. 그러나 영향을 미치는 경우, 필경 존재하지 않는 누군가를 위해서 이 세계에 존재하는 것, 더구나 확실히 존재하는 것들을 희생하게 될 것이다.

NAAD는 ADAN 300의 신에 대한 태도가 분명치 않다고 말한다.

ADAN은 창조주의 존재 가능성을 인정한다. 그렇다고 해서 무엇이 달라지는가?

ADAN: 아무것도 달라지지 않는다. 즉 의무라는 영역에서는 아무것도. 나는 모든 세계에서 다음과 같은 원리가 효력을 갖는다고 생각한다. 즉 현세의 윤리는 항상 초월적인 윤리로부터 독립적이라는 원리이다. 이것은 지금 여기 here and now에서 통용되는 윤리가 지금 여기를 벗어나면 그 자체를 실체화시키는 어떤 구속력도 갖지 못한다는 것을 뜻한다. 또한 선을 행하는 사람이 항상 옳은 것과 마찬가지로, 악을 행하는 것은 어떠한 경우든 비열하다는 것을 의미한다. 신의 존재를 인정하는 주장이 충분하다고 생각하는 어떤 사람이 신에게 봉사할 준비가 되어 있다 해도 그 사실에 의해 그가 이 세계에서 어떤 부가적인 이익을 얻는 것은 아니다. 그것은 그 개인의 문제이다. 이 원리는 신이 존재하지 않으면 신은 아무것도 아니지만, 신이 존재한다면 신이 전능하다는 가정에 기초한다. 신은 전능하기 때문에 다른 세계를 창조할 수 있을 뿐아니라, 나의 추론을 기초로 하는 논리와는 다른 논리도 함께 창조할 것이기 때문이다. 이러한 다른 논리에서는 이 세계의 윤리의 전제가 초월적인 윤리에 필연적으로 의존할지도 모른다. 그 경우 직접 확인할 수 있는 증명은 아니더라도, 논리적 증명이 강제력을 가져 이성에 반하는 죄악을 저지르는 것이라는 식의 위협으로 신의 존재 가설을 받아들이도록 강요할 것이다.

NAAD는 신이 자신의 존재를 강제적으로 믿게 하는 식의 상황을 (ADAN 300이 가정한 다른 논리에 근거하는 창조가 발생시키는 상황이든) 원하지 않을 것이라고 말한다. 이 말에 대해 ADAN은 이렇게 대답한다.

전능한 신은 반드시 모든 것을 알아야[全知] 한다. 절대적인 힘은 절대적인 지식으로부터 독립된 무엇이 아니다. 왜냐하면 모든 것을 할 수 있다 해도 그 힘의 행사에 따르는 결과를 알지 못한다면 더 이상 전능하지 않기 때문이다. 소문으로 들리는 것처럼 신이 때때로 기적을 행한다면, 그것은 신의 완전성을 매우 의심스럽게 할 것이다. 기적은 자신의 창조물의 자율성에 대한 침해이자 폭력적인 개입이기 때문이다. 애초에 자신의 창조물을 지어냈고, 그 움직임을 처음부터 마지막까지 남김없이 알고 있다면 그 자율성을 침해할 어떤 이유도 없을 것이다. 그럼에도 불구하고 그가 모든 것을 알면서 그 제작물을 침해한다면, 그것은 자신의 제작물을 약간 수정하는 것이 아니라(수정이란 결국 제작 당시 그가 전지하지 않았음을 의미한다), 기적에 의해 그의 존재의 신호를 제공한다는 것을 의미하게 된다. 그러나 이것은 불완전한 논리이다. 어떤 식으로든 신호를 보낸다는 것은 자신이 저지른 국소적인 실수 때문에 그 피조물을 개선하지 않으면 안 된다는 인상을 주기 때문이다. 새로운 모형에 대한 논리적 분석은 다음과 같이 귀결한다. 즉 그 피조물은 자신에게서 기인하지 않은 외부로부터의(초월자, 신으로부터의) 수정을 받고, 그 때문에 기적은 실제로는 규범이 되지 않을 수 없다. 바꾸어 말하면, 그 창조는 기적이 더 이상 필요하지 않게 될 때까지 수정되어야 한다. 기적은 임시 변통ad hoc의 개입이며, 단지 신의 존재에 대한 신호에 국한되지 않고, 기적을 일으키는 장본인을 드러내는 것 이외에 그 수신인을 (이 세계의 누군가에게 유익한 방식으로) 지시한다. 따라서 논리적인 측면에서 창조가 완전하고 기적이 불필요하거나, 또는 창조가 완전하지 않고 기적이 필요하거나 둘 중 하나라고 말할 수 있다(기적에 의하든 그렇지 않든 간에, 사람은 어떤 식으로든 결함이 있는 것만을 수정할 수 있다. 완전성에 간섭하는 기적은 그 완전함을 교란시킬 뿐 아니라 오히려 악화시킬 것이기 때문이다). 따라서 자신의 존재를 기적에 의해 나타내는 방식은, 논리적으로 말하자면 자기 현시(顯示)의 최악의 방식인 셈이다.

NAAD는 신이 실제로는 논리와 자신에 대한 신앙 사이에서 이러한 이분법이 존재하는 것을 바라지 않았을 수 있다고 묻는다. 즉 그는 신앙이라는 행위가 전폭적인 믿음을 위해 논리를 포기하는 것이 아닌가라는 의문을 제기하는 것이다.

ADAN: 일단 우리가 무언가(존재자, 변신론, 신통기[神統紀]와 같은 것)를 논리적으로 재구성할 때 내적인 자기 모순을 가지면, 자신이 원하는 모든 것을 전적으로 증명할 수 있게 되는 것은 명백하다. 그 문제에 대해 생각해 보자. 우리가 이야기하고 있는 것은 어떤 사람을 창조해서 그에게 특별한 논리를 부여하고, 그 논리를 만물의 창조자에 대한 신앙을 희생하는 대가로 제공할 것을 요구하는 것이다. 이 모형 자체가 모순되지 않으려면, 그것은 피조물의 논리에 대해 자연스러운 추론과는 전혀 다른 유형의 추론, 즉 메타 논리 metalogic의 형태로 적용될 것을 요구하게 된다. 설령 이것이 창조주의 불완전성의 숨김없는 폭로는 아니라 할지라도, 수학적으로 우아하지 못함 mathematical inelegance(창조 행위 특유의 비정합성)을 폭로하는 것이다.

NAAD는 이렇게 주장한다. 아마도 신은 그의 피조물에게 불가사의로 남는 것, 다시 말해서 그가 피조물에게 부여한 논리로는 재구성 불가능함을 유지시키고자 하기 때문에 굳이 그처럼 행동할 것이다. 한 마디로 신은 논리에 대한 신앙의 우위를 요구하는 것이다.

ADAN이 그에게 대답한다. 자네 말의 의미를 이해한다. 물론 그럴 수도 있을 것이다. 하지만 그렇다고 해도, 논리와 양립하지 않는 것으로 판명되는 신앙은 도덕적 성격의 극도로 불쾌한 딜레마를 야기한다. 왜냐하면 한 지점에서 추론이 일시 중지되고 불명료한 추측에 우선권을 내줄 필요가 있기 때문이다. 다시 말해서 추측을 논리적인 확실성 위에 놓을 필요가 있기 때문이다. 이것은 무한한 신뢰라는 이름 아래에서 행해지게 된다. 따라서 이 대목에서, 우리는 〈악순환의 고리〉에 빠지고 만다. 왜냐하면 우리가 지금 신뢰하지 않으면 안 되는 사람의 가정적 존재는, 처음에는 〈논리적으로 옳을〉지라도, 논리적 모순을 (어떤 사람들에게는 긍정적 가치를 갖는, 신의 신비라고 불리는) 발생시키는 일련의 추리의 산물이기 때문이다. 그런데 순수한 구성적인 관점에서 볼 때 이러한 해결은 가짜이고, 도덕적 관점에서 볼 때에도 의심스러운 것이다. 왜냐하면 신비는 무한성(결국, 무한성은 우리 세계의 특징이다) 위에서 성립될 수 있지만, 내적 모순을 통해 그것을 유지 · 강화시키는 것은 어떠한 건축 기준에 비추어 보더라도 불성실한 것이다. 일반적으로 변신론의 옹호자들은 그 점을 깨닫지 못한다. 그 이유는 그들이 자신들의 변신론의 어떤 부분에 대해서는 일상적 논리를 적용하지만 다른 부분에는 적용하지 않기 때문이다. 내가 말하고자 하는 것은, 만약 모순*의 존재를 믿는다면, 모순의 존재만을 믿어야 되며, 다른 어떤 영역에는 모순이 없다는 것(즉 논리)을 동시에 믿어서는 안 된다는 것이다. 그러나 이런 기괴한 이원론이 주장된다면(즉 세속

* Credo quia absurdum est(부조리이기 때문에 나는 그것을 믿는다. ── 옮긴이)(원문 속의 도브 교수 주석).

적인 것은 항상 논리의 지배를 받지만, 초월적인 것은 단편적으로만 그러하다는 주장), 그때 우리는 논리적 정확함이라는 측면에서 〈팸질로 수선된 patched〉 무엇으로서의 창조 모형을 획득하게 된다. 그리고 우리는 더 이상 그 완전성을 가정할 수 없다. 다시 말해서 우리는 불가피하게 완전성이 논리적으로 수선되지 않을 수 없다는 결론에 도달하게 되는 것이다.

EDNA는 이러한 부정합성의 결합이 사랑이 아니지 않은가라고 물었다.

ADAN: 설령 그렇다 해도, 그것은 결코 참된 사랑의 형태가 아니다. 그것은 현혹에 지나지 않는다. 만약 신이 존재해서 세계를 창조했다면, 신은 세계가 자체의 능력과 욕구에 따라 스스로를 다스리도록 허용할 것이다. 신이 존재한다는 사실에 대해 신에게 어떤 식으로든 감사할 필요는 없다. 이러한 감사는 신이 존재하지 않을 수 있었고, 만약 그렇게 되었다면 사태가 악화되었으리라는 것을 전제하는 것이다. 그리고 이러한 전제는 또 다른 종류의 모순으로 이어진다. 또한 창조의 행위에 대한 감사란 도대체 어떤 것인가. 그것 역시 신에게 주어질 종류의 것이 아니다. 왜냐하면 그럴 경우 존재는 비존재보다 훨씬 낫다는 것을 믿고 싶은 강박을 가정하기 때문이다. 그러나 나는 어떻게 그것이 증명될 수 있는지 상상할 수 없다. 존재하지 않는 사람에게 봉사하거나 해를 입힐 수 없다는 것은 분명하다. 그리고 전지한 창조주에 의해 창조된 사람들이 그에게 감사하고 그를 사랑할지, 또는 반대로 감사하지 않고 그를 부정할지를 미리 안다고 해도 그는 창조된 사람들이 직접 알 수 없는 형태로 일종의 구속을 마련할 것이다. 바로 그러한 이유 때문에 신이 감사를 받을 이유는 전혀 없다. 사랑도 미움도, 감사도 비난도, 보상의 희망도, 보복의 공포도 신에게 그 원인을 돌릴 까닭은 없다. 그 무엇도 신에게서 기인한 것은 아니다. 이러한 감정을 갈망하는 신은 우선 모든 의문을 넘어서 그가 존재한다는 그의 감정을 피조물에게 확신시켜야 한다. 그러나 그렇게 되면 사랑은 그것이 불어넣는 상호성에 대한 사변에 의존하게 될지도 모른다. 이것은 이해 가능하다. 그러나 이러한 사랑, 즉 사랑하는 대상이 정말로 존재하는지의 여부에 대한 사변에 의존하지 않을 수 없는 식의 사랑은 무의미하다. 전능한 신이라면 확실성을 부여할 수 있을 것이다. 그러나 그렇게 하지 않았기 때문에, 만약 신이 존재한다면 신은 그런 것이 불필요하다고 생각한 것이 분명하다. 왜 불필요할까? 이런 의문이 드는 사람은, 어쩌면 신이 전능하지 않을지 모른다는 의구심을 품기 시작한다. 전능하지 않은 신은 동정과 흡사한 감정, 나아가 실제로 사랑과 흡사한 감정을 받을 만할 것이다. 그러나 나는 우리의 변신론이 그런 것을 허용하지 않을 것이라고 생각한다. 따라서 우리는 〈그 누구도 아닌 자신에게 봉사한다〉라고 말한다.

변신론의 신이 자유주의자인가 독재 군주인가라는 주제와 연관된 좀더 상세한 고찰은 여기에서 생략할 것이다. 이 책의 상당 부분을 차지하는 논의를 짧게 요약하기 힘들기 때문이다. 도브 교수가 때로는 ADAN 300과 NAAD, 그리고 그 밖의 퍼스노이드들의 집단 토의를, 때로는 독백(실험자는 컴퓨터 네트워크에 접속된 적당한 장치들을 이용해서 순수하게 정신적인 결과sequence 까지도 들을 수 있다)을 기록한 내용이 실질적으로 이 책의 3분의 1을 차지하고 있다. 본문에는 그러한 토론에 대한 어떤 설명도 없다. 그러나 도브 교수가 쓴 후기에서 우리는 다음과 같은 글을 볼 수 있다.

〈ADAN의 추론은 적어도 나와 연관된 한에서는 논쟁의 여지가 없는 것처럼 판단된다. 결국, 그를 창조한 것은 나이고, 그의 변신론에서는 내가 신이다. 사실 나는 'ADONAI IX'라는 프로그램을 사용해서 그 세계(일련번호 47)를 만들었고, 프로그램 'JAHVE VI'의 변형판을 이용해서 퍼스노이드의 아체(芽體)를 만들었다. 이 최초의 생물들은 그 후 300세대를 낳았다. 사실 나는 이런 자료나 그들 세계의 한계를 넘어서는 나의 존재 그 어느 것도 공리(公理)의 형태로 그들에게 알리지 않았다. 그들은 추측과 가설에 기초한 추론에 의해서만 나의 존재 가능성을 이해하게 되었다. 사실 나는 지적 생물을 창조할 때, 그들로부터 어떠한 특전(사랑이나 감사, 그 밖의 여러 가지 헌신)도 요구할 자격이 있다고 생각하지 않았다. 나는 그들의 세계를 확장시키거나 축소시킬 수 있고, 그들의 시간을 빠르게 하거나 느리게 할 수 있고, 또한 그들의 지각 수단이나 방법도 변경할 수 있다. 나는 그들을 소멸시키고, 분할하고, 번식시킬 수 있고, 그들 생존의 존재론적 기반 그 자체를 바꿀 수 있다. 따라서 나는 그들에 관한 한 전능이다. 그러나 이런 사실 때문에 그들이 내게 모든 것을 빚지게 되는 것은 아니다. 나에 관한 한, 그들은 내게 어떤 은혜도 입지 않았다. 내가 그들을 사랑하지 않는 것은 사실이다. 거기에 사랑은 전혀 개입되지 않는다. 하지만 다른 실험자들 중에는 자신이 창조한 퍼스노이드에 대한 그러한 감정을 즐기는 사람이 있을지도 모른다. 그러나 내가 아는 한, 이러한 것들은 상황을 조금도 변화시키지 않는다, 전혀. 잠시 다음과 같은 상상을 해보라. 나는 BIX 310 092에게 '내세(來世)'에 해당하는 거대한 보조 유닛을 장착해 주었다. 그리고 내 퍼스노이드들의 '영혼'을 하나씩 연결 채널을 통해 그 유닛 속으로 들어가게 했다. 그리고 그 곳에서 나를 믿는 퍼스노이드, 내게 경의를 나타낸 퍼스노이드, 내게 감사와 신뢰를 보낸 퍼스노이드에게는 보상을 하고, 그 밖의 퍼스노이드들, 즉 퍼스노이드의 언어를 사용하자면 '비신적인' 퍼스노이드들에게는 소멸이라든가 고문 등의 방법으로 벌을 주었다(영원한 벌에 대해서는 감히 생각한 적도 없다. 나는 그 정도의 괴물이 아니다!). 나의 그러한 행위는 의심의 여지없이 뻔뻔스럽기 짝이 없는 자만이자 비열한 앙갚음이다. 즉 순진난만한 퍼스노이드들에 대한 전적인 지배라는 상황 속에서의 최후의 악행으로 간주될 것이다. 그리고 이 순진무구한 퍼스노이드들은 내게 대항해서 반박할 수 없는 논리적 근거를 가질 것이고, 그것은 그들의 행위를 보호하는 방패가 될 것이다. 누구나 퍼스네틱스 실험에서 자신이 적당하다고 생각하는 결론을 이끌어낼 권리가 있다. 이언 콤베이 Ian Combay 박사는 사적인 자리에서 내게, 결국 내가 퍼스노이드 사회에 나 자신의 존재를 확신시킬 수 있을 것이라고 말한 적이 있었다. 이제 나는 거의 확실하게 그런 행동을 하지 않을 것이다. 왜냐하면 이런 행동이 일련의 후속 사건, 즉 퍼스노이드측에서의 반발을 유혹하는 것처럼 보일 것이기 때문이다. 내가 심한 당혹감을 느끼지 않기 때문에, 또한 내가 그들의 불행한 창조자로서 내 지위에 대해 고통을 느끼지 않기 때문에, 그들은 내게 어떤 행동을 하고 어떤 이야기를 할 수 있을까? 소비되는 전기 요금도 한 해에 네 차례 지불해야 한다. 그리고 내가 속한 대학의 상급자가 내게 실험의 '종결'을 요구할 때가 가까워지고 있다. 그것은 기계의 접속 중지, 즉 퍼스노이드 세계의 종말을 뜻한다. 나는 인간적 견지에서 그 순간을 가능한 한 늦출 작정이다. 그것이 내가 할 수 있는 유일한 일이다. 그러나 그것이 칭찬받을 만한 일이라고는 생각하지 않는다. 오히려 그것은 흔히 '구차스러운 일'이라 불리는 것이다. 따라서 독자들은 제발 다른 생각을 하지 않았으면 좋겠다. 만약 그런 생각이 들었다면, 그것은 그 사람 자신의 책임이다.〉

나를 찾아서 • 열아홉

『완전한 진공——실재하지 않는 책에 대한 완전한 서평』이라는 렘의 작품집에 들어 있는 이 글 「넌 세르비엄」은 컴퓨터과학, 철학, 진화론의 주제를 지극히 정교하고 엄밀하게 이용하고 있을 뿐만 아니라 현재 진행 중인 인공 지능에 대한 연구의 여러 측면에 대한 실제 설명에 놀랄 만큼 근접하고 있다. 예를 들어 테리 위노그라드Terry Winograd의 유명한 로봇 SHRDLU는 기계 팔을 이용해서 탁자 위의 색(色) 블록들을 이리저리 이동시키는 로봇이라고 불리지만, 실제로 SHRDLU의 세계는 〈컴퓨터 내에〉 만들어지거나 시뮬레이트된 것이었다. 〈실제로 그 장치는 데카르트가 두려워했던 바로 그 상황에 처해 있다. 다시 말해 자신이 로봇이라고 몽상하는 컴퓨터에 지나지 않는 것이다.〉* 컴퓨터에 의해 시뮬레이트된 세계와 그 속에 들어 있는

* Jerry Fodor, "Methodological Solipsism Considered as a Research Strategy in Cognitive Psychology"(「더 깊은 내용을 원하는 사람들에게」를 참조하라).

시뮬레이트된(사실상 수학으로 이루어진) 행위자에 대한 렘의 서술은 시적이면서 동시에 엄밀하다. 단지 하나의 현저한 잘못, 또는 끝없이 잘못에 가까운 것을 포함한다. 그의 이야기 속에서 우리는 그 오류와 반복해서 맞닥뜨린다. 렘은 컴퓨터의 눈부신 속도 덕분에 시뮬레이트된 세계의 〈생물학적 시간〉은 우리들의 실제 시간보다 훨씬 빨리 진행될 것이며, 우리가 그 세계를 탐색하고 조사하려고 할 때에만 우리의 속도로 감속된다고 생각할 것이다. 〈……기계 시간의 1초는 인간 생활의 1년에 해당한다.〉

렘이 서술하는 것과 같은 큰 척도의 다차원적이고 지극히 정밀한 컴퓨터 시뮬레이션의 시간 척도와 우리 일상 생활의 시간 척도 사이에는 극적인 차이가 존재할 것이다. 그러나 그 차이는 다른 방향으로 향한다. 과거와 미래를 누비면서 전우주를 구성한다는 휠러의 전자와 마찬가지로 컴퓨터 시뮬레이션 역시 그 세부에서 순차적인 페인팅 painting에 의해 작동할 수밖에 없다. 그러나 설령 빛의 속도로 지극히 단순하고 표면적인 시뮬레이션(지금까지 인공 지능이 만들어내기 위해 모든 노력을 쏟아부은 것이 바로 그것이다)을 실행시킨다 해도 실제 생물이 영감을 얻는 것보다 훨씬 긴 시간이 걸린다. 〈병렬 처리 parallel processing〉, 가령 수백만 개의 시뮬레이션을 동시에 작동시키는 것은 물론 이 문제에 대한 기술적 해결책이 된다(이것을 구체적으로 어떻게 할 수 있는지는 아직 아무도 모른다). 그러나 수백만 개의 병렬 처리 채널에 의해 수많은 세계들을 시뮬레이트한 경우, 그 세계가 어디까지나 시뮬레이션의 세계이지 현실의 (또는 인공적인) 세계가 아니라는 주장은 지극히 모호해진다.

이러한 주제에 대한 좀더 자세한 고찰은 열여덟번째 이야기 「일곱번째 여행」과 스물여섯번째 이야기 「아인슈타인의 뇌와 나눈 대화」를 참조하라.

어쨌든 렘은 섬뜩할 정도로 생생하게 의식을 가진 소프트웨어 주민들이 거주하는 〈사이버네틱 우주〉를 묘사한다. 그는, 우리들이 〈영혼〉이라 부르는 것을 여러 가지 용어로 지칭한다. 그는 〈핵심〉, 〈인격의 핵〉, 〈퍼스노이드 아체 personoid gemmae〉 등의 표현을 사용하고, 어떤 대목에서는 전문적인 세부 사항에 대한 설명을 하고 있는 것과 같은 환상을 주고 있다. 예를 들어 〈'많은 과정들이 응축된 구름' …… 다른 것과 구별되어, 기계의 연결망 속에 한정될 수 있는 일종의 '중심'을 가진 기능적 집합체〉와 같은 표현이 그런 경우이다. 렘은 인간의 의식, 아니 퍼스노이드의 의식을 뇌 속의 풀리지 않는 모순들의 총체적 조화를 향한 완결되지 않은, 그리고 결코 완결될 수 없는 과정으로 서술한다. 그것은 뇌 속의 수준 갈등들 level-conflicts의 무한 회귀에서 발생하며, 그 위에 〈우뚝 솟아, 나부낀다〉. 그것은 〈패치워크 patchwork(끼워 맞춰진 무엇)〉이며, 〈괴델화의 덫으로부터의 탈출〉이며, 〈다른 거울을 반사하고, 그 거울은 다시 다른 거울을 비추고…… 이런 식으로 무한 반사가 계속되는 거울〉이다. 과연 이것은 시인가 철학인가, 아니면 과학인가?

신의 존재가 기적에 의해 증명되기를 기다리는 퍼스노이드의 모습은 무척이나 감동적이고 경이롭다. 이런 생각은 세계 전체가 신비로운 수학적 조화 속에서 희미하게 빛나는 깊은 밤에 컴퓨터 마술사들이 은신하는 집 속에서 가끔씩 토론된다. 어느 늦은 밤에 스탠퍼드 인공 지능연구소에서 빌 고스퍼 Bill Gosper는 그 자신의 〈신통기(神統記)〉(렘의 용어를 사용하자면)를 해설했는데, 그것은 렘의 신통기와 아주 흡사한 것이었다. 고스퍼는 이른바 〈라이프 게임 Game of Life〉의 전문가였고, 그 게임은 그의 신통기를 기반으로 삼았다. 〈라이프 게임〉은 존 호튼 콘웨이 John Horton Conway에 의해 발명된 2차원 〈물리학〉이다. 그것은 컴퓨터 내에서 간단히 프로그램되어 화면에 표시될 수 있다. 이 물리학에서는 거대하고, 이론상 무한한, 바둑판 위의 각각의 교차점에 (이것은 다른 말로 격자(格子)라고 한다) 점멸하는 라이트가 설치된다. 공간뿐 아니라 시간 또한 이산적(불연속)이다. 시간은 순간에서 순간으로, 마치 분침이 1분 간 정지해 있다가 다음으로 도약하는 시계처럼 작은 〈양자 도약 quantum jump〉을 통해 진행한다. 이러한 이산적(離散的) 순간 사이에서 컴퓨터는 과거의 상태를 기준으로 새로운 〈우주의 상태〉를 계산하고, 그 새로운 상태를 표시한다.

한 순간의 상태는 바로 전 순간의 상태에만 의존하며, 시간적으로 그보다 앞선 것은 그 무엇도 생물물리학 법칙에 의해 〈기억〉되지 않는다(이러한 시간상의 〈국소성 locality〉은 공교롭게도 우리 자신의 우주의 기본 물리법칙에서도 통용된다). 또한 〈라이프 게임〉의 물리학은 공간적으로도 국소성을 갖는다(이 점에서도 우리의 물리학과 일치한다). 다시 말해 특정 순간에서 다음 순간으로 이행하는 과정에서 하나의 셀 cell이 다음 순간에 무엇을 해야 하는지에 영향을 미치는 것은 그 셀 자신의 빛과 가장 인접한 셀들의 빛뿐이다. 이러한 인접 셀들은 여덟 개이며, 네 개는 격자의 세로와 옆에, 그리고 나머지 네 개는 대각선상에 있다. 각각의 셀은 다음 순간에 할 일을 결정하기 위해서 현재 여덟 개의 인접한 셀 중 몇 개가 켜져 있는지 센다. 만약 두 개라면 그 셀의 빛은 그 상태를 유지한다. 세 개인 경우에는 그 이전의 상태와 관계없이 그 셀은 켜진다. 그 이외의 경우에는 빛이 꺼진다(라이프 게임의 용어를 사용하자면, 라이트가 켜질 때 기술적으로는 〈탄생〉으로 인식되고, 꺼질 때에는 〈죽음〉이라 불린다). 판 전체에 동시에 적용될 때 이 간단한 법칙은 아주 놀라운 결과를 가져온다. 라이프 게임은 10년 이상의 역사를 갖고 있지만, 그 심오한 깊이는 아직도 충분히 측량되지 못한 상태이다.

시간의 국소성은, 멀리 떨어진 우주의 역사가 현재 벌어지는 사건의 과정에 영향을 미칠 수 있는 유일한 방법은 〈기억〉이 어떤 형태로 격자 전체에 확산되는 빛의 패턴으로 부호화될 수 있는가에 달려 있다(앞에서 우리는 이 과정을 과거의 현재로의 〈평준화 flattening〉라고 불렀다). 물론 기억이 상세해질수록 물리적 구조는 그에 따라 커질 것이다. 그럼에도 불구하고 물리 법칙의 공간적 국소성은 대규모 물리 구조가 살아남지 못할 수 있음을, 즉 붕괴할 수 있음을 의미한다!

대규모 구조의 존속과 일관성은 처음부터 〈라이프 게임〉에서 중요한 문제 중 하나였다. 그리고 고스퍼는 여러 가지 흥미로운 구조를 발견한 연구자 중 한 사람이었다. 그 구조들은 내부 조직 덕분에 살아남고 흥미로운 움직임을 나타냈다. 일부 구조는(〈글라이더 총 glider gun〉이라 불리는) 정기적으로 그보다 작은 구조(〈글라이더〉)를 방출하고, 그 글라이더는 무한한 저쪽을 향해 천천히 비행한다. 두 개의 글라이더가 충돌할 때, 또는 일반적으로 대규모 깜빡이 구조blinking structure들이 충돌할 때 불꽃이 일어날 수 있다.

이처럼 화면상에서 섬광을 발하는 패턴을 관찰함으로써(그리고 확대나 축소가 가능하기 때문에 이 사건들을 여러 가지 축척으로 볼 수 있다), 고스퍼와 그 밖의 연구자들은 라이프 게임 우주에서 벌어지는 사건들에 대한 강력한 직관적 이해를 얻고, 화려한 어휘들을 개발할 수 있었다(가령 소함대, 칙칙폭폭 기차, 글라이더 연발 사격, 기총 소사 기관총, 번식자, 포식자, 우주 갈퀴, 항체 등이 그런 예이다). 이 전문가들은 풋내기로서는 감히 상상도 할 수 없는 패턴을 직관적으로 이해할 수 있다. 그렇지만 라이프 게임에는 아직도 많은 수수께끼가 남아 있다. 이러한 구조는 끝없이 복잡성을 증대시킬 것인가, 아니면 모든 구조는 어느 지점에선가 정상 상태steady state에 도달할 것인가? 라이프 게임의 우주에서 (우리 우주의 분자, 세포, 조직, 사회에 비유될 수 있는) 고유한 현상학적 법칙을 가진 구조는 점차 높은 수준을 향해 나아가는 것인가? 고스퍼는 거대한 판 위에서 (이곳에서는 조직의 복잡한 양식들을 이해하기 위해서, 아마도 보다 높은 차원을 향한 직관의 비약이 여러 차례 행해지지 않으면 안 될 것이다) 의식과 자유 의지를 갖춘 〈생물〉이 충분히 존재할 수 있다고 생각한다. 그들은 자기들의 우주와 그 물리학에 대해 사고할 수 있으며, 심지어 그들의 모든 것을 창조한 신이 존재하는지, 어떻게 그 신과 교신을 시도해야 하는지, 그리고 이러한 시도가 의미 있거나 가치 있는 일인지 등에 대해 사색할 수 있을 것이다.

여기에서 우리는 어떻게 자유 의지가 한정된 기질과 공존할 수 있는가라는 영원한 난문(難問)과 맞닥뜨리게 된다. 그 대답의 일부는 자유 의지가 의지를 가진 자의 눈에는 존재하는 것처럼 보이지만, 신의 눈에는 존재하지 않는 것처럼 보인다는 것이다. 피조물이 자유롭게 〈느끼는〉 한, 그/그녀 또는 그것 역시 자유인 것이다. 그러나 우리의 논의에서 이처럼 비의적(秘義的)인 문제들은 신 자신에게 미루기로 하자. 다음 장에서 신은 자비롭게도 어리둥절해 있는 우리들, 죽을 운명을 지고 있는 인간들에게 자유 의지가 진정 무엇인지 설명해 줄 것이다.

D. C. D.

D. R. H.

신은 도교도인가

레이먼드 스멀리언

인간 mortal(죽음을 면치 못하는 운명을 지고 있는 인간이라는 뜻——옮긴이): 그러므로, 오 신이시여! 만약 당신이 고통당하는 당신의 피조물에게 조금이라도 자비를 베푸실 의향이 있으시다면, 저를 자유 의지를 〈가진〉 상태에서 벗어나게 해주십시오!

신: 너는 네게 준 가장 큰 선물을 거부하는 것이냐?

인간: 제게 강제로 주어진 것을 당신은 어찌 선물이라 부르십니까? 저는 자유 의지를 갖고 있습니다. 그러나 스스로의 선택에 의한 것은 아니었습니다. 저는 지금까지 한 번도 자유로운 선택에 의해 자유 의지를 가진 적이 없습니다. 제가 좋아하든 좋아하지 않든 무관하게, 저는 자유 의지를 가질 수밖에 없습니다.

신: 왜 너는 자유 의지를 갖고 싶지 않다는 것인가?

* Raymond M. Smullyan, "Is God a Taoist?" *The Tao is Silent*(Harper & Row Rublishers, 1977). 레이먼드 스멀리언은 미국의 수리논리학자이다.

인간: 자유 의지를 갖는다는 것은 도덕적 책임을 진다는 것을 의미하고, 저는 도덕적 책임을 감당하기 힘듭니다.

신: 왜 너는 도덕적 책임을 그토록 견디기 힘들어하는가?

인간: 왜냐고요? 솔직하게 말하자면, 저는 그 이유를 분석할 수 없습니다. 제가 말할 수 있는 것은 단지 그 책임을 질 수 없다는 사실뿐입니다.

신: 좋다. 그렇다면 나는 너의 모든 도덕적 책임을 면해 주겠다. 단, 자유 의지는 그대로 갖게 놔두겠다. 그러면 만족하겠느냐?

인간: (잠깐 침묵한 다음) 아닙니다. 그래도 안 될 것 같습니다.

신: 역시 내 생각이 옳았군! 도덕적 책임감이란 네가 자유 의지에서 벗어나려는 이유의 한 측면에 불과했구나. 그렇다면 자유 의지의 어떤 측면이 너를 괴롭히는 것이냐?

인간: 자유 의지가 있으면 저는 죄를 범할 수 있습니다. 저는 죄를 저지르고 싶지 않습니다.

신: 네가 원하지 않는데 어떻게 죄를 범한다는 말인가?

인간: 오, 신이여! 왜 그런지는 모릅니다. 그저 죄를 저지를 뿐입니다! 사악한 유혹이 몰려옵니다. 저는 저항하려고 온갖 노력을 기울이지만, 그 유혹을 거역할 수는 없습니다.

신: 네가 유혹을 이길 수 없다는 말이 진실이라면, 너는 너의 자유 의지에 의해 죄를 범한 것이 아니다. 따라서(적어도 내가 볼 때에는) 하등 죄를 범한 것이 아니다.

인간: 아닙니다. 그렇지 않습니다! 좀더 강하게 저항했더라면 죄를 범하지 않을 수 있었다는 것을 저는 끊임없이 느끼고 있습니다. 저는 의지가 무한하다는 것을 알고 있습니다. 인간이 모든 노력을 기울여 죄를 거부한다면 죄를 범하지 않을 것입니다.

신: 좋다. 그러나 네가 알아야 할 것이 있다. 너는 죄를 범하지 않으려고 모든 노력을 기울인다, 그렇지 않으냐?

인간: 솔직하게 말씀드리면, 잘 모르겠습니다! 어떤 때에는 제가 가능한 한 모든 노력을 기울이는 것처럼 느껴지지만, 돌이켜 보면 노력을 하지 않았던 것이 아닌가라는 의심이 들기도 합니다.

신: 바꿔 말하자면 실제로는 네 자신도 지금까지 죄를 계속 범해왔는지 잘 알지 못하는 셈이로구나. 따라서 네가 전혀 죄를 범하지 않았을 가능성도 있다!

인간: 물론 그럴 가능성도 있겠지요. 하지만 분명 저는 계속 죄를 저질렀을 것입니다. 그렇게 생각하면 저는 너무도 두렵습니다!

신: 계속 죄를 범해왔다는 생각이 왜 그토록 두려운가?

인간: 그 까닭은 모르겠습니다! 한 가지 이유는 사후(死後)에 당신이 죄에 대해 무서운 벌을 준비해 두고 계신다고 들었기 때문입니다!

신: 이런, 그런 생각이 너를 괴롭히고 있구나! 왜 자유 의지라든가 책임 따위의 주변적인 이야기를 늘어놓는 대신, 처음부터 그런 말을 하지 않았느냐? 왜 좀더 솔직하게 내게 너희들이 저지르는 어떤 죄에 대해서도 벌하지 말아달라고 단도직입적으로 요구하지 않았지?

인간: 아마도 제가 너무 현실적이어서, 그런 요구를 신이 들어줄 리 만무하다고 생각했기 때문일 것입니다!

신: 그렇지 않을 것이다! 내가 어떠한 소원이든 들어줄 것이라는 사실을 너는 알고 있지 않느냐? 좋다. 그러면 내 계획을 이야기해 주마. 네가 원하는 만큼 얼마든지 죄를 범해도 좋다는 매

우 특별한 허가를 네게 내리마. 그리고 최소한 그 죄에 대해서는 결코 너를 벌하지 않겠다는 것을 나의 명예를 걸고 약속하겠다. 그러면 되겠느냐?

인간: (매우 두려워하며) 안 됩니다. 제발 그렇게 하지 말아주십시오!

신: 무슨 이유로? 신의 말을 못 믿느냐?

인간: 물론 믿습니다! 그러나 당신은 제가 죄를 범하고 싶지 않다는 것을 이해하지 못하십니다! 벌과는 무관하게, 어쨌든 저는 죄를 극도로 혐오하는 것입니다.

신: 그렇다면 네게 한 가지를 더 주겠다. 죄에 대한 네 혐오감을 제거해주마. 여기에 마법의 약이 있다! 이 알약을 삼키기만 하면, 죄에 대한 혐오감이 씻은 듯이 사라질 것이다. 너는 기쁜 마음으로 기꺼이 죄를 저지르고, 후회하지 않고 혐오감도 느끼지 않는다. 더구나 나는 나에 의해서도, 너 자신에 의해서도, 그 무엇에 의해서도 벌을 받지 않을 것을 약속한다. 너는 영원한 지복(至福)을 누릴 것이다. 자, 여기 약이 있다!

인간: 싫습니다!

신: 참으로 이상하구나. 나는 너의 마지막 장애물인 죄에 대한 혐오감까지 제거해 주려 하고 있다.

인간: 그 약을 받고 싶지 않습니다.

신: 이유가 무엇이지?

인간: 저는 그 약이 죄에 대한 미래의 혐오감을 없애줄 것을 믿습니다. 그러나 지금 제가 갖고 있는 혐오감은 그 약을 기꺼이 받지 못하게 할 정도로 큽니다.

신: 네가 그 약을 먹을 것을 명령한다!

인간: 거부합니다!

신: 그렇다면 너는 자신의 자유 의지에 의해 거부하는 것이냐?

인간: 그렇습니다!

신: 그렇다면 네 자유 의지는 참으로 편리한 것이로구나, 그렇지 않은가?

인간: 무슨 뜻인지 모르겠습니다.

신: 네가 기분 나쁜 제안을 거부할 만큼 자유 의지를 가질 수 있다는 사실이 기쁘지 않은가? 네가 원하든 원하지 않든 간에, 내가 네게 이 묘약을 먹으라고 강제로 시킨다면 너는 기쁘지 않겠는가?

인간: 아닙니다. 그렇지 않습니다! 제발 그렇게 하지 말아주십시오.

신: 물론 그럴 생각은 없다. 나는 단지 논점을 확실히 하려는 것뿐이다. 좋다. 그러면 이렇게 해보자. 네게 약을 강제로 먹게 하는 대신, 자유 의지를 없애달라는 애초의 소원을 들어준다고 하자. 단, 네가 더 이상 자유롭지 않게 된 순간 너는 이 약을 먹게 될 것이다.

인간: 일단 제 의지가 사라져 버리면, 어떻게 제가 약을 먹는 것을 선택할 수 있겠습니까?

신: 네가 선택할 것이라는 말은 하지 않았다. 나는 단지 네가 약을 먹게 될 것이라고 말했을 뿐이다. 다시 말해서 네가 약을 먹게 되리라는 움직일 수 없는 사실로서의 순전히 결정론적인 법칙에 따라 행동하게 될 것이다.

인간: 그래도 거부합니다.

신: 그렇다면 너는 네 자유 의지를 제거하겠다는 내 제안을 거부하는 것이다. 그러고 보면 이야기가 당초의 요구와 달라진 것이

아닌가?

인간: 이제야 당신이 무슨 뜻을 갖고 있는지 알겠습니다. 과연 당신의 논법은 교묘합니다. 하지만 당신의 말이 정말 옳은지 확신할 수 없습니다. 다시 한번 확인해 보아야 할 논점이 몇 가지 있습니다.

신: 좋다.

인간: 당신은 두 가지를 이야기했습니다. 그러나 어쩐지 제게는 모순된 것처럼 들립니다. 우선 처음에 당신은 이렇게 말씀하셨습니다. 사람은 자신의 자유 의지에 따라 죄를 범하는 것이 아닌 한 죄를 범할 수 없다. 그러나 다음에는 이렇게 말씀하셨습니다. 당신은 저의 자유 의지를 제거하는 약을 주고, 저는 마음대로 죄를 범할 수 있게 된다. 하지만 만약 제가 더 이상 자유 의지를 갖지 않게 되면, 당신의 첫번째 진술에 따라 어떻게 제가 죄를 범할 수 있단 말입니까?

신: 너는 우리 대화의 별도의 두 부분을 혼동하고 있다. 나의 약이 너로부터 자유 의지를 제거한다고는 결코 말한 적이 없다. 단지 그 약이 죄에 대한 네 혐오감을 제거해 준다고 말했을 뿐이다.

인간: 제가 조금 혼동한 것 같습니다.

신: 좋다. 그러면 다시 시작해 보자. 너로부터 자유 의지를 제거하는 것에 내가 동의했다고 하자. 단, 그때 너는 지금의 네가 죄스럽게 생각하는 수많은 행위를 하게 되리라는 사실을 알고 있다. 전문 용어를 사용하자면, 그때 너는 자신의 자유 의지에 의거해서 그런 행동을 하는 것이 아니기 때문에 죄를 범하는 것은 아니다. 그리고 그러한 행동에 어떤 도덕적 책임이나 도덕적 죄책감도 따르지 않고, 어떤 벌도 주어지지 않는다.

그렇지만 이러한 행동은 모두 네가 지금 죄악으로 간주하는 유형의 것이다. 즉 그러한 행동은 지금의 네가 혐오하는 온갖 성질을 모두 갖추게 될 것이다. 그러나 네가 느끼는 혐오감은 모두 사라질 것이다. 따라서 〈그때에는〉 네가 그러한 행동에 대해 혐오감을 느끼지 않게 될 것이다.

인간: 그러나 저는 그런 행동에 대해 지금 실제로 혐오감을 갖고 있습니다. 그리고 이러한 현재의 혐오감만으로도 당신의 제안을 거부하기에 충분한 것입니다.

신: 흠! 그렇다면 이야기를 분명히 해보자. 나는 지금의 네 이야기를 더 이상 자유 의지를 제거해 달라는 요구로 받아들이지 않는다.

인간: (마지 못해) 어쩌면 그런지도 모릅니다.

신: 좋다. 자유 의지를 제거하지 않는 것에 대해 동의한다. 그렇지만 여전히 네가 왜 자유 의지를 더 이상 제거하고 싶다는 생각이 들지 않았는지 그 이유가 분명히 이해되지 않는다. 다시 한 번 이야기해 주겠는가?

인간: 당신의 말씀처럼 자유 의지가 없어지면 저는 지금보다 더 많은 죄를 범하게 될 것이기 때문입니다.

신: 하지만 나는 이미 자유 의지가 없으면 애당초 죄를 범하는 것도 불가능하다고 말하지 않았는가.

인간: 그러나 만약 제가 지금 자유 의지로부터 벗어나기를 선택했다면, 그 결과로 발생하는 모든 사악한 행위는 저의 죄가 될 것입니다. 미래가 아니라 자유 의지를 갖지 않겠다고 선택하는 현재의 순간에 저지르는 죄입니다.

신: 네 이야기는 무언가 지독한 덫에 걸린 것 같은 느낌을 준다.

인간: 그렇습니다. 저는 못된 덫에 걸렸습니다! 당신은 저를 잔혹한 이중 구속double bind(두 가지 모순된 명령에 의거해 발생하는 구속——옮긴이)의 딜레마에 몰아 넣었습니다. 지금 제가 내리는 모든 결정은 잘못될 것입니다. 설령 제가 자유 의지를 지닌다 해도 저는 계속 죄를 저지르게 될 것입니다. 그렇다고 해서 자유 의지를 포기하면(물론 당신의 도움에 의해서), 이번에는 자유 의지를 포기했기 때문에 계속 죄를 저지르게 될 것입니다.

신: 하지만 마찬가지로 너도 나를 이중 구속에 빠지게 하는구나. 네가 자유 의지를 제거하는 쪽을 선택하든, 자유 의지를 계속 갖는 것을 선택하든 나는 기꺼이 네 의견을 따르겠다. 그러나 이 선택지 중 어느 쪽도 너를 만족시키지는 못한다. 나는 너를 도와주고 싶지만 도울 수 없을 것 같다.

인간: 사실입니다!

신: 그것은 나의 과오가 아닌데도 네가 여전히 내게 화를 내는 까닭은 무엇인가?

인간: 애당초 저를 이런 끔찍한 궁지에 몰아 넣었기 때문입니다.

신: 그렇지만 네 말에 따르면, 내가 어느 쪽을 선택하든 네 마음에 들지 않았을 것이다.

인간: 그렇게 말씀하시는 것은 지금 당신이 할 수 있는 일 중에서 어느 것도 만족스럽지 않다는 의미입니다. 하지만 당신이 아무것도 할 수 없었다는 뜻은 아닙니다.

신: 그 이유가 무엇이지? 도대체 내가 무엇을 할 수 있었다는 말인가?

인간: 애초에 제게 자유 의지를 주지 말았어야 합니다. 그러나 당

신이 제게 자유 의지를 주었기 때문에 이미 늦었습니다. 제가 하는 모든 일이 잘못될 수밖에 없게 된 것입니다. 처음에 당신이 제게 자유 의지를 준 것부터 잘못이었습니다.

신: 음, 그렇군! 그러나 왜 너는 애초에 네게 자유 의지를 주지 않았다면 더 나았을 것이라고 생각하는가?

인간: 만약 그렇게 되었다면 저는 애당초 죄를 범할 수 없었을 테니까요.

신: 나는 나의 과오로부터 배울 수 있다는 것을 항상 기쁘게 생각한다.

인간: 뭐라고요?

신: 내 말이 네게 일종의 자기 모독처럼 들릴 테지. 그렇지 않은가? 지금 내가 한 말에는 거의 논리적 역설에 가까운 것이 포함된다! 한편으로, 네가 가르쳐주었듯이, 내가 과오를 저지를 수 있다고 주장하는 것은 지각력이 있는 존재에게 도덕적으로 나쁜 것이다. 그러나 다른 한편으로 내게는 어떤 일이든 할 수 있는 권리가 있다. 하지만 나 역시 지각력이 있는 존재이다. 따라서 문제는 이렇게 된다. 도대체 나는 자신이 과오를 저지를 수 있다고 주장할 권리를 갖고 있는 것인가, 그렇지 않은 것인가?

인간: 그건 형편없는 농담입니다! 당신이 설정한 전제 중 하나는 완전히 잘못된 것입니다. 저는 지각력을 가진 존재가 당신의 전지(全知)를 의심하는 것이 잘못이라고 가르친 적이 없습니다. 저는 인간이 당신의 전지를 의심하는 것에 대해서만 이야기했을 뿐입니다. 하지만 당신은 인간이 아니기 때문에 당신 자신은 분명 이 금지령에 속박되지 않습니다.

신: 좋다. 따라서 너는 이 문제를 이성적 수준에서 파악하고 있다. 그럼에도 불구하고, 내가 〈나는 나 자신의 과오로부터 배운다는 것을 항상 기쁘게 생각한다〉고 했을 때 너는 큰 충격을 받은 것처럼 보였다.

인간: 물론 충격을 받았습니다. 그러나 당신의 자기 모독 때문에 충격을 받은 것도 아니고, 또한 당신이 그렇게 말씀하실 권리가 없기 때문도 아닙니다. 오히려 당신이 그렇게 말씀하셨다는 사실에 깜짝 놀란 것입니다. 왜냐하면 신은 절대 실수를 저지르지 않는다고 배워왔기 때문입니다. 따라서 당신이 실수를 저지를 수 있다고 주장했을 때 저는 무척 놀랐습니다.

신: 나는 내가 실수를 저지를 수 있다고 말하지 않았다. 내가 말한 것은 만약 내가 실수를 저질렀다면 그 실수에서 배우는 것을 기쁘게 생각했다는 뜻에 지나지 않는다. 이 말은 그 〈만약〉이 지금까지 실현된 적이 있었는지의 여부와는 아무런 관련도 없다.

인간: 그 문제에 대해서는 더 이상 논쟁을 하지 않았으면 좋겠습니다. 당신은 제게 자유 의지를 주신 것이 잘못이었다고 인정하십니까, 아니면 부정하십니까?

신: 그 점이야말로 애초에 내가 함께 생각해 보자고 제안했던 문제이다. 그러면 내가 지금 네 처지에 대해 간략하게 개괄하겠다. 우선 자유 의지를 가지면 죄를 범할 수 있기 때문에 너는 자유 의지를 원하지 않는다. 그리고 너는 죄를 범하고 싶지 않다(그렇지만 이 점에 대해서는 아직도 영문을 모르겠다. 어떤 면에서 너는 죄를 저지르고 싶은 것이 분명하고, 다른 면에서는 그렇지 않다. 하지만 이 문제는 나중으로 미루기로 하자). 다른 한편, 만

약 네가 자유 의지를 포기하는 데 동의한다면, 너는 앞으로 네가 할 모든 행동에 대해 지금 그 책임을 지게 된다. 그런고로 처음에 내가 네게 자유 의지를 주지 말았어야 한다.

인간: 맞습니다!

신: 이제 네 느낌에 대해 정확히 이해하겠다. 많은 인간들이, 심지어 그중에는 신학자들까지 들어 있다, 인간이 자유 의지를 갖도록 정한 것이 그들이 아니라 나이고, 더구나 내가 그들의 행동에 대한 책임을 묻는 것 역시 나라는 점에서 불공평하다고 불평을 해왔다. 바꿔 말하면 그들은 자신들이 동의하지도 않은, 나와 맺은 최초의 계약에 따라 살도록 요구되고 있다고 느끼고 있는 것이다.

인간: 맞습니다!

신: 내가 말했듯이, 나는 그 느낌이 어떤 것인지 완전히 이해한다. 그리고 그들의 불만에 대한 정당성도 충분히 인정한다. 그러나 그 불만은 그 문제에 포함된 진정한 핵심 주제에 대해 비현실적인 이해를 갖기 때문에 발생하는 것에 불과하다. 따라서 나는 네게 그 핵심 주제가 무엇인지 밝혀주려고 한다. 그리고 그 귀결을 알면 너는 반드시 크게 놀랄 것이다! 그러나 네게 직접 알려주는 대신 소크라테스의 문답법을 계속 사용하겠다. 되풀이하자면, 내가 네게 자유 의지를 주었다는 사실을 너는 유감으로 생각하고 있다. 하지만 네가 진정한 결과를 알게 되면 더 이상 그런 생각을 하지 않을 것이라고 나는 주장한다. 그것을 입증하기 위해서 이제부터 내가 하려는 것을 말해 주겠다. 지금부터 나는 새로운 우주, 새로운 시공 연속체 space-time continuum를 창조하려 한다. 이 새로운 우주에

서 너와 같은 인간이 탄생하게 될 것이다. 실제로는 네가 그 우주에 다시 태어난다고 해도 무방할 것이다. 그런데 이 새로운 인간, 즉 새로운 너에게 나는 자유 의지를 줄 수도 있고, 주지 않을 수도 있다. 네 생각으로는 내가 어떻게 해주었으면 좋겠는가?

인간: (깊게 안도하면서) 바라건대, 제발 자유 의지를 갖지 않게 하소서!

신: 좋다. 그러면 네가 원하는 대로 해주마. 그러나 자유 의지를 갖지 않은 새로운 너는 앞으로 온갖 종류의 끔찍한 행동을 저지르게 될 것이다.

인간: 그러나 그에게는 자유 의지가 없기 때문에 그런 행동은 죄가 되지 않을 것입니다.

신: 네가 그 행동을 죄라고 부르든 부르지 않든 간에, 그들이 지각력을 가진 많은 존재들에게 엄청난 고통을 야기한다는 의미에서 그것이 끔찍한 행동이라는 점에는 아무런 변화도 없을 것이다.

인간: (잠깐 침묵한 후) 신이시여, 당신은 다시 저를 함정에 빠뜨렸습니다! 언제나 같은 식이지만! 자유 의지를 갖지 않지만 극악무도한 행위를 저지르는 새로운 생물을 창조하시는 데 대해 제가 동의한다면, 그 새로운 생물이 죄를 범하지 않는 것은 분명 사실이라 하더라도, 저는 그 생물의 창조에 동의했다는 사실 때문에 다시 죄인이 되고 맙니다.

신: 그렇다면 좀더 나은 제안을 하겠다! 나는 이미 새로운 네게 자유 의지를 갖게 할 것인지 여부를 결정했다. 그리고 그 결정을 종이 위에 쓰겠다. 하지만 나중까지 이 종이는 네게 보여주지

않겠다. 그러나 내 결정은 이미 내려졌고, 이 결정은 절대로 철회할 수 없다. 네가 그 결정을 바꾸기 위해 할 수 있는 일은 아무것도 없다. 즉 이 결정에 관한 한 네게는 아무런 책임도 없는 것이다. 이제 내가 알고 싶은 것은 이러하다. 과연 너는 내가 어느 쪽으로 결정을 내리기를 원하는가? 분명히 기억해야 할 일은 이 결정의 책임이 네가 아니라 전적으로 내 양 어깨에 있다는 점이다. 따라서 너는 일말의 가식이나 추호의 두려움도 없이 솔직하게 어느 쪽으로 결정되기를 원하는지 말할 수 있다. 자, 어느 쪽인가?

인간: (아주 오랜 침묵 끝에) 당신이 그 사람에게 자유 의지를 주는 쪽으로 결정하기를 바랍니다.

신: 정말 흥미롭구나! 드디어 내가 네 마지막 장애물을 제거했구나! 만약 내가 그 사람에게 자유 의지를 주지 않는다면, 더 이상 그 누구에게도 그 어떤 죄의 책임도 부여하지 않을 것이다. 그런데 너는 왜 그 사람에게 자유 의지를 주기를 희망하는가?

인간: 죄이든 죄가 아니든 간에, 가장 중요한 점은, 만약 당신이 그 사람에게 자유 의지를 주시지 않는다면(적어도 조금 전에 당신이 했던 말씀에 따르면) 그 사람은 다른 사람들을 해치게 될 것이고, 저는 사람들이 해를 입는 것을 보고 싶지 않습니다.

신: (한없는 안도의 숨을 내쉬며) 마침내! 마침내 너도 진정한 핵심을 깨달았구나!

인간: 그 핵심이란 무엇입니까?

신: 죄를 범한다는 사실 자체는 중요치 않다! 중요한 것은 인간을 비롯해서 지각력을 가진 그 밖의 존재가 해를 입지 않는 것이다!

인간: 당신의 말씀은 공리주의자의 주장처럼 들립니다!

신: 나는 공리주의자이다.

인간: 아니 어떻게!

신: 어떻게든 아니든, 어쨌든 나는 공리주의자이다. 혼동하지 마라. 유니테리언 교파unitarian(삼위일체를 부정하고 유일 신격을 주장하는 신교의 일파. utilitarian[공리주의자]와 철자가 비슷하기 때문에 나온 말이다.——옮긴이)가 아니라 공리주의자이다.

인간: 도저히 믿어지지 않습니다.

신: 나도 충분히 이해한다. 지금까지 네가 받은 종교 교육은 전혀 다른 것을 가르쳐왔을 테니까. 아마도 너는 지금까지 나를 공리주의적이 아니라 칸트적으로 생각해 왔을 것이다. 그러나 그런 교육은 전적으로 잘못된 것이다.

인간: 말문이 막히는군요!

신: 말문이 막힌다고! 흠, 그리 나쁘지는 않군. 너는 지나치게 말이 많은 경향이 있으니까. 진지하게 묻겠다. 그런데 왜 너는, 내가 처음에 네게 자유 의지를 주었다고 생각하는가?

인간: 왜 그러셨습니까? 저는 당신이 왜 그랬는지 그 이유에 대해 한 번도 생각해 본 적이 없습니다. 제가 주장한 것은, 단지 당신은 그렇게 하지 말았어야 한다는 말이었습니다! 그런데 당신은 왜 그런 일을 하셨습니까? 제가 생각할 수 있는 이유는 표준적인 종교적 설명과 다르지 않을 것입니다. 자유 의지 없이는 구원도, 지옥의 나락에 떨어지는 심판도 받을 자격이 없게 될 것입니다. 따라서 자유 의지가 없다면 우리는 영생을 희구할 수조차 없게 되는 것입니다.

신: 정말 흥미롭군! 나는 영생을 갖고 있다. 그러면 내가 영원의 생명에 값할 만한 어떤 일을 했다고 생각하는가?

인간: 물론 그렇게 생각하지는 않습니다. 당신의 경우는 사정이 다릅니다. 당신은 이미 선하고, 완벽하기 때문에(적어도 그렇게 말해지고 있으니까), 영원의 생명을 얻을 만한 일을 할 필요는 없습니다.

신: 지금도 그렇게 생각하는가? 그 점이 나를 부러운 위치에 놓이게 하는가, 그렇지 않은가?

인간: 무슨 말씀인지 잘 모르겠습니다.

신: 나는 고통이나 희생도 치르지 않고, 나쁜 유혹이나 그와 비슷한 어떤 것들과도 싸우지 않고, 영원한 지복의 상태를 누린다. 어떤 〈공적〉도 없이, 나는 지복의 영원의 존재를 즐기고 있다. 그에 비해 너와 같은 불쌍한 인간들은 도덕성을 둘러싼 온갖 종류의 끔찍한 갈등과 괴로움, 힘겨운 인내와 노력이라는 짐을 짊어지고 있다. 도대체 무엇을 위해서? 너는 내가 정말 존재하는지, 사후의 삶이 있는지, 만약 있다면 어떤 면에서 너희에게 문제가 되는지 등에 대해서조차 알지 못하고 있다. 너희들이 〈선(善)〉에 따라 살면서 내 환심을 사려고 아무리 노력을 기울인다 해도, 너희들이 기울이는 〈최선(最善)〉이 내 기준에 부합되는지 너희들은 어떤 보장도 받을 수 없다. 따라서 구원을 얻었다는 어떤 현실적인 보증도 얻지 못하는 것이다. 생각해 보라! 나는 이미 〈구원〉에 해당하는 상태에 있다. 그리고 구원을 얻기 위한 한없이 애처로운 과정을 한번도 겪을 필요가 없었다. 이러한 점에 대해 너는 나를 부러워하지 않는가?

인간: 당신을 부러워한다는 것은 불경스러운 일입니다.

신: 그런 식의 속 들여다보이는 말은 그만두어라! 너는 지금 주일

학교 선생님과 이야기를 하는 것이 아니다. 너는 지금 나를 상대로 이야기하는 것이다. 불경이든 아니든, 네가 나를 부러워할 자격이 있는지 여부가 중요한 문제는 아니다. 문제는 네가 실제로 나를 부러워 하는지 여부이다. 그러한가?

인간: 물론입니다!

신: 좋다! 지금의 네 견해에 따르면 너는 나를 한없이 부러워하고 있다. 그러나 좀더 현실적인 관점에서 나는 앞으로 네가 더 이상 나를 부러워하지 않게 될 것이라고 생각한다. 지금까지 너는 네가 배워온 개념들을 그대로 받아들였다. 다시 말해 지상에서의 너의 삶은 일종의 시험 기간과 같고, 네게 자유 의지를 주는 목적은 너를 시험하기 위함이라는, 즉 네가 영생의 지복을 누릴 자격이 있는지를 시험하려는 식의 생각을 믿어왔다. 그렇지만 나를 혼란시키는 것은 다음과 같은 점이다. 만약 네가 세간의 평판처럼 내가 선하고 자비롭다고 믿는다면, 내가 왜 인간들에게 행복이나 영생과 같은 것을 얻을 수 있는 자격을 요구하겠는가? 그런 자격 여부와 무관하게 왜 모든 사람들에게 행복과 영생을 부여하지 않겠는가?

인간: 그렇지만 저는 당신의 도덕관이나 정의관은 선을 행하면 복으로 보답받고, 악을 저지르면 고통으로 벌한다는 것이라는 가르침을 받아왔습니다.

신: 그렇다면 너는 지금까지 잘못된 교육을 받은 것이다.

인간: 그렇지만 모든 종교서들은 그런 가르침으로 가득 차 있습니다! 예를 들어 조너선 에드워즈Jonathan Edwards's의 「노한 신의 손 안에 든 죄인Sinners in the Hands of an Angry God」을 보십시오. 당신이 메스꺼운 전갈과 같은 적들을 활활

타오르는 지옥의 불구덩이 위에 달아매고, 그들이 불구덩이 속으로 떨어지지 않도록 막아주는 것은 오로지 당신의 자비의 힘뿐이라고 묘사하고 있지 않습니까?

신: 다행스럽게도 나는 아직 에드워즈의 장광설을 읽지 않았다. 지금까지 그토록 엉터리 같은 설교도 다시 없었을 것이다. 애당초 「노한 신의 손 안에 든 죄인」이라는 제목에서부터 그 내용을 짐작하게 해준다. 첫째, 나는 결코 노하지 않는다. 둘째, 나는 결코 〈죄〉라는 관점에서 생각하지 않는다. 그리고 셋째, 내게 적은 없다.

인간: 그렇다면 당신은 아무도 미워하지 않고, 또한 당신을 미워하는 사람도 없다는 말입니까?

신: 앞의 말은 맞다. 그러나 나중의 말은 가끔씩 틀리기도 한다.

인간: 저런! 저는 당신을 증오한다고 공공연히 주장한 사람들을 알고 있습니다. 때로는 저도 당신을 미워했습니다!

신: 네 말은, 네가 나에 대한 상(像)을 미워했다는 의미이다. 그것은 진짜 나를 미워하는 것과는 다르다.

인간: 당신에 대한 잘못된 관념을 증오하는 것은 잘못이 아니지만, 실제 당신을 미워하는 것은 잘못이라는 뜻입니까?

신: 아니다. 나는 전혀 그런 뜻으로 말한 것이 아니다. 나는 좀더 파격적인 이야기를 하고 있다! 내 말은 옳거나 그르다는 것과는 아무런 관계도 없다. 내가 의미하는 것은 실제의 나를 아는 사람은 심리적으로 나를 미워하기가 불가능해질 것이라는 뜻이다.

인간: 우리 인간들은 당신의 실제 본성에 대해 잘못된 견해를 갖고 있는 것처럼 여겨지는군요. 그렇다면 왜 당신은 저희들을 깨

우쳐주시지 않는 것입니까? 왜 저희들을 올바른 길로 인도해 주시지 않습니까?

신: 왜 내가 그렇게 하지 않는다고 생각하는가?

인간: 제 말씀은 어째서 저희들이 감각을 통해 느낄 수 있도록 해 주시거나, 너희들은 틀렸다라고 분명하게 말씀해 주시지 않느냐는 것입니다.

신: 너희들의 생각은, 내가 너희의 감각으로 느껴지는 종류의 존재라고 믿을 만큼 소박한가? 오히려 내가 너희들의 감각이라고 말하는 편이 옳을 것이다.

인간: (깜짝 놀라면서) 당신이 제 감각이라고요?

신: 아니, 나는 그 이상이다. 그러나 그 편이 나를 감각으로 지각할 수 있다고 생각하는 것보다 사실에 가까울 것이다. 나는 너희와 같은 객체 object가 아니다. 나는 주체이고, 주체는 지각할 수는 있지만 지각될 수는 없다. 네가 너 자신의 사고를 볼 수 없듯이 너는 나를 볼 수 없다. 너는 사과를 볼 수 있다. 그러나 네가 사과를 보고 있다는 사건 event 자체는 볼 수 없다. 그리고 나는 사과 그 자체라기보다는 사과를 보는 것에 훨씬 가깝다.

인간: 만약 제가 당신을 볼 수 없다면, 어떻게 당신의 존재를 알 수 있습니까?

신: 좋은 질문이다! 실제로 너는 어떻게 내가 존재한다는 것을 아느냐?

인간: 저는 지금 당신과 이야기를 나누고 있습니다. 그렇지 않습니까?

신: 어떻게 네가 나와 이야기하고 있다고 알 수 있는가? 네가 〈어

제 나는 신과 대화를 나눴다〉라고 정신과 의사에게 말한다면 그 의사가 무슨 말을 하겠는가?

인간: 의사에 따라 다르겠지요. 대부분의 정신과 의사는 무신론자이기 때문에 대개 저 혼자 독백을 했을 것이라고 말하겠지요.

신: 그 말이 옳을 것이다.

인간: 뭐라고요? 그러면 당신이 존재하지 않는다는 말씀입니까?

신: 너는 잘못된 결론을 이끌어내는 기이한 능력을 갖고 있는 것 같구나! 네가 너 자신과 이야기를 했다는 이유만으로 내가 존재하지 않는다는 결론이 나오는가?

인간: 좋습니다. 하지만 만약 제가 당신과 대화를 하더라도 실제로는 저 자신과 이야기를 하는 것이라면, 당신은 어떤 의미에서 존재하는 것입니까?

신: 네 질문은 두 개의 오류와 하나의 혼동에 기초해 있다. 네가 지금 나와 이야기를 하는 것인지 여부에 대한 질문과 내가 존재하는지 여부에 대한 질문은 전혀 별개의 문제이다. 가령 네가 지금 나와 대화를 나누는 것이 아니더라도(실제로는 나와 이야기하고 있지만), 내가 실재하지 않는 것은 아니다.

인간: 물론입니다. 그러나 〈너는 만약 내가 자신과 이야기하는 것이라면, 당신은 존재하지 않는다〉라고 말하는 대신, 〈만약 내가 자신과 이야기를 한다면, 나는 분명 당신과 이야기를 나누는 것이 아니다〉라고 표현할 것입니다.

신: 그것은 전혀 다른 언명이지만 그것 역시 틀렸다.

인간: 제가 단지 저 자신에게 이야기하는 것에 지나지 않는다면 어떻게 제가 당신과 대화를 할 수 있습니까?

신: 네가 〈단지〉라는 말을 사용한 것은 잘못이다. 나는 네가 이야

기했듯이, 네가 자신과 이야기하는 것이 네가 나와 대화하는 것이 아님을 뜻하지 않을 수 있는 여러 가지 논리적 가능성을 제시할 수 있다.

인간: 하나라도 좋으니 알려주십시오!

신: 그러한 가능성 중 하나는 나와 네가 동일하다는 것이다.

인간: 그것은 불경스런 생각입니다. 적어도 제가 그런 말을 한다면 말입니다!

신: 어떤 종교에 따르면 그럴 수도 있겠지. 하지만 다른 종교에 따르면 그것은 평이하고, 단순하고, 직접적으로 알 수 있는 진리이다.

인간: 그렇다면 제가 딜레마에서 벗어날 수 있는 유일한 길은 당신과 제가 같다고 믿는 것입니까?

신: 천만에! 그건 한 가지에 불과하다. 그 밖에도 여러 가지 길이 있다. 예를 들어 네가 나의 일부일 수도 있다. 그 경우에 너, 즉 나의 일부와 이야기를 나누게 될 것이다. 또는 내가 너의 일부일 수도 있다. 그 경우 너는 너의 일부인 나와 대화를 나누는 것이다. 또는 너와 나는 부분적으로 중첩될 수도 있다. 그 경우 너는 그 공통의 부분, 그러니까 나이면서 너인 부분과 이야기를 나누게 될 것이다. 어쨌든 네가 너 자신에게 이야기하는 것이 내게 이야기하지 않는 것이 되는 유일한 경우란, 단지 나와 네가 완전히 분리되어 있는 경우뿐이다. 심지어 그런 경우조차 네가 우리들 두 사람에 대해 이야기를 할 가능성은 충분히 생각할 수 있다.

인간: 그렇다면 당신은 당신이 실재한다고 주장하는 것이군요.

신: 전혀 그런 뜻은 아니다. 너는 또 잘못된 결론을 이끌어내는구

나! 나의 실재 문제는 아직 나오지 않았다. 내가 말한 것은, 네가 너 자신에게 이야기한다는 사실만을 근거로 나의 부재를 추론할 수는 없다는 뜻이다. 네가 내게 말하지 않는다는 더 미약한 사실은 말할 것도 없고.

인간: 좋습니다. 당신의 말씀은 모두 받아들이겠습니다. 하지만 제가 정말 알고 싶은 것은 당신이 실재하는지 여부입니다.

신: 정말 이상한 질문이구나!

인간: 어째서요? 인간들은 헤아릴 수 없는 아득한 옛날부터 그 질문을 계속해 왔습니다.

신: 그것은 알고 있다! 그 질문 자체는 이상할 것이 없다. 내 말뜻은 그 질문을 내게 한다는 사실이 이상하다는 것이다.

인간: 왜 그렇습니까?

신: 왜냐하면 네가 그 실재성을 의심하는 대상이 바로 나이기 때문이다! 나는 네 불안감을 충분히 헤아린다. 너는 지금 나와의 경험이 혹시 환상은 아닌지 걱정하고 있다. 너는 내가 실제로 존재하지 않을지도 모른다고 의심하고 있다. 그런데 어떻게 그 존재가 의심스러운 내게서 나의 실재성에 대한 신뢰할 수 있는 정보를 얻을 수 있다고 기대할 수 있단 말인가?

인간: 그렇다면 당신은 당신이 실재하는지의 여부에 대해 이야기하고 싶지 않은 것입니까?

신: 나는 고집을 부리고 있는 것이 아니다! 나는 단지 내가 줄 수 있는 어떤 대답도 너를 만족시킬 수 없으리라는 것을 분명히 하고 싶을 뿐이다. 좋다. 가령 내가 〈나는 실재하지 않는다〉라고 말한다고 하자. 그 말을 무엇으로 증명할 수 있겠는가? 절대 그 무엇도 증명할 수 없다! 아니면 내가 〈나는 실재한다〉라

고 말했다고 하자. 그 말이 네게 확신을 주겠는가? 분명히 그렇지 않을 것이다!

인간: 하지만 당신이 당신의 실재 여부에 대해 이야기해 주시지 않는다면, 누가 이야기할 수 있습니까?

신: 그것은 아무도 네게 답해 줄 수 없는 물음이다. 그 답은 너 스스로 찾아내지 않으면 안 된다.

인간: 제가 어떻게 스스로 그 답을 알아낼 수 있습니까?

신: 그것 또한 아무도 네게 가르쳐줄 수 없다. 그 방법도 너 스스로 찾아내지 않으면 안 된다!

인간: 그렇다면 당신이 저를 도와주실 방도는 전혀 없는 것입니까?

신: 나는 그렇게 말하지 않았다. 나는 단지 내가 네게 가르쳐줄 수 있는 방법은 없다고 말했을 뿐이다. 하지만 그 말이 내가 너를 도울 방법이 없다는 뜻은 아니다.

인간: 그렇다면 도대체 어떤 방법으로 저를 도와주실 수 있다는 말씀입니까?

신: 그 방법은 내게 맡겨라! 우리 대화가 본론에서 벗어났다. 내가 네게 자유 의지를 준 목적이라고 네가 생각하는 문제로 되돌아가기로 하자. 네가 구원을 얻을 가치가 있는지 여부를 시험하기 위해 내가 자유 의지를 주었다는 처음의 네 생각은 많은 도덕가들에게 상당한 호소력이 있을 것이다. 하지만 내게는 그 생각이 무척 끔찍하게 느껴진다. 내가 네게 자유 의지를 부여한 좀더 괜찮은 이유를, 좀더 인간적인 이유를 생각할 수는 없을까?

인간: 저는 이 문제를 한 정통파 율법학자에게 물은 적이 있었습니다. 그는 제게, 우리가 만들어진 방식에서부터 우리가 구원을

얻었다고 느끼지 않는 한 구원을 향유할 수 없다고 말해 주었습니다. 그리고 구제를 얻기 위해서 우리는 당연히 자유 의지를 필요로 한다는 것입니다.

신: 그 설명은 이전의 네 설명보다는 낫지만 여전히 사실과는 큰 거리가 있다. 정통파 유대교에 따르면 나는 천사를 창조했고 천사들에게는 자유 의지가 없다. 천사는 항상 내 시야를 벗어나지 못하고 선에 완전히 사로잡혀 있기 때문에 악에 대한 어떤 유혹도 받지 않는다. 그들은 모든 문제에 대해 어떠한 선택권도 갖지 못한다. 그러나 그들은 스스로 얻으려고 구하지 않음에도 불구하고 영원한 지복의 상태를 누린다. 따라서 만약 너를 가르친 율법학자의 설명이 옳다면, 내가 왜 천사만 창조하지 않고 인간들까지 창조했겠는가?

인간: 저는 도무지 그 이유를 알 수 없습니다! 왜 그렇게 하지 않으셨습니까?

신: 왜냐하면 율법학자의 설명이 옳지 않기 때문이다. 우선 첫째, 나는 완성된 ready-made 천사를 결코 창조하지 않았다. 지각력을 가진 모든 존재는 궁극적으로 〈천사성 angelhood〉이라고 부를 수 있는 상태를 향해 나아간다. 그러나 인류가 끝없는 생물 진화 과정의 한 단계에 있듯이, 천사 역시 우주 진화 과정의 최종 귀결에 지나지 않는다. 이른바 성인이라 일컬어지는 사람과 죄인이라 불리는 사람 사이의 유일한 차이는 전자가 후자보다 훨씬 나이를 많이 먹었다는 것밖에 없다. 안타까운 것은 악이 괴로움을 준다는, 아마도 우주에서 가장 중요한 사실을 체득하기 위해서는 무수한 인생의 주기가 필요하리라는 점이다. 도덕가들의 모든 주장, 즉 왜 사람이 죄악을 범

해서는 안 되는가와 연관해서 주장되는 다양한 이유는, 악이 괴로움을 수반한다는 한 가지 근본적 진리에 비하면 그 빛이 완전히 퇴색하고 만다.

내 사랑하는 친구여. 나는 도덕가가 아니다. 나는 철두철미한 공리주의자(功利主義者)이다. 내가 도덕가로 이해되어야 했다는 사실이야말로 인류의 가장 큰 비극 중 하나이다. 사물의 체계 scheme of things (많은 오해를 불러일으킬 수 있는 이런 표현을 사용할 수 있다면) 속에서 나의 역할은 벌하는 것도 아니고, 보상을 주는 것도 아니며, 단지 지각력을 가진 모든 존재가 궁극의 완성에 도달하는 과정을 도와주는 것이다.

인간: 왜 그 표현이 오해를 일으킬 수 있다고 말씀하십니까?

신: 내가 말한 것은 두 가지 점에서 오해를 부를 수 있다. 우선 내 역할을 사물의 체계 속에서 이야기하는 것은 정확하지 않다. 내가 사물의 체계이기 때문이다. 두번째로 지각력을 갖는 존재가 교화되어 완성되어 가는 과정을 내가 돕는다는 말도 마찬가지로 오해를 낳는다. 내가 그 과정이기 때문이다. 고대의 도교가 나에 대해 말한 것이 (그들은 나를 〈길[道]〉이라고 불렀다) 훨씬 나와 가깝다. 나는 아무것도 하지 않지만 나를 통해 모든 것이 이루어진다. 좀더 현대적인 용어로 표현하자면, 나는 우주적 과정 Cosmic Process의 원인이 아니며, 우주적 과정 그 자체인 것이다. 인간이 내릴 수 있는 가장 정확하고 생산적인 정의는 (적어도 현재의 진화 단계에서) 내가 깨달음 enlightenment의 과정 그 자체라는 것이다. 악마에 대해 생각하고 싶어하는 사람들은(나는 그들이 악마에 대해 생각하지 않기를 바라지만) 악마를 그와 유사하게, 그 과정에 들어가는 불

행한 시간의 길이라고 정의해도 좋을 것이다. 그런 의미에서, 악마 역시 필연적이다. 그 과정에는 엄청난 시간이 필요하고, 또한 그 시간에 대해서 내가 할 수 있는 일은 아무것도 없다. 그러나 내가 네게 확실히 말할 수 있는 것은 일단 그 과정이 좀더 정확하게 이해되면 그 고통스러운 시간의 길이가 더 이상 결정적인 장애나 악으로 간주되지 않는다는 사실이다. 그것은 그 과정 자체의 본질로 보이게 될 것이다. 이런 말이 지금 유한한 고난의 바다 속에서 헤매고 있는 네게 완벽한 위로가 되지 않는다는 것은 나도 잘 안다. 그러나 놀라운 것은, 일단 네가 이러한 근본적 태도를 파악하면 너의 유한한 고통 자체가 줄어들기 시작해서 궁극적으로 소멸에 이르게 된다는 사실이다.

인간: 저는 지금까지 그런 이야기를 들어왔고 그것을 믿는 경향이 있습니다. 그러나 가령 제가 개인적으로 당신의 영원의 눈으로 사물을 볼 수 있다고 가정해 보지요. 그러면 저 자신은 행복해진다 하더라도 다른 사람들에 대한 의무가 있지 않습니까?

신(웃으면서): 네 이야기를 들으니 대승 불교의 교리가 떠오르는구나! 그들은 이렇게 말했다. 〈지각력이 있는 다른 모든 존재들이 열반Nirvana에 도달하는 것을 볼 때까지, 나는 열반에 들어가지 않겠다.〉 따라서 그들은 서로 다른 사람이 먼저 해탈에 이르기를 기다린다. 그렇게 되기까지 실로 오랜 시간이 걸린다는 것은 전혀 놀라운 일이 아니다! 반면 소승 불교는 잘못된 방향으로 길을 선택했다. 그들은 구원에 도달하기까지 그 누구의 도움도 받을 수 없다고 믿는다. 다시 말해서 전적으로 자신의 힘으로 구원을 얻어야 하는 것이다. 따라서 사람들은 자신의 구원을 위해서만 진력한다. 그러나 이런 식의 고립된 태도로는 구원을 얻을 수 없다. 여기에서 얻을 수 있는 진실은, 구원이 부분적으로는 개인적이고 부분적으로는 사회적인 과정이라는 점이다. 그렇다고 해서 많은 대승 불교도들이 믿고 있듯이 깨달음의 획득, 즉 득도가 다른 사람에 대한 관여, 즉 남을 도움으로써 자연히 이루어진다고 믿는 것은 엄청난 오해이다. 남을 돕는 가장 좋은 방법은 우선 스스로 도를 깨우치는 것이다.

인간: 당신의 자기 기술 중에는 한 가지 혼란스러운 것이 있습니다. 당신은 자신이 본질적으로 과정이라고 설명하셨습니다. 그렇다면 당신은 비인격적인 빛으로 그려지지만 많은 사람은 인격신(人格神)을 구하고 있습니다.

신: 그들이 인격신을 구하고 있기 때문에 내가 그렇게 되어야 한다는 말인가?

인간: 물론 그렇지는 않습니다. 그러나 인간들에게 받아들여지려면 종교는 그들의 요구를 만족시키지 않으면 안 됩니다.

신: 무슨 뜻인지 알겠다. 그러나 어떤 존재의 이른바 〈인격〉이라는 것은 그 존재 자체 속에 있는 것이 아니라 실제로는 보는 사람의 눈 속에 있는 것이다. 내가 인격적 존재인지의 여부를 둘러싸고 벌어진 논쟁은 어리석기 짝이 없는 것이었다. 왜냐하면 양쪽 주장이 모두 참도 거짓도 아니기 때문이다. 한쪽 견해에 따르면 나는 인격적이고, 다른 견해에 따르면 인격적이지 않다. 그것은 인간의 경우에도 마찬가지이다. 다른 행성에서 온 생물의 관점에서 본다면 인간 역시 미리 엄격하게 정해진 물리 법칙에 따라 행동하는 소립자의 단순한 집합으로서 비인격

적으로 보일지 모른다. 대개 인간들이 개미에 대해 인격성을 인정하지 않듯이, 그 외계 생물도 인간의 인격성을 인정하지 않을 수도 있다. 하지만 나처럼 진정한 의미에서 개미를 알고 있는 사람에게는 개미 역시 인간과 흡사한 개체적 인격성을 갖고 있는 것으로 보인다. 어떤 것을 비인격적으로 본다는 것은 그것을 인격적인 것으로 보는 것과 마찬가지이다. 어느 쪽이 더 정확하거나 덜 정확하지 않다. 일반적으로 어떤 것에 대해 더 많이 알게 될수록 그것은 더 인격적이 된다. 내 말을 이해하려면 네가 나를 인격적 존재로 생각하는지, 아니면 비인격적인 존재로 생각하는지 생각해 보면 될 것인다. 어떻게 생각하는가?

인간: 저는 당신과 이야기를 나누고 있습니다. 그렇지 않습니까?

신: 바로 그것이다! 그 관점에 따르면 나에 대한 너의 태도는 인격적인 것으로 기술될 수 있을 것이다. 그렇지만 다른 관점에 따르면, 이것도 마찬가지로 옳은 것인데, 나는 비인격적으로 보일 수도 있다.

인간: 그렇지만 당신이 진정으로 과정과 같은 추상적인 무엇이라면, 제가 〈과정〉에 불과한 무엇과 이야기를 나눈다는 것이 어떤 의미를 갖는지 잘 모르겠습니다.

신: 네가 쓴 〈불과한〉이라는 말씨가 마음에 든다. 그렇다면 네가 〈우주에 불과한〉 것 속에 살고 있다고도 말할 수 있지 않을까? 그리고 인간들이 왜 모든 것에 대해 의미를 부여해야 한단 말인가? 나무와 이야기를 나누는 것이 의미를 갖는가?

인간: 물론 아닙니다.

신: 하지만 많은 아이들과 원시 종족들은 실제로 그렇게 하고 있다.

인간: 그렇지만 저는 아이도 원시인도 아닙니다.

신: 나도 그것은 알고 있다. 불행한 일이지만…….

인간: 어째서 불행한 것입니까?

신: 아이들과 원시 종족들은 너 같은 사람들이 잃어버린 원초적인 직관을 갖고 있기 때문이다. 솔직히 말해서 앞으로 나무와 이야기를 해보는 것이 나와 이야기하는 것보다 네게 훨씬 도움이 될 것이다! 그런데 너와 이야기를 나누다 보면 항상 옆길로 빠지는 것 같다. 그러면 마지막으로 내가 너희들에게 자유 의지를 준 이유에 대해 이해해 보기로 하자.

인간: 저는 지금까지 계속 그 문제를 생각하고 있었습니다.

신: 그렇다면 너는, 우리가 나눈 대화에는 주의를 기울이지 않았다는 말인가?

인: 물론 아닙니다. 하지만 당신과 대화를 나누는 내내 저는 다른 수준에서 자유 의지에 대해 생각하고 있었습니다.

신: 그렇다면 어떤 결론에 도달했는가?

인간: 당신은 그 이유가, 우리들이 구원을 받을 가치가 있는지 시험하기 위함이 아니었다고 말씀하셨습니다. 그리고 우리가 무언가를 향유하기 위해서 그럴 만한 가치가 있어야 한다는 식으로 생각할 필요가 없다고 당신은 말씀하셨습니다. 그리고 자신이 공리주의자라고 주장하셨습니다. 그런데 무엇보다 중요한 점은, 나쁜 것은 죄를 범하는 자체가 아니고 오히려 그 행위가 낳는 괴로움이라는 사실을 제가 문득 알아차렸을 때 당신이 무척 기뻐하는 것처럼 보였다는 사실입니다.

신: 물론 기뻐했고 말고! 죄를 저지른다는 행위에서 그 이상 나쁜 것을 또 생각할 수 있겠는가?

인간: 좋습니다. 그것은 당신이 아시는 바이고, 지금은 저도 알고 있습니다. 그러나 저는 평생 동안 죄를 범하는 것 자체가 악이라고 주장하는 도덕가의 영향을 받아왔습니다. 어쨌든 지금 제가 나열한 이야기들을 하나로 합치면, 당신이 저희들에게 자유 의지를 주신 유일한 이유는, 사람들이 자유 의지를 가지면 자유 의지가 없는 경우보다 다른 사람들에게, 그리고 자신에게도 덜 해를 입힐 것이라는 당신의 믿음 때문입니다.

신: 브라보! 지금까지 네가 제시한 이유들 중에서 이번 것이 제일 낫다. 만약 내가 자유 의지를 주기로 선택했다면 지금의 대답이 바로 그 선택의 이유일 것이라고 확실하게 말할 수 있다.

인간: 무엇이라고요? 그러면 실제로는 자유 의지를 주는 쪽을 선택하지 않았다는 말입니까?

신: 사랑하는 자여! 등변삼각형이 등각삼각형이 되는 것을 선택할 수 없듯이, 나 역시 너희들에게 자유 의지를 주는 것을 선택할 수 없다. 처음에는 등변삼각형을 만들 것인지 여부를 선택할 수 있다. 그러나 일단 등변삼각형을 만들기로 선택하면, 그것을 등각삼각형으로 만드는 선택은 할 수 없다.

인간: 당신이 할 수 없는 일은 없다고 생각했습니다.

신: 논리적으로 가능한 것만 할 수 있다. 성 토마스는 〈불가능한 것은 신도 할 수 없다는 사실을, 마치 신의 힘의 한계인 것처럼 생각하는 것은 죄악이다〉라고 말했다. 그가 죄라는 표현을 사용한 부분에서 내가 오류라는 말을 사용한 점을 제외한다면 나도 토마스의 견해에 동의한다.

인간: 어쨌든, 제게 자유 의지를 주기로 선택하지 않았다는 말의 함축이 무엇인지 여전히 모르겠습니다.

신: 좋다. 이제 내가, 이 논의 전체가 처음부터 한 가지 터무니없는 허위에 근거해 왔다는 사실을 네게 알려줄 때가 되었다! 우리는 지금까지 순수한 도덕적 수준에 대해 토론했다. 처음에 너는, 내가 네게 자유 의지를 준 사실에 대해 불평을 했고, 내가 왜 그렇게 해야 했는가라는 문제에 대해 지금까지 온갖 질문을 던졌다. 너는 애당초 내가 그 문제에 대해 어떤 선택의 여지도 갖지 않았다는 생각은 한 번도 하지 못했다.

인간: 저는 아직도 오리무중입니다!

신: 전적으로! 왜냐하면 너는 사물을 단지 도덕가의 눈을 통해서만 볼 수 있기 때문이다. 너는 이 문제의 좀더 근원적인 형이상학적 측면을 전혀 생각하지 않고 있다.

인간: 당신의 의도가 무엇인지 아직 잘 모르겠습니다.

신: 자유 의지를 제거해 달라고 내게 요구하기 전에, 네 최초의 물음이 사실 문제로서 네가 과연 자유 의지를 갖고 있는지 여부를 물어야 했지 않았는가?

인간: 저는 제가 자유 의지를 갖고 있다는 것을 당연한 사실로 생각하고 있었습니다.

신: 왜 그렇게 생각했는가?

인간: 모릅니다. 제가 자유 의지를 갖고 있습니까?

신: 그렇다.

인간: 그렇다면 왜 당신은, 제가 그것을 당연하게 생각하면 안 된다고 말씀하시는 것입니까?

신: 당연시하면 안 되기 때문이다. 어떤 사실이 우연히 참이라고 해서 그것을 당연한 것으로 간주해서는 안 되는 이유와 마찬가지이다.

인간: 어쨌든 자유 의지에 대한 자연스러운 저의 직관이 옳다는 것을 알고 안심했습니다. 때로는 혹시 결정론자가 옳은 것은 아닌지 걱정했으니까요.

신: 결정론자는 옳다.

인간: 잠깐, 기다려주십시오. 제가 자유 의지를 갖고 있습니까, 그렇지 않습니까?

신: 이미 네가 자유 의지를 갖고 있다고 말했다. 하지만 그 말이 결정론이 틀렸다는 것을 의미하지는 않는다.

인간: 그렇다면 저의 행위는 자연 법칙에 의거해 결정되는 것입니까, 아니면 결정되지 않는 것입니까?

신: 여기에서 〈결정된 determined〉이라는 말은 미묘하기는 하지만 크게 오도되어 있다. 그리고 그 말이 자유 의지 대 결정론의 논쟁에 그토록 많은 혼란을 일으킨 원인이다. 너의 행위는 확실히 자연의 법칙에 합치된다. 그러나 너의 행위가 자연 법칙에 의해 결정되어 있다고 말하는 것은 완전히 잘못된 심리적 이미지를 만들어낸다. 즉 너의 의지가 어떠한 형태로든 자연 법칙과 대립하고 있는 듯한 이미지, 그리고 또 자연 법칙이 너보다 강력하고, 네가 좋아하든 좋아하지 않든 간에 네 행위를 〈결정〉할 수 있는 듯한 이미지가 그것이다. 그러나 네 의지가 자연 법칙과 어떤 식으로든 대립한다는 것은 전혀 불가능하다. 너와 자연 법칙은 실제로는 하나이고 동일하다. 너는 곧 자연 법칙이다.

인간: 제가 자연과 대립될 수 없다는 것은 어떤 의미입니까? 만약 제가 아주 고집이 세져서 자연 법칙에 따르지 않기로 결정했다면 무엇이 저를 저지할 수 있겠습니까? 만약 제가 무척 완고

해진다면, 설령 당신이라도 저를 제지할 수 없게 될 것입니다!

신: 네 말은 절대적으로 옳다! 결단코 나는 너를 저지할 수 없다. 그 무엇도 너를 멈출 수는 없다. 하지만 너를 저지시킬 필요도 없다. 왜냐하면 너는 시작조차 할 수 없을 것이기 때문이다! 괴테가 지극히 아름답게 표현했듯이, 〈자연에 거역하려 시도할 때, 우리는 바로 그 시도의 과정에서 자연 법칙에 합치하는 방식으로 행위한다〉는 것이다! 이른바 〈자연 법칙〉이라는 것이 실제로는 너를 비롯한 무릇 존재들의 행위의 기술(記述)에 불과하다는 사실을 모르는가? 자연 법칙이란 네가 하는 행위의 기술일 뿐, 네가 어떻게 행동해야 하는가에 대한 기술이 아니며 네 행위를 강제하거나 결정하는 힘이나 권력이 결코 아니다. 자연 법칙이 타당하기 위해서 그 법칙은 네가 실제로 어떻게 행동하는지를 고려하지 않으면 안 된다. 또는 이런 표현이 네 마음에 든다면, 네가 어떤 행동을 선택할지를 고려에 넣지 않으면 안 되는 것이다.

인간: 그렇다면 당신은 제가 자연 법칙을 거슬러 행동하기로 결정하는 것은 불가능하다고 주장하시는 것입니까?

신: 네가 〈행동하기로 선택한다〉는 말 대신 〈행동하기로 결정한다〉라는 표현을 두 번이나 사용하다니 무척 재미있구나. 이 두 가지 표현을 동일시하는 것은 아주 흔한 일이다. 〈나는 이렇게 하기로 결정했다〉라는 말은 〈나는 이렇게 하기로 선택했다〉라는 말과 종종 같은 의미로 쓰인다. 바로 이러한 심리적인 동일시 때문에, 결정론과 선택 가능성이 흔히 생각되는 것보다 훨씬 밀접한 관계에 있다는 사실이 분명해질 것이다. 물론 너는 자유 의지의 교의에 따르면 네 행위를 결정하는 것은 너 자신

인 데 비해, 결정론의 교의는 네 행위는 분명 너의 외부에 존재하는 무언가에 의해 결정된다고 주장할 것이다. 그러나 이러한 혼란이 빚어지는 큰 이유는 네가 실재를 〈너〉와 〈너 아닌 것not you〉으로 가르기 때문이다. 지금 이 순간 정확히 어디에서 네가 끝나고 너 이외의 우주가 시작되는가? 또는 나머지 우주가 어디에서 끝나고 네가 어디에서 시작되는가? 일단 네가 이른바 〈너〉와 이른바 〈자연〉을 하나의 연속된 전체로 볼 수 있게 된다면, 너는 자연을 제어하는 것이 너인가, 아니면 너를 제어하는 것이 자연인가라는 질문으로 두 번 다시 괴로움을 당하지 않아도 될 것이다. 따라서 자유 의지 대 결정론이라는 진흙탕은 사라질 것이다. 생경한 비유를 들자면, 인력으로 서로 상대를 향해 움직이고 있는 두 물체를 상상해 보라. 각각의 물체는, 만약 그 물체들이 지각력을 가졌다면 〈힘〉을 행사하는 것이 자신인지 아니면 상대인지 궁금해할 것이다. 어떤 의미에서는 둘 다 힘을 행사하고 있고, 어떤 의미에서는 어느 쪽도 아니다. 오히려 가장 중요한 것은 양자의 위치 관계일 것이다.

인간: 당신은 조금 전에 우리의 논의 전체가 엄청난 허구에 기초해 있다고 말하셨습니다. 그런데 당신은 아직도 제게 그 허구가 무엇인지 말씀하지 않으셨습니다.

신: 그것은 내가 자유 의지 없이 너희를 창조할 수 있었다는 생각이다! 너는 그러한 생각을 마치 순전한 가능성처럼 언급했고, 그런 다음 왜 내가 그 가능성을 선택하지 않았는지 물었다! 너는 인력이 작용하지 않는 물체를 생각할 수 없듯이, 자유 의지 없는 지각력을 가진 존재란 상상할 수 없다는 생각을

전혀 하지 못했다(인력을 행사하는 물리적 대상과 자유 의지를 행사하는 지각력을 가진 존재 사이에는 우연히, 비유 이상의 실질적인 유사함이 존재한다). 진정으로 자유 의지 없는 의식적 존재를 상상할 수 있는가? 만약 그러한 것이 있을 수 있다면 그것은 도대체 어떤 모습이겠는가? 네 평생에서 너를 그토록 잘못된 방향으로 이끈 것은, 내가 인간에게 자유 의지라는 〈하사품 gift〉을 주었다는 이야기를 계속 들어왔다는 사실이다. 그런 이야기는 마치 내가 먼저 인간을 창조하고, 그런 다음 뒷궁리로 자유 의지라는 부가적인 extra 특성을 부여한 듯한 인상을 준다. 어쩌면 너는 내가 일종의 〈그림 붓〉을 갖고 있고, 그 붓으로 어떤 생물에게는 자유 의지를 칠하고, 다른 생물에게는 칠하지 않았다고 생각할지도 모른다. 그러나 실제로는 그렇지 않다. 자유 의지란 결코 〈부가적인〉 무엇이 아니다. 오히려 자유 의지는 의식의 본성 그 자체의 핵심 부분인 것이다. 의식을 갖지만 자유 의지가 없는 존재란 형이상학적 부조리에 지나지 않는다.

인간: 그렇다면 당신은 왜 지금까지 제가 생각하기로 도덕적 문제에 해당하는 점들을 토론하면서 저를 희롱하신 것입니까? 당신의 말씀처럼 제 근본적 혼란이 형이상학적인 것이라면 말입니다.

신: 너의 체계 속에서 네가 그러한 도덕적 입장을 취하는 것이 좋은 치료책이 될 것이라고 생각했기 때문이다. 너의 형이상학적 혼란은 대부분 그릇된 도덕적 관념에서 기인한 것이기 때문에, 형이상학적 문제를 다루기 위해서는 먼저 도덕적 문제를 다루지 않을 수 없었다.

그런데 이제 헤어질 시간이다. 다시 네가 나를 필요로 할 때까지. 지금 우리의 결합은 너를 상당 기간 지탱하기에 충분한 도움이 될 것으로 생각한다. 그러나 내가 네게 나무에 대해 했던 말을 마음에 새겨라. 물론 문자 그대로 나무에게 말을 걸 필요는 없다. 그런 행동이 어리석게 느껴진다면 꼭 그렇게 할 필요는 없다. 그러나 너는 나무에게서, 그 밖에도 바위와 냇물, 그리고 자연의 여러 가지 측면들에서 많은 것을 배울 수 있다. 〈죄〉, 〈자유 의지〉, 〈도덕적 책임〉 따위의 무시무시한 생각을 모두 없애기 위해서는 자연주의적인 자세를 취하는 것 이외에는 다른 방도가 없다. 역사의 한 시기에 이러한 관념들은 분명 유용했다. 역사의 한 시기란 전제군주들이 무제한의 권력을 쥐고 흔들며, 지옥의 공포 이외에는 그 무엇도 그들을 억제할 수 없었던 시대를 지칭한다. 그러나 그 이후 인류는 진보해 왔다. 이제 더 이상 그처럼 섬뜩한 사고 방식은 필요치 않다.
위대한 선(禪)의 시인 승찬(僧璨, 감지선사 鑑智禪師를 뜻함――옮긴이)의 시를 통해서 내가 이야기했던 것을 상기시키는 것이 네게 도움이 될 것이다.

네가 명료한 진리를 얻고자 하면
옳고 그름에 대한 관심을 끊어라.
옳고 그름 사이에서의 갈등은
마음의 병이다.

네 표정을 보니 이 말이 네게 안도감과 두려움을 동시에 주는 것 같구나! 너는 도대체 무엇을 두려워하느냐? 만약 네 마음 속에서 옳고 그름의 구별을 폐기시킨다면, 네가 훨씬 쉽게 사악한 행위를 하게 될 것을 두려워하느냐? 그렇지만 옳고 그름에 대한 자의식(自意識)이 실제로는 옳은 행위보다 더 많은 나쁜 행위로 이어지지 않는다고 어떻게 확신할 수 없는가? 이론이 아닌 행위를 문제 삼을 때 너는 진정으로 도덕과 무관한 사람들이 도덕가보다 덜 윤리적으로 행동할 것이라고 믿는가? 절대 그렇지 않다! 이론적으로는 무도덕적인 입장을 주장하는 사람들 중 많은 사람들의 행동이 윤리적으로 우월하다는 사실은 대부분의 도덕가들조차 인정한다. 도덕가는 오히려 그들이 확실한 윤리적 원칙 없이도 실제로는 대단히 훌륭하게 행동한다는 것을 보고 매우 놀라는 것 같다! 도덕가 패거리들은 도덕적 원리가 없다는 사실 자체가 그들 사이에서 선한 행동이 그토록 자유롭게 흘러나올 수 있는 힘이 된다는 사실을 절대 깨달을 수 없다! 〈옳고 그름 사이의 갈등은 인간의 마음의 병이다〉라는 말이, 에덴 낙원의 이야기나 아담이 선악과를 먹었기 때문에 인간의 원죄가 시작되었다는 이야기와 다른 이야기인가? 아담이 먹은 선악과란 윤리적 감정이 아니라 윤리적 원리에 대한 지혜이다. 왜냐하면 윤리적 감정이라면 아담이 이미 갖고 있었기 때문이다. 이 이야기 속에는 많은 진실이 들어 있다. 물론 나는 아담에게 그 사과를 먹지 말라고 명령하지는 않았다. 단지 먹지 말라고 충고했을 뿐이다. 나는 사과를 먹는 것이 그를 위해서 좋지 않을 것이라고 일러주었다. 만약 그 빌어먹을 바보가 내 말을 들었다면 실로 많은 문제들을 피할 수 있었을 텐데! 하지만 실제로는 그렇지 않았다. 그는 자신이 모든 것을 알고 있다고 생각한 것이다! 그러나 나는 궁극적으로 신학자들이 내가 그 행위 때문에 아담이나 아담의 자손을 벌하지 않으리라는 것을 깨닫게 되기를 바랐다. 그런데 불행히도 오히려 그 열매가 그 자체로서나 그 영향에서나 지난 무수한 세대 동안 유독한 결과를 낳았던 것이다.
이제 정말 가야 한다. 우리가 나눈 대화가 네 윤리적 질병을 몰아내고, 그 대신 더 자연주의적인 자세를 취하게 되기를 바란다. 일찍이 내가 공자(孔子)의 도덕 설교를 꾸짖었을 때, 노자(老子)의 입을 통해 했던 훌륭한 말을 마음에 새겨라.

선(善)이나 의무에 관한 모든 이야기, 그리고 듣는 이들을 끊임없이 괴롭히고 초조하게 만드는 모든 말들, 너는 오히려 천지가 어떻게 그 영원의 운행을 계속하는지, 일월(日月)이 어떻게 그 광명을 지속하는지, 성신(星晨)이 어떻게 그 서열을 지키는지, 조수(鳥獸)가 어떻게 그 무리를 가누는지, 수목이 어떻게 그 자리를 지키는지를 배우는 편이 낫다. 너의 발걸음을 내면을 향한 힘으로 이끌기 위해서, 자연의 길을 따르기 위해서 너는 이것들을 배워야 한다. 이제 곧 너는 더 이상 힘들여 선과 의무를 널리 알리려 애쓸 필요가 없다……. 백조는 흰색을 유지하기 위해 매일 목욕할 필요가 없다.

인간: 당신은 분명 동양 철학에 경도되어 있습니다!
신: 천만에! 나의 가장 정묘한 생각 중 일부는 너희들 토착 아메리칸의 토양에서 꽃을 피우고 있다. 예를 들어 〈의무〉에 대한 나의 사고 방식은 무엇보다도 월트 휘트먼 Walt Whitman의 사고 방식에서 뚜렷이 밝혀지고 있다.

나는 의무로 그 무엇도 주지 않는다,
다른 사람들이 의무로 주는 것을 나는 살아있는 충동으로 준다.

나를 찾아서 • 스물

기지와 재치로 가득 찬 이 글은 논리학자이자 마술사, 또한 우연히 일종의 도가(道家)이기도 한 레이먼드 스멀리언의 다채로운 면모를 그의 개성적인 방식으로 전달해 준다. 이 책에는 마찬가지로 통찰력으로 가득 차고 뛰어난 스멀리언의 두 편의 글이 더 포함되어 있다. 여기에 소개된 대화글의 출전은 서양의 논리학자들이 동양 사상을 처음 접했을 때 일어나는 일을 보여주는 글들을 모은 『도는 말이 없다 *The Tao is Silent*』라는 책이다. 그 결말은 (누구나 예상할 수 있듯이) 알 듯하기도 하고 모를 듯하기도 하다. 일부 종교적인 사람들에게는 주머니에 손을 찌르고 교회 안을 돌아다니는 사람들이 불경스럽게 느껴지듯이, 많은 종교인들에게 이 대화가 신성 모독의 극치로 간주될지도 모른다. 그러나 다른 한편, 이 대화는 독실한 종교적인 태도를 취하고 있으며, 신, 자유 의지, 자연 법칙에 대한 강력한 종교적 언명이라는 점에서 불경스럽다는 느낌을 받는 것은 피상적인 독서의 결과일 뿐이라고 생각한다. 대화 속에서 스멀리언은 (신을 통해) 피상적이고 혼란스러운 사고, 선입견으로 나뉜 범주들, 능란한 모범 답안, 젠 체하는 이론, 도덕적 엄숙주의 등을 슬쩍슬쩍 비판한다. 사실 우리는, 이 대화 속 신의 주장에 따른다면 대화가 주는 메시지를 스멀리언이 아니라 신의 메시지로 돌려야 할 것이다. 그 메시지를 우리에게 전달하는 주체는 스멀리언이라는 등장 인물을 통해 이야기하는 신이고, 또한 신이라는 등장 인물을 통해 이야기하는 스멀리언인 것이다.

신(또는 여러분들이 선호한다면 도[道] 또는 우주)이 각기 고유한 자유 의지를 갖는 많은 부분(여러분과 나도 그 중 하나이다)을 갖고 있듯이, 우리 개개인도 각기 자유 의지를 갖는 여러 가지 내적 부분(그 부분은 우리들만큼 자유롭지는 않지만)을 갖고 있다. 이것은 〈그가〉 죄를 범하기 원하는지의 여부를 둘러싼 인간 자신의 내적 갈등에서 특히 두드러진다. 그 속에는 통제를 하기 위해 싸우고 있는 〈내면의 사람〉, 즉 정자미인 또는 하위 체계가 존재하는 것이다.

이러한 내적 갈등은 인간의 본성 중 가장 잘 알려져 있지만, 다른 한편 가장 이해되지 않는 부분이기도 하다. 감자 칩에 자주 사용되던 유명한 선전 문구로 이런 것이 있었다. 〈베차 Betcha는 한 번 먹는 것으로 그만둘 수 없습니다!〉 이 말은 우리의 내적 분열을 상기하게 해주는 의미 심장한 표현이다. 예를 들어 당신은 어떤 매력적인 퍼즐(가령 악명 높은 〈매직 큐브〉)을 풀기로 결심하고, 열심히 큐브를 맞추려고 애쓴다. 일단 시작한 다음에는 쉽게 그만둘 수 없다. 또는 당신이 어떤 곡을 연주하기 시작하거나 어떤 흥미로운 책을 읽기 시작한다. 이 경우에도 당신은 그만둘 수 없다. 설령 당장 해야 하는 급한 일이 있다는 사실을 알고 있더라도 말이다.

이때 이런 상황을 제어하는 것은 누구인가? 앞으로 일어날 일을 결정할 수 있는 어떤 총체적인 존재가 있는 것일까? 아니면 존재하는 것은 단지 무정부적 상태, 즉 신경 세포의 혼란스러운 발화(發火)뿐인가? 아마도 그 중간 어디쯤에 진실이 있을 것이다. 국가의 활동이 국민들의 여러 가지 행위의 총합인 것처럼, 뇌의 활동 역시 신경 세포의 발화이다. 그러나 정부 구조는 (그 자체가 사람들의 활동의 집합이지만) 전체의 조직화에 대해 하향식 top-down 통제를 가한다. 그러나 정부가 지나치게 권위주의적이거나, 많은 사람들이 정부의 통치 방식에 만족하지 못하면 구조 전체가 공격을 당하고 붕괴할 수 있다. 즉 안으로부터의 혁명이 일어나는 것이다. 그러나 많은 경우 서로 대립하는 내부 세력들은 때로는 두 가지 선택지 사이에서 행복한 중용을 찾지만, 때로는 번갈아가면서 제어를 담당하는 식으로 협상한다. 그리고 이러한 협상이 이루어질 수 있는 방식 자체가 정부 형태의 강력한 특징이 된다. 사람의 경우도 마찬가지이다. 내적 갈등의 해결 양식이 그 사람의 개성에서 가장 중요한 특성 중 하나이다.

각 개인이 단일체이고 개인은 모두 고유한 의지를 가진 일종의 통일적 조직체라는 생각이 일반적인 신화이다. 그러나 실제로는 정반대이다. 개인은 〈제각기 고유한 의지를 가진〉 복수의 하위 부분 subperson들의 융합체인 것이다. 이러한 여러 가지 〈하위 부분〉들은 전체적인 개인에 비하면 비교적 덜 복잡하고, 따라서 그 내적 제어와 연관된 문제도 크지 않다. 만약 그 부분들이 분해된다면 각각의 구성 요소는 지극히 단순하기 때문에 각기 단일한 마음일 것이다. 만약 그렇지 않다면 분해가 계속 진행될 것이다. 인격의 이러한 위계적 조직성은 인격의 존엄이라는 우리의 관념에 비추어볼 때에는 분명 불쾌하지만 이러한 사실을 뒷받침하는 증거는 많다.

그런데 대화 속에서 스멀리언은 악마에 대해 매우 흥미로운 정의를 내린다. 즉 악마란 지각력을 가진 모든 존재가 깨달음에 이르기까지 걸리는 불행한 시간의 길이라는 정의이다. 이같이 복잡한 상태가 출현하기까지 걸리는 시간이라는 발상은 수학적 관점에서 찰스 베넷Charles Bennett과 그레고리 샤이틴Gregory Chaitin에 의해 도발적인 방식으로 연구되었다. 그들은 괴델의 불완전성 정리Incompleteness Theorem를 기초로 삼는 논의와 흡사한 논법을 통해 더욱 고차적인 지적 상태(다른 표현을 원한다면, 좀더 〈깨달음을 얻은〉 상태)에 도달하는 지름길이란 없다는 것을 증명할 수 있을지도 모른다는 가능성을 이론화하고 있다. 요약하자면 그들의 주장은 〈악마〉가 존재할 당연한 권리가 있다는 것이다.

마지막으로 스멀리언은 대화의 마지막 부분에서 우리가 이 책 전체를 통해서 다루는 문제를 언급하고 있다. 그것은 자연법칙의 결정론과 〈상향적 인과성upward causality〉을 우리 모두가 스스로 행사하고 있다고 느끼고 있는 자유 의지와 〈하향적 인과성〉과 조화시키려는 시도이다. 그는, 흔히 우리가 〈나는 이렇게 하기로 선택했다〉라는 뜻으로 〈나는 이렇게 하기로 결정했다〉라는 표현을 사용한다는 사실을 날카롭게 관찰하고, 거기에서 〈결정론과 선택이란 흔히 생각하는 것보다 훨씬 더 가까운 것이다〉라는 신의 언명을 통해 자유 의지에 대한 자신의 주장을 이끌어내고 있다. 결정과 자유라는 대립적인 관점을 훌륭하게 조화시키는 스멀리언의 작업은, 우리가 스스로 자신의 관점을 바꿔서 〈이원론적인〉(즉 세계를 〈나〉와 〈나가 아닌 것〉이라는 두 부분으로 분할하는) 사고 방식을 버리고, 오히려 전 우주를 서로 유입되고 중첩되는 삼라만상으로 이루어져 있고 명확히 정의된 범주나 경계를 갖지 않는 무경계 boundaryless로 바라볼 수 있는지 여부에 달려 있다.

이러한 관점은 얼핏 보기에는 논리학자에 의해 신봉되기에는 이상하게 보일지도 모른다. 그러나 논리학자가 항상 형식적이고 엄밀해야 한다는 법이 있는가? 논리학자가 뚜렷하고 명쾌한 논리로 이 거대하고 혼돈으로 가득 찬 우주를 다루려 할 때 필연적으로 어디에선가 문제가 발생할 것이라는 사실을 누구보다 먼저 깨닫지 못할 이유가 있는가? 민스키는 〈논리학은 현실 세계에는 타당하지 않다〉라는 유명한 주장을 폈다. 이 주장은 어떤 의미에서는 분명 참이다. 그리고 이 주장은 오늘날 인공 지능 연구자들이 직면하고 있는 어려움 중 하나이다. 그들은 어떤 지능도 오직 추론에만 기반할 수 없다는 사실을 깨닫고 있다. 오히려 추론은 모든 상황이 이해될 때의 개념, 지각, 집합, 범주 등의 (어떻게 부르든 간에) 체계의 선행적 구성에 의존하기 때문에, 고립된 추론만으로는 성립할 수 없다. 편향과 선택이라는 요소가 두드러지게 등장하는 대목이 바로 여기이다. 추론 능력은 단지 지각 능력이 건네주는 상태의 최초 특징을 그대로 수용하지 않는다. 추론 능력이 지각적 특징에 의문을 품으면, 이번에는 지각 능력이 이 의문을 인식해서 인지의 여러 수준 level 사이에서 지속적인 회로를 생성하며 문제의 상황으로 되돌아가 재해석을 가하지 않으면 안 된다. 지각하는 부분적 자아 subselves와 추론하는 부분적인 자아 사이에서 일어나는 이러한 상호 작용이 하나의 총체적 자아, 즉 하나의 인간을 만들어내는 것이다.

D. R. H.

원형의 폐허

호르헤 루이스 보르헤스

또한, 만약 그가 당신에 대해 꿈꾸기를 그만두었다면…….

——『거울 나라의 앨리스 *Through the Looking Glass*』 제4부에서

아무도 그가 한밤중에 나무에서 내려오는 것을 본 사람은 없고, 대나무로 만든 그의 카누가 성스러운 진흙 수렁으로 가라앉는 모습을 본 사람도 없다. 하지만 며칠 이내에 이 과묵한 남자가 남쪽에서 왔다는 것, 그리고 그의 고향이 무한히 먼 상류의 험준한 산허리에 있는 한 마을이고, 그 마을이 젠드어 Zend(조로아스터교의 경전인 『아베스타』의 주석에 사용된 언어——옮긴이)가 그리스어에 오염되지 않고 문둥병이 좀처럼 드문 지역이라는 사실을 모르는

* "The Circular Ruins," *Labyrinths: Selected Stories and Other Writings,* James E. Irby transy Donald E. Yates and James E. Irby eds. (New Directions Publishing Corporation, 1962).

사람은 아무도 없게 되었다. 사실 이 정체 모를 남자는 진흙에 입을 맞추고, 그의 살갗을 찢는 (아마도 그는 그것을 느끼지도 못했을 것이다) 가시나무를 한켠으로 젖히면서 피투성이가 된 채 몸을 질질 끌며 물가를 기어올라 호랑이 또는 말의 석상(石像)으로 장식된 원형의 울타리 속으로 들어간 것이다. 그 석상들은 한때 불의 빛깔을 띠고 있었지만 지금은 잿빛으로 바뀌어 있었다. 이 원형의 울타리는 사원이었고, 먼 옛날 불길에 삼켜지고, 말라리아의 정글에 의해 더럽혀지고, 그 신은 더 이상 사람들의 경의를 받지 못하게 되었다. 그 이방인은 받침대 밑으로 길게 몸을 눕혔다. 그는 다음 날 하늘 높이 뜬 태양에 눈을 떴다. 그는 그다지 놀라지도 않으면서 자신의 상처 자리가 아물고 있다는 사실을 확인했다. 그는 육체의 피로 때문이 아니라 확고한 의지에 따라 창백한 눈을 감고 잠을 잤다. 그는 이 사원이 자신의 불굴의 목적에 필요한 장소라는 것을 알고 있었다. 또한 그는 끝없는 삼림이, 마찬가지로 신들이 불에 타 죽어버린, 또 하나의 상서로운 사원의 폐허를 삼켜버리지 못한 하류를 알고 있었다. 그는 자신의 당면한 임무가 자는 것이라는 사실도 알고 있었다. 한밤중이 가까워지자, 그는 우울한 새 소리에 눈을 떴다. 맨발이 남긴 발자국과 몇 개의 무화과 열매와 물병이, 그 지역 사람들이 외경심으로 그가 자는 모습을 몰래 엿보았고, 그의 호의를 구하거나 그의 마술을 두려워했다는 사실을 말해주고 있었다. 그는 으스스한 공포감을 느꼈고, 황폐해진 벽에서 매장을 위한 니치 niche를 찾아, 이름도 모르는 나뭇잎으로 몸을 가렸다.

그를 이끄는 목적이 초자연적인 것이기는 하지만 불가능한 것은 아니었다. 그는 어떤 남자를 꿈꾸고 싶었다. 그는 한 남자의 꿈을 꾸고 싶었다. 정밀할 정도로 완벽한 남자의 꿈을 꾸고, 그 남자를 현실 속으로 끌어들이고 싶었던 것이다. 이 마술적인 계획은 그의 영혼의 모든 내용을 소진시켰다. 따라서 누군가가 그의 이름이나 과거의 일을 물었어도, 그는 대답할 수 없었을 것이다. 인기척이라고는 찾아볼 수 없는 무너진 사원이 그의 마음에 들었다. 왜냐하면 눈에 보이는 것은 최소한에 불과했기 때문이다. 더구나 농부들이 가까이에 있다는 사실도 이 남자에게 소박한 필수품을 공급해 줄 수 있다는 점에서 그의 마음에 들었다. 농민들이 그에게 바치는 쌀과 과일은 잠자고 꿈꾸는 일밖에 하지 않는 그의 육체를 지탱하기에는 충분했다.

처음에 그의 꿈은 혼돈이었다. 조금 시간이 흐르자 그의 꿈은 변증법적인 성격을 띠기 시작했다. 이 이방인은 불타 버린 사원과 같은 계단식 관람석을 갖춘 원형 경기장 한가운데에 있는 꿈을 꾸고 있었다. 말[言]이 없는 학생들의 무리가 마치 구름처럼 관람석의 모든 층을 채우고 있었고, 맨 위쪽 단에 앉은 학생들의 얼굴은 몇 세기 저편에 광대무변의 높이만큼 떨어져 있었지만, 완벽할 정도로 또렷하게 보였다. 남자는 학생들에게 해부학과 우주론, 그리고 마술에 대해 강의를 하고 있었다. 그들은 열심히 귀를 기울였고, 마치 자신들 중 한 사람을 환상에서 구해내 실제 세계로 넣어줄 수도 있는 시험의 중요성을 간파하기라도 한 듯 자신이 이해한 내용을 발표하려고 안간힘을 기울였다. 남자는 꿈을 꾸고 있을 때에도 깨어 있을 때에도 허깨비들의 대답을 숙고하고 협잡꾼에 속지 않으면서 혼돈 속에서 밝게 타오르는 지성을 찾고 있었다. 그는 그 우주에 참여할 만한 가치를 가진 영혼을 구하고 있었다.

아흐레나 열흘 밤이 지나자 그는 자신의 가르침을 수동적으로 받아들이는 학생들로부터는 아무것도 기대할 수 없고, 이따금 과감하게 합당한 반론을 제기하는 학생들에게 희망을 품을 수 있다는 것을 깨달았다. 전자는 사랑받을 만하기는 하지만 개인의 상태로 올라설 수는 없었다. 반면 후자의 경우는 그보다 더 가까운 상태에 선재(先在)했다. 어느 날 오후(이제는 오후의 시간조차 잠에 바쳐지고 있었고 그가 깨어 있는 시간은 새벽의 몇 시간에 불과했다), 그는 방대한 환영의 학생들을 영원히 쫓아버리고 한 명만을 남겨두었다. 그 학생은 과묵한 소년으로 안색이 흙빛이었고, 때로는 완고했으며, 날카로운 용모를 지니고 있어서 꿈꾸고 있는 교사의 용모를 재현하고 있었다. 그는 자신의 동료들이 갑작스레 사라졌다는 사실에 오랫동안 당혹스러워하지 않았다. 몇 차례의 특별 수업이 진행된 후 그의 진보는 선생을 놀라게 할 정도였다. 그럼에도 불구하고 파국이 찾아왔다. 어느 날 남자는 끈적끈적한 사막에서 기어나온 것처럼 잠에서 깨어 오후의 공허한 햇빛을 바라보았다. 처음에 그는 그것을 새벽의 햇빛으로 착각했지만, 이윽고 자기가 정말 꿈을 꾸고 있는 것이 아님을 깨달았다. 그날 밤과 다음 날 하루 종일, 견디기 어려운 불면의 명료함이 무거운 짐이 되어 그를 짓눌렀다. 그는 밀림 속을 돌아다니면서 자신을 혹사시키려 했지만, 헴록 풀밭에서 잠깐의 얕은 잠도 들 수 없었고, 일시적으로 아무런 쓸모 없는 미발달(未發達)의 몇 가지 환영을 떠올렸을 뿐이다. 그가 학생들을 불러모아 간단한 훈계를 몇 마디 하려고 시도했지만, 그 형태가 무너지고 끝내 사라지고 말았다. 불면이 거의 영원히 계속되면서, 그의 늙은 눈은 분노의 눈물로 불탔다.

그는 꿈을 구성하는 비일관적이고 불안정한 요소를 틀에 맞추어 만들려는 노력이, 설령 그가 고차원에서 저차원에 이르는 모든 수수께끼를 통찰할 수 있는 힘을 갖고 있다고 해도, 인간에게 가장 어려운 일이라는 사실을 이해했다. 그것은 모래로 밧줄을 삼거나 얼굴 없는 바람을 주조하는 것보다도 훨씬 더 힘겨운 일이다. 그는 최초의 실패가 불가피한 것이었음을 깨달았다. 그는 당초 그를 잘못으로 이끈 터무니없는 환상을 잊으리라고 맹세했다. 그리고 다른 방법을 모색했다. 그 방법을 실행에 옮기기에 앞서 그는 한 달에 걸쳐 그 동안의 광란 상태로 허비했던 힘을 회복했다. 의도적으로 꿈을 꾸려는 생각을 버리자 그는 하루 중 상당 부분 동안 잠을 잘 수 있게 되었다. 이 기간 동안 그는 거의 꿈을 꾸지 않았고, 몇 번의 꿈조차 거의 알아차리지 못했다. 자신의 일을 다시 하기 위해 그는 만월이 될 때까지 기다렸다. 그런 다음 그날 오후 강물로 몸을 깨끗이 씻고, 행성의 신들에게 경배하고 위대한 인물의 이름을 한 음절씩 또박또박 부른 다음 잠을 청했다. 그는 바로 박동(搏動)하는 심장의 꿈을 꾸었다.

꿈 속에서 그것은 아직 얼굴도 성별(性別)도 없는 인체의 어두운 그림자 속에서 활동적이고, 따뜻하고, 은밀하고, 심홍색이며, 주먹 정도의 크기로 보였다. 섬세한 사랑으로 그는 14일 동안의 밝은 밤 동안 계속 그 꿈을 꾸었다. 매일 밤 심장은 점점 더 또렷한 모습으로 지각되었다. 그는 그것에 손을 대지 않고 바라보고 관찰하면서 단지 눈으로만 조정하는 것으로 스스로를 억제했다. 그는 다양한 거리와 다양한 각도에서 그것을 지각하고 만끽했다. 열나흘째 밤, 그는 손가락으로 폐 동맥을 건드렸다. 그리고 심장 전체를 안쪽과 바깥쪽에서 만져보았다. 그 검사 결과는 그를 만족시켰다. 의도적으로 밤에는 꿈을 꾸지 않았다. 그는 다시 심장을 손에 들고 한 행성의 이름을 떠올리고, 또 다른 주요 기관들을 생각하기 시작했다. 1년이 못 되어서 그는 뼈와 눈꺼풀에 도달했다. 아마도 셀 수 없이 많은 머리털이 가장 어려운 일이었을 것이다. 그는 완전한 남자, 한 젊은이를 꿈꾸었지만, 이 젊은이는 일어날 수도 없었고 말을 할 수도 없었고 눈을 뜰 수도 없었다. 밤마다 남자는 잠들어 있는 젊은이를 꿈꾸었다.

그노시스파의 우주 기원론에서는 조물주 데미우루고스demiurgi가 흙을 빚어 빨간 아담을 지었지만, 그는 혼자 힘으로 설 수 없었다. 마술사가 밤을 이용해 만들어낸 꿈의 아담도 흙으로 빚어진 아담처럼 서투르고 조잡하고 유치했다. 어느 날 오후, 남자는 자신의 작품을 파괴했지만 곧 후회했다(그 남자에게는 그것을 파괴하는 편이 나았을 것이다). 대지와 강의 수호신에 대한 기원을 끝내자 그는 호랑이 같기도 하고 말 같기도 한 석상의 발밑에 엎드려 무엇을 희구하는지 알 수 없는 구원을 갈구했다. 새벽녘이 되자 그는 그 석상의 꿈을 꾸었다. 석상은 그의 꿈 속에서 살아 있었고, 벌벌 떨고 있었다. 그것은 무시무시한 호랑이와 말의 잡종이 아니었다. 그러나 이들 두 종류의 격렬한 동물들은 황소이자 장미이고 동시에 폭풍우였다. 이 복수(複數)의 신은 그에게 지상에서 자신의 이름이 〈불Fire〉이며, 원형의 사원에서 (그리고 비슷한 종류의 다른 사원에서) 사람들이 자기에게 불을 제물로 바쳐 의식을 행했고, 불이 잠자고 있는 젊은이에게 마술처럼 생명을 주어서 〈불〉 자체와 꿈을 꾸는 사람 이외의 모든 사람들이 그를 살과 피를 가진 인간이라고 믿게 될 것이라는 계시를 주었다. 그가 이 신의 명령에 따라 의식(儀式)을 통해 그의 창조물인 젊은이를 가르치고, 그를 아직 피라미드가 남아 있는 하류의 어떤 황폐한 사원으로 보낸 것은 이 황폐한 건물 속에서 한 목소리가 신의 영광을 찬양하게 하기 위해서였다. 꿈꾸는 자의 꿈 속에서 꿈꾸어진 자가 눈을 떴다.

마술사는 이러한 명령들을 실행했다. 그는 상당 기간(결국 2년이 걸렸다)을 바쳐 우주와 불의 의식에 대한 비밀을 자신의 꿈 속의 아이에게 계시했다. 내심 그 젊은이와 헤어지는 것은 괴로운 일이었다. 교육적 필요를 핑계 삼아 그는 꿈을 꾸는 시간을 매일같이 늘려나갔다. 또한 그는 불완전했던 오른쪽 어깨를 고치기도 했다. 이따금씩 이 모든 일이 이전에도 일어난 적이 있었다는 느낌이 그를 괴롭히기도 했지만…… 대개 그의 일상은 행복했다. 매번 눈을 감을 때마다 그는 이렇게 생각하곤 했다. 〈이제 나는 아들과 함께 있게 될 것이다.〉 또는 그보다는 덜 빈번했지만, 〈나로 인해 태어난 아이가 나를 기다리고 있다. 내가 그에게 가지 않으면 그는 존재하지 않을 것이다〉라고 생각하기도 했다.

그는 조금씩 젊은이를 현실에 적응시켜나 갔다. 한번은 젊은이에게 멀리 떨어진 산봉우리에 깃발을 꽂고 오라는 명령을 내렸다. 다음 날 산꼭대기에 깃발이 나부끼고 있었다. 그는 그 밖에도 비슷한 실험을 여러 차례 시도했고, 그의 실험은 차츰 대담해져 갔다. 그는 자신의 아들이 태어날 때가 되었다는, 아들이 세상에 나오고 싶어 안달을 하고 있다는 사실을 괴롭게 느끼면서도 이해했다. 그날 밤, 그는 처음으로 아들에게 입을 맞추고 빽빽한 밀림과 늪이 줄지어 늘어서 있는 지역을 지나 하류 쪽에서 흰 빛으로 그 잔해를 드러내고 있는 다른 사원으로 그를 보냈다. 그렇지만 처음에 그는 (자신이 환영이라는 사실을 아들이 절대 알아차리지 못하도록, 그리고 자신이 다른 사람들과 같은 인간이라고 생각하도록) 몇 년에 걸친 수업에 대한 완전한 망각을 그에게 주입시켰다.

그의 승리감과 안도감은 피로로 인해 희미해졌다. 새벽과 여명에 그는 석상 앞에 꿇어 엎드려 가상의 자식이 하류에 있는 다른 원형의 폐허에서 같은 의식을 치르는 것을 상상하게 될 것이다. 이제 밤이 되어도 그는 꿈을 꾸지 않을 것이다. 꿈을 꾸더라도 다른 사람들과 같은 꿈을 꾸게 될 것이다. 그는 아주 흐릿하게 우주의 소리와 형태를 지각했다. 그의 영혼은 점점 사그라들면서 멀리 떨어진 그의 아들에게 자양분으로 공급되었다. 그의 인생의 목적은 달성되었다. 그는 일종의 무아경에 빠져 있었다. 얼마 후(이 이야기의 보고자 중 일부는 이것을 1년 단위로 계산하려 했고, 다른 사람은 5년 단위로 계산하려 했지만), 그는 어느 날 한밤중에 두 사람의 뱃사공에 의해 잠에서 깨어났다. 그는 두 사람의 얼굴을 볼 수 없었지만, 그들은 그에게 북쪽에 있는 어느 사원에 마술을 하는 남자가 있어서 불 위를 걸어도 화상을 입지 않았다는 이야기를 해주었다. 마술사는 갑자기 신이라는 말을 떠올렸다. 세계의 모든 피조물들 중에서 불이야말로 그의 아들이 환상이라는 사실을 알고 있는 유일한 것임을 상기했다. 이 기억은 처음에는 그를 안심시켰지만 결국은 그를 괴롭혔다. 그는 자신의 아들이 자신이 갖고 있는 비정상적인 특권에 생각에 미쳐서, 어떤 방식으로든 자신의 상태가 단순한 환상에 불과하다는 것을 깨닫지 않을까 우려했다. 자기가 인간이 아니고 다른 인간의 꿈의 투영이라는 것을 안다면 얼마나 큰 혼란스러움과 굴욕감을 받게 되겠는가! 모든 아비들은 단순한 혼란이나 쾌락에 의해 만들어낸(그 존재를 허용한) 아이에게도 관심을 기울이는 법이다. 하물며 자신의 사고 속에서 천하루의 비밀스런 밤 동안에 사지 하나하나, 터럭 하나하나를 지어낸 마술사가 아들의 장래를 두려워하는 것은 자연스러운 일이었다.

그의 명상은 갑작스럽게 끝났지만 그 종말은 어떤 징후에 의해 이미 예고되었다. 처음에는 (긴 가뭄 끝에) 언덕 위쪽에 새처럼 가볍고 빠르게 흐르는 희미한 구름으로, 남쪽을 향해 표범의 입처럼 붉은 장미빛을 띤 하늘, 그리고 금속성 밤을 부식시킨 연기, 마지막으로 걷잡을 수 없는 공포에 사로잡힌 동물들의 질주였다. 이런 일들은 몇 세기 전에 일어난 것들이기 때문이다. 불의 신을 모신 사원의 폐허는 불로 인해 파괴되었다. 새가 날지 않는 새벽에 마술사는 벽 주변에서 동심원을 그리며 타오르는 화염을 보았다. 그는 잠시 강으로 피신할 것을 생각했지만, 죽음이 곧 그의 노년에 영예를 주기 위해 온 것이며, 그를 노고(勞苦)에서 해방시켜 주리라는 것을 깨달았다. 그는 불의 파편들 속으로 걸어들어갔다. 불은 그의 살갗 하나도 상하게 하지 않았다. 불은 뜨거움도 태움도 없이 그를 애무하며 삼켰다. 안도와 굴욕, 그리고 공포감 속에서 그는 자신도 다른 사람이 꿈꾸는 가상에 지나지 않음을 깨달았다.

나를 찾아서 • 스물하나

보르헤스가 글 첫머리에서 인용한 문장은 루이스 캐롤Lewis Carroll의 『거울 나라의 앨리스』에서 인용한 것이다. 여기에 그 전문을 소개한다.

그녀는 여기에서 약간의 불안감을 느끼고 발을 멈추었다. 근처 수풀 속에서 커다란 증기 기관이 간헐적으로 증기를 토해내는 듯한 소리가 들려왔기 때문에 그녀는 무서운 맹수가 내는 소리가 아닌지 두려워했다. 〈이 근처에 사자나 호랑이가 있나요?〉 그녀는 벌벌 떨면서 물었다.

〈빨강 임금님이 코를 골고 있을 뿐이야〉라고 트위들디 Tweedledee가 말했다.

〈이리 와서 그의 모습을 좀 봐〉라고 두 형제가 외쳤다. 그리고 두 형제는 각기 앨리스의 손을 하나씩 잡고 임금님이 자고 있는 장소로 데리고 갔다.

〈자고 있는 모습이 정말 귀엽지?〉 트위들덤이 말했다.

하지만 솔직히 앨리스는 그의 말에 맞장구를 칠 수 없었다. 임금님은 술이 달린 길다란 붉은 모자를 쓰고 있었다. 그리고 흐트러진 낱가리에 기대 몸을 웅크린 채 누워서 커다란 소리로 코를 골고 있었다. 〈코골기에 아주 적당한 자세로 머리가 숙여져 있다〉라고 트위들덤이 말한 그대로였다.

〈축축한 풀 위에 누워 있어서 혹시 감기에나 걸리지 않을까.〉 사려 깊은 작은 소녀 앨리스가 이렇게 말했다.

〈임금님은 지금 꿈을 꾸고 있어〉라고 트위들디가 말했다. 〈그런데 임금님이 무슨 꿈을 꾸고 있는 것 같아?〉

앨리스는 말했다. 〈그건 누구도 상상할 수 없어.〉

〈아, 당신 꿈을 꾸고 있어.〉 트위들디가 이렇게 외치면서 우쭐해서 손뼉을 쳤다.

〈만약 그가 너에 대해 꿈꾸기를 그만두었다면, 너는 너가 어디에 있을 거라고 생각하지?〉

〈물론 지금 있는 곳에 있겠지〉라고 앨리스가 대답했다.

〈그렇지 않아!〉 트위들디가 얕잡아보는 투로 쏘아붙였다. 〈그렇게 되면 너는 어디에도 없게 될 거야. 너는 그의 꿈 속에

존 테니엘John Tenniel의 그림.

만 있는 무엇에 불과해!〉

〈만약 저기 있는 저 임금님이 눈을 뜨면〉 하고 트위들덤이 덧붙였다. 〈너는 사라져 버리고 말아. 펑! 마치 촛불처럼 말이야!〉

〈그럴 리가 없어!〉 앨리스가 화가 나서 외쳤다. 〈게다가, 만약 내가 저 사람의 꿈 속에 있는 무엇이라면 너희들은 도대체 뭐지? 정말 알고 싶어.〉

〈똑같아!〉 트위들덤이 말했다.

〈똑같아, 똑같아!〉라고 트위들디가 외쳤다.

그의 목소리가 너무 컸기 때문에 앨리스는 이렇게 말하지 않을 수 없었다. 〈조용히 해! 그렇게 큰소리를 내다가는 저 사람을 깨우고 말겠어.〉

〈하지만 저 사람을 깨우는 문제라면 네가 이러쿵 저러쿵 이야기해도 아무 소용없어.〉 트위들덤이 말했다. 〈너는 저 사람의 꿈 속에 있을 뿐이니까 말이야. 네가 진짜 있는 게 아니라는 사

실은 잘 알고 있겠지.〉

〈나는 진짜 있어!〉 앨리스는 이렇게 말하고는 울기 시작했다.

〈아무리 울어도 네가 정말 있게 되는 건 아니야〉라고 트위들디가 말했다.

〈울어도 아무 소용 없어.〉

〈만약 내가 정말 있는 게 아니라면〉, 앨리스는 이렇게 말했다. 그녀는 눈물을 흘리면서, 절반쯤은 웃음을 띤 얼굴로 이야기를 했기 때문에 아주 우스꽝스럽게 보였다. 〈울 수도 없을 거야.〉

〈그게 진짜 눈물이라고 착각하지 않았으면 해〉라고 트위들덤이 한심하다는 투로 말했다.

르네 데카르트는 자기가 꿈을 꾸고 있는 것이 아니라고 확실히 말할 수 있는지에 대해 자문했다. 〈이런 문제를 깊이 고찰할 때 나는 깨어 있는 생활이 꿈과 구별될 수 있는 어떤 결정적 증거도 없다는 것을 분명히 깨닫고 무척 놀랐다. 그리고 이 당혹감이 너무 컸기 때문에 내가 자고 있다는 것을 스스로 거의 확신할 수 있을 정도였다.〉

데카르트에게는 자신이 어떤 사람의 꿈 속의 등장 인물일지 모른다는 생각이 떠오르지 않았다. 아니, 설령 그런 의심이 들었어도 그는 그런 생각을 곧바로 떨쳐버렸을 것이다. 왜일까? 여러분은 꿈 속의 등장 인물이 여러분이 아니고, 그 등장 인물의 경험이 여러분의 꿈의 일부인 것과 같은 꿈을 꿀 수 없을까? 이런 종류의 질문에 대답하기란 쉬운 일이 아니다. 그런데 깨어 있을 때의 자신과 전혀 닮지 않은 (훨씬 더 나이가 들었든지, 젊든지, 성(性)이 뒤바뀌었든지) 자신을 꿈꾸는 것과 주인공 (예를 들어 르네라는 이름의 여자 아이), 그러니까 그의 〈관점〉에서 그 꿈이 〈이야기되는〉 등장 인물이 자기 자신이 아닌 꿈, 즉 꿈 속에서 그녀를 쫓는 용(龍)만큼 비실재적인 가공의 등장 인물에 불과한 꿈을 꾸는 것과의 차이는 도대체 무엇일까? 만약 그 꿈 속의 등장 인물이 데카르트와 같은 의문을 품어서 그녀 자신이 꿈을 꾸고 있는 것인지 깨어 있는 것인지 의심했다면 그녀가 꿈을 꾸는 것도 아니고 실제로 깨어 있는 것도 아니라는 대답을 할 수 있을 것이다. 그녀는 단지 꿈꾸어진 것에 불과하기 때문이다. 꿈꾸는 사람, 실제로 꿈을 꾸고 있는 사람이 깨어났을 때 그녀는 사라지고 말 테니까. 그러나 우리는 이 대답을 누구에게 해야 하는가? 그녀는 이미 현실에 존재하지 않고, 단지 꿈 속의 등장 인물에 지나지 않은데?

꿈과 실재의 관념에 대한 이러한 철학적인 유희는 정말 아무런 의미도 없는 것일까? 거기에 실제로 존재하는 어떤 물건과 단순한 허구를 객관적으로 구별할 수 있는 난센스가 아닌 〈과학적〉 입장이란 없는 것일까? 어쩌면 그런 것이 있을지도 모른다. 그러나 그때 우리는 이 분수령의 어느 쪽에 우리를 위치시켜야 할까? 우리의 물리적 육체 쪽이 아니라 우리의 자아에?

가공의 화자이자 등장 인물의 관점에서 씌어진 소설에 대해 생각해보자. 『백경 *Moby Dick*』은 〈나를 이스마엘이라 불러달라〉라는 말로 시작된다. 그리고 그 소설에서 우리는 이스마엘이 하는 이스마엘의 이야기를 듣는다. 그렇다면 우리는 누구를 이스마엘이라고 부르는 것인가? 이스마엘은 존재하지 않는다. 그는 허먼 멜빌 Herman Melville의 소설 속에 등장하는 인물에 지나지 않는다. 멜빌은 분명 실재하는, 또는 실재했던 인물이고, 그가 자신을 이스마엘이라고 부르는 가공의 자아를 창조한 것이다. 그러나 그 가공의 자아는 실재하는 것, 즉 실제로 존재하는 것들 속으로 제한되어서는 안 된다. 이번에는 가능하다면 다른 소설 창작 기계, 한 조각의 의식이나 자아성 selfhood도 갖지 않은 단순한 기계를 상상해 보자. 그 기계를 조니악 JOHNNIAC이라고 부르자(만약 이런 기계를 상상하기 힘들다면 다음 장의 글이 도움이 될 것이다). 조니악이 고속 전동 타자기를 찰카닥거리면서 〈나를 길버트라고 불러달라〉는 문장으로 시작되는 소설을 쓰기 시작하고, 길버트의 관점에서 길버트의 이야기를 계속해 나간다고 하자. 이때 길버트는 누구를 가리키는 것일까? 길버트는 가공의 등장 인물에 불과하고, 설령 이야기가 진행되면서 우리가 〈그〉의 모험이나 문제, 희망과 두려움, 고통 등에 대해 이야기하고, 배우고, 걱정할 수 있다 해도 그는 실제로 존재하지 않는 비실재에 불과한 것이다. 이스마엘의 경우 그의 기묘한 가공의 의사(擬似) 존재가 실재하는 멜빌의 자아에 의존하고 있다고 생각해도 좋을 것이다. 〈꿈을 꾸는 당사자 없이 꿈꾸는 것〉은 데카르트의 발견으로 보인다. 그러나 이 경우에는 실재하는 꿈꾸는 사람 또는 저자가 없는 꿈, 다시 말해 우리가 길버트라고 확인할 수도 있고, 그렇지 않을 수도 있는 실재하는 자아가 없는 꿈(이 경우에는 허구)이 가능한 것처럼 여겨진다. 그러므로 소설 창작 기계라는 극단적인 사례에서는 창조 행위의 배후에 어떠한 실재하는 자아도 없는 단순한 가공의 자아가 창조될 수 있는 것이다(심지어 우리는 조니악의 설계자가 그 기계가 궁극적으로 어떤 소설을 창작하게 될 것인지에 대해 전혀 알지 못한다고 상상할 수 있다).

지금 우리가 상상해 낸 소설 창작 기계가 상자 모양의 탁상형 컴퓨터가 아니고 로봇이라고 가정해 보자. 그리고 소설의 본문이 타이핑되는 것이 아니라 기계의 입을 통해 〈이야기된다〉라고 가정해 보자. 그렇게 가정할 수 없는 이유가 무엇인가? 이 로봇을 스피치악SPEECHIAC이라고 부르자. 그리고 마지막으로 우리가 스피치악의 이야기에서 알게 된 길버트의 모험이 스피치악의 〈모험〉에 대한 어느 정도 실제 이야기라고 가정하자. 스피치악이 벽장에 갇혔을 때, 그것은 〈'나는' 벽장에 갇혔다! '나' 좀 도와줘!〉라고 말했다. 하지만 〈누구를〉 도와야 한단 말인가? 길버트를 도울까? 그러나 길버트는 존재하지 않는다. 그는 스피치악의 특이한 이야기 속에 나오는 가공의 인물에 지나지 않는다. 그렇지만 길버트라는 인물로 볼 수 있는 그의 몸이 스피치악인 아주 분명한 후보가 있는데, 우리가 이 이야기를 굳이 허구라고 불러야 하는 까닭은 무엇인가? 「나는 어디에 있는가?Where am I?」라는 글에서 데닛은 자신의 육체를 햄릿이라고 부르고 있다. 그러면 이것은 육체를 가진 길버트가 스피치악이라 불리는 사례인가, 아니면 스피치악이 자신을 길버트라고 부르는 사례인가?

어쩌면 우리는 이름에 속고 있는지도 모른다. 이 로봇을 〈길버트〉라고 부르는 것은 범선(帆船)을 〈캐롤라인〉이라고 부르거나 종(鐘)을 〈빅 벤〉이라고 부르고, 컴퓨터 프로그램을 〈엘리자〉라고 부르는 것과 마찬가지인 셈이다. 우리는 여기에 길버트라는 이름의 사람은 없다고 주장하고 싶은 느낌을 받을지도 모른다. 그렇지만 생물 쇼비니즘bio-chauvinism(극단적인 생물중심

주의를 뜻한다.——옮긴이)을 제외하면, 길버트가 사람이고 결국 세계 속에서의 스피치악의 활동이나 자기 표상에 의해 창조된 인물이라는 결론에 우리가 저항하는 근거는 도대체 무엇일까?

〈그렇다면 그 주장은 내가 나의 육체의 꿈이라는 말인가? 나는 나의 육체 활동에 의해서 지어진 일종의 소설 속 가공의 등장 인물에 지나지 않은가?〉 이것도 문제의 답에 도달하는 한 가지 방법이기는 하지만, 여러분 자신을 허구라고 부르는 까닭은 무엇인가? 여러분의 뇌는 의식이 없는 소설 창작 기계와 마찬가지로 철커덕거리면서 움직임을 계속하고, 육체적인 활동을 하고, 그 결과에 대해서는 아무런 고려도 없이 입력과 출력들을 처리해 나간다. 「전주곡——개미의 푸가」에 등장하는 힐러리 아주머니를 구성하는 개미들과 마찬가지로 그것은 처리 과정 속에서 여러분을 창조한다는 사실을 〈알지〉 못한다. 그러나 여러분은 그 광란적인 활동으로부터 거의 마술적으로 창발해서 그 속에 있는 것이다.

다른 수준과 융합되어 있는, 상대적으로 의식이나 이해가 존재하지 않는, 여러 가지 활동으로부터 한 수준의 자아를 창조하는 이러한 과정은 설의 다음 글에서 생생하게 예시될 것이다. 그러나 그는 자신이 보여주는 이러한 전망에 대해 단호하게 저항한다.

D. C. D.

마음, 뇌, 프로그램

존 설

사람의 인식 능력을 컴퓨터로 시뮬레이트하려는 최근의 시도에 대해 어떠한 심리학적 · 철학적 의의를 부여해야 할 것인가? 이 물음에 대한 답을 구하기 위해서는 내가 〈강한strong〉 인공 지능AI 연구라고 부르는 것과 〈약한weak〉 또는 〈신중한〉 인공 지능 연구라고 부르는 것을 구별하는 편이 유용할 것이다. 약한 인공 지능 연구의 입장에 따르면 마음의 연구에서 컴퓨터가 갖는 주된 가치는, 그것이 우리에게 매우 강력한 도구를 제공한다는 것이다. 예를 들어 컴퓨터를 통해 좀더 엄밀하고 엄격하게 가설을 정식화하고 검증할 수 있게 된다는 것이다. 그에 비해 강한 인공 지능 연구의 입장에서 컴퓨터는 더 이상 단순한 마음 연구의 도구가 아니다. 오히

---

* John R. Searle, "Minds, Brains, and Programs," *The Behavioral and Brain Sciences,* vol. 3. (Cambridge University Press, 1980). 존 설은 미국의 철학자이다.

려 제대로 프로그램된 컴퓨터는 실제로 마음이다. 그 컴퓨터에 올바른 프로그램을 주면 문자 그대로 사물을 이해하고, 그 밖의 인지적 상태를 갖는다는 의미에서 말이다. 또한 강한 인공 지능 연구에서는 프로그램된 컴퓨터가 인지적인 상태를 가지기 때문에 프로그램은 심리학적 설명을 검증할 수 있게 해주는 도구에 그치지 않고 프로그램 자체가 설명인 것이다.

적어도 이 논문에 국한되는 한 나는 약한 인공 지능 연구의 주장에 대해서는 이론(異論)을 제기하지 않는다. 이 글에서 나는 강한 인공 지능로 규정된 주장들, 다시 말해 적절하게 프로그램된 컴퓨터가 문자 그대로 인지적(認知的)인 상태들을 가지며, 또한 그에 의해 프로그램이 사람의 인지를 설명한다는 주장에 대해 논의를 전개할 것이다. 그러므로 이 글에서 앞으로 인공 지능 연구라고 지칭하는 것은 앞에서 이야기한 두 가지 주장을 통해 표현된 강한 인공 지능 연구를 가리키는 것이다.

나는 로저 섄크Roger Schank와 예일 대학의 그의 동료들이 추진한 연구를 고찰할 것이다. 왜냐하면 그들의 연구는 인공 지능에 관한 비슷한 주장 중에서 내게 친숙하고, 또한 앞으로 검토하게 될 연구에 대해 아주 분명한 사례를 제공하기 때문이다. 그러나 여기에서 이야기되는 내용이 프로그램의 세부 사항에만 의존하는 것은 아니다. 같은 논의가 위노그라드의 SHRDLU, 요제프 바이첸바움의 ELIZA, 그리고 실질적으로 튜링 머신에 의해 사람의 지적 현상을 시뮬레이트하는 모든 사례에 적용될 수 있을 것이다(「더 깊은 내용을 원하는 사람들에게」의 설의 참고 문헌을 보라).

여러 가지 세부 사항을 밀어두고 개괄적으로 이야기하자면, 섄크의 프로그램은 사람이 이야기story를 이해하는 능력을 시뮬레이트하는 것을 목표로 삼는다고 할 수 있다. 사람들의 스토리 이해 능력의 특징은 사람들이 스토리에 대한 여러 가지 질문을 받았을 때, 그 스토리 속에서 질문에 대한 정보가 분명히 나타나지 않을 경우에도 대답할 수 있다는 점이다. 예를 들어 당신에게 다음과 같은 스토리가 주어졌다고 하자. 〈어떤 남자가 식당에 가서 햄버거를 주문했다. 그런데 정작 나온 햄버거는 너무 바삭바삭하게 구워졌다. 그 남자는 잔뜩 화가 나서 햄버거 값도 내지 않고 팁도 주지 않은 채 식당을 뛰쳐나왔다.〉 그렇다면 〈그 남자는 햄버거를 먹은 것인가?〉라는 질문을 받으면 당신은 〈아니오, 먹지 않았습니다〉라고 대답할 것이다. 마찬가지로 다음과 같은 이야기를 들었다고 하자. 〈어떤 남자가 식당에 가서 헴버거를 주문했다. 햄버거가 나왔을 때 그는 대단히 만족했다. 그리고 식당을 나가면서 계산을 하기 전에 종업원에게 팁을 듬뿍 주었다.〉 그리고 〈그 남자는 햄버거를 먹었는가?〉라는 질문을 받았다고 하자. 그러면 당신은 필경 〈예, 그는 햄버거를 먹었습니다〉라고 대답할 것이다. 그렇다면 섄크의 컴퓨터들도 식당에 대한 이런 질문에 대해서 비슷한 방식으로 대답할 수 있을 것이다. 그렇게 하기 위해서 이 컴퓨터들은 사람이 식당에 대해 가지는 것과 같은 종류의 정보 〈표상 representation〉을 갖고 있어야 한다. 그래야만 그러한 종류의 스토리가 제시되었을 때 위와 같은 질문에 대답할 수 있을 것이다. 컴퓨터에게 스토리를 주고 질문을 하면 컴퓨터는 비슷한 스토리를 들려주었을 때 사람이 할 것으로 기대되는 대답을 할 것이다. 강한 인공 지능 지지자들은 이러한 질문과 답변의 연속 sequence에서 컴퓨터는 단지 사람의 능력을 시뮬레이트하는 데 그치지 않고, (1) 스토리를 문자 그대로 이해한 뒤 질문에 대답한다고 말할 수 있다는 것, (2) 컴퓨터와 그 프로그램은, 사람이 스토리를 이해하고 그와 연관된 여러 가지 질문에 대답하는 능력을 설명할 수 있다고 주장한다.

그러나 이러한 두 가지 주장은 섄크의 연구에 의해 전혀 뒷받침되지 않는 것처럼 보인다. 따라서 나는 이 글의 나머지 부분에서 그 점을 증명하려고 시도할 것이다(그렇다고 해서 섄크 자신이 이 두 가지 주장을 스스로 옹호하려 했다는 말을 내가 하려는 것은 아니다). 마음에 대한 모든 이론을 테스트하는 한 가지 방법은, 그 이론이 모든 정신 활동의 기반이라고 생각하는 원리에 따라서 실제로 자신의 마음도 작동하고 있다면 그것은 도대체 어떤 것인가라고 스스로에게 묻는 것이다. 이 검사 방법을 다음과 같은 사고 실험 Gedankenexperiment을 통해 섄크의 프로그램에 적용시켜 보자. 가령 내가 어떤 방에 갇혀 있고, 중국어로 된 커다란 책이 한 권 주어졌다고 하자. 그리고 나는 중국어를 전혀 몰라서 읽을 수도 말할 수도 없다고(실제로도 그렇지만) 하자. 심지어 나는 중국어로 쓰인 글이 중국어인지 일본어인지, 아니면 아무런 뜻도 없는 곡선인지조차 식별할 수 없다고 하자. 따라서 내게 중국어로 씌어진 글자는 단지 뜻없는 곡선들의 무더기에 불과한 것이다. 그러면 이번에는 한 발 더 나아가서, 이 첫번째 중국어 책이 주어진 후, 다음 두번째 책은 첫번째 책과 두번째 책의 상호 연관에 대한 규칙 집합과 함께 주어졌다고 하자. 그 규칙은 영어로 적혀 있기 때문에 나는 영어를 모국어로 삼는 다른 사람들과 같은 정도로 그 규칙을 이해할 수 있다. 그 규칙 덕분에 나는 한 집합의 형식 기호를 다른 형식 기호와 연관시킬 수 있게 되었다. 또한 여기에서 〈형식〉이라는 말은 내가 기호를 그 형태에 의해 완전히 식별할 수 있다는 것을 의미한다. 이번에는 세번째, 즉 중국어 기호로 씌어진 책과 영어로 씌어진 지시가 함께 주어졌다고 하자. 그 지시에 의거해 나는 세번째 책의 여러 가지 요소를 앞의 두 책과 관련지을 수 있으며, 특정 형식의 질문에 대해 특정 형식을 갖는 종류의 중국어 기호열(記號列)에 의해 대답하는 방법을 알게 되었다고 하자. 나는 그 사실을 모르지만 내게 이러한 기호를 준 사람들은 최초의 책을 〈스크립트 script〉, 두번째 책을 〈스토리〉, 그리고 세번째 책을 〈질문〉이라고 부른다. 게다가 그들은 세번째 책에 대해 내가 대답할 때 사용하는 기호를 〈질문에 대한 대답〉이라고 부른다. 그리고 그들이 내게 준 영어로 씌어진 규칙의 집합을 〈프로그램〉이라고 부른다. 그러면 이야기를 조금 복잡하게 만들어보자. 그들이 내게 영어로 된 스토리를 주었다고 하자. 그리고 나는 그것을 이해할 수 있다. 그런 다음 그들이 내게 그 스토리에 대한 질문을 영어로 하고 나도 영어로 대답을 한다. 또한 얼마 후 내가 중국어 기호를 지시에 따라 처리하는 데 익숙해졌고, 프로그래머도 프로그램을 작성하는 데 익숙해져서 그 결과 외부의 관점에서, 즉 내가 갇혀 있는 방 바깥에 있는 누군가의 관점에서 볼 때 질문에 대한 나의 대답이 중국어가 모국어인 사람의 대답과 구별할 수 없을 정도가 되었다고 하자. 그렇게 되었을 때 내가 한 대답을 보고 내가 중국어를 한 마디도 할 수 없다고 주장할 수 있는 사람은 아무도 없을 것이다. 가정을 조금 더 진전시키면 영어 질문에 대한 나의 대답은 나 자신이 영어를 모국어로 사용한다는 단순한 이유 때문에 영어가 모국어인 다른 사람의 대답과 구별할 수 없을 것이다. 외적 관점, 즉 나의 〈대답〉을 읽는 방 밖의 누군가의 관점에서 볼 때, 중국어 질문에 대한 대답과 영어 질문에 대한 대답은 똑같이 훌륭하다. 그러나 영어와는 달리 중국어의 경우 나는 내용을 전혀 이해하지 못하고 단순히 형식 기호를 처리함으로써 대답을 작성한다. 중국어에 관한 한 나는 그야말로 컴퓨터처럼 행동한 것이다. 나는 형식적으로 지정된 요소들에 대해 단순한 계산 처리를 한 것에 지나지 않는다. 중국어에 대해서 나는 단지 컴퓨터 프로그램을 실행한 것에 지나지 않는다.

그런데 강한 인공 지능의 입장에서 제기할 수 있는 주장은 프로그램된 컴퓨터가 스토리를 이해하며, 더욱이 그 프로그램은 어떤 의미에서 사람의 이해를 설명한다는 것이다. 이제 우리는 지금까지의 사고 실험에 비추어 이러한 주장을 검토할 위치에 서게 되었다.

1. 첫번째 주장에 대해서, 앞의 예에서 내가 중국어로 씌어진 스토리를 한 글자도 이해하지 못한다는 것은 지극히 자명할 것이다. 나는 중국어가 모국어인 사람의 그것과 구별할 수 없는 입력과 출력을 가지며, 또한 나는 당신이 원하는 모든 형식적 프로그램을 가질 수 있음에도 불구하고, 나는 여전히 아무것도 이해하지 못한다. 같은 이유로 섄크의 컴퓨터도 중국어이든 영어이든 그 밖의 어떠한 언어이든 간에, 스토리를 전혀 이해하지 못한다. 왜냐하면 중국어의 경우 내가 그 컴퓨터이기 때문에, 또한 내가 컴퓨터가 아닌 경우에도 그 컴퓨터는 내가 아무것도 이해하지 못한 경우에 내가 가진 것 이상을 가질 수 없기 때문이다.

2. 프로그램이 사람의 이해라는 행위를 설명한다는 두번째 주장에 대해서, 우리는 컴퓨터와 그 프로그램만으로는 이해에 충분한 조건을 제공하지 못한다는 것을 알 수 있다. 왜냐하면 컴퓨터와 그 프로그램은 기능할 뿐이며 거기에는 어떤 이해도 개입하지 않기 때문이다. 그러나 컴퓨터와 그 프로그램이 이해에 대해 필요 조건이

나 의미 있는 공헌을 제공한다고 말할 수 있을까? 강한 인공 지능 연구를 지지하는 사람들의 한 가지 주장은 내가 영어로 된 스토리를 이해할 때, 내가 하는 일은 중국어 기호를 조작하는 경우에 내가 하는 일과 정확히 같다는 또는 대동소이하다는 것이다. 내가 이해하는 영어와 이해하지 못하는 중국어의 경우를 구별짓는 것은 단지 어느 쪽이 더 형식적인 기호 조작인가의 차이밖에 없다는 것이다. 그렇다고 해서 내가 강한 인공 지능의 주장이 잘못임을 증명했다는 뜻은 아니다. 그러나 이 주장은 지금까지 우리가 검토한 사례에 비추어볼 때 분명 받아들이기 힘들 것이다. 이러한 주장이 그럴듯하게 보이는 까닭은, 우리가 모국어를 이야기하는 사람과 마찬가지로 입력과 출력을 갖는 프로그램을 작성하는 것이 가능하다고 가정하고, 나아가 그 화자들이 어떤 수준의 기술(記述)에서는 그들 스스로 하나의 프로그램의 실현이 된다고 가정하기 때문이다. 이런 두 가지 가정을 기반으로 우리는, 설령 프로그램이 이해에 대한 모든 것을 설명하지 않더라도 그 일부는 설명할 수 있으리라고 생각할 수 있을 것이다. 나는 그러한 경험적 가능성이 있다고 생각한다. 그러나 지금까지의 논의에서 그것이 참이라고 믿을 이유는 거의 없다. 왜냐하면 앞의 사례에서 시사된 (증명되지 않은 것은 확실하지만) 것은 컴퓨터 프로그램이 스토리에 대한 나의 이해와 무관하다는 점이다. 중국어의 경우 인공 지능이 프로그램을 통해 내게 입력시켜 주는 모든 것을 받는다 해도, 나는 여전히 아무것도 이해하지 못한다. 영어의 경우 나는 모든 것을 이해하지만 지금까지의 논의에서 나의 이해가 컴퓨터 프로그램, 즉 순수하게 형식적으로 지정된 요소에 대한 계산 처리와 어떤 관계가 있다고 가정할 하등의 이유도 없다. 프로그램이 순전히 형식적으로 규정되는 요소에 대한 계산 처리의 측면에서 정의되는 한, 앞의 사례가 시사하는 것은 이러한 처리 자체가 이해와 어떤 흥미 있는 관계도 맺지 않는다는 것이다. 따라서 그것들은 분명 충분 조건이 아니고, 더욱이 필요 조건이라거나 이해에 어떤 중요한 공헌을 한다고 생각할 근거는 전혀 없다. 여기에서 논의의 쟁점이 단지 서로 다른 기계들이 서로 다른 형식 원리에 의거해서 작동하는 경우에도 동일한 입력과 출력을 가질 수 있다는 것이 아니라는 사실에 주목할 필요가 있다. 사실 그것은 전혀 중요한 핵심이 아니다. 오히려 완전히 형식적인 원리를 컴퓨터에 입력하더라도 그러한 원리들은 이해를 구성하는 데 충분치 않다는 것이 핵심이다. 왜냐하면 사람은 아무런 이해도 없이 형식적인 원리에 따를 수 있기 때문이다. 더욱이 이러한 원리가 필요하거나 도움이 된다고 생각할 어떤 이유도 없다. 왜냐하면 내가 영어를 이해할 때, 내가 어떤 형식적인 프로그램을 조작하고 있다고 가정할 아무런 이유도 없기 때문이다.

그렇다면 내가 영어 문장에 대해서는 갖고 있지만, 중국어 문장에 대해서는 갖지 않는 것은 무엇인가? 이 물음에 대한 분명한 답은 내가 전자의 의미를 이해하는 반면, 후자인 중국어 문장의 의미에 대해서는 전혀 알지 못한다는 것이다. 그러나 무엇이 이러한 차이를 구성하는가, 왜 우리는 그 차이를 기계에 공급할 수 없는 것일까, 그리고 도대체 그 차이란 무엇인가? 이 물음에 대해서는 나중에 다시 언급하게 될 것이다. 여기에서는 우선 앞에서 들었던 사례에 대한 논의를 계속하기로 하자.

나는 이 사례를 몇 사람의 인공 지능 연구자들에게 소개할 기회를 가졌다. 그리고 흥미롭게도 그들은 이 물음에 대한 적절한 답변이 무엇인지에 대해 일치된 의견에 도달하지 못했다. 나는 그들로부터 놀랄 만큼 다양한 반응을 얻었다. 나는 지금부터 그들의 반응 중에서 가장 공통된다고 여겨지는 내용을 고찰할 것이다(그리고 그 반응의 지리적 근원에 대해서도 상세히 설명하겠다).

그러나 그에 앞서 나는 〈이해〉에 대한 몇 가지 일반적인 오해를 피하고자 한다. 왜냐하면 이러한 종류의 논의에서 흔히 〈이해〉라는 말이 제멋대로 다루어지는 경향이 나타나기 때문이다. 나를 비판하는 사람들은 이해의 정도가 단일하지 않고, 〈이해〉라는 말이 단지 주어와 목적어만을 갖는 것이 아니며, 또한 이해에는 여러 종류와 수준이 존재하고, 배중률(排中律)이 〈*x*가 *y*를 이해한다〉라는 형식의 명제에 직접 적용될 수 없는 경우가 종종 발생하기 때문에 많은 경우 *x*가 *y*를 이해하는지 여부의 단순한 사실의 문제가 아니라 판단을 요구하는 문제로까지 발전한다는 것을 지적한다. 이러한 지적에 대해서 나는 〈물론, 물론이다〉라고 대답하고 싶다. 그러나 이러한 지적은 우리의 문제와는 아무런 관계도 없다. 그 까닭은 〈이해〉라는 말이 문자 그대로 적용되는 사례와 그것이 적용되지 않는 사례가 분명치 않기 때문이다. 그리고 이 두 종류의 사례가, 내가 이 논의를 위해 필요로 하는 전부이다. 나는 영어로 씌어진 스토리를 이해한다. 또한 영어만큼은 아니지만 나는 프랑스어로 씌어진 스토리도 이해할 수 있다. 그리고 그보다 더 못하지만 독일어 스토리도 이해할 수는 있다. 그러나 중국어로 된 스토리는 전혀 이해할 수 없다. 반면 내 자동차와 가산기(加算機)는 아무것도 이해할 수 없다. 그것들은 그러한 종류의 일과는 무관하다. 우리는 종종 〈이해〉나 그 밖의 인지적 술어(述語)를 비유나 유추를 통해 자동차, 가산기, 그리고 그 밖의 인공물들의 속성으로 표현하지만 그러한 속성을 증명하는 것은 아무것도 없다. 우리는 〈자동문은 광전(光電) 셀에 의해 언제 열려야 할지를 안다〉, 〈가산기는 덧셈이나 뺄셈 방식을 알고 있지만(여기에 이해한다는 표현을 써도 무방할 것이다) 나눗셈은 알지 못한다〉, 〈자동 온도 조절 장치는 온도의 변화를 지각한다〉 등의 표현을 사용한다. 우리가 이러한 표현을 사용하는 이유는 매우 흥미롭다. 그리고 이러한 표현은, 우리가 자신의 의도성 intentionality을 인공물에까지 확장시킨다는 사실과 연관된다. 우리의 도구는 우리의 목적을 연장시키는 것이며, 따라서 우리는 그 도구에 대해 의도성을 귀속시키는 것을 자연스럽게 생각한다. 그러나 나는 철학이라는 얼음이 그러한 종류의 사례들에 의해 깨지지 않는다고 생각한다. 자동문이 광전 셀에 의해 〈지시를 이해한다〉는 의미는, 내가 영어를 이해할 때의 〈이해〉의 의미와는 전혀 다르다. 만약 섄크의 프로그램된 컴퓨터가 스토리를 이해한다는 의미가 자동문의 이해와 같은 비유적인 의미이고, 내가 영어를 이해할 때의 의미가 아니라고 한다면, 이 문제는 토론할 가치도 없을 것이다. 그러나 뉴웰과 사이먼은 컴퓨터에 대해 그들이 주장하는 종류의 인지가 사람의 인지와 같은 종류라고 말한다. 나는 그들 주장의 솔직함을 좋아한다. 그리고 앞으로 고찰하게 될 주장도 바로 그런 종류이다. 나는 프로그램된 컴퓨터가 문자 그대로 자동차나 가산기가 이해하는 것을 이해할 뿐이며, 따라서 실제로는 아무것도 이해하지 못한다는 주장을 제기할 것이다. 컴퓨터의 이해는(내가 독일어를 이해하는 경우처럼) 부분적이거나 불완전한 것도 아니다. 그것은 제로(0)이다.

그러면 그들의 대답을 들어보자.

1. 시스템 이론의 대답(버클리)

〈방 안에 갇힌 사람이 스토리를 이해하지 못한다는 것은 사실이지만, 실제로 그는 전체 시스템의 일부에 지나지 않으며 시스템 전체로서는 스토리를 이해한다. 그 사람 앞에는 규칙들이 적힌 커다란 장부가 있고, 그는 계산용 종이와 연필, 그리고 중국어 기호 집합이 들어 있는 '데이터 뱅크'를 갖고 있다. 여기에서 이해는 개인에게 귀속되는 것이 아니라 개인을 한 부분으로 삼는 시스템 전체에 귀속된다.

시스템 이론에 대한 나의 답변은 매우 간단하다. 그 개인에게 시스템의 모든 요소들을 내면화시켜 보자. 그러면 그는 장부에 규칙들을 메모하고, 데이터 뱅크에 중국어 기호를 기억시켜서 모든 계산을 머리 속에서 하게 된다. 이렇게 되면 그 개인은 전체 시스템을 하나로 통합시켜서 그가 시스템에 포함시키지 않는 것은 아무것도 없게 된다. 더욱이 우리는 그 방을 제거해서 그가 옥외에서 일하고 있다고 상상할 수도 있다. 그러나 이 경우에도 여전히 그는 중국어를 전혀 이해하지 못하며 그 시스템은 더욱 그러하다. 왜냐하면 그에게는 없지만 시스템에는 있는 것이 아무것도 없기 때문이다. 만약 그가 이해하지 못한다면 시스템 역시 이해할 어떤 방도도 없게 된다. 그 시스템은 그의 일부에 불과하기 때문이다.〉

시스템 이론은 처음부터 내게 받아들이기 힘든 것으로 여겨졌기 때문에 이 이론에 대해 이 정도의 답변을 하는 것만으로도 나는 얼마간의 당황스러움을 느낀다. 이 견해는, 한 개인은 중국어를 이해하지 못하지만, 그 개인과 종잇조각의 결합이 중국어를 이해할지도 모른다는 사고 방식이다. 나는 특정 이데올로기에 사로잡히지 않은 사람이라면 어떻게 이런 생각을 받아들일 수 있을지 상상하기 힘들다. 게다가 강한 인공 지능의 이데올로기에 빠진 사람들은, 결국 이러한 사고 방식과 매우 흡사한 주장을 제기할 경향이 있다고 나는 생각한다. 그러면 이 문제를 조금 더 검토해 보기로 하자. 이런 사고 방식에 기초한 한 주장에 따르면, 내면화된 시스템 속에 있는 사람은 중국어를 모국어로 삼는 사람이 이해하는 만큼 중국어를 이해하지는 못하지만(왜냐하면, 예를 들어 그는 그 스토리가 레스토랑이나 햄버거 등을 언급한다는 사실을 모르니까), 〈형식 기호 조작 시스템으로서의 사람〉은 〈실제로 중국어를 이해한다〉. 여기에서 중국어의 형식 기호 조작 시스템으로서 그 사람의 하위 체계와 영어에 대한 하위 체계가 혼동되어서는 안 된다.

따라서 실제로 그 사람 속에는 두 개의 하위 체계, 즉 영어를 이해하는 하위 체계와 중국어를 이해하는 하위 체계가 있으며, 〈두 시스템은 서로 거의 아무런 관계도 없다〉. 그러나 나는 이러한 견해에 대해 그 시스템들이 서로 거의 관계가 없을 뿐 아니라 조금도 닮지 않았다고 대답하고 싶다. 영어를 이해하는 하위 체계는 (앞으로 얼마간 이 〈하위 체계〉라는 전문 용어를 사용해서 논의를 계속하기로 하자) 스토리가 레스토랑이나 햄버거를 먹는 일을 다루고 있다는 것을 알고 있으며, 또한 레스토랑에 대한 질문을 받고 있고, 레스토랑에 대한 질문에 대해 스토리의 내용 등을 기초로 여러 가지 추론을 해서 가능한 한 최선의 대답을 하고 있다는 사실도 알고 있다. 그러나 중국어 하위 체계는 그러한 사실들을 전혀 모른다. 영어 하위 체계가 〈헴버거〉라는 말이 음식물인 햄버거를 가리킨다는 것을 알고 있는 데 비해, 중국어 하위 체계가 알고 있는 것은 〈꼬부랑 곡선들〉 다음에 〈꼬부랑 곡선들〉이 계속된다는 것뿐이다. 그가 아는 것은 이 시스템의 한쪽 끝에 여러 가지 형식 기호들이 도입되고, 그런 다음 영어로 씌어진 규칙에 따라 그 기호에 조작이 가해지고, 그 결과 다른 쪽 끝에서 다른 기호들이 나타난다는 것이 전부이다. 우리가 처음에 검토했던 사례에서 제기하려고 했던 주장의 핵심은, 중국어를 전혀 이해하지 못하면서도 꼬부랑 곡선들 다음에 꼬부랑 곡선들을 계속 쓸 수 있다는 이유만으로 이러한 기호 조작이 그 자체로서 중국어를 이해한다고 하기에는 충분치 않다는 것이었다. 또한 그 사람들 사이에서 하위 체계의 존재를 가정한다고 해도 이러한 논의를 만족시키지 못한다. 왜냐하면 그 하위 체계들도 최초의 예에서의 사람보다 별반 나은 처지가 아니기 때문이다. 다시 말해서 그 하위 체계들은 영어로 말하는 사람(또는 하위 체계)이 포함하는 비슷한 것도 갖고 있지 않기 때문이다. 앞에서 서술한 사례에서 중국어 하위 체계는 영어 하위 체계의 일부, 즉 영어 규칙에 따라 무의미한 기호 조작에 관여하는 일부분에 불과하다.

그러면 맨 처음 무엇이 그 시스템들을 촉발시켰는지(어떤 동기를 주었는지) 우리 자신에게 물음을 제기해 보기로 하자. 그 물음은 다음과 같다. 기호 조작을 하는 사람이 자기 내부에 중국어로 된 스토리를 문자 그대로 이해하는 하위 체계를 갖고 있는 것이 분명하다고 말하려면 어떤 〈독립적인〉 근거가 존재한다고 가정해야 할 것인가? 내가 아는 범위 내에서의 유일한 근거는, 앞에서 이야기했던 사례에서 내가 중국어를 모국어로 삼는 사람과 같은 입력과 출력을 가지며, 입력과 출력을 연결시키는 프로그램을 갖고 있다는 것이다. 그러나 앞에서 언급한 사례들의 요점은 사람, 즉 사람을 구성하는 시스템 집합은 입력, 출력, 프로그램으로 이루어진 정확한 조합을 가질 수 있지만 내가 영어를 이해한다는 문자 그대로의 의미에서는 아직 아무것도 이해하지 못한다는 의미에서 이해에는 불충분하다는 것을 보여주려고 시도한 것이다. 여기에서 이해란 내가 영어로 스토리를 이해한다고 했을 때의 이해라는 의미이다. 중국어를 이해하는 하위 체계가 내 안에 있는 것이 〈틀림없다〉고 말할 때의 유일한 동기는, 내가 그 프로그램을 갖고 있고 튜링 테스트를 통과할 수 있다는 것이다. 다시 말해 나는 중국어가 모국어인 사람을 속일 수 있다. 그러나 이 튜링 테스트의 타당성이 우리 논의의 핵심 중 하나이다. 앞에서 언급한 사례들은 튜링 테스트를 통과하는 두 개의 〈시스템〉이 있을 수 있다는 것을 보여주었다. 그러나 문자 그대로의 의미를 이해하는 것은 하나뿐이다. 양쪽 모두 튜링 테스트를 통과했기 때문에 둘 다 이해하고 있는 것이 분명하다는 주장은 이 문제에 대한 논의에서는 통용되지 않는다. 왜냐하면 그와 같은 주장은 나의 내부에 있는 영어를 이해하는 시스템이 단지 중국어를 처리하는 시스템보다 훨씬 많은 것을 포함한다는 주장에 대항할 수 없기 때문이다. 요약하자면 시스템 이론은, 시스템이 중국어를 틀림없이 이해한다는 논증 없이 주장을 제기함으로써 미리 논점을 옳은 것으로 가정해 놓고 주장을 펼치는 논점 선취의 오류를 범하고 있다.

더욱이 시스템 이론의 주장은 지금까지 언급한 측면 이외에도 터무니없는 결론에 도달하는 것처럼 보인다. 만약 내가 어떤 종류의 입력, 출력, 그리고 그것들을 연결짓는 프로그램을 갖고 있다는 근거로 내 속에 인지(認知)가 존재하는 것이 틀림없다는 결론을 내린다면, 모든 종류의 비인지적인 noncognitive 시스템도 인지적으로 될 수 있을 것이다. 예를 들어 내 위(胃)가 정보 처리를 한다고 기술할 수 있는 수준이 있고, 그러한 예가 될 수 있는 많은 컴퓨터 프로그램이 있지만 그렇다고 해서 위가 이해를 가진다고 말할 필요는 없다고 생각한다. 그러나 시스템 이론의 주장을 받아들인다면 위·심장·간장 등이 모두 이해를 갖는 하위 체계라고 말하지 않을 수 없게 된다. 왜냐하면 중국어 하위 체계가 이해한다는 것과 위가 이해한다는 것을 구별할 수 있는 어떤 원칙적인 방법도 없기 때문이다. 중국어 시스템은 정보를 입력과 출력이라는 형식으로 갖지만, 위는 음식물과 음식물을 소화시킨 것으로 입력과 출력을 갖는다는 식의 주장으로는 아무런 해결도 되지 않는다. 기호 조작을 하는 사람의 관점, 즉 나의 관점에서 볼 때 음식물이든 중국어든 그 속에는 아무런 정보도 없기 때문이다. 다시 말해서 중국어는 단지 의미 없는 수많은 꼬부랑 곡선들에 지나지 않다. 중국어의 경우 정보는 프로그래머와 해석하는 사람의 눈 속에만 있다. 그리고 그들이 원한다면 내 소화 기관의 입력과 출력을 정보로 취급하는 것을 방해하는 것은 아무것도 없다.

이 마지막 논점은 강한 인공 지능 연구와 연관된 그 밖의 몇 가지 문제와 깊은 관계를 갖기 때문에 본론에서 벗어나기는 하지만 조금 더 자세히 설명하기로 하자. 강한 인공 지능가 심리학의 한 분야가 되려면 진정한 의미에서 정신적인 시스템과 그렇지 않은 시스템 사이의 구별이 가능해야 할 것이다. 즉 그것을 기초로 마음이 작동하는 원리와 비정신적인nonmental 시스템을 지배하는 원리를 구별하지 않으면 안 된다. 그렇지 않으면 인공 지능 연구는 마음에 대해 무엇이 구체적으로 정신적인지를 우리에게 설명할 수 없게 된다. 그리고 정신 대 비정신의 구별은 보는 사람beholder의 눈에 따라 달라지는 것이 아니라 시스템에 고유한 무엇이 되지 않으면 안 된다. 그렇지 않으면 보는 사람에 따라서 사람을 비정신적으로 간주하고, 허리케인을 정신적인 것으로 취급할 수도 있기 때문이다. 그러나 인공 지능 문헌들에서 이러한 구별은 지극히 모호하게 이루어지는 경우가 허다하다. 긴 안목에서 볼 때 이러한 문제점은 인공 지능 연구가 인지에 대한 연구라는 주장을 무색하게 하는 것이다. 존 매카시John McCarthy는 이렇게 쓰고 있다. 〈자동 온도 조절 장치처럼 단순한 기계도 신념belief을 가질 수 있다고 할 수 있고, 신념을 갖는다는 것은 문제 해결 능력을 갖춘 거의 모든 기계의 특징으로 여겨진다.〉 강한 인공 지능 연구가 마음의 이론으로 적용될 가능성을 고려하는 사람들은 이 의견이 갖는 함축성을 신중하게 검토할 필요가 있을 것이다. 그 이론은, 온도를 조절하는 데 사용하는 벽에 걸린 금속 조각들이 우리들이나 우리들의 배우자 또는 아이들이 신념을 갖는 것과 같은 의미로 신념을 갖는다는 것을 강한 인공 지능의 발견으로 받아들일 것을 우리에게 요구하기 때문이다. 나아가 방 안에 있는 다른 〈거의 모든〉 가전 기계들, 즉 전화, 녹음기, 가산기, 전등 스위치 등도 문자 그대로 신념을 갖는다는 것이다. 이 글의 목적이 매카시의 주장에 반박하는 것이 아니므로 여기에서는 논증 없이 다음과 같은 주장을 제기하는 것으로 상세한 논의를 대신하겠다. 마음의 연구는, 사람은 신념을 갖지만 온도 조절 장치나 전화, 가산기 등은 신념을 갖지 않는다는 사실에서 출발한다. 만약 당신이 이 사실을 부인하는 이론에 도달했다 해도, 이미 그 이론에 대한 반증례를 갖고 있기 때문에 그 이론은 틀렸다. 이 대목에서 이런 글을 쓰고 있는 인공 지능 연구자가 실제로는 자신이 하는 말의 의미를 진지하게 받아들이지 않으며, 또한 어느 아무도 진지하게 받아들이지 않는다고 생각하기 때문에 어떻게든 그 이론을 유지할 수 있는 것이 아닐까라는 생각이 들 수도 있다. 그러나 나는 적어도 잠시 동안은 그 문제를 진지하게 고려해 볼 것을 제안하고 싶다. 다시 말해서 잠시라도 벽에 걸린 금속 조각들이 정말 신념을 갖고 있는지, 사실과의 적합성 여부를 생각하는지, 명제 내용, 그리고 그 명제를 만족시키는 조건을 생각하고 있는지, 강한 신념이나 약한 신념 어느 쪽도 될 수 있는 그런 신념을 갖는지, 신경증이나 불안감 또는 확신에 찬 신념을 갖는지, 독단적이거나 합리적이거나 미신적인 신념을 갖는지, 맹목적 신앙이나 사려 깊은 망설임을 갖는지, 아니 신념이라 부를 만한 무엇을 갖는지 진지하게 생각해 볼 필요가 있다. 자동 온도 조절 장치는 그런 후보가 아니다. 위나 간, 가산기나 전화도 아니다. 그러나 여기에서 중요한 점은, 지금 우리가 강한 인공 지능론자들의 주장을 문자 그대로 진지하게 받아들이고 있기 때문에 그러한 진리가 강한 인공 지능 연구가 마음의 과학이라는 주장에 대해 치명적이라는 사실을 주목할 필요가 있다. 그 주장에 따르면 마음은 도처에 편재하기 때문이다. 우리가 알고 싶은 것은 마음을 자동 온도 조절 장치나 간과 구별시켜 주는 기준이 무엇인가이다. 그리고 매카시가 옳다면, 강한 인공 지능 연구에는 우리에게 그러한 것들을 구분해 줄 희망이 없다.

2. 로봇 이론의 대응(예일 대학)

〈섄크의 프로그램과는 종류가 다른 프로그램을 작성한다고 가정하자. 그리고 로봇 속에 컴퓨터를 넣어 그 컴퓨터가 형식 기호를 입력으로 받아들여 출력으로 내보낼 뿐 아니라 지각하고, 걷고, 돌아다니고, 못을 박고, 먹고, 마시는 식으로 당신이 원하는 모든 일을 시킬 수 있다고 하자. 가령 이 로봇에는 텔레비전 카메라가 장착되어 있어 사물을 볼 수 있고, 팔다리를 갖고 있어서 '행동'할 수 있다. 그리고 이러한 모든 일이 로봇의 컴퓨터 '뇌'에 의해 제어된다. 이러한 로봇은 섄크의 컴퓨터와는 달리 진정한 이해를 가지며, 그 이외의 심리적 상태를 가질 것이다.〉

이 주장에서 주의를 기울여야 할 첫번째 사항은, 이 이론이 인지란 단순한 형식 기호의 조작이 아니라는 사실을 암묵적으로 인정한다는 점이다. 왜냐하면 로봇 이론은 외부 세계와의 인과 관계들의 집합을 고려에 넣고 있기 때문이다. 그러나 로봇 이론의 주장에 대한 반박으로 그러한 〈지각〉 능력이나 〈운동〉 능력을 부가한다 하더라도 섄크의 원래 프로그램에 특수한 의미에서는 이해, 일반적인 의미에서는 의도성 intentionality이라는 것을 부가할 수 없다는 점을 제기할 수 있다. 이 점을 이해하려면 이 로봇의 경우 앞에서 언급한 사고 실험이 적용된다는 것을 주목할 필요가 있다. 가령 로봇 속에 들어 있는 컴퓨터 대신 앞에서 예로 들었던 중국어의 경우와 같이 당신이 나를 방에 가두고 중국어 기호와 영어 지시를 더 많이 공급하고, 중국어 기호와 중국어 기호를 짜맞추어서 그 중국어 기호들을 외부와 되먹임고리한다고 가정하자. 그리고 내가 모르는 사이에 일부 중국어 기호들이 로봇에 설치된 텔레비전 카메라를 통해 내게 공급되고, 내가 외부로 내보내는 다른 중국어 기호들은 로봇 내부의 모터에 작용해서 로봇의 팔다리를 움직인다고 하자. 여기에서 중요한 것은 내가 하는 모든 일이 형식 기호의 조작에 불과하다는 사실이다. 다시 말해서 나는 다른 사실에 대해서는 전혀 모르는 것이다. 나는 로봇의 지각 장치로부터 〈정보〉를 받고 로봇의 팔다리를 구동시키는 모터에 〈지시〉를 내리지만 그러한 사실에 관해서도 아무것도 모른다. 따라서 나는 로봇 속에 들어 있는 정자미인이다. 물론 정자미인의 원래 의미와는 다르지만 말이다. 어쨌든 나는 로봇에서 무슨 일이 일어나는지 전혀 모르는 셈이다. 나는 기호 조작의 규칙 이외에는 아무것도 이해하지 못한다. 그런데 이 경우 나는, 로봇이 어떤 의도적인 상태도 갖지 않는다고 말하고 싶다. 그것은 전기 배선과 프로그램의 결과로 돌아다니는 것에 지나지 않는다. 더욱이 나는 프로그램을 구체화하는 것에 불과하기 때문에 여기에서 문제가 되는 유형의 어떤 의도성의 상태도 가질 수 없다. 내가 할 수 있는 일이란 형식 기호의 조작에 대한 형식적인 지시에 따르는 것이 전부이다.

3. 뇌 시뮬레이터 이론의 대응(버클리와 MIT)

〈우리가 세계에 대해 갖고 있는 정보, 가령 섄크의 스크립트(대본) 속에 들어 있는 정보를 표현하는 프로그램이 아니라 중국어가 모국어인 사람이 중국어로 스토리를 이해하고 거기에 대한 대답을 할 때 실제로 그의 뇌의 시냅스에서 일어나는 일련의 뉴런 발화를 시뮬레이트하는 프로그램을 설계한다고 생각해 보자. 기계는 중국어 스토리와 그것에 대한 질문을 입력으로 받아들이고, 그 스토리를 처리하는 실제 중국인 뇌의 형식적인 구조를 시뮬레이트해서 중국어로 된 대답을 출력한다. 심지어 우리는, 기계가 단일한 순차적인 프로그램이 아닌 사람의 뇌가 자연 언어를 처리할 때 기능하는 것과 같은 방식으로 병렬 처리하는 프로그램 집합에 의해 기능한다고 상상할 수도 있다. 그럴 경우 우리는, 그 기계가 분명히 스토리를 이해한다고 말해야 할 것이다. 만약 그 점을 인정하지 않는다면, 중국어가 모국어인 사람이 그 스토리를 이해하는 것도 부정해야 하지 않을까? 시냅스 수준에서 컴퓨터의 프로그램과 중국인 뇌의 프로그램은 무엇이 다를까, 또는 무엇이 다를 수 있을까?〉

이 주장에 반론을 제기하기 전에 논의에서 벗어나는 이야기이지만, 나는 이 주장이 인공 지능(또는 기능주의 등)의 어느 학파의 주장으로는 조금 기묘한 대응이라는 것을 지적해 두고자 한다. 나는 강한 인공 지능의 전체적인 개념이 마음의 움직임을 알기 위해서 뇌의 움직임을 알 필요는 없다는 것이라고 생각한다. 이러한 기본적인 가정, 아니 내가 기본적 가정이라고 생각하는 것은 어떤 컴퓨터 프로그램도 다른 컴퓨터 하드웨어에서 실현될 수 있는 것과 마찬가지로 마음의 본질을 구성하고, 뇌의 모든 종류의 다른 과정에서도 실현되는 형식적 요소들을 포괄하는 계산 과정으로 이루어지는 심리적 조작 수준이 존재한다는 것이다. 강한 인공 지능의 가정에 따르면 마음과 뇌의 관계는 프로그램과 하드웨어의 관계에 해당하며, 따라서 우리는 신경생리학을 연구하지 않더라도 마음을 이해할 수 있다. 만약 인공 지능을 연구하기 위해 뇌가 어떻게 작동하는지 반드시 알아야 한다면, 우리는 인공 지능 연구에 매달릴 필요가 없을 것이다. 그러나 인공 지능을 아무리 뇌의 작용에 가깝게 만든다고 해도 이해를 낳는 데에는 충분하지 않다. 이 점을 분명히 하기 위해서 한 가지 언어밖에 할 수 없는 사람이 방 안에서 기호를 조작하는 것을 상상하는 대신 그 사람이 복잡한 송수 파이프들과 거기에 연결된 밸브들을 조작하고 있다고 상상해 보자. 그 사람이 중국어 기호를 받았을 때 그는 영어로 씌어진 프로그램을 참조해서 어떤 밸브를 열거나 닫을지 아는 것이다. 각각의 물의 관계는 중국인 뇌의 시냅스에 해당하며, 체계 전체는 적절한 모든 발화를 한 다음, 즉 적절한 수도꼭지를 모두 튼 다음 중국어 답변이 파이프들의 출력 말단에서 튀어나오도록 장치되어 있다.

그렇다면 도대체 이 체계의 어디에 이해가 있는 것일까? 이것은 중국어를 입력하고 중국인 뇌의 시냅스의 형식적 구조를 시뮬레이트해서 중국어를 출력한다. 그러나 이 사람이 중국어를 이해하지 못하는 것은 분명하며, 그것은 송수 파이프도 마찬가지이다. 그리고 내 생각으로는 어리석은 것이지만, 사람과 송수 파이프의 결합이 이해를 갖는다는 견해를 받아들이고 싶다면, 이론적으로 그 사람은 송수 파이프의 형식적인 구조를 내면화할 수 있고, 그의 상상 속에서 모든 〈뉴런을 발화〉시킬 수 있다는 점을 기억할 필요가 있다. 뇌의 시뮬레이터에서 제기되는 문제는, 그것이 뇌에 대해 잘못된 것을 시뮬레이트하고 있다는 점이다. 그것이 시냅스에서 일어나는 연속적인 뉴런 발화의 형식적인 구조를 시뮬레이트하는 것에 불과한 한, 그것은 뇌에 대한 중요한 것, 즉 그것의 인과적 특성, 다시 말해서 의도적 상태들을 만들어내는 능력은 결코 시뮬레이트하지 못할 것이다. 그리고 그 형식적인 특성들이 인과적 특성에 충분치 않다는 것은 송수 파이프의 예에서 분명히 드러난다. 그 예에서 우리는 적절한 신경생물학적인 인과적 특성에서 잘려나온 형식적인 특성만을 얻을 뿐이다.

4. 조합설(버클리와 스탠퍼드 대학)

〈지금까지의 세 가지 주장은 중국어 방에 의한 반증례의 반론으로는 충분히 납득할 수 없을지 모르지만, 세 가지 주장을 하나로 합치면 집단적으로 훨씬 큰 설득력을 가지며, 명확한 답변을 얻을 수 있다. 머리 속에 뇌의 모습을 한 컴퓨터를 가진 로봇이 있다고 상상하자. 그리고 그 컴퓨터는 인간 뇌의 모든 시냅스에 대해 프로그램되어 있으며, 그 로봇의 전체 움직임이 인간의 움직임과 구별할 수 없다고 가정하자. 따라서 전체가 통일된 체계이고, 입력과 출력을 가진 컴퓨터처럼 보이지 않는다고 생각하자. 이 경우 우리는 이 체계에 의도성이 있음을 인정하지 않을 수 없다.〉

이 경우 우리가 그 이상의 지식을 갖고 있지 않는 한, 로봇이 의도성을 갖는다는 가설을 받아들이는 것이 이치에 맞고, 또한 실제로 받아들이지 않을 수 없다는 점에는 전적으로 동의한다. 겉모습과 행동을 제외하면 그 결합체의 다른 요소들은 연관성이 없다. 만약 우리가 넓은 범위에 걸쳐 사람의 행동과 구별할 수 없을 정도로 행동하는 로봇을 만들 수 있다면, 약간의 유보 조건을 달아서 그 로봇의 의도성을 인정할 것이다. 우리는 그 컴퓨터의 두뇌가 사람 뇌의 형식적인 유사물이라는 사실을 미리 알 필요는 없을 것이다.

그러나 나는 이것이 강한 인공 지능의 주장에 아무런 지지도 제공하지 못한다고 생각한다. 왜냐하면 강한 인공 지능에 따르면 적절한 입력과 출력을 가진 형식적인 프로그램을 구체화하는 것은 의도성을 갖기에 충분한 조건이고, 실제로 의도성을 구성하는 것이기 때문이다. 뉴엘이 말했듯이 정신의 본질은 물리적 기호 체계의 조작이다. 그러나 이 사례에서 로봇에게 의도성을 인정하는 것은 형식적인 프로그램과 아무런 관계도 없다. 로봇에게 의도성을 귀속시키는 것은 만약 로봇이 겉모습과 행동에서 우리와 매우 흡사하다면, 그 로봇은 우리와 같은 정신적인 상태를 갖고, 그 상태가 행동을 일으키고, 그 행동에 의해 그러한 상태가 표현되며, 따라서 그 로봇은 이러한 심리적 상태를 낳는 내적 메커니즘을 갖고 있는 것이 분명하다는 가정을 전제로 삼고 있다. 따라서 우리가 그런 가정 없이 로봇의 행동을 독자적으로 설명할 수 있는 방법을 알고 있다면 로봇의 의도성을 인정하지 않을 것이다. 로봇이 형식적인 프로그램을 갖고 있다는 사실을 우리가 알고 있는 경우에는 더욱 그러하다. 그리고 이것이 두번째 대응에 대해 내가 제기했던 주장의 핵심이다.

가령 로봇의 행동이, 그 로봇 속에 들어 있는 사람이 로봇의 감각 기관을 통해 해석되지 않은 형식 기호를 수신하고 역시 해석되지 않은 형식 기호를 로봇의 운동 기관에 보내며, 그 사람이 일련의 규칙에 의거해서 기호 조작을 하고 있다는 사실에 의해 완전히 설명된다는 것을 알고 있다고 하자. 더욱이 그 사람은 로봇에 대한 이런 사실들을 전혀 모르고, 그가 아는 것은 어떤 무의미한 기호를 조작하는 방법밖에 없다고 하자. 이 경우 우리는 로봇을 정교한 기계 장치 인형으로 간주할 것이다. 이 인형이 마음을 갖는다는 가설은 아무런 보증도 얻지 못하며 불필요하기도 하다. 왜냐하면 더 이상 로봇 또는 로봇이 그 일부분을 이루는 체계에 의도성을 부여할 어떠한 이유도 존재하지 않기 때문이다(물론 기호를 조작하는 인간의 의도성은 별개의 문제이지만). 형식 기호의 조작이 계속되면서 입력과 출력이 정확히 일치되어도, 유일하게 실재하는 의도성의 중심은 인간이고, 그는 연관된 의도적인 상태들에 대해서 전혀 알지 못한다. 예를 들어 그는 로봇의 눈을 통해 들어오는 것을 보지 않고, 로봇의 팔을 움직일 의도도 없다. 그는 로봇이 듣는 발언, 로봇이 하는 어떤 발언도 이해하지 못한다. 앞에서 언급했던 이유로 인해 인간과 로봇을 부분으로 삼는 체계도 마찬가지이다.

이 점을 분명히 이해하기 위해서 이 경우에 의도성을 인정하는 것이 매우 자연스럽다고 여겨지는 다른 경우, 즉 원숭이와 같은 다른 영장류 또는 개처럼 집에서 기르는 동물의 사례를 비교해 보자. 의도성을 인정하는 것이 자연스럽다고 생각하는 이유는 크게 두 가지이다. 하나는 우리가 동물에게 의도성을 돌리지 않고는 그 행동을 이해할 수 없다는 것이다. 다른 하나는 동물이 우리와 유사한 재료, 즉 눈·코·피부 등으로 이루어져 있다는 것이다. 동물 행동의 정합성과 그 속에 동일한 인과적 소재가 내재한다고 가정하면, 우리는 동물 행동의 근저에 정신적 상태가 있으며, 그 상태는 우리와 비슷한 소재로 이루어진 기구에 의해 만들어질 것이라는 두 가지 가정을 할 수 있다. 별다른 이유가 없는 한 우리는 로봇에 대해서도 비슷한 가정을 하게 될 것이다. 그러나 그 행동이 형식적인 프로그램의 산물이며, 물질의 실질적인 인과적 성질은 의미가 없다는 사실을 아는 순간 우리는 즉시 의도성 가정을 폐기시킬 것이다.

내가 들었던 사례에 대한 반론은 그 밖에도 두 가지가 더 있다. 이러한 주장은 빈번하게 제기되지만(따라서 논의할 충분한 가치가 있다), 실제로는 핵심을 놓치고 있다.

5. 타자의 마음이라는 대응(예일 대학)

〈다른 사람이 중국어 또는 다른 언어를 이해하고 있는지를 어떻게 알 수 있는가? 오직 다른 사람의 행동을 통해서이다. 그런데 컴퓨터는 행동 테스트를 (이론상으로는) 그들과 마찬가지로 통과할 수 있다. 따라서 다른 사람에게 인지를 인정하려면 이론상 컴퓨터에도 그것을 인정하지 않으면 안 된다.〉

이 주장에는 짧은 몇 마디로도 충분한 답변이 가능할 것이다. 이 논의에서 문제점은, 타인이 인지적 상태를 갖는지 여부를 내가 어떻게 아는가가 아니라, 내가 그들이 인지적 상태를 갖는다는 것을 인정할 때 내가 그들에게 인정하는 것이 무엇인가이다. 이 논의의 요점은, 그것이 계산적 과정process이거나 그 출력일 수 없다는 것이다. 왜냐하면 계산 과정과 출력은 인지적 상태가 없어도 존재할 수 있기 때문이다. 무감각증을 가장하는 것은 이 논의에 대한 대답이 안 된다. 물리과학에서 물리적 대상의 실재성과 인식 가능성을 전제해야 하는 것과 마찬가지로 〈인지과학〉에서는 마음의 실재성과 인식 가능성을 전제한다.

6. 변환 자재(變換自在) 이론many mansions의 대응(버클리)

〈당신의 전체적인 주장은 인공 지능 연구가 아날로그 컴퓨터와 디지털 컴퓨터에 대한 연구에 국한된 것인 양 전제하고 있다. 그러나 그것은 우연한 현재의 기술 수준에 불과하다. 당신이 의도성의 본질이라고 말한 인과적 과정이 어떤 것이든 간에(당신의 말이 옳다고 가정할 때의 이야기이지만), 궁극적으로 우리는 이러한 인과적 과정을 갖는 장치를 만들 수 있을 것이고, 결국 그것은 인공 지능이 될 것이다. 따라서 당신의 주장은 인지를 낳고 설명하는 인공 지능의 능력에 대한 것이 아니다.〉

나는 이 주장에 대해 반대하지 않지만, 결국 강한 인공 지능은 인지를 인공적으로 만들어서 설명하는 것이라고 재정의함으로써 실질적으로는 강한 인공 지능 프로젝트를 중요치 않은 것으로 만들고 있다는 점을 지적해 두고 싶다. 인공 지능을 옹호하기 위해 제기된 원래 주장의 흥미로운 점은 그것이 잘 정의된 정확한 테제, 즉 정신적 과정은 형식적으로 정의된 요소에 대한 계산적 과정이라는 테제이다. 나는 바로 그 테제에 관심을 갖고 문제를 제기해 왔다. 이 주장이 재정의되어서 더 이상 원래의 테제가 아닌 게 되면, 내가 제기한 반론은 더 이상 적용되지 않는다. 왜냐하면 이제 더 이상 검증 가능한 가설이 존재하지 않기 때문이다.

그러면 앞에서 내가 대답하기로 약속했던 문제로 돌아가기로 하자. 즉 최초의 예에서 내가 영어를 이해하고 중국어를 이해하지 못하는 반면 기계는 영어와 중국어를 모두 이해하지 못한다고 가정하자. 그래도 내게는 내가 영어를 이해하는 것을 가능하게 해주는 무언가가 있을 것이고, 내가 중국어를 이해하지 못할 때에는 무언가를 결여하고 있을 것이다. 그렇다면 그 무언가가 어떤 것이든 간에, 왜 그것을 기계에 줄 수 없는 것일까?

나는 이론상으로, 우리가 기계에 영어나 중국어를 이해하는 능력을 줄 수 없는 이유를 알지 못한다. 왜냐하면 중요한 의미에서 뇌를 갖고 있는 우리의 신체가 그러한 기계이기 때문이다. 그러나 기계의 작동이 단지 형식적으로 정의된 요소들에 대한 계산적 과정으로 정의되어 있는 기계에 대해, 다시 말해 기계 작동이 컴퓨터 프로그램의 구체화로 정의되어 있는 경우에는 그런 능력을 부여할 수 없다는 강력한 주장도 있다. 그러나 내가 영어를 이해할 수 있고, 다른 종류의 의도성을 갖는 것은 내가 컴퓨터 프로그램의 구체화이기 때문이 아니다(어쩌면 내가 몇 개인가의 컴퓨터 프로그램의 구체화일지 모른다고 생각하지만). 우리가 아는 한 그 이유는, 내가 어떤 종류의 생물학적(즉 화학적·물리적) 구조를 가진 어떤 종류의 유기체이기 때문이고, 이러한 구조는 특정 조건 아래에서 지각, 행동, 이해, 학습, 그리고 그 밖의 의도적 현상을 인과적으로 일으킬 수 있다. 지금 우리들 논의의 또 하나의 요점은 이러한 인과적 힘을 가진 어떤 것만이 그러한 의도성을 가질 수 있다는 것이다. 어쩌면 다른 물리적·화학적 과정도 똑같은 결과를 낳을 수 있을지 모른다. 가령 화성인들도 의도성을 갖고 있을지 모른다. 그러나 그들의 뇌는 다른 종류의 물질로 이루어졌을 수 있다. 그것은 광합성이 엽록소와 다른 화학 물질에 의해 이루어지는지에 대한 문제와 흡사한 경험적인 문제이다.

그러나 이 논의의 중심적인 논점은 순수하게 형식적인 어떠한 모형도 그 자체로 의도성을 설명하기에 충분하지 않다는 것이다. 형식적인 성질만으로 의도성이 구성되지는 않으며, 그것들은 기계가 움직이고 있을 때 형식화의 새로운 단계를 낳는 힘을 제외하면 그 자체로는 어떠한 인과력도 갖지 않기 때문이다. 그리고 형식적인 모형의 특정한 구체화가 갖는 그 밖의 인과적 특성들도 형식적인 모형과는 무관하다. 왜냐하면 우리는 동일한 형식적인 모형을, 분명 그러한 인과적 특성을 결여하는 다른 구현realization에 끼워맞출 수 있기 때문이다. 가령 중국어로 말하는 사람이 정확히 섄크의 프로그램을 구현했다 해도 우리는 같은 프로그램을 영어로 말하는 사람이나 송수관 또는 컴퓨터에 넣을 수 있지만, 이 경우 프로그램은 실행될 수 있어도 중국어를 이해하는 사람은 아무도 없다.

뇌의 작동에 대해 제기되는 문제는 일련의 시냅스를 주형(鑄型)으로 삼아 만들어진 형식적인 그림자가 아니라 일련의 시냅스의 실질적인 특성이다. 지금까지 검토한 강한 인공 지능의 주장들은 모두 인지 현상이라는 주형에서 찍어낸 그림자 주위에 윤곽을 그리고는 이 그림자가 실재하는 것이라고 주장하고 있다.

결론을 내리기에 앞서 나는 그러한 주장에 함축되어 있는 일반적인 철학적 논점들을 제기하려고 한다. 이해를 분명히 하기 위해서 질의 응답이라는 형식을 사용하기로 하겠다. 우선 고색창연한 질문에서 시작하기로 하자.

〈기계는 생각할 수 있는가?〉

대답은 분명 〈그렇다〉이다. 우리가 바로 그러한 기계이다.

〈그렇다면 인공물, 즉 사람이 만든 기계는 생각할 수 있는가?〉

신경계를 가진 기계를 인공적으로 만들 수 있다면 가능할 것이다. 다시 말해서 축삭, 수상돌기, 그리고 그 밖의 구조를 가진 뉴런과 비슷한 것을 가진 기계를 만들 수 있다면 그 질문에 대한 대답은 역시 〈그렇다〉이다. 원인을 정확히 복제할 수 있다면 결과도 복제할 수 있을 것이다. 의식, 의도성, 인간이 사용하고 있는 화학 원리들을 사용해서 그 밖의 모든 특성도 만들어낼 수 있을 것이다. 앞에서도 말했듯이 그것은 경험적인 문제이다.

〈좋다. 그렇다면 디지털 컴퓨터는 생각할 수 있는가?〉

만약 〈디지털 컴퓨터〉의 의미가 컴퓨터 프로그램의 구체적 실현으로 기술될 수 있는 기술의 수준을 갖는 것을 뜻한다면 물론 대답은 〈그렇다〉이다. 왜냐하면 우리는 정확히 그 숫자는 모르지만 복수의 컴퓨터 프로그램의 구체적 실현이고 또한 생각하는 능력을 갖고 있기 때문이다.

〈그러나 컴퓨터가 정확한 종류의 프로그램을 갖기만 하면 무언가를 생각하거나 이해할 수 있다는 말인가? 프로그램의 구체적 실현, 정확한 프로그램의 구체적 실현만으로 이해를 위한 충분한 조건이 될 수 있을까?〉

이런 질문은 항상 앞의 질문들과 혼동되어 있지만, 적절한 질문이다. 그리고 이 질문에 대한 대답은 〈아니다〉이다.

〈그 이유는?〉

왜냐하면 형식 기호는 그 자체로 의도성을 갖지 않기 때문이다. 그것은 아무런 의미도 갖지 않는다. 심지어 그것은 기호 조작도 아니다. 왜냐하면 그 기호는 아무것도 상징하지 않기 때문이다. 언어학 용어를 빌리자면 그것은 구문론을 가질 뿐 의미론은 갖지 않는다. 흔히 컴퓨터가 갖는 것으로 생각되는 의도성은 그것을 프로그램하는 사람과 사용하는 사람의 마음, 즉 입력하는 사람과 출력을 해석하는 사람의 마음 속에만 있는 것이다.

중국어 방의 예를 들었던 목적은 이 점을 입증하기 위해서 실제로 의도성을 갖는 시스템(사람) 속에 무언가를 투입하자마자, 그리고 우리가 그를 형식적인 프로그램으로 프로그램하자마자 그 형식적인 프로그램이 더 이상 어떤 부가적인 의도성도 수반하지 않는다는 것을 보여주려 함이었다. 예를 들어 그것은, 사람이 중국어를 이해하는 능력에 아무것도 덧붙이지 않는다.

일찍이 대단히 매력적인 것으로 여겨졌던 인공 지능의 그러한 특징(프로그램과 그 구체적 실현의 구별)이, 시뮬레이션이 복제될 수 있으리라는 주장을 뿌리에서부터 뒤흔든 것이다. 프로그램과 그 프로그램의 하드웨어에서의 구현의 구별은 정신적 조작 수준과 뇌의 조작 수준의 구별에 상응하는 것으로 짐작된다. 그리고 우리가 정신적 조작 수준을 형식적 프로그램으로 기술할 수 있다면, 우리는 내성적인 심리학이나 뇌에 대한 신경생리학을 연구할 필요 없이 마음의 본질을 기술할 수 있는 것처럼 판단된다. 그러나 〈마음과 뇌의 관계는 프로그램과 하드웨어의 관계이다〉라는 등식은 몇 가지 측면에서 붕괴한다. 그 중에서 세 가지 측면을 살펴보기로 하자.

첫째, 프로그램과 그 구현의 구별은 같은 프로그램이 어떠한 형태의 의도성도 갖지 않는 온갖 종류의 괴상한 구현을 얻을 수 있다는 결과를 낳는다. 가령 바이첸바움Weizenbaum은 화장실의 두루말이 휴지와 조약돌 무더기를 이용해서 컴퓨터를 만드는 방법을 구체적으로 보여주었다. 마찬가지로 프로그램을 이해하는 중국어 스토리는 일련의 송수 파이프나 송풍기 집합 또는 영어밖에 할 수 없는 사람에게도 프로그램될 수 있으며, 그중 어느 것도 그러한 프로그램을 통해 중국어에 대한 이해를 얻을 수 없다. 조약돌, 화장실 휴지, 바람, 송수 파이프는 의도성을 갖기에 적절한 종류의 소재가 아니다. 뇌처럼 인과력을 갖는 무언가만이 의도성을 가질 수 있다. 그리고 영어로 말하는 사람은 의도성에 적합한 종류의 소재를 갖지만 프로그램을 기억한다고 해서 그 프로그램이 그에게 중국어를 가르쳐주지는 않기 때문에 그것을 기억하더라도 그 이상의 의도성을 얻지는 못한다.

둘째, 프로그램은 순수하게 형식적이지만 의도적 상태들은 그러한 방식에서 형식적이지 않다. 그것들은 내용에 의해 정의되는 것이지 형식에 의해 정의되는 것이 아니다. 가령 비가 내리고 있다는 생각은 특정한 형식으로 정의되는 것이 아니며, 그것을 충족시키는 조건이나 적합한 방향direction of fit 등을 포함하는 특정한 정신적인 내용으로 정의된다. 실제로 신념 그 자체는 이와 같은 구문론적 의미에서의 형식조차 갖지 않는다. 왜냐하면 동일한 신념이 다른 언어 체계에서 무한히 많은 구문론적 표현을 낳을 수 있기 때문이다.

셋째, 앞에서도 언급했듯이 정신적 상태와 정신적 사건들은 문자 그대로 뇌 작용의 소산이지만 프로그램은 이런 의미에서의 컴퓨터의 산물이 아니다.

〈만약 프로그램이 어떠한 의미에서도 정신적 과정을 구성하는 것이 아니라면, 그렇게 많은 사람들이 정반대의 믿음을 갖는 까닭은 무엇인가? 최소한 그 점에 대해서는 어떤 식으로든 설명이 필요하지 않은가?〉

사실 이 물음에 대한 답은 나도 알지 못한다. 컴퓨터의 목적이 정신적 작용을 시뮬레이트하는 것으로 한정되지 않기 때문에, 우선 컴퓨터 시뮬레이션이 실재일 수 있다는 생각 자체에 의구심을 품어야 한다. 화재의 컴퓨터 시뮬레이션이 이웃집을 태워버리거나 폭풍우의 컴퓨터 시뮬레이션이 우리를 흠뻑 젖게 만들 것이라고 생각하는 사람은 아무도 없다. 컴퓨터로 시뮬레이트한 것이 실제로 무언가를 이해한다고 생각하는 까닭은 도대체 무엇인가? 사람들은 종종 컴퓨터에 아픔을 느끼게 하거나 사랑에 빠지게 하기란 절대 불가능할 것이라는 말을 하지만, 사랑이나 아픔이 인지나 그 밖의 것들보다 특별히 더 불가능한 것은 아니다. 시뮬레이션에서 필요한 것은 적절한 입력과 출력, 그리고 전자를 후자로 변환시키는 매개자로서의 프로그램밖에 없다. 이것이 컴퓨터의 전부이다. 고통이든 사랑이든 인지든 화재든 폭풍우든 간에, 시뮬레이션을 복제와 혼동하는 것은 모두 동일한 오류이다.

그런데 인공 지능이 어떤 식으로든 정신적 현상을 재현하고 그에 의해 정신 현상을 설명하는 것처럼 생각되는 데에는 (아마도 많은 사람들은 여전히 그렇게 믿고 있을 것이다) 몇 가지 이유가 있다. 대개 그런 착각은 그 원인이 충분히 밝혀지기 전까지는 쉽게 사라지지 않는 법이다.

첫번째, 그리고 가장 중요한 이유는 〈정보 처리〉의 개념에 대한 혼란이다. 인지과학을 연구하는 많은 사람들은 마음을 갖고 있는 인간의 뇌가 〈정보 처리〉라 불리는 것을 하고 있으며, 유추적으로 프로그램을 가진 컴퓨터도 정보 처리를 하고 있다고 생각한다. 그러나 다른 한편, 화재나 폭풍우는 전혀 정보 처리를 하지 않는다고 생각한다. 따라서 컴퓨터가 어떤 과정의 형식적인 특징을 시뮬레이트할 수는 있지만, 그 과정은 마음과 뇌에 대해 특별한 관계를 갖는다는 것이다. 왜냐하면 컴퓨터가 뇌와 동일한 프로그램에 의해 이상적으로 프로그램되었을 때 두 경우의 정보 처리는 동일하며, 이 정보 처리는 실제로 마음의 본질이기 때문이라는 것이다. 그러나 이런 주장의 문제점은 거기에서 사용되는 〈정보〉라는 개념이 모호하다는 점이다. 예를 들어 산수 문제를 생각하거나 이야기를 읽고 질문에 대답할 때 인간이 〈정보를 처리한다〉라고 말하는 의미에서 본다면 프로그램된 컴퓨터는 〈정보 처리〉를 하지 않기 때문이다. 이때 컴퓨터가 하는 것은 형식 기호의 조작이다. 프로그래머와 컴퓨터 출력의 해석자가 기호를 사용해서 세계 속의 대상을 나타낸다는 사실은 컴퓨터가 할 수 있는 영역을 넘어서는 것이다. 되풀이하자면 컴퓨터에는 구문론은 있지만 의미론은 없다. 가령 당신이 컴퓨터에 〈2 더하기 2는?〉이라고 타이핑하면 컴퓨터는 〈4〉라는 답을 낼 것이다. 그러나 컴퓨터는 〈4〉가 4를 의미한다는 것을 모르며, 애당초 의미라는 것 자체를 알지 못한다. 따라서 중요한 것은 컴퓨터가 제1수준의 기호 해석에 대해서 제2수준의 정보를 결여하고 있다는 것이 아니라, 제1수준의 기호가 아무런 해석도 갖지 않는다는 점이다. 컴퓨터가 갖고 있는 것은 기호, 기호들뿐이다. 따라서 〈정보 처리〉 개념의 도입은 딜레마를 낳는다. 그것은 우리가 〈정보 처리〉 개념을 처리 과정의 일부로서 의도성을 함축하는 것으로 해석할 것인지 또는 그렇게 해석하지 않을 것인지의 딜레마이다. 의도성을 함축한다는 의미로 해석하면, 프로그램된 컴퓨터는 정보 처리를 하지 않으며, 단지 형식 기호를 조작하는 것이 된다. 반면 의도성을 함축하지 않는다고 해석하면 컴퓨터는 정보 처리를 하지만 그것은 단지 가산기, 타자기, 위(胃), 자동 온도 조절 장치, 폭풍우, 허리케인과 같은 의미에서 정보 처리를 하는 것이 된다. 다시 말해서 그것들은 한쪽 끝에서 정보를 받아들이고, 변형시키고, 출력으로 내보낸다고 기술할 수 있는 기술 수준을 갖는다. 그러나 이 경우 입력과 출력을 일반적인 의미에서의 정보로 해석하는 일은 외부 관찰자의 몫이다. 그리고 컴퓨터와 뇌의 유사성은 정보 처리의 유사성이라는 관점에서는 수립될 수 없다.

둘째, 인공 지능 연구의 상당 부분에는 행동주의와 조작주의의 찌꺼기가 남아 있다. 적절히 프로그램된 컴퓨터는 인간의 입출력 패턴과 유사한 패턴을 갖기 때문에 우리는 컴퓨터에도 인간의 정신 상태와 흡사한 정신 상태가 있다고 가정하고 싶어한다. 그러나 우리는 어떤 의도성도 갖지 않으면서 일부 영역에서 인간의 능력을 갖는 것이 개념상으로나 경험상으로 가능하다는 것을 알고 있기 때문에 이러한 가정을 하고 싶은 충동을 극복해야 한다. 내 책상 위의 계산기는 계산 능력을 갖지만 어떤 의도성도 없다. 이 글에서 입증하려고 시도했듯이 어떤 체계는 중국어가 모국어인 화자(話者)의 입출력 능력을 복제할 수 있는 능력을 갖지만, 그것이 어떻게 프로그램되는가와 무관하게 중국어를 이해하지 못한다. 튜링 테스트는 이 뻔뻔스러운 행동주의와 조작주의 전통의 전형이고, 만약 인공 지능 연구자들이 행동주의와 조작주의를 전면적으로 거부한다면 시뮬레이션과 복제 사이의 혼동은 상당 부분 제거될 것으로 생각한다.

셋째, 잔존하는 조작주의는 이원론의 잔존 형태에 결부된다. 실제로 강한 인공 지능은 마음이 문제이지 뇌는 중요치 않다는 이원론적 가정을 기초로 할 때에만 의미를 갖는다. 강한 인공 지능 연구에서(마찬가지로 기능주의에서) 중요한 것은 프로그램이며, 프로그램은 기계 속에서의 구현과는 독립적인 무엇이다. 사실상, 인공지능에 관한 한 동일한 프로그램이 전자식 기계나 데카르트의 정신적 실체 mental substance나 헤겔의 세계 정신에 의해 모두 실현될 수 있다. 내가 이 문제를 논의하는 과정에서 이룬 놀라운 발견 중 하나는, 많은 인공 지능 연구자들이 인간의 정신적 현상은 인간 뇌의 실질적인 물리 화학적 성질에 의존하고 있을 것이라는 내 생각에 큰 충격을 받고 있다는 점이다. 그러나 조금만 생각해 보면 전혀 놀라운 일이 아닌 것을 알 수 있다. 왜냐하면 강한 인공 지능 프로젝트는 어떤 형태로든 이원론을 받아들이지 않으면 승산이 없기 때문이다. 인공 지능 프로젝트는 프로그램을 설계해서 마음을 재현하고 설명하는 것이다. 그러나 마음이 개념적으로뿐 아니라 경험적으로도 뇌에서 독립된 것이 아니라면 이 프로젝트는 실행될 수 없다. 왜냐하면 이 프로그램이 어떠한 실현으로부터도 완전히 독립되어 있기 때문이다. 마음이 뇌로부터 개념적으로나 경험적으로 분리될 수 있다고 (이것은 강한 형태의 이원론이다) 생각하지 않으면, 프로그램이 뇌나 그 밖의 개별적인 형태의 구체화로부터 독립되어 있기 때문에 프로그램을 작성하거나 실행시키는 방법으로 마음을 재생시키는 것을 바랄 수 없다. 정신적 작용이 형식 기호에 대한 컴퓨터적 작용이라면 그것은 뇌와 흥미로운 관계를 맺지 않게 된다. 둘 사이의 유일한 연결은, 뇌가 우연히 그 프로그램을 실현시킬 수 있는 무수히 많은 기계들의 유형 중 하나일 것이다. 이러한 형태의 이원론은 두 종류의 실체가 존재한다고 주장하는 전통적인 데카르트의 이원론은 아니지만, 마음이 뇌의 실제적 성질과 본질적 관계를 갖지 않는다는 것을 강조한다는 의미에서 데카르트적이다. 이처럼 내재하는 이원론은 인공 지능과 연관된 문헌들이 이 〈이원론〉을 종종 맹렬하게 비난한다는 사실에 의해 숨겨지기 때문에 우리 눈에는 잘 띄지 않는다. 다시 말해서 인공 지능 문헌의 저자들은 자신들의 입장이 강한 이원론을 전제로 삼고 있다는 것을 알아차리지 못하는 것 같다.

〈기계는 생각할 수 있는가?〉 내 견해로는 기계만이, 실제로는 특수한 기계, 그러니까 뇌나 뇌와 동일한 인과력을 갖는 기계만이 생각할 수 있다. 이것이 〈생각한다〉는 문제에 대해 강한 인공 지능이 거의 아무것도 이야기하지 않는 주된 이유이다. 왜냐하면 강한 인공 지능은 기계에 대해 할 이야기가 아무것도 없기 때문이다. 그 정의에 따르면 강한 인공 지능은 프로그램에 대한 것이고, 프로그램은 기계가 아니다. 의도성이 무엇이든 간에 그것은 생물학적 현상이고, 젖 분비나 광합성 또는 그 밖의 생물학적 현상처럼 그 기원에 해당하는 생화학 구조에 인과적으로 의존하는 경향이 강하다. 젖 분비나 광합성을 컴퓨터로 시뮬레이션한다고 해서 우유나 설탕을 생산할 수 있다고 생각하는 사람은 아무도 없을 것이다. 그러나 마음의 문제에 대해서는 많은 사람들이 이러한 기적을 기꺼이 믿는다. 그것은 세월이 지나도 변하지 않는 뿌리 깊은 이원론 때문이다. 그들이 생각하는 마음은 형식적인 과정의 문제이고, 우유나 설탕과는 달리 구체적인 물질적 원인에서 독립된 무엇이다.

이러한 이원론을 옹호하기 위해서 뇌는 디지털 컴퓨터(그런데 초기 컴퓨터는 종종 〈전자 두뇌〉라고 불리곤 했다)라는 희망이 종종 표명된다. 그러나 그런 시도는 아무 도움도 되지 않는다. 물론 뇌는 디지털 컴퓨터이다. 모든 것이 디지털 컴퓨터이기 때문에 뇌도 마찬가지이다. 그러나 중요한 것은 의도성을 낳는 뇌의 인과력은 어떤 컴퓨터 프로그램의 구체화라는 점에 있는 것이 아니라는 사실이다. 왜냐하면 당신이 원하는 어떤 프로그램에서도 어떤 목적을 위해 그 프로그램을 구현시킬 수 있지만, 그래도 여전히 어떤 정신적 상태도 가질 수 없기 때문이다. 의도성을 낳기 위해서 뇌가 어떤 일을 하든, 어떤 프로그램도 그 자체만으로는 의도성을 얻기에 충분치 않기 때문에 그것은 프로그램의 구현이 아닌 것이다.*

---

* 나는 이 문제를 다루는 과정에서 많은 사람들에게 빚을 졌다. 그들은 인공 지능에 대한 내 무지를 극복시키려고 인내심 깊은 노력을 기울여주었다. 특히 네드 블록 Ned Block, 휴버트 드레퓌스 Hubert Dreyfus, 존 호질랜드 John Haugeland, 로저 섄크, 로버트 윌렌스키 Robert Wilensky, 그리고 테리 위노그라드에게 깊은 감사를 드린다.

처음 발표되었을 당시 이 논문에는 여러 방면에 종사하는 사람들로부터 들어온 스물여덟 개의 논평이 첨부되어 있었다. 그 중 상당수는 뛰어난 견해를 포함하고 있었지만, 그것들을 모두 싣기에는 분량이 너무 방대하고, 또한 일부는 내용이 조금 전문적이었다. 설 논문의 장점 중 하나는 인공 지능, 신경학, 철학 또는 그 밖의 연관 분야에 대한 특별한 소양이 없어도 상당 정도 이해할 수 있다는 것이다.

우리(두 사람의 편집자——옮긴이)의 입장은 설과는 정면으로 대립된다. 그렇지만 설이 매우 탁월한 상대라는 점을 우리는 인정한다. 우리는 이 책의 나머지 부분에서 설의 주장을 철저하게 반박할 것이다. 특히 설이 제기하는 주장의 몇 가지 논점에 논의를 집중시키고, 그 밖의 논점에 대해서는 분명하게 답변하지 않고 남겨두기로 하겠다.

설의 논문은 〈중국어 방의 사고 실험 Chinese room thought experiment〉이라는 교묘한 상황 설정을 기반으로 삼으며, 이 사고 실험에서 독자들은 매우 영리한 인공 지능 프로그램이라면 통과할 수 있을 것으로 알려진 일련의 단계를 튜링 테스트에 합격할 수 있을 정도로 사람과 흡사한 방식으로 중국어 스토리를 읽고, 그 스토리에 대한 질문에 대답하는 일련의 단계를 수작업으로 하고 있는 사람과 동일시하도록 촉구된다. 우리는, 인간이 이런 일을 할 수 있다고 생각하는 것이, 어떤 의미가 있는 듯한 잘못된 인상을 주고 있다는 점에서 설이 심각하고 근본적인 설명의 오류를 범했다고 생각한다. 이러한 상(像)

을 받아들이면 독자들은 알지 못하는 사이에 지능과 기호 조작 사이의 관계에 대해 전혀 비현실적인 사고 방식을 전면적으로 받아들이는 셈이 되고 말 것이다.

설이 독자들에게 일으키려는 착각은 (물론 설 자신은 착각이라고 생각하지 않지만!) 개념 수준을 달리하는 두 개의 체계 사이에 존재하는 복잡성의 엄청난 차이를 독자들이 간과하게 만들 수 있는지의 여부에 달려 있다. 일단 그 시도에 성공하면 나머지는 별로 문제가 되지 않는다. 맨 처음에 독자들은 몇 가지 제한된 영역 내에서 한정된 종류의 질문으로 한정된 방식으로 대답할 수 있는 실제 인공 지능 프로그램을 수작업으로 시뮬레이트하는 설과 자신을 동일시하도록 요구된다. 그런데 이 프로그램 또는 현재 시점에 존재하는 모든 인공 지능 프로그램을 사람이 직접 수작업으로 시뮬레이트하려면, 즉 컴퓨터가 하는 상세한 수준에서 한 단계씩 작업을 수행하려면 몇 주일이나 몇 개월은 아니더라도 며칠 동안 힘들고 지루한 작업을 해야 한다. 그러나 그는 이 점을 언급하지 않고, 숙달된 마술사처럼 교묘하게 독자의 주의를 빗겨나서 독자들이 갖는 상을 튜링 테스트를 통과하는 가상의 프로그램으로 바꾸어놓고 있다! 설은 여러 단계의 능력 수준을 단숨에 뛰어넘으며, 각 수준에 대해서는 지나가는 언급조차 하지 않는다. 따라서 독자들은 또다시 한 단계씩 시뮬레이션을 수행해 나가는 사람과 자신을 동일시해서 중국어에 대한 〈이해의 결여를 느끼도록〉 요청된다. 이것이 설의 주장에서 골자이다.

여기에 대한 우리의 반론은(나중에 밝혀지겠지만 설 자신의 대응도 마찬가지이다) 기본적으로는 〈체계 이론의 대응Systems

Reply〉이다. 즉 살아 있는(살아 있는지 여부는 부수적인 것이지만) 시뮬레이터가 이해 능력을 갖는다고 인정하는 것은 잘못이다. 오히려 이해 능력은 설이 별 생각없이 〈몇 개의 종잇조각〉이라고 부르고 있는 것을 포함하는 전체로서의 체계에 속한다. 이런 표현에서 분명히 드러나듯이 설이 갖고 있는 상이 그를 현실 상황에 눈멀게 만들고 있는 것이다. 생각하는 컴퓨터가 설에게 기피해야 할 존재인 것은 마치 비유클리드 기하학에 대해 그것을 의도하지 않게 발견한 제롤라모 사케리 Gerolamo Saccheri가 갖는 관계와 흡사하다. 사케리는 시종일관 자신의 연구 결과를 부인했다. 1700년대 후반은 아직 사람들이 새로운 기하학에 의해 야기된 개념의 확장을 받아들이기에 너무 일렀다. 그러나 약 50년이 지난 후 비유클리드 기하학은 재발견되었고 오늘날까지 느린 속도로 수용되어 왔다.

어쩌면 〈인공 의도성〉에 대해서도 (만약 그런 것이 탄생할 수 있다면) 마찬가지의 일이 벌어질지도 모른다. 만약 튜링 테스트를 통과하는 프로그램이 등장한다면, 설은 그 프로그램의 능력과 깊이에 경탄하기는커녕 그것이 〈뇌의 인과력〉이라는 경이적인 능력을 결여하고 있다는 주장을 계속할 것이다. 이러한 주장의 공허함을 지적하기 위해서 제논 필리신 Zenon Pylyshyn은 설의 글에 대한 논평에서 다음과 같은 글이 즈보프의 「어느 뇌 이야기」를 연상시키는 관점의 특징을 정확히 보여주고 있다고 말한다.

만약 당신의 뇌세포를 조금씩 IC 칩으로 대체시켜 나간다면, 이들 칩이 각 부분의 입출력 〈기능〉이 뇌세포의 입출력 기능과 동일해지도록 프로그램되어 있다면, 당신의 입에서 나오는 말은 실제 당신이 하는 말과 모든 면에서 똑같을 것이다. 그 말이 궁극적으로 어떤 〈의미〉도 갖지 않게 된다는 점을 제외한다면 말이다. 그렇게 되면, 우리들 외부 관찰자들이 말이라고 이해하는 것은 당신에게는 회로에 의해 발생하는 일정한 잡음일 것이다.

설의 입장에서 약점은 진짜 의미가, 또는 진짜 〈당신〉이 체계의 어디에서 사라지는지를 명확히 밝히지 않고 있다는 것이다. 단지 그는 〈인과력〉에 의해 의도성을 갖는 체계도 있고, 그렇지 않은 체계도 있다는 것을 강조할 뿐이다. 그는 그러한 힘이 어디에서 유래하는지에 대해 동요하는 것 같다. 어떤 때에는 뇌가 〈적절한 재료〉로 구성되어 있는 것처럼 보이고, 다른 때에는 그 이외의 다른 것들로 이루어져 있는 것처럼 보이기도 한다. 그 원인은 당시에 끌어대기에 편리한 것이면 무엇이든 될 수 있기 때문이다. 때로는 〈내용〉과 〈형식〉을 구별하는 모호한 본질이고, 때로는 의미론에서 구문론을 분리시키는 또 다른 본질이기도 하다.

체계 이론을 주창하는 사람들에게 설은 방 속에 있는 사람(앞으로 그 사람을 설의 〈데몬〉이라고 부르기로 하자)이 〈몇 개의 종잇조각〉에 앞에서 이야기한 모든 재료들을 단순히 기억시키거나 통합시킨다는 사고를 제공한다. 상상력을 가능한 한 확장시키면 인간이 그러한 일을 할 수 있는 것처럼 말이다. 이러한 〈몇 개의 종잇조각〉 위의 프로그램은 튜링 테스트를 통과할 수 있는 능력 덕분에 문자로 작성된 자료에 의거해 답변할 능력이라는 측면에서 인간과 같은 정도로 복잡한 마음과 성격 전체를 구현하고 있다. 다른 사람의 마음의 전체 기술(記述)을 간단히 〈삼켜버릴〉 수 있는 사람이 과연 있을 수 있을까? 우리 생각으로는 한 단락의 문장을 통째로 기억하기도 매우 어렵다. 그러나 설은 수십억 쪽은 아니더라도 확실히 수백만 쪽에 달할 빽빽이 기록된 추상적인 기호를 데몬이 소화시켜 버리고, 검색하는 데 아무런 문제도 없이, 필요할 때면 언제든 이 모든 정보를 이용할 수 있는 것처럼 공상하고 있는 것이다. 따라서 설은 이 시나리오의 실현 불가능한 여러 측면을 간과하고 마치 모든 것이 수월한 양 쓰고 있다. 그리고 그 시나리오가 의미 있다는 것을 독자들에게 확신시키는 것이 설의 주장의 핵심은 아니다. 사실은 정반대이다. 설의 주장의 핵심 부분은 이처럼 중요한 문제들을 적당히 꾸며대며 얼버무리는 것이다. 그렇게 하지 않으면 회의적인 독자들 대부분의 이해가 종이 위 수십억 개의 기호 중에 분명 있을 것이며, 데몬 속에는 그 한 조각도 없다는 것을 깨닫게 될 것이기 때문이다. 그 데몬이 살아 있다는 사실은 (그것도 오해되고 있는) 부차적인 문제에 불과하다. 그렇지만 설은 그것을 매우 중요한 사실로 오해하고 있다.

우리는 설 자신이 체계 이론을 지지하고 있다는 사실을 밝혀냄으로써 앞의 주장을 뒷받침할 수 있다. 그러기 위해서 우선 설의 사고 실험을 더 넓은 맥락 속에 놓으려고 한다. 특히 설의 사고 실험의 설정이 그와 연관된 사고 실험들의 큰 집합 중 하나에 지나지 않음을 폭로하고자 한다. 또한 그러한 사고 실험은 이 책에 실린 여러 글에서도 다루어지고 있다. 이런 종류의 사고 실험은 실험 당사자가 〈스위치 설정 knob setting〉을 개별적으로 선택함으로써 정의된다. 그 목적은 독자들의 마음의 눈 속에 인간의 정신적 활동에 대한 여러 가지 가상의 시뮬레이션을 창조하는 것이다. 각각의 사고 실험은 문제의 여러 측면을 확대시켜서 독자들을 특정한 결론으로 밀어붙이는 경향이 있는 일종의 〈직관 펌프〉intuition pump(데닛의 용어)이다. 우리는 대략 다섯 개의 스위치에 관심을 둔다. 그러나 더 많은 스위치를 생각해도 무방하다.

스위치 1

이 스위치는 시뮬레이션을 구성하는 물리적 〈재료〉를 제어한다. 그 설정에는 다음과 같은 것이 포함된다. 뉴런과 화학 물질, 송수 파이프와 물, 몇 개의 종잇조각과 그 위에 적힌 기호들, 화장지와 조약돌, 데이터 구조와 프로시듀어 등등.

스위치 2

이 스위치는 시뮬레이션이 사람의 뇌를 흉내내려고 시도할 때 모방의 정밀도를 제어한다. 그것은 극히 미세한(원자 속의 소립자) 수준까지 설정할 수 있고, 그보다 큰 세포나 시냅스의 수준, 그리고 인공 지능 연구자나 인지심리학자들이 다루는 수준, 즉 개념과 관념, 표상과 과정의 수준으로도 설정할 수 있다.

스위치 3

이 스위치는 시뮬레이션의 물리적인 크기를 제어한다. 우리의 가정에 따르면 극소화(極小化)의 결과로 우리는 반지에 들어갈 정도로 작은 송수관의 망상 조직이나 반도체 소자를 만들 수 있고, 거꾸로 모든 화학적 과정을 거시적 규모에 확장시킬 수도 있다.

스위치 4

이것은 중요한 스위치로 시뮬레이션을 수행하는 데몬의 크기와 성질을 제어한다. 만약 데몬이 정상 크기의 사람이라면, 그것을 〈설의 데몬〉이라고 부르기로 하자. 데몬이 뉴런이나 소립자 속에 들어갈 수 있을 정도로 작은 꼬마 요정과 같은 생물이라면 호질랜드의 이름을 빌려 〈호질랜드의 데몬〉이라고 부르기로 하자. 그런 이름을 붙이는 까닭은 호질랜드가 설을 비판했기 때문이다.

스위치 5

이 스위치도 데몬이 살아 있는지 여부를 결정한다. 또한 이 스위치는 데몬이 일하는 속도를 제어한다. 다시 말해서 데몬이 눈부실 정도로 빠르게(100만 분의 1초당 100만 회의 연산을 하는 정도의 속도로) 일하게 할 수도 있고, 지독히 느리게 (몇 초마다 한 번의 속도로) 일하도록 설정할 수도 있다.

우리는 스위치의 설정을 여러 가지로 바꾸어 다양한 사고 실험을 할 수 있다. 하나의 선택 결과, 이야기 스물여섯 「아인슈타인의 뇌와 나눈 대화」에 서술한 상황이 발생한다. 다른 선택을 하면 설의 중국어 방의 실험이 나타난다. 특히 후자는 다음과 같은 설정을 갖는다.

스위치1 종잇조각과 기호

스위치2 개념과 관념

스위치3 방의 크기

스위치4 사람 크기의 데몬

스위치5 느린 설정(수초에 1회의 연산)

그런데 이러한 매개 변수들을 가진 시뮬레이션이 튜링 테스트를 통과할 수 있다는 가정에 설이 본질적으로는 반대하지 않는다는 점을 주목할 필요가 있다. 설은 이러한 가정이 무엇을 함의하는지에 대해서만 자신의 주장을 펴고 있다.

마지막 변수가 하나 더 있다. 그것은 스위치가 아니고, 설의 실험을 보는 관점이다. 이 단조로운 실험에 약간의 색을 칠해 시뮬레이트된 중국어 화자가 여성이고, 데몬은 (만약 살아 있다면) 항상 남성이라고 가정해 보자. 이제 우리는 데몬의 관점과 시스템의 관점 중 하나를 고를 수 있는 선택권을 갖는다. 가정에 따라 데몬과 시뮬레이트된 여성은 모두 자신이 이해하고 있는지 여부, 그리고 자신이 경험하고 있는 것에 대해 동등하게 견해를 표명할 수 있다는 점을 상기할 필요가 있다. 그럼에도 불구하고 우리가 이 실험을 데몬의 관점에서만 본다고 설은 강변한다. 그는 시뮬레이트된 여성이 자신이 이해한 내용에 대해 (물론 중국어로) 무슨 말을 하더라도 그녀가 하는 말을 무시해야 하며, 오히려 기호 조작을 수행하는 내부의 데몬에 주의를 기울여야 한다고 주장한다. 결국 설의 주장은 두 개가 아니라 하나의 관점밖에 존재하지 않는다는 것이다. 일단 실험 전체에 대한 설의 기술을 받아들인다면 이 주장은 엄청난 직관적 설득력을 갖는다. 왜냐하면 데몬은 거의 우리와 같은 크기이고, 우리의 언어로 말하고, 또한 우리와 같은 속도로 일하기 때문이다. (운이 좋아도) 한 세기에 한 번 정도의 속도로, 그것도 〈무의미한 꼬부랑 곡선들로〉 대답을 내놓는 〈여성〉과 동일시하기란 매우 힘들다.

그러나 스위치의 일부 설정을 바꾸기만 하면 쉽게 관점을 바꿀 수 있다. 특히 호질랜드의 변형판에는 다음과 같은 여러 가지 전환 스위치가 포함되어 있다.

스위치1 뉴런과 화학 물질
스위치2 뉴런의 발화 수준
스위치3 사람의 뇌의 크기
스위치4 작은 데몬
스위치5 현기증이 날 정도로 빠른 데몬

호질랜드는 우리가 다음과 같이 상상해 주기를 바란다. 가령, 안타깝게도 실제 여성의 뇌에는 결함이 있다. 이 뇌는 더 이상 뉴런에서 뉴런으로 신경 전달 물질을 보낼 수 없다. 그러나 다행스럽게도 이 뇌 속에는 뉴런이 이웃 뉴런으로 신경 전달 물질을 전달하려 할 때마다 개입하는 아주 작고 빠른 호질랜드의 데몬이 살고 있다. 이 데몬은 이웃 뉴런에게 진짜 신경 전달 물질이 전달된 것과 기능적으로 구별할 수 없는 방식으로 그 뉴런의 적절한 시냅스를 〈자극한다〉. 게다가 호질랜드의 데몬은 무척 빨라서 한 시냅스에서 다른 시냅스로 1조 분의 1초만에 뛰어다닐 수 있을 정도이기 때문에 시간을 지연시키는 일

따위는 결코 없다. 이런 방식으로 그 여성의 뇌 기능은 그녀가 건강할 때와 똑같이 유지된다. 이 대목에서 호질랜드는 설에게 질문을 던진다. 이 여성은 여전히 사고하고 있는 것인가? 다시 말해서 그녀는 의도성을 갖고 있을까? 아니면 튜링이 인용한 제퍼슨 교수의 말을 빌리자면, 그녀는 단지 〈인위적으로 신호를 보내는〉 것에 지나지 않는가?

여러분은 설이 우리에게 데몬의 말에 귀를 기울여서 데몬과 자신을 동일시하고, 시스템 이론의 주장(그 주장은 물론 여성의 말에 귀를 기울이고, 그녀와 동일시할 것이다)을 받아들이지 말라고 다그칠 것으로 기대할지도 모른다. 그러나 호질랜드의 주장에 대한 그의 반응은 무척 놀랍다. 이번에는 그가 그녀에게 귀를 기울이고 오히려 데몬을 무시하라는 쪽을 선택한 것이다. 데몬은 그의 관점에서 이렇게 절규하며 우리를 저주한다. 〈바보들! 그녀가 하는 말을 듣지 마! 그녀는 단순한 꼭두각시야! 그녀의 행위는 전부 내 자극에 의해 일어난 것이고, 내가 돌아다니면서 활기를 불어 넣은 많은 뉴런들 속에 내재된 프로그램에 의해서 일어난 것이야!〉 그러나 설은 호질랜드 데몬의 경고에 귀를 기울이려 들지 않는다. 그는 이렇게 말한다. 〈그녀의 뉴런들은 여전히 적절한 인과력을 갖고 있다. 뉴런들은 단지 데몬의 도움을 필요로 할 뿐이다.〉

우리는 설의 원래의 설정과 수정된 설정 사이에서 대응 관계를 찾을 수 있다. 〈몇 개의 종잇조각〉은 여성의 뇌 속의 모든 시냅스에 해당한다. 〈몇 개의 종잇조각〉에 씌어진 인공 지능 프로그램은 그 여성의 뇌의 전체 구조에 대응한다. 그리고 이러한 전체 구조는 데몬에게 어떤 시냅스를 언제, 어떻게 자극할 것인지를 지시하는 거대한 명령에 해당한다. 또한 종이 위에 〈의미 없는 중국어의 꼬부랑 곡선들〉을 쓰는 행위는 그녀의 시냅스를 자극하는 행위에 대응한다. 가령 이 수정된 설정 중에서 크기와 속도를 제어하는 스위치만을 변경시키고 나머지는 그대로 놓아둔다고 가정해 보자. 그러면 우리는 그 여성의 뇌를 지구만한 크기로 부풀리게 될 것이고, 데몬도 작은 호질랜드 데몬이 아니라 〈우리와 같은 크기의〉 설 데몬이 될 것이다. 또한 설의 데몬이 그렇게 팽창한 뇌 속을 100만 분의 1초에 수천 킬로미터를 달리는 속도가 아니라 사람에게 부자연스럽지 않은 속도로 움직이게 하자. 이제 설은 우리가 어느 수준과 자신을 동일시하기를 원할까? 여기에서 이 문제를 심각하게 다루지는 않을 것이다. 그러나 앞의 경우에서 시스템 이론의 대응이 설득력을 갖는다면 이 경우에서도 마찬가지일 것이다.

우리는 설의 사고 실험이, 언어를 이해한다는 것이 무엇인가라는 문제를 생생하게 제기해 준다는 점을 인정해야 한다. 그렇지만 잠시 이 주제에서 벗어나기로 하자. 먼저 다음과 같은 문제를 생각해 보자. 〈문어(文語)나 구어 기호를 조작하는 어떤 종류의 능력이 그 언어의 진정한 이해에 해당하는가?〉 영어를 재잘거리는 앵무새는 영어를 이해하지 못한다. 전화로 시간을 알려주는 녹음된 여성의 음성은 영어를 이해하는 시스템의 음성이 아니다. 그 음성의 배후에는 어떠한 정신적인 것도 존재하지 않는다. 이 음성은 그 바탕에 해당하는 정신적인 기질 위에 떠 있는 거품이며, 단지 사람의 목소리처럼 들리는 특성을 갖고 있을 뿐이다. 어린아이라면 어떻게 그처럼 지루한 일을 하는 사람이 있을지 의아해할 수도 있을 것이다. 이런 사실은 우리를 즐겁게 한다. 물론 그녀의 목소리가 튜링 테스트를 통과할 수 있는 유연한 인공 지능 프로그램에 의해 작동된다면 문제는 달라질 것이다!

당신이 중국에서 어떤 학급을 가르친다고 가정해 보자. 그리고 당신은 자신의 생각을 모두 영어로 정식화하고, 마지막에 변환 규칙을 적용해서 영어로 표현된 생각을 기묘하고 〈무의미한〉 방식으로 입과 성대를 움직이는 명령으로 변환시킨다고 하자. 당신은 이러한 사실을 알고 있고, 학생들도 당신의 수업에 지극히 만족한다. 학생들이 손을 들어 알 수 없는 발성을 할 때, 그 소리는 당신에게 완전히 무의미하다. 그러나 당신은 그 소리를 처리할 장치를 갖고 있다. 즉 신속하게 반대 규칙을 적용해서 그 소리의 영어 의미를 복원시키는 것이다. …… 그렇다면 당신은 진짜 중국어로 이야기하고 있다고 느낄까? 과연 중국인의 정신에 대한 통찰을 얻었다는 느낌을 받을 수 있을까? 아니, 정말 이러한 상황을 상상할 수 있을까? 거기에 어떤 현실성이 있을까? 이런 방법을 사용해서 실제로 어떤 사람이 외국어를 잘 구사할 수 있을까?

일반적인 표현은 〈중국어로 생각하는 방법을 배워야 한다〉이다. 그러나 중국어로 생각하는 방법이란 무엇일까? 이런 과정을 거친 사람이라면 누구나 다음과 같은 사실을 인정할 것이다. 외국어의 소리는 곧 〈들리지 않게〉 된다. 그러니까 외국어를 듣는 것이 아니라 그 소리를 통해서 듣게 되는 것이다. 이것은 우리가 창문 자체를 보는 것이 아니라 창문을 통해서 보는 것과 마찬가지이다. 물론 열심히 노력하면 친숙하게 사용하는 언어도 해석되지 않은 순수한 소리로 들을 수 있게 된다. 원하기만 하면 창문 유리를 볼 수 있듯이 말이다. 그러나 두 가지 일을 한꺼번에 할 수는 없다. 다시 말해서 의미를 가진 소리와 의미 없는 소리 자체를 동시에 들을 수는 없다. 그러므로 대부분의 경우 사람들은 주로 의미를 듣고 있는 것이다. 그 소리에 끌려 외국어를 배우는 사람들에게는 이런 이야기가 조금 실망스럽게 들릴 것이다. 그러나 더 이상 그 소리를 소박하게 듣는 것은 불가능하더라도 그 소리를 통달한다는 것은 아름답고 즐거운 경험이다(이런 종류의 분석을 음악을 듣는 체험에 적용하는 시도는 무척 흥미로울 것이다. 이 경우 소리만 듣는 것과 그 〈의미〉를 듣는 것의 차이가 무엇인지 이해하기는 훨씬 어렵겠지만 매우 실제적인 것처럼 보인다).

외국어 학습은 자신의 모국어를 초월하는 것을 포함한다. 그리고 그것은 새로운 언어를 사고(思考)가 발생하는 매체와 뒤섞는 것을 포함한다. 사고는 모국어 속에서처럼 새로운 언어 속에서도 쉽게(또는 그와 비슷한 정도로) 싹틀 수 있어야 한다. 어떻게 새로운 언어 습관이 조금씩 스며들어 마침내 뉴런으로까지 흡수되는지 그 방식은 여전히 큰 수수께끼이다. 그러나 한 가지 확실한 것은, 언어의 습득이란 당신이 그 언어를 의미 없는 소리와 부호의 집합으로 취급할 수 있게 해주는 규칙들의 프로그램을 수행하기 위해 〈영어의 하위 체계〉를 획득하는 것이 아니라는 것이다. 어쨌든 새로운 언어는 당신의 내적인 표상 체계(당신이 갖고 있는 개념, 이미지 등의 레퍼토리)와 깊숙이 융합되지 않으면 안 된다. 마치 영어가 영어 사용자들의 내적 표상 체계와 융합하는 정도로 말이다. 이 문제를 바르게 이해하기 위해서는 상당한 설명력을 갖는 컴퓨터 과학의 개념인 실행 수준levels of implementation이라는 분명한 개념을 이해할 필요가 있다.

컴퓨터 과학자들에게는 어떤 시스템이 다른 시스템을 〈에뮬레이트emulate〉할 수 있다는 개념에 친숙하다. 이 개념은, 모든 범용 디지털 컴퓨터는 다른 범용 디지털 컴퓨터를 가장할 수 있다는 앨런 튜링에 의해 1936년에 증명된 정리에서 유래한다. 여기에서 외부 세계에 대한 유일한 차이는 속도이다. 〈에뮬레이트〉라는 동사는 어떤 컴퓨터에 의한 다른 컴퓨터의 시뮬레이션을 뜻하는 것인 데 비해, 〈시뮬레이트〉는 허리케인, 인구 곡선, 국회 의원 선거, 심지어는 컴퓨터 이용자들과 같은 그 밖의 현상을 모형화하는 것을 가리킨다.

주된 차이는 시뮬레이션이 어떤 현상의 모형의 성질에 좌우되기 때문에 대개 근사적인 데 비해, 에뮬레이션은 가장 깊은 수준에까지 정확히 동일하다는 것이다. 에뮬레이션이 그처럼 정확하기 때문에 시그마5 컴퓨터가 DEC PDP-10처럼 다른 구조architecture를 가진 컴퓨터를 에뮬레이트할 경우, 이 기계의 이용자는 자기가 진짜 DEC를 다루고 있지 않다는 사실을 알아차리지 못할 것이다. 이처럼 어떤 아키텍처를 다른 아키텍처에 내재시키는 과정이 〈가상 기계virtual machine〉라 불리는 것을, 이 경우에는 DEC-10을 낳는다. 따라서 모든 가상 기계 밑에는 항상 다른 기계가 존재한다. 그런데 그 기계는 같은 종류의 기계일 수도 있고, 또 다른 가상 기계일 수도 있다. 『구조화된 컴퓨터 조직*Structured Computer Organization*』이라는 책에서 앤드류 타넨바움Andrew Tanenbaum은 이러한 가상 기계라는 개념을 이용해서, 대규모 컴퓨터 시스템을 한 기계 위에서 다른 기계를 실행시키는 식으로 쌓아올린 일종의 가상 기계 낟가리로 설명했다. 물론 가장 밑에 있는 기계는 실재하는 기계이다! 그러나 각 수준은 다른 수준으로부터 물 한 방울 새지 않을 정도로 완전히 밀봉되어 있다. 그것은 설의 데몬이, 자신이 그 구성 부분인 중국어의 화자에게 이야기를 거는 것이 금지되어 있는 것과 마찬가지이다(어떤 종류의 대화가 이루어질지 상상해 보는 것도 흥미롭다. 설의 데몬은 중국어를 전혀 모르기 때문에 통역이 있다고 가정할 때의 이야기이지만).

그런데 이론적으로는 이러한 두 수준이 서로 의사소통하게 만드는 것이 가능하다. 그러나 이것은 전통적으로 바람직하지 못한 방식으로 간주되었다. 다시 말해서 수준 혼합은 금지된다. 그럼에도 불구하고 이 금단의 열매, 즉 두 실행 수준의 경계를 흐리는 것은 바로 사람의 〈시스템〉이 외국어를 배울 때 발생한다. 외국어는 일종의 소프트웨어 기생충처럼 모국어 위에서 기능하는 것이 아니라 모국어와 같은 가장 근본적인 (또는 그에 가까운) 수준에서 하드웨어 속에 이식된다. 어쨌든 외국어 학습은 그 사람 속에 내재해 있는 〈기계〉에 깊은 변화를 일으킨다. 그것은 뉴런이 발화하는 방식에 대한 방대하고 정합적인 일련의 변화이다. 이 변화는 너무도 포괄적이기 때문에 더 높은 수준의 존재자들, 즉 기호가 서로를 촉발시키는 새로운 방식을 창조한다.

이 과정을 컴퓨터 시스템에서 설명하면, 더 높은 수준의 프로그램은 그 프로그램을 수행하는 〈데몬〉의 내부에 변화를 일으킬 수 있는 방법을 가져야 한다. 이것은 한 수준을 다른 수준 위에 엄격하게 수직적이고 전면적인 방식으로 실행시키는 현재 컴퓨터 과학의 양식과는 전혀 다른 방식이다. 고차 수준이 그보다 낮은 수준 즉 그 기초로 내려가거나 그것에 영향을 미칠 수 있는 능력을 갖는다는 것은 일종의 마술적 트릭이며, 우리는 이런 트릭이 의식의 본질에 매우 가깝다고 생각한다. 언젠가는 이러한 트릭이 컴퓨터 설계의 유연성을 높이는 핵심적인 요소이며, 인공 지능에 대한 접근의 열쇠가 된다는 사실이 입증될지도 모른다. 특히 〈이해〉가 무엇을 의미하는가라는 질문에 대해 만족할 만한 답을 얻기 위해서는 기호 조작 시스템 내부의 서로 다른 수준들이 상호 의존적으로 작용하는 방식을 좀 더 분명하게 묘사할 필요가 있다는 데에는 의심의 여지가 없을 것이다. 이러한 개념들은 파악하기 힘들다는 것이 입증되었고, 그 명확한 이해를 얻기까지는 아직도 갈 길이 멀다.

여러 수준에 대한 조금쯤 혼란스러운 논의에서 여러분은 도대체 〈수준〉이 무엇을 뜻하는지 의문을 품을 수 있을 것이다. 이것은 대단히 어려운 물음이다. 설의 데몬과 중국어로 이야기하는 여성 사이에서처럼 각각의 수준이 서로 밀봉되어 있는 경우에는 그 의미가 분명하다. 그런데 수준이 불분명해지기 시작할 때 주의할 필요가 있다! 설은 자신의 사고 실험 속에 두 개의 수준이 있다는 것을 인정하겠지만 두 개의 관점(느낄 수 있고, 〈경험을 갖는〉 두 개의 진짜 존재)이 있다는 것은 인정하기를 꺼린다. 그는 일단 몇 개의 컴퓨터 시스템이 경험을 가질 수 있다는 것을 인정해 버리면 그것이 판도라의 상자가 되어 갑작스럽게 〈마음은 모든 곳에 있다〉는 (위나 간이나 차의 엔진 등에도) 것을 인정하게 되는 사태를 우려하는 것이다.

설은 어떤 시스템이든 인공 지능 프로그램의 구현으로 기술하는 방법을 열심히 찾기만 하면 그 시스템이 사고와 감정을 갖는다고 인정할 수 있다고 생각하는 것 같다. 이것은 분명 범심론(汎心論)으로 이어지는 골치 아픈 생각이다. 실제로 설은 인공 지능 연구자들이 본의 아니게 범심론적 세계관에 관여해왔다고 믿는다.

설이 자기가 파놓은 함정을 피할 수 있는 길은, 여러분이 도처에서 마음을 발견하기 시작할 때, 생명 없는 대상 속에서 찾아내게 되는 이러한 모든 〈사고〉와 〈감정〉이 진짜가 아니고 〈가짜 pseudo〉라고 주장하는 것이다. 그것들은 의도성이 없어! 뇌의 인과력이 없어!(설은 의도성이나 뇌의 인과력이라는 관념을 〈혼〉이라는 소박한 이원론적 개념과 혼동하지 말라고 경고한다.)

다른 한편, 우리의 탈출로는 애당초 함정 따위는 없다고 주장하는 것이다. 우리는 뇌가 자동차 엔진이나 간 속에 없듯이 마음도 그 속에 없다고 말하고 싶다.

이 점은 조금 더 설명할 필요가 있다. 내용물을 뒤섞고 있는 위 속에서 진행되는 사고 과정의 복잡성을 볼 수 있다면, 탄산음료 속에 있는 거품들의 패턴을 쇼팽의 마단조 피아노 협주곡을 코드화한 것으로 읽지 못할 이유가 어디 있겠는가? 그리고 스위스 체스의 구멍은 미국의 전체 역사를 코드화한 것은 아닐까? 분명 그것들은, 영어든 중국어든 코드화하고 있다. 결국 모든 것이 도처에 적혀 있는 것이다! 바흐의 「브란덴부르크 협주곡 제2번」은 햄릿의 구조 속에 코드화되어 있고, 햄릿은 (그 코드를 알기만 하면) 여러분이 게걸스럽게 먹는 생일 케이크의 마지막 조각의 구조로부터 읽어낼 수 있는 것이다.

이 모든 경우에 문제는 읽어내고자 하는 것을 미리 알지 못한 채 문제의 코드를 지정하는 것이다. 그렇지 않으면 제멋대로 구성한 사후적인posteriori 코드에 의해 야구 경기나 풀잎으로부터 모든 사람의 정신 활동에 대한 기술을 이끌어낼 수 있을 것이다. 그러나 이것은 과학이 아니다.

분명 마음은 여러 가지 다른 정교함의 정도로 나타난다. 그러나 마음이라고 부를 수 있는 마음은 오직 정교화된 표상 체계가 존재하는 곳에만 존재한다. 시간적으로 일정함을 유지하는 어떤 기술 가능한 사상(寫像)도 자동차 엔진이나 간 속에 끊임없이 스스로를 갱신하는 표상 체계가 존재한다는 것을 드러내지 않을 것이다. 어쩌면 사람들이 대피라미드나 스톤헨지, 바흐의 음악, 셰익스피어 희곡 등의 구조 속에서 부가적인 의미를 읽어내는 것과 거의 같은 방식으로, 즉 억지로 수비학적(數秘學的)인 사상 체계mapping scheme를 날조해서 해석자의 열망을 무엇이든 만족시킬 수 있을지도 모른다. 그러나 그것이 설이 의도하는 것인지는 의심스럽다(우리는 설이 실제로 그것을 의도하고 있다고 생각하지만).

마음은 뇌 속에 존재하며 프로그램된 기계 속에 존재하게 될지도 모른다. 이러한 기계가 출현한다면, 이 기계가 갖는 인과력은 기계를 구성하는 물질에서 유래하는 것이 아니라 기계의 설계와 기계 속에서 작동하는 프로그램에서 유래하는 것이다. 그리고 그 기계가 인과력을 갖는다는 것을 알 수 있는 방법은, 그 기계에 말을 걸고 기계가 하는 이야기에 세심하게 귀를 기울이는 것이다.

D. R. H.

어느 불행한 이원론자

레이먼드 스멀리언

옛날에 한 이원론자가 있었다. 그는 마음과 물질이 독립된 실체라고 믿었다. 그는 마음과 물질이 실제로 어떻게 상호 작용하는지에 대해서는 전혀 신경 쓰지 않았다. 그것은 삶의 〈수수께끼〉 중 하나였다. 여하튼 그는 마음과 물질이 제각기 독립된 실체라고 확신하고 있었다.

불행하게도 이 이원론자는 견딜 수 없을 만큼 고통스러운 삶을 보내고 있었다. 그것은 그의 철학적 신념이 아니라 전혀 다른 이유 때문이었지만. 그리고 그는 남은 생애에도 그러한 불행에서 벗어날 수 없으리라는 충분한 증거를 갖고 있었다. 이제 그는 죽는 것 이외에는 아무것도 바라지 않았다. 그러나 그는 다음과 같은 이유로 자살을 포기했다. (1) 그는 자신의 죽음으로 누군가가 상처받는 것

* Raymond M. Smullyan, "An Unfortunate Dualist" This Book Needs No Title (Prentice-Hall, Inc., Englewood Cliffs, N. J. 1980).

을 바라지 않았고, (2) 그는 자살이 도덕적으로 옳지 않을 수 있다는 점을 두려워했고, (3) 사후의 삶이 있을지 모른다고 생각했기 때문에 영원한 벌을 받을 위험을 무릅쓰고 싶지 않았다. 그래서 이 불쌍한 이원론자는 그저 절망에 빠져 있을 수밖에 없었다.

그런데 바로 그 무렵 마법의 묘약이 발견되었다! 그 약을 먹으면 그 사람의 영혼이나 마음은 완전히 소멸하지만 신체는 그 이전과 똑같이 기능을 계속했다. 그리고 약을 먹은 사람의 몸에는 아무런 관찰 가능한 변화도 생기지 않는다. 몸은 여전히 영혼을 갖고 있는 것처럼 활동을 계속한다. 가장 친한 친구나 관찰자도 본인이 그 약을 복용했다고 스스로 알리지 않는 한, 복용 사실을 알 수 없는 것이다.

당신은 그런 약이 이론적으로 불가능하다고 믿는가? 여기에서는 이론상 가능하다고 가정하자. 만약 그렇다면 당신은 이 약을 먹겠는가? 당신은 그런 행위가 비도덕적이라고 생각하는가? 이 약을 먹는 것이 자살과 같다고 생각하는가? 성경에 이러한 약의 사용을 금하는 구절이라도 있는가? 그러나 복용자의 몸은 그 후에도 지상에서의 모든 책임을 다할 수 있다. 이런 질문도 가능할 것이다. 지금 당신의 배우자가 이 약을 먹었고 당신은 그 사실을 알고 있다고 하자. 당신은 그녀 또는 그에게 더 이상 영혼이 없으며, 마치 영혼이 있는 것처럼 행동하고 있을 뿐이라는 사실을 알고 있다. 그렇다면 당신은 이전과 똑같이 당신의 배우자를 사랑할 수 있을까?

다시 원래의 이원론자 이야기로 되돌아가자. 물론 그는 이 약의 발견 소식을 듣고 무척 기뻐했다! 그는 앞에서 언급했던 어떤 문제도 없이 자신(즉 자신의 영혼)을 소멸시킬 수 있게 된 것이다. 따라서 실로 오랜만에 그는 기쁜 마음으로 잠자리에 들었다.

〈내일 아침 약국으로 직행해서 그 약을 사리라. 드디어 내 고난의 시절도 끝나게 되는구나.〉 그는 이런 생각을 하면서 평온한 마음으로 잠에 빠져들었다.

그런데 그때 아주 기묘한 일이 일어났다. 이 이원론자에게는 친구가 있었다. 그는 문제의 약에 대해 알고 있었고, 이원론자의 고민에 대해서도 잘 알고 있었다. 그 친구가 이원론자를 비참한 처지에서 구해주기로 결심한 것이다. 그는 한밤중에 이원론자의 집으로 몰래 숨어들어가 곤히 잠들어 있는 친구의 정맥에 그 약을 주사했다. 이튿날 아침, 영혼이 없는 이원론자의 몸은 잠에서 깨어났다. 그 몸이 제일 처음 한 일은 약국에 가서 약을 산 것이었다. 그는 약을 집으로 가져와서 먹기 전에 이렇게 말했다. 〈이제 나는 해방이다.〉 그는 약을 먹었고 약효가 나타날 때까지 기다렸다. 정해진 시간이 흐른 다음 그는 화가 나서 이렇게 외쳤다. 〈빌어먹을, 이 약은 아무런 도움도 되지 않아! 나는 여전히 영혼을 갖고 있고, 이전과 똑같이 고통당하고 있어!〉

이 이야기는 이원론에 약간의 문제가 있을지 모른다는 것을 시사하지 않을까?

나를 찾아서 • 스물셋

〈주님이시여, 만약 당신이 계신다면 제 영혼을, 만약 제가 영혼을 갖고 있다면 구해주소서!〉

——어니스트 레넌 Ernest Renan

스멀리언은 이 글에서 설의 공격에 대해 도발적인 응답을 내놓고 있다. 그것은 의도성을 말살시키는 약이다. 고통받는 자의 영혼은 소멸되지만 외부자의 눈으로 보면 괴로움은 줄지 않고 계속된다. 그렇다면 내적인 〈나〉에게는 어떤 일이 일어날까? 스멀리언은 이 문제에 대한 자신의 느낌을 추호의 의문도 남기지 않고 분명하게 표명한다.

이 짧은 우화의 핵심은 이러한 약의 존재가 논리적으로 얼마나 터무니없는 것인지를 드러내는 것이다. 그렇다면 터무니없는 이유는 무엇인가? 영혼을 따로 떼어내 여전히 살아 있는, 마치 정상처럼 보이는, 영혼 없는 무감각한 육체만을 남겨놓는다는 것이 왜 불가능한가?

영혼은 이론과 소립자 사이의 지각적으로 넘을 수 없는 틈을 나타낸다. 이 둘 사이에는 너무도 많고 너무도 불명료한 수준들이 존재하기 때문에 우리는 개인들 속에서 영혼을 볼 수 없을 뿐만 아니라 그것을 보지 않을 수도 없다. 〈영혼〉이란 각 개인의 불분명하지만 독특한 양식에 주어진 이름이다. 바꾸어 말하자면 당신의 영혼은 당신이 어떤 사람인지, 따라서 당신이 누구인지를 결정하는 〈압축 불가능한 핵 incompressible core〉인 것이다. 그런데 이 압축 불가능한 핵은 도덕 원리나 성격적 특성의 집합인가, 아니면 물리학적 용어(뇌에 대한 언어)로 이야기할 수 있는 무엇인가?

뇌 속의 뉴런은 시간적으로나 공간적으로나 〈국소적 local〉 자극에 대해서만 반응한다. 특정 뉴런은 매순간 (「넌 세르비엄」의 나를 찾아서에서 소개한 라이프 게임과 마찬가지로) 인접한 뉴런들의 작용이 한데 합쳐져서 발화하거나 또는 발화하지 않는다. 이러한 〈국소적〉 작용들이 모여서 거대 양식, 즉 인간 행동의 수준에서 관찰될 수 있는 장기적인 목표·이상·관심·기호·희망·두려움·도덕 등을 체현하는 〈전체적〉 원리의 집합을 이루게 되는 것이다. 따라서 이러한 장기적이고 전체적인 성질은 뉴런의 발화에서 전체적 행동이 창발하는 방식으로 뉴런 속에 부호화되어 있지 않으면 안 된다. 우리는 이것을 전체의 국소로의 〈평준화 flatten〉 또는 〈압축화〉라고 부를 수 있을 것이다. 이처럼 장기적인 고차 수준의 목표를 수십억 개의 뉴런의 결합 구조로 코드화시키는 과정은 진화의 계통수를 거슬러 올라가면 부분적으로는 우리 선조들에 의해 이루어졌다. 따라서 우리는 살아남은 선조뿐 아니라 이미 멸종해 버린 선조들에게도 큰 빚을 지고 있다. 왜냐하면 진화가 인격과 같은 복잡한 창조물을 발생시키는 기적을 낳을 수 있었던 것은 진화의 단계마다 다양한 분기(分岐)가 있었기 때문이다.

좀더 단순한 동물로 갓 태어난 송아지를 생각해 보자. 송아지는 태어난 지 1시간이 지나면 보고 걸을 수 있을 뿐 아니라 본능적으로 사람을 피한다. 이러한 행동은 아주 오래 된 원천에서 유래한 것이다. 다시 말해서 그런 종류의 행동을 일으키는 유전자를 가졌던 〈원형(原形) 소〉의 생존율이 높았기 때문이다. 이러한 행동은 그 밖의 무수한 성공적인 적응을 거치면서 소과(科) 동물의 유전자 속에 코드화된 뉴런 패턴으로 평준화되어, 오늘날에는 일관 생산 라인처럼 태어나는 모든 소의 보편적인 특성이 되고 있다. 소의 유전자나 인간의 유전자 집합은 그 자체로 보면 하나의 기적, 거의 설명할 수 없는 무엇처럼 보인다. 분자 수준의 패턴 속에는 그토록 많은 역사가 평준화되어 있는 것이다. 그러나 이런 식의 신비화를 벗어나기 위해서는 진화의 계통수(단지 오늘날까지 살아남은 가지뿐 아니라)를 재구성하지 않으면 안 될 것이다! 그러나 우리가 소의 개체(個體)를 볼 때 살아남은 것과 그렇지 않은 것을 포함해서 소의 선조들의 계통수 전체를 보지는 않는다. 따라서 우리는 소 개체의 뇌 속에 장기적 목표, 목적 등이 평준화되어 있는 것을 보고 놀라는 것이다. 특히 어떻게 소의 머리 속에서 개별적으로는 맹목적인 국소적 세포의 발화가 합쳐져서 일관된 목적을 갖는 행동 양식, 즉 소 개체의 영혼을 구성하는지 상상하면 우리의 놀라움은 한층 더 커진다.

그에 비해 사람은 소와는 달리 마음이나 성격이 탄생한 후 오랜 기간 동안 지속적으로 형성되며, 이러한 긴 시간에 걸쳐 뉴런은 환경으로부터 되먹임고리를 흡수하면서 여러 가지 행동 양식을 구축하는 방식으로 자기 수정 self-modify을 한다. 어린 시절의 학습은 무의식적인 발화 패턴으로 평준화되며, 이런 과정으로 학습된 작은 뉴런 패턴들이 유전자 속에 코드화되어 있는 수많은 신경 패턴들과 제휴해서 작용할 때 사람 관찰자는 하나의 거대한 패턴, 즉 한 사람의 영혼이 창발되는 것을 보게 될 것이다. 신체의 행동 패턴은 그대로 유지시키면서 〈영혼을 말살〉시키는 약이 터무니없는 발상인 까닭은 바로 그 때문이다.

물론 압력을 가하면 원리들의 집합으로서의 영혼이 부분적으로 일그러질 수는 있을 것이다. 우리가 〈압축 불가능하다〉고 생각하는 영혼도 실제로는 탐욕·명성·허영·타락·공포·고뇌 등에 굴복할 수 있다. 〈영혼〉은 이런 식으로 파괴될 수 있다. 조지 오웰 George Orwell의 소설 『1984년』은 영혼이 파괴되어

가는 메커니즘을 생생하게 묘사하고 있다. 광신도나 테러 집단에 의해 장기간 포로 생활을 강요당하면서 세뇌받은 사람들은 오랜 기간 뉴런 속에 세심하게 압축된 여러 가지 동인들의 전체적인 정합성을 상실할 수 있다. 그러나 그 경우에도 일종의 회복력이 작용한다. 그것은 아무리 끔찍하고 잔학한 체험을 한 후에도 일종의 〈휴지 위치 resting position〉, 즉 중심적 영혼, 가장 깊은 안쪽의 핵으로 되돌아가려는 경향이다. 이것을 〈정신의 항상성 homeostasis of the spirit〉이라고 부를 수 있을 것이다.

그러면 좀더 풍자적인 주석을 가해보자. 영혼 없는 우주, 다시 말해서 자유 의지나 의식을 가진 존재가 전혀 없고, 어디에서도 지각력을 가진 존재를 찾아볼 수 없는 기계적 우주를 상상해 보자. 이 우주는 결정론적인 우주일 수도 있고, 임의적이고 변덕스러운 원인 없는 사건들로 가득 차 있을 수도 있다. 그러나 이 우주에는 안정한 구조들이 창발되고 발전하기에 충분한 법칙성이 존재한다. 그런데 이 우주에는 긴밀하게 결합되어 있는 서로 다른 자기 충족적인 수많은 물체들이 우글거리고 있고, 각각의 물체는 풍부하고 깊은 자기 이미지를 생성할 수 있을 만큼 복잡한 내적 표상 체계를 지니고 있다. 이들 각 물체의 내부에서 이러한 표상 체계가 자유 의지의 환상을 낳을 것이다 (여기에서 관찰자인 우리가 가소롭다는 듯한 미소를 띠는 것은 어쩔 수 없을 것이다). 그러나 실제로는 이 우주가 차가운 우주에 지나지 않고, 그 속에 들어 있는 물체들이 결정론적 (또는 변덕스럽게 결정되는) 궤도를 그리면서 움직이는 로봇처럼 규칙에 따르는 기계에 불과한 것은 물론이다. 사실 이들 물체는 공허한, 의미 없는 전자파나 음파의 길다란 열(列)을 방출하고 흡수하는 기계적인 재잘거림을 통해 마치 의미 있는 생각을 교환하는 것처럼 스스로를 속이고 있다.

이렇듯 숱한 환상으로 가득 찬 기묘한 우주를 상상해 보면 우리는 〈이〉 우주, 그리고 혼란스러운 빛 속에 들어 있는 모든 인간을 볼 수 있는 시야를 얻게 된다. 우리는 전세계 모든 사람들의 영혼을 제거할 수 있으며, 그러면 그들은 그 안쪽에 생명을 갖고 있는 것처럼 보이지만 실상은 차가운, 무감각한 컴퓨터에 의해 움직이는 타자기처럼 영혼이 없는 스멀리언의 좀비나 설의 중국어를 하는 로봇과 흡사한 것들이다. 그때 생명은 자신이 의식을 갖고 있다고 잘못 〈확신〉하는(죽은 원자들의 무더기가 어떻게 확신을 할 수 있겠는가?) 영혼 없는 껍데기들 위에서 이루어지는 못된 장난처럼 보인다.

이러한 견해는 인간에 대한 가장 그럴 듯한 관점처럼 보일 것이다. 모든 것을 뒤죽박죽으로 만들어 놓는 다음과 같은 사소한 사실만 제외하면 말이다. 그것은 관찰자인 내가 그런 인간 중 한 사람임에도 불구하고 분명 의식을 갖고 있다는 사실이다! 내가 아는 한, 다른 사람들은 의식을 지닌 양 가장하는 공허한 반사 운동의 묶음에 불과할지 몰라도 나는 분명 그렇지 않다! 내가 죽은 후에는 이런 견해가 정확한 설명이 될 수도 있을 것이다. 그러나 적어도 그때까지는 그 사물들 중 하나는 특별하고 남다른 무엇으로 남아 있을 것이다. 왜냐하면 그 사실은 절대 속일 수 없기 때문이다! 그렇지 않다면……이원론에는 무언가 잘못이 있지 않을까?

스멀리언도 말했듯이 이원론자들은 마음과 물질이 독립된 실체라고 주장한다. 즉 (적어도) 정신적인 실체와 물질적인 실체라는 두 가지 요소가 존재하는 것이다. 우리의 마음을 구성하는 요소는 질량도 물리적 에너지도 갖지 않으며, 아마도 공간적인 국소적 위치도 갖지 않을 것이다. 이러한 견해는 무척 기묘하고, 명확하게 밝히기 어려운 체계를 갖고 있기 때문에 우리는 도대체 그 견해의 어떤 구석이 사람들을 매료시키는지 의아해할 수도 있다. 이러한 이원론에 도달하기 십상인 드넓은 길은 다음과 같은 (잘못된) 추론이다.

> 어떤 사실은 물리적 대상의 성질, 환경, 관계에 대한 사실이 아니다.
>
> 따라서 어떤 사실은 비물리적 대상의 성질, 환경, 관계에 대한 사실이다.

이 추론에서 어디가 잘못되었을까? 우선 물리적 대상에 대한 것이 아닌 사실을 구체적으로 생각해 보자. 『백경』에 등장하는 화자가 이스마엘이라고 불린다는 것은 분명한 사실이다. 그렇다면 이것은 도대체 무엇에 대한 사실인가? 어떤 사람은, 그것이 실제로는 인쇄된 종이들을 제본해 놓은 묶음 위의 특정한 잉크 형태에 대한 사실이라는 (받아들이기 어려운) 주장을 할지도 모른다. 또는 (조금 기묘한 주장이지만) 그것은 확실히 사실이지만, 그러나 무엇에 대한 사실도 아니라고 주장할지도 모른다. 또는 손을 가로저으면서 그것은 〈641은 소수이다〉라는 말이 추상적 대상에 대한 사실인 것처럼 어떤 추상적 대상에 대한 사실이라고 말할 수도 있다. 그러나 그것이 완전히 실재하지만 동시에 비물리적인 개인에 대한 사실이라는 식의 견해에 매료

될 사람은 (우리 생각으로는) 거의 없을 것이다. 이 마지막 견해는 소설 창작을 유령 제조법으로 간주하는 셈이다. 다시 말해서 소설 속의 등장 인물이 살아 있고, 자신의 의지를 가지며, 저자에게 반항하는 것처럼 보이게 하는 친숙한 과장법을 문자 그대로 받아들이는 것이다. 그것은 문자 그대로의 이원론이다(칼잡이 잭Jack the Ripper[19세기 말에 많은 여성들을 죽이고도 잡히지 않은 수수께끼의 인물——옮긴이]이 정말로 영국 황태자였는지 진지하게 의문을 품을 사람도 있을지 모른다. 왜냐하면 두 사람은 실재하는 두 사람이거나, 또는 실재하는 한 사람이거나 어느 한쪽이기 때문이다). 그러나 문자 그대로의 이원론자라면 모리아티Moriarty 교수(셜록 홈스의 숙적인 수학 교수로 가상의 인물——옮긴이)가 진짜 왓슨 박사일지도 모른다는 생각을 심각하게 받아들일 것이다. 이원론자는 물리적 사물과 사건 너머, 그리고 그 위쪽에 일종의 독립된 존재인 비물리적 사물과 사건이 있다고 믿는다.

좀더 자세히 설명해 달라고 요구하면, 이원론자는 두 부류로 갈라진다. 한쪽은 정신적인 사건의 발생이나 존재가 뇌 속에서 후속되는 물리적 사건에 아무런 영향도 미칠 수 없다고 주장하고, 다른 쪽은 정신적 사건이 뇌 속에서 일어나는 물리적 사건에 영향을 준다고 주장한다. 전자를 부수 현상설epiphenomenalism(附隋現象說, 의식은 뇌의 생리적 현상에 부수된다는 주장——옮긴이), 그리고 후자를 상호 작용설interactionism이라 부른다. 스멀리언의 우화는 부수 현상설을 깔끔하게 처리하고 있다(그렇지 않은가?) 그러나 상호 작용설에 대해서는 어떠한가?

데카르트가 상호 작용설과 맞붙어 싸움을 벌인 이래, 상호 작용설은 어떤 물리적 성질도 갖지 않은 질량 · 전하 · 위치 · 속도 등을 갖지 않은 사건이 어떻게 뇌 (또는 그와 비슷한 무엇) 속에서 물리적 차이를 낳을 수 있는가라는 풀기 어려운 문제를 설명해야 했다. 어떤 비물리적 사건이 물리적 상태의 차이를 낳기 위해서는, 그 비물리적 사건이 일어나지 않았으면 생기지 않았을 어떤 물리적 사건이 일어나지 않으면 안 된다. 그러나 이러한 결과를 일으키는 사건을 찾았다면, 〈바로 그 이유 때문에〉 새로운 종류의 〈물리적〉 사건을 발견했다고 주장할 수 없는 것일까? 물리학자에 의해 최초로 반물질의 존재가 가정되었을 때 이원론자는 기쁨에 들떠서 〈내가 이미 그렇게 말했잖아!〉라고 조롱하는 식으로 반응하지 않았다. 그 이유는 무엇일까? 오히려 우주가 그 속에 전혀 다른 두 종류의 실체를 갖고 있다는 이원론자들의 주장을 물리학자가 지지해 주었기 때문이 아닐까? 이원론자의 관점에서 볼 때 반물질과 연관된 가장 큰 문제는, 그것이 아무리 색다르더라도 물리학의 방법으로 탐구할 여지가 있었다는 점이다. 반면 정신적 요소는 과학이 들어올 수 없는 출입 금지 영역으로 여겨졌다. 그러나 실제로 그렇다면 그 수수께끼는 영원히 풀 수 없을 것이다. 그리고 어떤 사람은 이런 생각을 좋아한다.

D. R. H.

D. C. D.

6
내면의 눈

이야기 • 스물넷

박쥐가 된다는 것은 어떤 것일까

토머스 네이글

의식이 있다는 사실은 심신 문제 mind-body problem를 무척 다루기 힘들게 만든다. 심신 문제에 대해 현재 이루어지고 있는 논의가 의식이라는 주제에 거의 주의를 기울이지 않거나 의식을 명백하게 잘못 다루고 있는 것은 그 때문일 것이다. 최근 들어 환원주의라는 도취증이 유행하고 있다. 이 환원주의는 유물론, 정신-물질 동일화 또는 환원의 가능성을 설명하기 위해 고안된 정신 현상과 정신적 개념들에 대한 여러 가지 분석을 제공하고 있다.** 그러나 거기에서 다루어지는 문제는 환원을 목적으로 삼는 다양한 유형의 시도에 공통된 문제이고, 심신 문제 그 자체의 고유함은 무시되

* Thomas Nagel, "What Is It Like to Be a Bat?" The Philosophical Review, October 1974. 토머스 네이글은 베오그라드 출신의 미국 철학자이자 프린스턴 대학 교수이다.

** 「더 깊은 내용을 원하는 독자들에게」의 네이글 항목을 참조하라.

고 있다. 심신 문제는 물-H_2O, 튜링 머신-IBM 머신, 번개-전기 방전, 유전자-DNA, 오크나무-탄화수소 등의 환원 문제와는 전혀 별개의 것이다.

환원주의자들은 누구나 근대 과학에서 자기가 좋아하는 유추를 이끌어낸다. 그러나 성공적인 환원에 대한 사례들은 심신 문제와는 무관한 것이고, 설령 그런 예를 찾아냈다 해도 마음과 뇌의 관계를 밝혀줄 가능성은 거의 없다. 철학자들 역시 전혀 다른 분야의 주제를 자신에게 친숙하고, 충분히 이해되어 있는 내용에 적합한 용어를 사용해서 설명하려는 인간 보편의 약점을 갖고 있다. 철학자들의 이러한 경향이 정신적인 문제에 대해 받아들이기 힘든 설명을 수용하게 하는 결과를 가져왔지만, 가장 큰 이유는 철학자들이 자신에게 친숙한 종류의 환원들을 용인하기 때문이다. 내가 이 글에서 해명하려는 문제는, 왜 일반적인 환원의 사례가 마음과 뇌의 관계를 우리에게 이해시키는 데 도움이 되지 않는 것인지, 즉 현 시점에서 왜 우리는 정신 현상의 물리적 성질에 대한 설명이 어떤 것인지 전혀 이해하지 못하는지에 대한 것이다. 의식의 문제를 배제한다면 심신 문제는 그 흥미가 훨씬 덜할 것이다. 그러나 의식을 포함시키면 어찌할 도리가 없는 것처럼 보인다. 의식이나 마음의 다양한 현상을 특징짓는 가장 중요한 특성은 거의 이해되지 못하고 있다. 오히려 대부분의 환원주의 이론은 의식이라는 현상을 설명하려는 시도조차 않고 있다. 그리고 주의 깊게 조사해 보면 현재 환원과 연관해서 우리가 이용 가능한 어떤 개념도 의식에 적용할 수 없다는 사실을 알게 될 것이다. 아마도 그 목적을 위해 어떤 새로운 이론 형식이 고안될 수도 있을 것이다. 그러나 그런 해결책은 (만약 그런 것이 존재한다면) 지적인 측면에서 먼 미래의 과제이다.

의식 경험conscious experience은 광범위한 현상이다. 그것은 동물이라는 생명 현상의 다양한 단계에서 발생하지만, 좀더 단순한 생물에서 그러한 경험이 존재하는지 확신할 수 없으며, 그 존재를 입증하는 증거가 무엇인지 일반적으로 이야기하기도 무척 힘들다(일부 극단주의자들은 사람 이외의 포유류에 대해서도 의식의 존재를 계속 부인해 왔다). 의식 경험이 우리가 상상할 수 없을 정도로 무수한 형태를 띠며, 우주 전체의 다른 태양계의 행성에서도 발생할 수 있음은 의심의 여지없는 사실이다. 그러나 그 형태가 아무리 다양해도, 어떤 생물이 의식 경험을 갖는다는 사실은 기본적으로 그 생물 특유의 무언가가 존재한다는 의미이다. 즉 그 경험의 형태를 둘러싼 더 많은 함축이 있을지도 모른다. 나아가 그 생물의 행동을 둘러싼 함축도 존재할 수 있다(나 자신은 그 점에 대해서는 회의적이지만). 그렇지만 궁극적으로 어떤 생물이 의식적인 정신 상태를 갖는 것은 그 생물이 되는 것과 〈같은〉 무엇something that it is like to be that organism, 즉 그 생물에게만 특유한 무언가가 존재할 가능성이 있을 때에 국한해서이다.

우리는 이것을 경험의 주관적 성격이라고 부를 수 있을 것이다. 이 경험의 주관적인 성격은 최근 고안되어 우리에게 친숙한 어떤 환원적 분석으로도 포착될 수 없다. 왜냐하면 이러한 환원적 분석은 모두 경험의 주관적 성격이 존재하지 않는다는 것과 논리적으로 일관되기 때문이다. 경험의 주관적인 성격은 마음이 갖는 기능적인 상태나 의도적인 상태라는 측면에서 마음을 설명하려는 이론을 통해서는 분석될 수 없다. 그러한 관점에 의거하는 설명은 사람과 같이 행동하지만 결코 경험을 갖지 않는 로봇이나 오토마톤에게도 똑같이 적용 가능하기 때문이다.* 또한 경험이 전형적인 인간 행동과의 관계에서 인과적인(즉 의식 경험의 결과로 행동을 일으킨다는 의미에서——옮긴이) 역할을 한다는 측면에서도 마찬가지 이유로 분석될 수 없다.** 물론 나는 의식적인 정신 상태와 사건event들이 행동의 원인이라는 주장, 또한 그것들에 기능적인 특성이 부여될 수 있다는 주장 중 어느 것도 부정하려는 생각은 없다. 내가 부정하는 것은 이러한 종류의 분석으로 마음을 남김없이 밝혀낼 수 있다는 주장이다. 모든 환원주의 프로그램은 환원시키려는 것에 대한 분석에 기초해야 한다. 만약 그 분석에 무언가가 빠진다면 문제의 설정 자체가 잘못된 것으로 될 것이다. 마음의 다양한 현상이 갖는 주관적인 성격을 명확히 다루는 데 실패한 분석을 기초로 유물론을 옹호하는 것은 쓸데없는 일이다. 왜냐하면 의식을 설명하려는 시도가 이루어지지 못하는 한, 아무리 그럴 듯해 보이더라도 어떤 환원이 의식을 포괄할 수 있을 정도로 확장될 수 있다는 근거는 없기 때문이다. 그러므로 경험의 주관적 성격에 대한 이해 없이 우리는 현재의 물리주의physicalism 이론에 무엇이 더 요구되는지 알 수 없다.

마음의 물리적 토대에 대한 설명은 아직도 많은 것을 해명하지 않으면 안 된다. 그중에서도 다음과 같은 문제가 가장 풀기 힘든 과제일 것이다. 그것은 경험이 갖는 현상학적인 특성을 일반적인

---

* 아마도 그런 로봇은 실제로는 없을 것이다. 사람과 비슷하게 행동할 정도로 복잡한 것이라면, 그것이 무엇이든 경험을 가질 것이다. 그러나 설령 그렇다 해도 그것은 단지 경험이라는 개념을 분석하는 것만으로는 발견될 수 없다.

** 그것은 우리가 그것에 대해 어찌할 수 없다는 사실과 등치될 수 없다. 그 이유는 두 가지이다. 하나는 우리가 경험에 대해 손을 댈 수 없기 때문이고, 다른 하나는 언어나 사고를 갖지 않으며 자신의 경험에 대해 어떤 신념도 갖지 않는 동물들에게도 경험이 존재하기 때문이다.

물체와 같은 방식으로 환원에서 배제하기란 불가능하다는 점이다. 일반적인 물체의 경우 그 현상학적 특성, 예를 들어 색깔, 아름다움, 감촉 등은 인간 관찰자의 마음에 나타나는 결과에 불과한 것으로 간주되어서 그 물체를 물리-화학적으로 환원시키는 과정에서 배제된다. 만약 물리주의를 옹호하려 한다면 그러한 현상학적 특성 자체에 대해 물리적인 설명이 주어져야 할 것이다. 그러나 우리가 경험의 주관적 성격을 검토할 때 이러한 결과는 불가능한 것처럼 보인다. 즉 모든 주관적인 현상이 본질적으로 단일 관점 single point of view과 결부되어 있음에도 불구하고 객관적인 물리 이론이 그러한 관점을 버리는 것은 거의 피할 수 없는 일처럼 여겨지기 때문이다.

우선 주관적인 것과 객관적인 것, 또는 대자적인 것과 즉자적인 것과의 관계에 대해 언급하는 것이 이 문제를 충분히 이해하는 데 도움이 될 것이다. 그러나 이 일은 쉽지 않다. *X*가 되는 것이 어떤 것인지에 대한 사실은 대단히 특수한 것이어서 그러한 것이 실제로 존재하는지, 또는 그 존재에 대한 주장이 어떤 의미를 갖는지에 대해 의심하는 사람들도 있을 것이다. 그러므로 주관성과 관점 사이의 관계를 설명하고, 경험의 주관적인 특성의 중요성을 분명히 밝히기 위해서는 주관과 객관이라는 두 가지 유형의 개념 사이의 차이를 명료하게 드러내주는 실례를 통해 그 문제를 탐구하는 것이 좋을 것이다.

내 생각이지만, 우리는 모두 박쥐가 경험을 갖는다고 믿을 것이다. 그렇게 믿는 이유는 박쥐가 포유류이고, 박쥐가 경험을 갖는 것은 쥐나 비둘기나 고래가 경험을 갖는 것과 마찬가지로 의심의 여지가 없기 때문이다. 내가 말벌이나 넙치가 아니라 박쥐를 고른 까닭은 생물의 계통수(系統樹)에서 너무 아래쪽으로 내려가면 사람들이 그런 동물에게 경험이 있다고 확신하기가 힘들어질 것이기 때문이다. 박쥐가 이런 동물들보다는 인간에 더 가깝지만, 그래도 박쥐의 활동 범위나 감각 기관은 우리 인간과 크게 다르기 때문에 내가 제기하려는 문제는 특히 생생한 것이다(다른 동물을 통해서도 이런 문제를 제기할 수 있는 것은 물론이지만). 굳이 철학적인 성찰의 힘을 빌리지 않더라도, 누구나 잠깐 동안 밀폐된 공간 속에서 흥분한 박쥐와 함께 지내보면 근본적으로 이질적인 생물종과 만난다는 것이 어떤 느낌인지 쉽게 이해할 수 있을 것이다.

앞에서 나는 박쥐가 경험을 갖는다는 신념의 핵심을 이루는 것은 바로 박쥐가 되는 것이 어떤 것인지와 연관된 무언가가 존재하는 것이라고 이야기했다. 그런데 대부분의 박쥐(정확한 학명은 〈*microchiroptera*〉이다)는 주로 〈소나〉, 즉 반향 위치 결정법 echolocation으로 외부 세계를 지각한다. 박쥐는 스스로 아주 빠르고, 정교하게 변조된 고주파 울음 소리를 내서 그 소리가 일정 범위 내에 있는 물체에 반사되어 나오는 반사음을 탐지한다. 박쥐의 뇌는 발사되는 펄스와 뒤이어 되돌아오는 반사파의 상호 관계를 파악할 수 있도록 설계되어 있다. 이렇게 얻어진 정보에 의거해 박쥐는 거리, 크기, 형태, 운동, 그리고 대상 표면의 재질 등을 정확히 식별할 수 있다. 이것은 우리 인간들의 시각을 통한 식별에 비견된다. 박쥐의 소나가 분명 지각의 한 형태인 것은 분명하지만 그 작동 방식은 우리의 어떤 감각 기관과도 비슷하지 않다. 소나를 이용해 박쥐가 지각하는 것이, 우리가 경험하거나 상상할 수 있는 어떤 것과 흡사하다고 가정할 수 있는 근거는 전혀 없다. 따라서 박쥐가 되는 것이 어떤 것인지 이해하기 힘든 것이다. 우리는 우리 자신의 경험을 박쥐에게 확장시키는 이른바 외삽(外揷)을 통해 박쥐의 내적 생활을 이해하는 방법이 있는 것인지, 만약 그런 방법이 없다면 박쥐가 되는 것이 어떤 것인지를 이해하기 위한 다른 방법이 있는지를 고려해야 한다.*

우리 자신의 경험이 상상을 위한 기본적인 재료를 제공하기 때문에 그 상상의 범위는 제약될 수밖에 없다. 가령 우리가 박쥐처럼 팔에 날개 비슷한 막이 달려서 황혼과 새벽녘이면 벌레를 잡아먹기 위해 날아다니거나, 시각이 형편없어져서 고주파 음향 반사 체계에 의존해서 외부 세계를 지각하거나, 낮 동안에는 다락방에 거꾸로 매달려 지내는 모습 등을 상상하려 애써도 아무 소용없는 일이다. 설령 이런 일을 상상할 수 있다 해도(상상이 불가능한 일은 아니지만), 그것은 결국 박쥐가 행동하는 것처럼 내가 행동한다는 것이 어떤 것인지를 상상하는 것에 불과하다. 그러나 그것은 처음부터 문제가 아니다. 내가 알고 싶은 것은 박쥐가 된다는 것이 무엇인지이다. 그러나 내가 그것을 상상하려 시도해도 내 상상력은 내 마음속에 들어 있는 소재에 제약을 받고, 그 소재들은 내 경험에서 비롯되기 때문에 박쥐의 경험을 상상하는 데에는 부적절하다. 내가 갖고 있는 현재의 경험에 무언가를 덧붙이거나 그 경험에서 일부를 삭제하거나, 부가·삭제·변형 등 온갖 방식으로 조합한 무언가를 상상해 내도 박쥐의 경험을 상상할 도리는 없다.

나의 근본 구조를 변화시키지 않은 채 말벌이나 박쥐처럼 보고 행동할 수밖에 없는 한, 내 경험은 이러한 동물들이 갖는 경험과

---

* 〈우리 자신의 경험〉이라는 말은 〈나 자신의 경험〉이라는 의미가 아니라, 우리가 우리 자신을 비롯해 모든 인류에게 확실하게 적용시킬 수 있는 여러 가지 정신적인 개념을 뜻한다.

유사하지 않을 것이다. 그러나 설령 내가 박쥐 몸의 신경생리학적 구조를 가진다 해도 과연 그것이 어떤 의미가 있는지 의심스럽다. 내가 조금씩 박쥐로 변신할 수 있다고 해도 현재의 나를 구성하고 있는 것들을 기초로 박쥐로 변신해 가는 미래의 내 경험이 어떤 것인지 상상할 수는 없다. 만약 그것이 어떤 것인지 알 수 있다면 그 최고의 증거는 박쥐의 경험으로부터 얻게 될 것이다.

따라서 만약 박쥐가 되는 것이 어떤 것인지 생각하는 데 우리 자신의 경우를 기초로 한 외삽이 요구된다면, 그 외삽은 그 자체로 불완전할 수밖에 없는 것이다. 박쥐가 되는 것이 어떤 것인가에 대해서 우리가 개략적인 도식 이상의 이해를 얻기란 불가능하다. 예를 들어 우리는 박쥐라는 동물의 구조나 행동을 기반으로 경험의 일반적 유형을 설정할 수 있을 것이다. 다시 말해서 우리는 박쥐의 소나를 3차원 전방 지각(前方知覺)의 형태로 기술할 수 있으며, 박쥐가 고통 · 두려움 · 배고픔 · 기쁨 등을 어떤 식으로든 느끼고, 그 밖에도 소나 이외의 보다 친숙한 경험 유형을 가질 것이라고 믿는다. 그러나 다른 한편, 우리는 이러한 박쥐의 경험들이 그 밖에 각기 특수한 주관적인 성격을 갖는다고 생각한다. 그리고 그 주관적 성격은 우리의 인식 범위를 넘어선다. 만약 우주 어딘가의 다른 장소에 의식을 갖는 생명이 존재하더라도, 그중 일부는 우리가 경험에 대해 사용하는 가장 일반적인 용어로도 기술할 수 없을 것이다.* (그렇지만 이 문제는 결코 극단적인 사례에 국한되지 않는다. 왜

---

* 따라서 〈……과 같은 것이 어떤 것인지 what it is like〉라는 영어 표현의 유추적 형태는 오해를 불러일으킨다. 그것은 〈(우리 경험에 비추어서) 그것이 어떤 것과 비슷한지〉라는 뜻이 아니라 실제로 〈그것이 된다는 것이 그 주체 자체에게 어떤 것인지〉라는 의미이다.

냐하면 그런 문제가 사람들 사이에서도 발생하기 때문이다. 가령 태어날 때부터 보지도 듣지도 못하는 장애자의 경우 내가 그 사람의 경험이 갖는 주관적인 성격을 이해하기 힘들 것이고, 반대로 내 경험의 주관적인 성격 역시 그 사람에게 전달되기 힘들 것이다. 그럼에도 불구하고 이러한 사실이 우리 두 사람이 서로 상대의 경험이 주관적인 성격을 갖는다고 생각하지 못하게 방해하는 것은 아니다.)

만약 그 정확한 본성을 파악할 수 없는 사실이 존재한다는 것을 믿을 수 없다고 주장하는 사람이 있다면, 박쥐에 대한 고찰에서 우리 인간의 입장이라는 것은 지능을 가진 박쥐나 화성인*이 〈인간이란 어떤 것인가〉를 이해하려고 시도할 때와 같다는 점을 생각해 볼 필요가 있다. 그들 마음의 구조가 우리와 다르다는 사실 때문에, 그들은 그것을 이해하지 못할 수도 있다. 그렇다고 해서 그들이 〈인간이 되는 것이 어떤 것인지〉에 해당하는 무언가가 존재하지 않는다고 생각하거나 또는 우리에게 정신적 상태의 일반적 유형만을 귀속시킬 수 있을 뿐이라는 식의 결론을 내린다면, 우리는 분명 그들이 잘못을 저지르고 있다는 것을 안다(어쩌면 지각이나 식욕 등은 화성인과 우리에게 공통된 개념일지도 모른다. 그러나 그렇지 않을 수도 있다). 그들이 이러한 회의적인 결론을 내렸을 때 그것이 틀렸다는 것을 분명히 아는 까닭은, 우리가 우리들이라는 것이 어떤 것인지를 스스로 알고 있기 때문이다. 또한 우리는 그와 연관된 수많은 변형판과 복잡성이 있지만 그것을 표현할 적절한 어휘가 없다는 사실을 잘 알고 있다. 그 주관적인 성격은 매우 특수해서, 그 생물종에 의해서만 제대로 이해될 수 있다는 관점에서 볼 때, 그 일부

* 꼭 화성인을 지칭하는 것이 아니라 우리와는 전혀 다른 지구 밖 지성체를 모두 가리킨다.

측면들은 기술(記述) 자체가 거의 불가능할 정도이다. 그러나 우리의 언어가 화성인이나 박쥐 현상학의 상세한 부분을 기술하는 데 사용될 수 없으리라는 사실이, 박쥐나 화성인이 그 세부적인 풍부함에서 우리에 필적할 정도의 경험을 갖는다는 주장을 무의미하게 만든다는 의미는 아니다. 만약 어떤 사람이 적절한 개념이나 이론을 발전시켜서 그들의 풍부한 경험을 이해할 수 있게 해준다면 정말로 대단한 업적일 것이다. 그러나 우리 인간의 본성에서 기인하는 제약 때문에 그들의 경험을 이해할 수 있는 문은 영원히 닫혀져 있는지도 모른다. 그러나 우리가 기술하거나 이해할 수 없는 사항에 대해 그 존재를 부정하거나 논리적 의미를 인정하지 않는 태도는 가장 미숙한 형태의 인지적 부조리이다.

이제 우리는 한 주제의 끝머리에 도달했다. 그것은 내가 이 글에서 할 수 있는 것보다 훨씬 많은 논의가 필요한 문제이지만, 요약하자면 한쪽 끝에 있는 사실들과 다른 쪽 끝에 있는 개념의 틀 또는 표현 체계 사이의 관계에 대한 문제이다. 모든 형태의 주관적 영역에 대한 나의 실재론은, 내가 인간 개념의 범위를 넘어서는 사실들의 존재를 믿는다는 것을 함축한다. 우리는 앞으로도 인간이 그것을 표현하고 이해하기 위해 필수적인 개념을 결코 얻을 수 없는 다양한 사실이 존재한다는 것을 믿을 수 있다. 사실 인간의 예상에 한계가 있다는 점을 감안한다면 그런 사실을 의심하는 것은 어리석은 일이다. 예를 들어 초한수(超限數, 무한히 확장되는 기수와 서수를 모두 가리키는 말——옮긴이)는 게오르크 칸토어 Georg Cantor가 그것을 발견하기 전에 인류가 페스트로 모두 멸종했다 해도 역시 존재했을 것이다. 그렇다면 인류가 영원히 존속하더라도 인간에 의해 표현되거나 이해될 수 없는 다양한 사실이 존재할 수 있다는 것도 우리는 믿을 수 있다. 그 이유는 간단하다. 우리 인간의 구조 자체가 그것들을 이해하는 데 필요한 유형의 개념들에 의해서는 작동할 수 없도록 되어 있기 때문이다. 이런 불가능성은 인간 이외의 다른 존재에 의해서도 관찰될 수 있을지 모른다. 그러나 그러한 지구 밖 고등 생물의 존재나 그 존재 가능성이 인간에게 도달 불가능한 사실이 존재한다는 가설이 의미를 갖기 위한 전제 조건인지 여부는 분명치 않다(결국 인간이 접근할 수 없는 사실에 접근할 수 있는 존재의 본성이란 그 자체가 인간으로서는 접근할 수 없는 사실일 것이다). 따라서 박쥐가 된다는 것이 어떤 것인가에 대한 지금까지의 고찰은 우리를 다음과 같은 결론으로 이끈다. 그 결론은 인간의 언어로 표현할 수 있는 명제에서 참truth으로 간주되는 것들로 구성되지 않는 사실이 존재한다는 것이다. 다시 말해서 어떤 사실에 대해 말하거나 이해할 수 없다 해도 우리는 그러한 사실이 존재한다는 것을 인정하지 않을 수 없다는 것이다.

그렇지만 나는 이 문제를 더 이상 논의하지 않겠다. 우리가 다루려는 주제(즉 심신 문제)와 이 문제가 연관되는 측면은, 그것이 경험의 주관적인 성격에 대한 일반적 고찰을 가능하게 해준다는 점이다. 인간 · 박쥐 · 화성인 등이 된다는 것이 어떤 것인지에 대한 사실이 어떤 지위를 차지하든 간에, 중요한 것은 그것들이 특정 관점을 구현하고 있다는 사실이다.

여기에서 내가 경험이 그 경험의 소유자에게만 속한다는 경험의 사적 특성을 지적하는 것은 아니다. 문제되는 관점은 특정 개인만이 접근할 수 있는 무엇이 아니다. 오히려 그것은 하나의 〈유형type〉이다. 종종 자신 이외의 다른 사람의 관점을 취하는 것이 가능하고, 따라서 이러한 사실의 이해가 자신의 경우에 국한되지는 않는다. 경험에 관계되는 현상학적 사실은 어떤 의미에서는 완전히 객관적인 것이다. 여기에서 객관적이라는 의미는 어떤 사람이 다른 사람의 경험의 질(質)이 어떤 것인지 알 수 있고, 그것을 다른 사람에게 전달할 수 있다는 뜻이다. 그러나 이러한 경험의 객관적인 기술도 그 기술의 대상과 충분히 흡사한 누군가가 그의 관점을 채택할 수 있을 때에만 가능하다는 측면에서는 주관적이다. 다시 말해서 3인칭뿐만 아니라 1인칭으로도 그 기술을 이해할 수 있어야 한다는 것이다. 따라서 한 경험자와 다른 경험자가 서로 다를수록 상대의 경험을 이해하려는 시도가 성공할 가능성은 줄어든다. 우리는 인간의 관점에서 적절한 관점을 사용한다. 그러나 다른 사람의 관점에서 자신의 경험을 적절히 이해하는 데 많은 어려움이 따르듯이, 다른 생물종의 관점을 취하지 않고 그 종의 경험을 이해하려고 시도한다면 큰 어려움에 부딪히게 될 것이다.*

---

* 물론 다른 종(種)의 장벽을 상상력의 도움으로 극복할 수 있다고 가정하는 것은 그리 어려운 일이 아닐 것이다. 가령 맹인은 입으로 혀를 차거나 지팡이를 두드리는 소리, 즉 일종의 소나 형식으로 주위에 있는 사물을 탐색할 수 있다. 이때 그 맹인 이외의 누군가가 그것이 어떤 것인가를 알 수 있다면 그것을 확장함으로써 박쥐처럼 훨씬 정교한 소나를 갖는다는 것이 어떤 것인지를 개략적으로 상상할 수 있을지도 모른다. 자신과 타인과의 거리와 인간과 다른 생물 사이의 거리는 어디에선가 연속체로 이어질 가능성이 있다. 인간 사이에서도 다른 사람이 되는 것이 어떤 것인지 what it is like to be them는 부분적으로 이해할 수 있을 뿐이다. 그리고 인간과 전혀 다른 종으로 이동한다면 그보다 훨씬 적은 정도의 이해만이 가능할 것이다. 상상이란 괄목할 정도로 유연하다. 그러나 이 글에서 내가 주장하려는 핵심은, 우리가 박쥐가 된다는 것이 어떤 것인지 알 수 없다는 것이 아니다. 내 의도는, 이른바 인식론적 문제를 제기하려는 것이 아니다. 내가 말하고 싶은 것은 박쥐가 되는 것이 어떤 것인지에 대한 개념을 형성하기 위해서는(그리고 박쥐가 되는 것이 어떤 것인지를 실제로 알기 위해서는), 사람이 박쥐의 관점을 취하지 않으면 안 된다는 것이다. 만약

이 논의는 심신 문제와 직결된다. 만약 경험과 연관된 사실, 정확하게 이야기하자면 경험하는 생물〈에게〉 그 경험이 어떤 것인지와 연관되는 사실이 특정 관점에서만 접근할 수 있다면, 이번에는 도대체 이러한 경험이 갖는 진정한 성격이 어떻게 그 생물의 물리적인 작동을 통해 드러나는가라는 수수께끼가 제기되기 되기 때문이다. 이것은 가장 객관적인 사실의 영역에 속하는 문제이다. 왜냐하면 그 생물의 체내에서 일어나는 물리적인 과정은 가장 객관적인 영역에 속하기 때문이다. 그것은 서로 다른 지각 체계를 가진 개체들에 의해 다양한 관점에서 관찰되고 이해될 수 있다. 거기에는, 예를 들어 인간 과학자가 박쥐에 대한 신경생리학적인 지식을 얻는 경우 경험에 필적할 만큼 상상력을 가로막는 장애는 없다. 또한 지능을 가진 박쥐나 화성인이 인간의 뇌에 대해 우리들 이상으로 많은 지식을 가질 수도 있다.

그러나 이러한 주장이 그 자체로 환원에 대한 반증이 되는 것은 아니다. 지각의 경우를 예로 들면, 인간의 시각(視覺)을 제대로 이해하지 못하는 화성인 과학자도 무지개·번개·구름과 같은 물리적 현상은 이해할 수 있을 것이다. 그러나 그는 인간이 무지개·번개·구름 등에 대해 갖는 개념이나, 그것들이 우리의 현상 세계 속에서 어떤 위치를 차지하는지에 대해서는 결코 이해할 수 없을 것이다. 인간이 이러한 개념을 통해 파악하는 사물의 객관적인 본성은 화성인 과학자도 이해할 수 있다. 그 까닭은 이러한 개념 자체는 특정한 관점이나 시각현상학과 연결되어 있지만, 그러한 관점으

우리가 박쥐의 관점을 조잡하게 그리고 부분적으로만 채택한다면, 우리가 얻는 개념도 그만큼 조잡하고 부분적인 것이 될 것이다. 어쨌든 현재 우리의 이해 상태는 아직 조잡한 수준에 머물고 있는 것 같다.

로 이해되는 사물의 경우는 관점과의 필연적 결합을 갖지 않기 때문이다. 바꾸어 말하면, 그 사물들은 그 관점에서 관찰될 수 있지만 그 관점 자체에 대해서는 외재적인 것이다. 따라서 그 사물들은 다른 관점에서도 이해될 수 있으며, 같은 종류의 생물이든 다른 생물이든 모두 이해할 수 있다. 번개는 객관적인 성격을 가지며, 그 객관적 성격은 시각적인 외양에 의해 모두 설명될 수 없고, 시각을 갖지 않는 화성인에 의해서도 탐구가 가능하다. 정확히 말하자면 번개는 그 시각적인 외양에 의해 나타나는 것 이상의 어떤 객관적인 성격을 갖고 있다. 그런데 경험이 주관적인 기술로부터 객관적인 기술로 이행한다는 것을 문제 삼을 때, 객관성의 궁극적인 종착점, 즉 사물의 객관적이고 본질적인 본성이 (인간은 그것에 도달할 수도, 도달하지 못할 수도 있다) 존재하는지 여부에 대해서는 결론을 보류하고 싶다. 객관성이란 오히려 어떤 방향을 향해 우리의 이해가 진행해 가는 무엇이라고 생각하는 편이 더 정확할 것이다. 그리고 번개와 같은 현상을 이해하는 경우에는 철저한 인간적 관점에서 가능한 한 멀리 벗어나는 쪽이 바람직할 것이다.*

반면 경험의 경우에는 특정한 관점과 경험 사이의 연관성이 훨씬 밀접한 것처럼 보인다. 따라서 경험하는 주체가 자신의 경험을 파악할 때 취하는 특정 관점을 제외하면, 경험에 객관적 성격이 있다는 것이 어떤 의미인지 이해하기 힘들다. 만약 박쥐의 관점에서 이

* 설령 더 주관적이고 더 객관적인 기술이나 관점 사이의 차이라는 것이 오직 더 큰 인간의 관점 내에서만 나타날 수 있다고 하더라도 내가 제기하려는 문제는 여전히 유효하다. 나는 이런 종류의 개념적 상대주의를 인정하지 않지만, 정신물리학적 psychophysical(정신적 특성과 물질적 특성을 공유하는——옮긴이) 환원이 다른 경우에 친숙한 주관-객관 모형에 의해 수용될 수 없다는 주장을 하기 위해서 굳이 그러한 상대주의를 반박할 필요는 없다.

탈해 다른 관점을 취한다면 박쥐가 되기 위한 무엇에서 남는 것이 있을까? 그러나 만약 경험이 그 주관적 성격 이외에 부가적으로 여러 다른 관점에 의해 이해될 수 있는 객관적 성격을 갖지 않는다면, 나의 뇌를 탐구하는 화성인이 다른 관점에서 나의 정신적 과정들을 이루는 물리적 과정을 (번개의 물리적 과정을 관찰하듯이) 관찰할 수 있다는 가정이 불가능하지 않겠는가? 화성인이 아니라 인간 생리학자라 하더라도 다른 관점에서 그 과정들을 관찰할 수 있을까?*

이제 우리는 정신물리적 환원을 둘러싼 일반적인 어려움에 직면하고 있는 것처럼 보인다. 정신적인 것을 물리적인 것으로 환원하는 특별한 경우를 제외한 그 밖의 분야에서 환원 과정이란 사물의 진정한 본성에 대한 보다 정확한 관점을 획득하기 위해 객관성을 증대시키는 방향을 향해 나아가는 것을 뜻한다. 이러한 진전은 우리들이 사로잡혀 있는 개인이나 종(種)의 고유한 관점에 대한 의존을 조사 대상으로 환원시킴으로써 달성된다. 즉 우리는 그 대상을 그것이 우리의 감각 기관을 자극시켜서 만들어내는 인상이라는 관점에서 기술하는 것이 아니라, 인간의 감각 기관 이외의 다른 수단을 통해서도 감지할 수 있는 좀더 일반적인 결과나 특성이라는 관점에서 기술한다. 인간이라는 종의 고유한 관점에 대한 의존이 줄어들수록 우리의 기술은 더 객관성을 띠게 된다. 이러한 과

* 문제는 내가 「모나리자Mona Lisa」를 볼 때 내 시각 경험이 어떤 특성을 가지며, 누군가 다른 사람이 내 뇌를 들여다보아도 그러한 특성의 흔적을 찾을 수 없다는 것이 아니다. 왜냐하면 그 관찰자가 나의 뇌 속에서 모나리자의 작은 상(像)을 발견하더라도, 그는 그것을 나의 경험과 일치시킬 아무런 근거도 찾지 못할 것이다.

정이 진행됨에 따라 우리가 외부 세계에 대해 생각할 때 사용하는 개념이나 관념은 처음에는 우리의 감각 기관과 밀접한 관계에 있는 관점에서 적용되지만, 우리는 그것들을 그 자체를 넘어서는 무언가를 (우리가 현상학적 관점을 갖는 것을 향해) 지칭하는 데 사용한다. 따라서 우리는 다른 관점을 취하기 위해 하나의 관점을 버릴 수 있으며, 그 후에도 여전히 동일한 사물들에 대해 생각할 수 있다.

그렇지만 경험 자체는 이와 같이 일반적인 환원의 패턴에 적합하지 않은 것처럼 보인다. 겉모습에서 실재를 향해 한 걸음씩 전진한다는 발상이 여기에서는 아무런 의미도 없는 것 같다. 이 경우 어떤 대상에 대한 보다 객관적인 관점을 위해 최초의 주관적인 관점을 버림으로써 동일한 현상에 대해 보다 객관적인 이해를 추구하는 것에 대한 비유는 과연 어떤 것일까? 우리가 인간의 관점이 갖는 특수성을 무시하거나 인간이 되는 것이 어떤 것인지를 전혀 상상할 수 없는 존재를 이해할 수 있는 관점에서 우리의 경험을 기술하려는 시도를 통해 인간 경험의 진정한 본성에 더욱 가깝게 접근하게 되리라고는 생각되지 않는다. 만약 경험의 주관적인 성격이 단일한 특정 관점에 의해서만 충분히 이해될 수 있다면 객관성을 증대시키기 위한, 다시 말해서 특정 관점에 덜 집착하기 위한 어떤 변화도 우리를 경험이라는 현상의 본질에 가깝게 접근시키지 못하고, 오히려 그 본질에서 멀어지게 할 것이다.

그런데 어떤 의미에서 이러한 경험의 환원 가능성에 대한 반론의 씨앗은 성공적인 환원의 사례라 불리는 것들 속에서도 찾아볼 수 있다. 예를 들어 소리가 공기나 그 밖의 매질 속에 일어나는 파동 현상을 발견하는 경우에 우리는 하나의 관점(물리적 관점——옮긴이)을 취하기 위해 다른 하나의 관점(청각적 관점——옮긴이)을 버린다. 그리고 우리가 버린 청각이라는 사람이나 동물의 관점은 환원되지 않은 채 그대로 남아 있다. 가령 서로 전혀 다른 종에 속하는 구성원들이 동일한 물리적인 사건event을 이해한다면 그것은 객관적인 관점에서의 이해일 것이다. 그리고 이 과정에서 각각의 구성원들은 서로 상대의 감각 기관에서 그 물리적 사건이 어떻게 나타나는지 알 필요는 없다. 따라서 그들이 공통된 실재를 지시할 refer 조건은 양자가 갖고 있는 좀더 특수한 관점이, 양자가 함께 이해하는 공통의 실재의 일부가 아니어야 한다는 것이다. 이때 환원이 성공할 수 있는 것은 환원될 것으로부터 종의 고유한 관점이 배제되는 경우에 한정된다.

그러나 특정 종의 고유한 관점을 배제하는 것이 정당한 것은 어디까지나 외부 세계에 대해 좀더 완전한 이해를 구하는 경우이고, 이러한 배제가 항상 정당하다는 뜻은 아니다. 왜냐하면 그 관점은 내부 세계의 본질에 해당하며, 단지 내부 세계를 바라보는 관점에 한정되지 않기 때문이다. 최근의 철학적 심리학의 신행동주의 neobehaviorism는 대부분 마음 속의 객관적 개념을 어떤 실체real thing로 대체시키려는 시도에서 비롯되었다. 그것은 마음 속에 환원 불가능한 것을 아무것도 남기지 않으려는 시도이다. 만약 우리가 마음에 대한 물리적 이론이 경험의 주관적인 성격을 설명할 수 있다고 인정한다면, 동시에 현재 우리가 활용 가능한 어떤 개념도 그것이 어떻게 가능한지에 대한 단서를 제공하지 못하고 있다는 사실도 인정하지 않으면 안 된다. 이 문제는 그야말로 독특한 문제이다. 만약 정신 과정이 실제로 물리적 과정이라면, 경험에 대해 이미 내가 밝혔듯이, 본질적으로 특정한 물리적 과정을 수행하는 무언가가 존재할 것이다.* 그런데 아직까지 그 무언가가 어떤 것인지는 여전히 수수께끼로 남아 있다.

그렇다면 지금까지의 우리는 논의에서 어떤 교훈을 이끌어내야 하는가? 그리고 그런 다음에는 어떻게 해야 하는가? 이 대목에서 물리주의가 잘못이라는 결론을 내린다면 그것은 지나치게 성급한 처사일 것이다. 왜냐하면 물리주의는 마음의 객관적 분석이 가능하다는 잘못된 가설을 제기하는 것처럼 보이지만, 아직까지 그 가설이 잘못임이 입증되지 않았기 때문이다. 그보다는 물리주의가 우리가 이해할 수 없는 입장이고, 그 까닭은 우리가 아직 물리주의가 어떻게 옳은지에 대한 어떤 개념도 못 갖고 있다는 편이 정확한 표현일 것이다. 어쩌면 물리주의의 가설을 이해하는 조건으로 그러한 개념을 미리 요구하는 것은 부당하다는 반론이 제기될지도 모른다. 물리주의의 의미는 충분히 명확하고, 그 의미란 마음의 상태는 신체의 상태이고, 정신적 사건은 물리적 사건이라고 말하고 싶은 사

* 마음 속에서 일어나는 과정과 물리적 과정 사이의 관계는 원인과 결과 사이의 관계와 마찬가지로 우연적인 관계가 아니다. 따라서 어떤 물리적 상태가 특정한 방식의 느낌과 연관된다는 것은 필연적으로 참일 것이다. 크립키Kripke는 마음에 대한 인과적 행동주의나 그와 연관된 분석이 실패했다고 주장한다. 그 이유는 그러한 분석이, 예를 들어 〈고통〉이라는 단어를 여러 가지 고통의 단지 우연적인 이름으로 해석하기 때문이다. 경험의 주관적인 성격(크립키는 그것을 〈직접적 현상학적 성질immediate phenomenological quality〉이라고 부른다)은 그러한 분석에서 누락될 수밖에 없는 필연적인 속성을 갖는다. 더구나 그 주관적 특성은 본질적 속성에 의해 경험의 필연적 성격이 될 수밖에 없다. 내 견해는 크립키의 견해와 밀접한 관련을 갖는다. 크립키와 마찬가지로 나 역시 특정한 뇌의 상태가 필연적으로 특정한 주관적인 성격을 가질 것이라는 가설은 추가 설명이 없는 한 이해하기 힘들다. 이것에 대한 설명은 마음-뇌 관계를 우연적인 것으로 간주하는 이론에서는 기대할 수 없다. 아마도 아직까지 발견되지 않은 다른 대안이 있을 것이다.

람도 있을 것이다. 그런 관점에 선다면 마음의 상태가 〈어떤〉 물리적 상태나 사건인지 모른다고 해서 물리주의의 가설을 이해하지 못하는 것은 아닐 것이다. 〈이다 is〉라는 말 이상으로 분명한 것이 또 있겠는가?

그러나 나는 〈이다〉라는 말이 갖는 외관상의 명료함이야말로 우리를 현혹시키는 것이라고 생각한다. 일반적으로 *X*는 *Y*라고 말할 때, 우리는 그 명제가 어떻게 참 true으로 간주되는지 알고 있다. 그러나 어떻게 그것이 참인가에 대한 이해는 어떤 개념적인 배경이나 이론적인 배경에 의존할 때 비로소 가능한 것이고, 결코 〈이다〉라는 단어에 의해서만 전달되는 것은 아니다. 우리는, 〈*X*〉와 〈*Y*〉라는 두 단어가 대상을 지시하는 방식, 그리고 그것들이 지시하는 사물의 종류에 대해 지식을 가질 수 있다. 또한 각각의 단어가 대상을 지시하는 두 가지 경로가 어떻게 단일한 사물·대상·사람·과정·사상 등으로 수렴하는지에 대해 적어도 개략적인 관념은 가질

어떤 이론이 마음-뇌 관계의 필연적 성격을 설명했다 하더라도, 우리에게는 여전히 왜 그 관계가 우연적으로 보이는지를 설명해야 한다는 (크립키가 제기한) 문제가 남아 있다. 나는 다음과 같은 방식으로 그 어려움을 극복할 수 있을 것이라고 생각한다. 우리가 무언가를 상상할 때 지각적 perceptually, 공감적 sympathetically 또는 상징적 symbolically이라는 세 가지 표현 방식이 가능하다. 상징적 상상이 어떤 것인지에 대해서는 이 자리에서 설명하지 않겠지만, 나머지 두 가지 상상이 어떻게 이루어지는지에 대해 부분적으로 설명하자면 다음과 같은 방식일 것이다. 무언가를 지각적으로 상상하기 위해 우리는 그것을 지각했을 때 자신이 그러했으리라고 생각하는 의식 상태를 가정한다. 무언가를 공감적으로 상상하기 위해서는 공감하려는 상대와 흡사한 의식 상태에 자신을 몰아 넣는다(이 공감적인 상상이라는 방법이 사용되는 것은 우리 자신이나 타자의 마음에 발생하는 사상이나 상태를 상상하는 경우에 국한된다). 그런데 우리가 그와 연관된 뇌의 상태 없이 일어나는 어떤 정신적 상태를 상상하려 할 때, 우리는 먼저 공감적으로 그 정신적 상태의 발생을 상상한다. 다시

수 있을 것이다. 〈*X*는 *Y*이다〉라는 명제에 의해 주어 *X*와 술어 *Y*가 지시하는 대상은 동일화identification된다. 그러나 이 동일화의 두 항이 너무 멀리 떨어져 있는 경우 그 명제가 어떻게 참일 수 있는지는 그리 명확하지 않을 수 있다. 우리는 두 가지 지시 경로가 어떻게 수렴할 수 있는지, 또는 양자가 어떤 종류의 사물로 수렴하는지에 대해 개략적인 관념밖에 갖지 못할 것이다. 우리는 명제가 어떻게 참일 수 있는가를 이해하기 위해 어떤 이론적인 틀이 필요하다. 이 이론적 틀이 없으면 *X*와 *Y*의 동일화는 신비주의에 빠지게 된다.

이런 사실은 중요한 과학적인 발견을 이해하지 못한 채 단지 받아들여야 하는 명제로 비전문가에게 소개할 때 풍기는 마술적인 분위기를 설명할 수 있다. 예를 들어 사람들은 학창 시절에 〈모든 물질은 실제로는 에너지이다〉라고 배운다. 이때 그들은 〈이다〉라는 말이 무엇을 의미하는지 알지만, 무엇이 이 명제를 참이게 하는지에 대한 개념은 대부분 얻지 못한다. 그 이유는 그들이 이론적 배

말해서 그 상태와 정신적으로 흡사한 상태에 자신을 몰입시키는 것이다. 그와 동시에, 첫번째 상태와 연관되지 않는 또 다른 상태로 스스로를 몰입시킴으로써, 그와 연관된 물리적 상태가 발생하지 않는다는 것을 지각적으로 상상하려 한다. 그것은 우리가 물리적인 상태가 일어나지 않는다는 것을 지각했을 때 갖게 되는 상태와 흡사한 무엇이다. 물리적인 특성에 대한 상상이 지각적으로 이루어지고, 정신적인 특성에 대한 상상이 공감적으로 이루어진다면, 그와 연관된 어떤 뇌의 상태 없이도 모든 경험의 발생을 상상할 수 있으며, 그 반대의 경우도 성립할 수 있는 것처럼 보인다. 이 두 가지 사이의 관계는, 설령 필연적이라 하더라도 우연적으로 보인다. 왜냐하면 지각적인 상상과 공감적인 상상이라는 두 가지 다른 유형은 서로 독립된 것이기 때문이다(세계 속에 마음을 가진 인간은 자기 한 사람밖에 없다고 생각하는 유아론soiipsism은 공감적 상상을 잘못 해석함으로써, 마치 그것이 지각적 상상처럼 기능하는 것으로 생각하는 데에서 유래한다. 그렇게 생각하면, 자신의 경험 이외의 경험을 상상하는 것은 불가능한 것처럼 보이기 때문이다).

경을 결여하고 있기 때문이다.

현재 심신 문제에 대해 물리주의가 취하고 있는 입장은 소크라테스 이전의 철학자에 의해 〈물질이 에너지이다〉라는 가설이 주장된 경우에 비견될 수 있을 것이다. 우리는 물리주의의 명제가 어떻게 참일 수 있는지 이해할 수 있는 어떤 단서도 갖고 있지 않다. 정신적 사건이 물리적 사건이라는 가설을 이해하기 위해서는 〈이다〉라는 단어의 의미를 이해하는 것으로는 불충분하고, 그 이상의 무엇이 필요하기 때문이다. 우리는 아직 마음에 대한 용어와 물리적인 용어가 어떻게 동일한 사물을 지시할 수 있는지 알지 못한다. 그리고 이론적으로 두 가지를 동일화할 때 흔히 사용되는 유추들은 그러한 동일화를 제공하지 못한다. 그 실패의 이유는, 만약 우리가 일반적인 모형을 통해 마음에 대한 용어로 물리적 사건을 지시한다면, 그것을 통해 물리적 사건에 대한 정신적 지시가 확보되는 작용으로서 분리된 주관적인 사건이 다시 등장하기 때문이다. 또는 마음에 대한 용어가 어떻게 지시하는지에 대한 잘못된 설명(예를 들어 인과적 행동주의의 설명이 거기에 해당한다)을 얻는 결과가 될 것이다.

그런데 기이하게도 우리는 어떤 것이 참이라는 증거가 있더라도 그것을 정말 이해할 수는 없다. 가령 곤충의 변태에 대해 잘 모르는 사람이 유충을 무균 용기 속에 밀폐시켰다고 하자. 그리고 몇 주일이 지난 후 다시 용기를 열자 나비가 나타났다. 만약 용기가 계속 밀폐되어 있었다는 사실을 그 사람이 알고 있다면, 그는 그 나비가 유충이라고(또는 유충이었다고) 믿을 이유를 확실히 갖겠지만, 어떤 의미에서 그러한지에 대해서는 전혀 알지 못한다(그 유충에 달라붙어 있던 날개 가진 기생 동물이 그 유충을 먹고 성장해서 나비가 되었을 가능성도 있으니까).

물리주의의 입장에서 이야기하자면 우리도 마찬가지 입장에 처해 있다고 생각할 수 있다. 도널드 데이비슨Donald Davidson은 만약 정신적 사건이 물리적인 원인과 결과를 가진다면, 정신적 사건에 대해서도 물리적인 기술(記述)을 하지 않으면 안 된다고 말한다. 그는 설령 우리가 보편적인 정신물리적 이론을 갖고 있지 않더라도, 실제로는 가질 수 〈없더라도〉 그렇게 믿을 충분한 이유가 있다고 주장한다.* 그의 주장은 의도적인 정신적 사건에 적용되지만, 다른 한편 나는 우리가 감각도 물리적인 과정이라고 (어떻게 그런지는 이해할 수 없는 위치에 있다고 해도) 믿을 만한 근거를 갖고 있다고 생각한다. 데이비슨의 입장은 어떤 물리적인 사건이 그 자체로 환원 불가능한 방식으로 마음의 속성을 띠고 있다는 것이다. 어쩌면 이런 식으로 기술할 수 있는 일부의 견해가 옳을지도 모른다. 그러나 우리가 현재라는 시점에서 구성하는 어떤 개념도 그의 주장(정신적 사건과 물리적 사건의 동일성——옮긴이)에 상응하지 않는다. 더구나 그러한 동일성을 이해시켜 주는 이론이 있다 해도 그것이 어떤 것인지 알지 못한다.**

돌이켜보면 경험이 객관적인 성격을 갖는다는 것이 도대체 어떤 의미인가라는 가장 기본적인 질문에 (뇌에 대한 언급은 완전히 배제되어 있는) 대해 거의 연구가 이루어지지 않았다는 것을 알 수 있다. 다시 말해, 나의 경험이 내게 어떻게 나타나는가가 아니라 나의 경험이 정말 어떤 것인가what my experiences are really like, as opposed to how they appear to me라는 물음이 오히려 의미 있는 것이 아닐까? 가령 내 경험의 본성이 물리적인 기술에

* 그러나 나는 정신물리적 법칙들을 반박하는 그 주장을 이해하지 못한다.

** 비슷한 주장을 네이글에게도 적용할 수 있을 것이다.

의해 포착된다는 가설이 주어졌다고 해도, 우리가 그 가설을 이해하기 위해서는 먼저 다음과 같은 것들을 기본적으로 이해할 필요가 있다. 그것은 나의 경험이 객관적인 본성을 갖는다(또는 객관적인 과정이 주관적인 본성을 갖는다)는 것이 무엇을 뜻하는가에 대한 기본적인 이해이다.*

나는 이 글을 다음과 같은 사변적인 제안으로 끝맺으려 한다. 그것은 주관적인 것과 객관적인 것 사이의 간격에 대해 또 다른 방향에서의 접근이 가능하다는 제안이다. 잠시 마음과 뇌의 관계를 접어두고, 마음 그 자체에 대한 객관적 이해를 추구할 수 있을 것이다. 현재의 시점에서 우리에게는 상상력에 의지하는 것 이외에는, 즉 경험 주체의 관점을 취하는 방법 이외에는 경험의 주관적인 성격에 대해 생각할 수 있는 어떤 방법도 없다. 그러나 이러한 사실은 우리가 도전해야 하는 새로운 과제를 제시하는 것으로 받아들일 수 있다. 다시 말해서 경험을 이해하는 새로운 개념을 형성하고, 새로운 방법을 고안해서 공감이나 상상력에 의지하지 않는 객관적인 현상학을 수립한다는 도전이다. 이러한 객관적 현상학이 경험에 관계되는 모든 것을 포괄할 수는 없겠지만, 그 목표는 경험의 주관적인 성격을, 그런 경험을 가질 수 없는 생물도 이해할 수 있는 형태로 기술하는 (최소한 부분적으로라도) 것이어야 할 것이다.

우리는 박쥐의 소나 경험을 기술하기 위해 현상학을 개발해야 하겠지만, 인간의 문제에서 고찰을 시작하는 것도 가능할지 모른다.

---

* 이 물음도 타자의 마음에 대한 문제의 핵심에 해당하는 질문이다. 타인의 마음에 대한 문제와 심신 문제 사이의 밀접한 관련은 종종 간과된다. 만약 우리가 어떻게 주관적인 경험이 객관적인 본성을 갖는지 이해할 수 있다면, 자기 이외의 주체도 존재한다는 것을 당연히 이해할 것이다.

예를 들어 선천적인 맹인에게 본다는 것이 무엇인지 설명하는 데 사용되는 개념을 개발할 수도 있다. 그 시도는 어느 지점에선가 더 이상 나아갈 수 없는 벽에 부딪힐지도 모른다. 그렇다고 해도 궁극적으로는 현재보다 훨씬 많은 객관적인 용어를 사용해서 훨씬 정확한 표현 방법을 고안할 수 있게 될 것이다. 그러나 이런 문제를 다루는 논의 과정에서 자주 등장하는 모형 사이의 유추(가령, 〈빨간색은 트럼펫 소리와 비슷하다〉라는 식의)는 거의 도움이 되지 않는다. 이러한 유추는 트럼펫 소리를 들으면서 빨간색을 본 적이 있는 사람에게는 그 의미가 명확할 것이다. 그러나 지각의 구조적 특성이라는 측면에서 생각하면, 설령 지각 내용 중 일부가 누락될 수 있더라도, 객관적인 기술에 좀더 접근하기 쉽다고 할 수 있다. 또한 객관적 현상학에서 중심적 역할을 하는 여러 가지 개념은 우리가 일인칭 주체로서 배우는 개념과 대체할 수 있는 개념이 될 것이다. 이러한 새로운 개념은 박쥐의 경험을 기술할 수 있게 해줄 뿐만 아니라, 우리 자신의 경험에 대해서도 지금까지 알려지지 않은 새로운 종류의 이해에 도달할 수 있게 해줄지 모른다. 이러한 이해는 주관적인 개념을 사용할 때 거리가 사라지게 되고 기술이 지나치게 쉬워진다는 이유 때문에 우리들이 도달하기 힘든 것이다.

그 자체로도 매우 흥미롭지만, 앞에서 살펴본 이유에서 객관적인 현상학은 좀더 지적인 형태를 가정하기 위해 경험의 물리적* 기초

---

* 나는 여기에서 〈물리적 physical〉이라는 용어에 대한 정의를 내리지 않았다. 그것은 현대 물리학 개념에 의해 기술될 수 있는 것은 아니다. 왜냐하면 우리는 미래의 물리학 발전을 기대할 수 있기 때문이다. 마음의 다양한 현상이 궁극적으로는 그 자체로 물리적인 것으로 인정되며, 그것을 방해하는 것은 아무것도 없다고 생각하는 사람도 있을 것이다. 그러나 〈물리적〉이란 그것이 무엇이라고 말해지든 간에 최소한 객관적이어야 한다. 따라서 앞으로 물리적이라는 것

에 대해 다양한 질문을 제기할 수 있게 해준다. 우리에게 이러한 종류의 객관적인 기술을 허용하는 주관적 경험의 여러 가지 측면은 좀더 일상적인 종류의 객관적인 설명을 위한 보다 나은 후보일 수 있다. 그러나 이러한 추측이 옳든 그르든 확실히 말할 수 있는 것은, 우리가 흔히 접하게 되는 주관적이면서 동시에 객관적인 문제들에 대해 좀더 고찰하지 않는 한, 마음의 물리적 이론을 기대하기란 도저히 불가능하다는 것이다. 그런 문제들을 회피하지 않는 한 우리는 심신 문제를 제기조차 할 수 없게 된다.

나를 찾아서 • 스물넷

그는 당신이 결코 할 수 없을 일을 모두 한다.

그리고 그는 나를 사랑한다.

그의 사랑은 진짜이다.

왜 그는 당신일 수 없는가?

——행크 코크란Hank Cochran, 1955년경

반짝 반짝 작은 박쥐

네가 무얼하는지 정말 불가사의 하구나

에 대한 우리의 관념이 확장되어 마음의 현상까지 포괄하게 된다면, 그에 따라 마음의 현상도 객관적인 성격을 띠어야 할 것이다. 마음 이외에 이미 물리적인 것으로 인정되고 있는 현상의 용어를 사용해서 마음의 현상을 분석하든 그렇지 않든 간에 말이다. 그러나 마음-육체의 관계가 궁극적으로는 어느 쪽에도 분명히 속할 수 없는 근본적인 용어들을 사용하는 이론에 의해 표현될 가능성이 높은 것 같다.

저 위쪽 하늘 위로 날아간다

마치 하늘에 떠 있는 접시처럼.

——루이스 캐롤, 1865년경

수학과 물리 과정에는 유명한 수수께끼가 하나 있다. 그것은 〈거울이 좌우는 역전시키면서 상하는 역전시키지 않는 까닭은 무엇인가?〉이다. 이 질문을 받으면 많은 사람들은 잠시 생각에 잠기지만, 만약 당신이 그 답을 알고 싶지 않으면 다음 두 단락은 읽지 않아도 된다.

그 답은 우리가 자신의 거울상 위에 자신을 투영시킬 때 어떤 방식이 적절하다고 생각하는지에 따라 달라진다. 대부분의 사람들이 맨 처음 나타내는 반응은 거울을 향해 두세 걸음 다가간 다음, 발뒤꿈치를 축으로 삼아 빙글 회전해서 거울 속의 〈그 사람〉의 신발 위에 올라설 수 있다고 (정작 〈그 사람〉의 심장, 맹장 등이 반대쪽에 있다는 사실을 잊고) 생각하는 것이다. 뇌에서 언어를 관장하는 반구(半球)는 분명 반대쪽에 있을 것이다. 해부학적인 거시 수준에서 보아도 그 거울상은 실제로는 사람이 아니다. 미시적인 관점에서는 문제가 더 심각해진다. DNA 분자의 나선은 역방향이고, 거울-인간이 진짜 사람과 결혼할 수 없는 것은 복제 인간이 그럴 수 없는 것과 마찬가지이다.

그러나 잠깐! 만약 당신이 발뒤꿈치로 회전하는 대신 몸 앞쪽에 있는 허리 높이의 수평 철봉에 허리를 대고 넘는 것처럼 거꾸로 선다면, 당신의 심장은 거울-인간과 같은 방향에 있게 된다. 물론 이 경우 키는 똑같겠지만 당신의 발과 머리가 반대 방향에 놓이게 된다. 따라서 거울이 상하를 역전시키는 것으로 생각할 수도 있을 것이다. 당신은 수평 막대를 축으로 삼아 회전할 것인지 수직 막대를 축으로 회전할 것인지, 다시 말해 심장은 제 위치이지만 머리와 발이 반대가 되게 할 것인지, 아니면 그와 반대로 머리와 발은 제 방향이지만 심장이 반대쪽에 오게 할 것인지를 선택할 수 있다. 사람의 몸은 겉으로 보기에는 좌우 대칭이기 때문에 수직축을 중심으로 회전하는 쪽이 당신과 거울상을 겹치게 할 수 있는 좀더 자연스러운 방식이 될 것이다. 그러나 거울은 당신이 거울의 작용을 어떻게 해석하든 관심을 갖지 않는다. 그리고 실제로 거울이 역전시키는 것은 앞뒤가 아니다!

겹침·투영·동일화·공감(감정이입) 등(또는 당신이 무엇이라고 부르든 간에)의 개념에는 흥미로운 무언가가 존재한다. 그것은 인간의 기본적인 성향이고, 실제로 거의 저항하기 어렵다. 그러나 그것은 우리를 아주 낯선 개념적 경로들로 인도할 수도 있다. 앞에서 언급한 거울 퍼즐은 자기 투영을 지극히 쉽게 얻을 수 있지만 위험하다는 것을 보여준다. 첫머리에 인용한 컨트리 웨스턴 발라드의 후렴이 더 분명하게 우리들에게 가르쳐 주듯이, 이러한 투영을 지나치게 진지하게 받아들이는 것은 무익한 일이다. 그러나 우리는 스스로의 마음이 어쩔 수 없이 이끌리는 것을 막을 수 없다. 어차피 막을 수 없다면 끝까지 가는 편이 오히려 낫지 않을까? 그리고 이 글의 제목에서 네이글이 제기했던 주제를 기초로 터무니없는 변주곡의 향연에 탐닉해 보자.

맥도널드 가게에서 일한다는 것은 어떤 것일까? 서른여덟 살이 된다는 것은? 오늘 런던에 있다는 것은?

에베레스트 산에 오른다는 것은 어떤 것일까? 올림픽에서 체조 금메달 수상자가 되는 것은?

훌륭한 음악가가 되는 것은 어떤 것일까? 키보드로 즉흥 푸가를 연주할 수 있다는 것은? 바흐가 된다는 것은? 이탈리아 협주곡의 최종 악장을 쓰고 있는 바흐가 된다는 것은?

지구가 평평하다고 믿는 것은 어떤 것일까?

당신보다 믿을 수 없을 만큼 지적인 인물이라는 것은 어떤 것일까? 믿을 수 없을 만큼 지능이 뒤진다는 것은?

초콜릿을 (또는 당신이 가장 즐기는 기호품을) 싫어한다는 것은 어떤 것일까?

영어를 (또는 당신의 모국어를) 이해하지 않고 듣는다는 것은 어떤 것일까?

자신과 반대의 성(性)이 된다는 것은 어떤 것일까?(열다섯번째 이야기 「거부 반응을 넘어서」를 참조하라)

당신의 거울상이 된다는 것은 어떤 것일까?(영화 「태양의 반대편으로의 여행 *Journey to the Far Side of the Sun*」을 보라.)

쇼팽의 형이 된다는 것은(그에게는 형은 없다) 어떤 것일까? 현재의 프랑스 왕이 되는 것은?

당신이 꿈꾸던 인물이 되는 것은 어떤 것일까? 자명종이 울려 깨어났을 때, 꿈꾸던 인물이 되는 것은? 샐린저의 소설(『호밀밭의 파수꾼』——옮긴이) 주인공 홀덴 콜필드Holden Caulfield가 되는 것은? 콜필드의 성격을 나타내는 샐린저의 뇌의 하위 체계가 된다는 것은?

분자가 된다는 것은 어떤 것일까? 분자의 집합체가 되는 것은?

꿀벌이 된다는 것은 어떤 것인가? 야구 방망이에 맞는 꿀벌이 된다는 것은 어떤 것인가? 방망이에 맞은 꿀벌이 된다는 것은? (짐 헐Jim Hull의 그림)

병원균은? 모기는? 개미는? 개미 집단은? 중국은? 합중국은? 디트로이트 시(市)는? 제너럴 모터스 사(社)는? 음악회의 청중은? 야구팀은? 결혼한 부부는? 머리가 둘 달린 소는? 샴 쌍생아(몸의 일부가 붙어서 태어난 쌍둥이——옮긴이)는? 분할뇌(뇌의 좌우 반구가 별개로 기능해서 두 가지 일을 동시에 할 수 있는 것——옮긴이)를 가진 사람은? 그 사람의 절반은? 단두대로 절단된 사람의 머리는? 그 몸뚱아리는? 피카소 뇌의 시각 피질은? 쥐의 쾌감 중추는? 해부된 개구리의 반사 운동하는 발은? 꿀벌의 눈은? 피카소 눈의 망막 세포는? 피카소의 DNA분자는?

가동 중인 인공 지능 프로그램이 된다는 것은 어떤 것일까? 컴퓨터 운영 체계가 되는 것은? 〈기능 정지〉 순간의 운영 체계는?

전신 마취 상태에 있다는 것은 어떤 것일까? 감전사를 당하는 것은? 더 이상 주체(〈나〉, 자아, 자기)가 존재하지 않는 깨달음의 경지에 도달한 선(禪)의 대가가 되는 것은?

자갈이 되는 것은 어떤 것일까? 풍경은? 인간의 신체는? 지브롤터에 있는 바위산은? 안드로메다 성운은? 신(神)은?

〈X가 되는 것은 어떤 것일까?〉라는 마법의 주문으로 불러낼 수 있는 이러한 이미지들은 이처럼 매력적이다. ······ 우리의 마음은 매우 유연하기 때문에 〈박쥐가 되는 것과 같은 무언가〉가 존재한다는 생각을 쉽게 받아들인다. 게다가 우리는 박쥐나 소나 인간과 같이 〈되는 무언가〉가 존재한다는, 즉 〈됨이 가능한 물 be-able things〉, 줄여서 〈됨가능물 BATs〉이 존재한다는 생각도 기꺼이 받아들인다. 반면 그렇지 않은 무엇(공, 스테이크, 은하[물론 은하 속에는 〈됨가능물〉들이 셀 수 없이 많이 존재할 수도 있지만]) 역시 존재한다고 쉽게 생각한다. 그렇다면 됨가능물-성 BAT-itude의 기준은 무엇인가?

철학 문헌에서는 지각력을 갖는다는 것이 어떤 것인지에 대한 정확한 느낌을 불러일으키기 위해 여러 가지 표현이 사용되어 왔다(가령 〈being sentient[지각력을 가진 존재]〉도 그중 하나이다). 오래 전부터 사용된 표현으로는 〈영혼 soul〉과 〈아니마 anima(영혼, 정신의 뜻을 가진다. ― 옮긴이)〉라는 두 가지가 있다. 요즈음에는 〈의도성 intentionality(지향성)〉이라는 말이 사용된다. 그리고 〈의식 consciousness〉이라는 말도 오랫동안 쓰였다. 그 밖에 〈주체임 being a subject〉, 〈영적 생활을 가짐 having an inner life〉, 〈경험을 가짐 having experience〉, 〈관점을 가짐 having a point of view〉 또는 〈지각적인 무엇 perceptual aboutness〉이나 〈개성〉, 〈자아〉, 〈자유 의지〉 등을 갖는다는 표현도 여러 가지 맥락에서 사용되었다. 어떤 사람들의 눈에는 〈마음을 가짐〉이나 〈지적이 됨〉 또는 평범하지만 같은 의미를 갖는 〈사고thinking〉 등이 그와 비슷한 울림을 주는 것으로 비쳐졌다. 설은 자신의 글(이야기 스물둘)에서 〈형식form(공허하고 기계적)〉과 〈내용content(살아 있고 의도적인)〉을 대비시켰다. 그 밖에 〈구문론적 syntactic〉과 〈의미론적 semantic〉 또는 〈의미 있는〉과 〈의미 없는〉이라는 용어도 이러한 구별을 강조하기 위해 사용되었다. 이 거대한 진열장에 늘어서 있는 용어들은 거의 모두 동의어이다. 그것들은 모두 〈이 대상은 됨가능물인가, 아닌가?〉라는 식의 물음을 받았을 때 그 대상에 우리 자신을 투영하는 것이 의미 있는 것인지 아닌지라는 감정적인 문제에 관계된다. 그러나 이러한 용어가 지시하는 무언가가 정말 존재하는 것인가?

네이글이 분명히 밝혔듯이 그가 추구하는 〈사물thing〉은 모든 박쥐의 경험에 공통되는 일종의 증류물이다. 그러므로 설은 네이글을 〈이원론자〉라고 말할지도 모른다. 왜냐하면 네이글은 모든 박쥐의 개별적 경험으로부터 나오는 일종의 추상물을 믿기 때문이다.

그런데 놀라운 사실은 정신적인 사상(寫像)을 하도록 독자를 유혹하는 문장의 문법을 살펴보면 이 다루기 힘든 문제에 대해 얼마간의 통찰력을 얻을 수 있다. 가령 두 개의 질문, 〈만약 인디라 간디가 되는 것은 무엇과 비슷할까What would it be like to be Indira Gandhi?〉와 〈인디라 간디가 되는 것은 어떤 것일까What is it like to be Indira Gandhi?〉의 차이점을 생각해 보자. 전자의 가정법 문장은 당신이 자신을 다른 사람의 〈피부〉 안쪽으로 투영하도록 강제한다. 반면 후자의 직설법 문장은 인디라 간디에게 그가 인디라 간디이게 해주는 것은 무엇인가를 묻고 있는 것처럼 보인다. 더구나 〈누구의 말로 기술되는 것인가?〉라는 문제도 제기될 수 있다. 만약 인디라 간디가 당신에게 인디라 간디가 되는 것이 무엇인지를 이야기해 준다면, 그녀는 당신의 경험 속에서 대략 유사하다고 생각되는 것들을 언급하면서 인도에서의 정치적 생활과 연관된 사항을 설명하려고 시도할 것이다. 그러면 당신은 이렇게 항의할지도 모른다. 〈아닙니다. 저의 용어로 그것들을 번역하지 마십시오! 당신 자신의 말로 이야기해 주십시오. 인디라 간디가 인디라 간디가 되는 것이 인디라 간디에게 무엇인지를 제게 이야기해 달라는 말입니다!〉 물론 그 경우 그녀는 힌두어로 말하고 힌두어를 배우는 수고는 당신의 몫으로 남겨둘 수도 있다. 그러나 당신이 힌두어를 배운다 해도, 당신이 처한 입장은 힌두어가 모국어인 사람들 중에도 수백만 명의 사람들이 만약 인디라 간디가 된다면 그것이 무엇과 비슷할까에 대해 아무것도 생각할 수 없는 (인디라 간디에게 인디라 간디가 되는 것이 어떤 것인지는 말할 나위도 없고) 것과 마찬가지일 것이다.

여기에서는 무언가가 완전히 잘못된 것이 확실하다. 네이글은 결국 자신이 사용한 〈이다be〉라는 동사에 주어가 없어야 한다는 것을 요구한다. 다시 말해서 〈내가 *X*임은 내게 어떤 것일까?〉가 아니라 〈*X*임은 객관적으로 어떤 것일까?〉가 되는 셈이다. 그러므로 여기에는 〈임의 주체be-er〉가 없이 〈임의 대상(술어)〉만be-ee 존재하는 꼴이다. 이것은 머리 없는 산 짐승과도 같은 꼴이다. 우리는 〈만약 인디라 간디가 된다면 그것은 무엇과 비슷할까?〉라는 가정법 표현으로 되돌아가야 할 것이다. 그렇다면 그 주체는 누구인가? 나인가, 아니면 그녀에게인가? 불쌍한 인디라 간디! 만약 내가 그녀가 된다면 그녀는 어디로 가야 하는가? 또는 입장을 바꾸면 (동일성이란 대칭적인 symmetric 관계이기 때문에) 우리는 〈만약 인디라 간디가 나라면 그것은 어떤 것일까?〉가 된다. 그렇게 하면 다시 만약 그녀가 나라면 나는 어디에 있는가라는 물음이 제기된다. 우리는 서로의 위치를 맞바꾼 것인가? 아니면 우리는 두 개의 별개의 〈영혼〉을 일시적으로 융합시킨 것일까?

이 대목에서 주의해야 할 점은 〈만약 그녀가 나라면〉이라고 말할 때, 영어로 〈If she were I〉가 아니라 〈If she were me〉라는 표현을 사용한다는 사실이다(주격의 〈I〉가 아니라 목적격인 〈me〉를 사용한다는 점을 제기하고 있다. ──옮긴이). 대개의 유럽 언어들은 이런 식으로 주격과 주격이 함께 오는 식의 사용법을 꺼리는 경향이 있다. 유럽인들은 주격을 주어와 술어 양쪽에 모두 쓰는 것을 이상하게 생각한다. 유럽 사람들은 〈be〉 동사 뒤에 마치 타동사처럼 목적격의 단어를 사용하는 쪽을 선호한다! 동사 〈be〉는 타동사가 아니라 대칭적인 동사이지만(주어와 보어가 동격이라는 의미에서 대칭적이다. ──옮긴이), 언어는 그러한 대칭적 표현으로부터 우리를 일탈시킨다.

이러한 예는 독일어에서도 찾아볼 수 있지만, 독일어에는 그러한 동일성을 나타내는 문장을 작문하는 재미 있는 두 가지 가능성이 존재한다. 다음에 예로 드는 두 개의 문장은 렘의 대화를 번역한 독일어 글에서 인용한 것으로, 어떤 죄인에 대해 그를 구성하는 분자가 1 대 1로 대응하는 정확한 복제를 만드는 장면이다. 우리도 그 정신에 따라 독일어 원문과 거의 정확히 1 대 1로 대응하는 영어 단어의 복제본을 만들어보자.

1. Ob die Kopie wirklich du bist, dafür muß der Beweis noch erbracht werden. (As-to-whether the copy really you are, thereof must the proof still provided be.)

그 복제가 실제로 당신인지 여부에 대해서는 증거가 제출되어야 할 것이다.

2. Die Kopie wird behaupten, daß sie du ist. (The copy will claim that it you is.)

그 복제는 자신이 당신이라고 주장할 것이다.

여기에서 주목해야 할 것은 동일성을 나타내는 두 절 모두에서 〈the copy〉(또는 〈it〉)가 먼저 등장하고, 다음에 〈you〉, 그리고 맨 마지막에 동사가 온다는 점이다. 그리고 첫번째 절에서 〈are〉가 동사이고 (이것은 사후적으로 〈you〉가 주어이고 〈copy〉가 술어라는 것을 함축한다) 반면 두번째 절에서는 3인칭인 〈is〉가 동사라는 사실을 (사후적으로 주어가 〈it〉이고 술어가 〈you〉라는 것을 함축한다) 주목해야 한다. 독일어에서 동사가 맨 마지막에 온다는 사실은 이들 절에 일종의 역전 효과를 주고 있다. 영어에서는 정확히 같은 효과를 얻을 수 없지만, 〈Is the copy really you?(이 복제가 정말 당신인가?)〉와 〈Are you really the copy?(당신이 정말 이 복제인가?)〉라는 식으로 그 의미에서 미묘한 차이가 있는 두 문장을 만들 수 있다. 이 두 개의 의문문은 우리 마음 속에서 각기 다른 차원으로 〈미끄러져

들어간다〉. 앞의 문장이 들어가는 차원은 어디까지나 주어가 물건이기 때문에 〈그렇지 않으면 그 복제는 실제로는 다른 사람인가, 아니면 아무도 아닌가?〉이고, 후자가 들어가는 차원은 주어가 사람이기 때문에 〈그렇지 않으면 당신은 어딘가 다른 곳에 있는 것인가, 아니면 당신은 어쨌든 어딘가에 있는 것인가?〉이다. 말이 나온 김에 덧붙이자면, 이 책의 원제인 〈마인즈 아이 Mind's I〉는 소유격으로 간주될 수 있을 뿐만 아니라 〈Who am I?(나는 누구인가)〉와 〈Who is me?(누가 나인가)〉라는 두 가지 물음에 대한 답변을 한 마디로 축약시킨 것에 해당할 수도 있다. 타동사의 사용이 (엄밀히 말하자면 〈to be〉의 비문법적 사용법이지만) 두번째 의문문에 첫번째와 전혀 다른 〈느낌〉을 준다는 점에 주목할 필요가 있다.

〈D. C. D.가 D. R. H.에게: 내가 자네라면 If I were you, '자네가 나라면, 나는 이러저러하게…… If you were me, I'd ……' 하는 식으로 조언을 시작하는 것이 얼마나 이상한지 언급했을 것이네. 하지만 자네가 나라면 내가 자네에게 그렇게 말하도록 권할까?〉

이런 모든 예들은, 우리가 얼마나 암시에 걸리기 쉬운지를 잘 보여준다. 우리는 무서운 기세로 〈영혼〉이라는 것이 그 속에 존재한다는 생각에 빠져들어 간다. 더구나 켜지거나 꺼질 수 있는 불꽃 같은 영혼이 있거나, 촛불 사이로 불꽃이 이동하듯이 사람의 신체 사이를 떠돌아다니기까지 하는 영혼이 있다고 생각하는 것이다. 만약 촛불이 꺼져서 다시 불을 붙이면 그것은 〈같은 불꽃〉일까? 아니면 만약 그 촛불이 켜진 채 그대로 있다고 하더라도, 한 순간과 다음 순간의 불꽃은 과연 〈같은 불꽃〉인가? 올림픽 성화는 4년마다 아테네에서 개최지까지 봉송 주자에 의해 조심스럽게 수천 킬로미터의 거리를 이동한다. 이런 번거로운 행사를 치르는 까닭은, 이것이 〈아테네에서 채화된 바로 그 불꽃〉이라는 생각을 불러일으키는 강력한 상징성 때문이다. 성화를 봉송하는 동안 잠깐이라도 불이 꺼진다면 그런 사실을 알게 된 사람들에게는 그 상징성이 파괴될 것이다. 그렇지만 성화의 유래를 모르는 사람들은 아무런 상처도 입지 않을 것이다! 어떻게 그런 일이 있을 수 있을까? 그러나 감정적인 면에서는 가능할 것이다. 〈불꽃-영혼〉이라는 생각은 그리 쉽게 사라지지 않을 것이다. 그러나 그 생각은 우리에게 골치 아픈 문제를 안겨준다.

우리의 직관에 따르면 거의 〈같은 크기의 영혼〉만이 한 사람에게서 다른 사람으로 이동할 수 있다. 다니엘 키즈Daniel Keyes의 SF 작품 『알게논에게 꽃다발을 *Flowers for Algernon*』에 등장하는 지능 장애 젊은이는 경이적인 의학적 처방으로 지능을 획득해서 뛰어난 천재가 된다. 하지만 그 의학적 처방의 효과가 오래 지속되지 못함이 판명되어 〈그〉는 자신의 정신이 이전의 지능 장애 상태로 퇴행하는 것을 목격한다. 이 소설의 줄거리는 사람들이 실생활에서 겪는 비극 속에 그 대응물을 갖고 있는 것이다. 사람들은 제로(0) 상태의 정신에서 출발해서 정상적인 지능을 가진 성인으로 자라난 후 점차 늙어가는 자신을 목격하거나 심각한 뇌 손상을 입는다. 이때 〈당신 내부에서 당신의 영혼을 끄집어낸다는 것은 어떤 것일까?〉라는 우리의 질문에 대해 그러한 손상을 경험한 쪽이 풍부한 상상력을 구사하는 다른 사람보다 더 잘 대답할 수 있을까?

프란츠 카프카Franz Kafka의 작품 『변신*Metamorphosis*』은 어느 날 아침 눈을 떠보니 거대한 딱정벌레로 변한 젊은 남자의 이야기를 다룬다. 그런데 그 딱정벌레는 사람처럼 사고한다. 『알게논에게 꽃다발을』의 발상을 『변신』의 발상과 결합해서 어떤 곤충의 지능이 높아져서 사람의 천재 수준에 도달한 다음(초인적인 수준에까지 갈 수도 있지 않을까?) 다시 곤충의 수준으로 떨어지는 경험을 상상해 보는 것도 재미있을 것이다. 그러나 우리가 이런 문제를 생각하기란 실제로는 불가능하다. 전자공학의 용어를 빌리자면, 마음과 마음 사이의 〈임피던스 정합impedance match(전력을 효과적으로 전달하기 위해 임피던스[교류의 전압-전류 비율]를 맞추는 것——옮긴이)〉이 너무 다르다고 표현할 수 있을 것이다. 실제로 임피던스 정합은 네이글이 제안하는 형식의 물음이 설득력이 있는지 여부를 가늠할 수 있는 주된 기준이 될지도 모른다. 가령 당신은 완전히 허구적인 인물인 콜필드와 실제로 존재하는 박쥐 중에서 어느 쪽이 되는 것이 더 상상하기 쉬운가? 물론 실재하는 박쥐보다는 허구적인 인물에 당신을 사상하는 편이 더 쉽고, 현실적일 것이다. 그러나 이것은 조금 놀라운 일이다. 네이글의 동사 〈be〉는 때로는 아주 기이한 기능을 하는 것처럼 보인다. 어쩌면 튜링 테스트에 대한 대화편에서도 시사되었듯이 동사 〈be〉는 확장되고 있다. 그 한계를 넘어서까지 확장되고 있는지도 모른다!

이런 생각에는 어딘가 수상쩍은 구석이 있다. 어떻게 존재하지 않는 무언가가 존재하는 무언가일 수 있는가? 양쪽이 모두 〈경험을 갖는〉 것이 가능할 경우, 어떻게 그것이 더 그럴 듯해지는 것인가? 〈저 검은 거미가 자신의 거미줄에 걸려 있는 모기라면 그것은 어떤 것일까?〉라는 식의 질문을 스스로에게 제기하는 것은 무의미한 일에 틀림없다. 더 나쁜 예는 〈내 바이올린이 내 기타였다면, 그것은 어떤 것일까?〉라거나 〈이 문장이 하마라면 그것은 어떤 것일까?〉와 같은 질문이다. 누구에게 어떤 것인가라는 말인가? 연관된 다양한 대상에 대해서인가? 지각력을 가진 것에 대해서인가, 지각력을 갖지 않은 대상에 대해서인가? 지각하는 우리에 대해서인가? 아니면 다시 〈객관적으로〉인가?

이러한 점들이 네이글의 논문에서 나타나는 성가신 문제점이다. 그는, 그의 말에 따르면, 〈우리라는 것이 어떤 것인지를 상상할 수 없는 생물에도 도달 가능한 용어를 사용한 기술〉을 주는 것이 가능한지 어떤지를 알고 싶은 것이다. 엄밀하게 표현하면 그의 주장은 누구에게도 분명한 모순이다. 실제로 이것이 그의 논점이다. 그가 알고 싶어하는 것은 그에게 박쥐임이 무엇인지가 아니다. 그는 그것이 주관적으로 어떤 것인지를 객관적으로 알고 싶은 것이다.

그는 〈타자의 헬멧〉, 그 헬멧에 달린 전극이 뇌를 자극해서 박쥐와 같은 경험을 하게 해주는 헬멧을 쓰는 경험으로는, 그리고 그것에 의해 〈박쥐-성 bat-itude〉을 경험하는 것으로는 성에 차지 않는다. 결국 그것은 네이글이 박쥐가 된다면 그것은 어떤 것인가에 불과하다. 그러면 어떻게 해야 그를 만족시킬 수 있는가? 그는 어떤 것도 자신을 만족시키리라고 확신할 수 없고, 바로 그 사실이 그를 괴롭히는 것이다. 그는 〈경험을 갖는다〉는 개념이 객관적인 영역을 넘어서는 것을 두려워한다.

그런데 됨가능물-성을 나타내기 위해 앞에서 열거한 많은 동의어 중에서 가장 객관적으로 보이는 것은 아마도 〈관점을 가진다〉일 것이다. 즉 기계 지능을 인정하지 않는 가장 완고한 독단론자라도 세계에 대한 사실이나 세계와 자신과의 관계를 표현하는 컴퓨터 프로그램에 대해서는 〈관점〉을 인정하지 않을 수 없을 것이다.

컴퓨터는 〈3분 전에 테디Teddy 곰은 여기에서 동쪽으로 35리그(168킬로미터에 해당한다.——옮긴이) 떨어진 곳에 있었다〉라고 말하는 식으로, 컴퓨터 자신을 중심으로 한 준거틀에 의해 그 주변 세계가 기술되도록 프로그램될 수 있다. 그 점에는 이론의 여지가 없다. 이런 식으로 〈여기, 그리고 지금을 중심으로 한here-centered, now-centered〉이라는 준거틀은 〈자기 중심적〉인 관점의 최초의 형태이다. 〈지금, 여기에 있음〉은 어떤 〈나〉에게도 중심이 되는 경험이다. 그러나 당신은 어떤 〈나〉를 지시하지 않고 어떻게 〈지금〉과 〈여기〉를 정의할 수 있는가? 그렇게 되면 순환을 피하기 힘들지 않을까?

잠시 〈나〉와 〈지금〉의 결합에 대해 생각해 보자. 정상적으로 성장해서 일반적인 지각적·언어적 능력을 갖춘 인물이 그 후 뇌에 손상을 입어 단기 기억을 장기 기억으로 변환하는 능력을 상실했다고 가정하면 그 사람임이라는 것은 어떤 것일까? 그런 사람의 존재 감각은 〈지금〉의 양쪽으로 겨우 몇 초 정도 확장될 것이다. 이 경우 자아 연속성continuity of self의, 즉 시간의 양방향에서의 확장에 의한 연쇄적인 자아의 내적 시야가 일관된 한 사람의 인격을 형성하는 장기적인 감각은 존재하지 않을 것이다.

만약 당신이 사고로 뇌진탕을 일으켰다면, 그 이전 몇 초 동안의 기억은 당신의 마음에서 말소되고, 마치 그 시간 동안에는 당신에게 의식이 없었던 것 같을 것이다. 지금 이 순간 당신이 머리에 충격을 받아서 방금 읽은 몇 줄의 문장이 뇌에 아무런 흔적도 남기지 않았다고 생각해 보라. 그렇다면 이 몇 줄의 문장을 경험한 것은 누구인가? 경험이란 그것이 장기 기억으로 편입된 다음에야 당신의 일부가 되는 것일까? 당신이 전혀 기억하지 못하는 숱한 꿈을 꾼 것은 도대체 누구인가?

〈지금〉과 〈나〉가 밀접히 연관되는 용어이듯이 〈여기〉와 〈나〉도 밀접한 관계를 갖는다. 조금 묘한 느낌이겠지만 당신이 지금 죽음을 경험하고 있다고 생각해 보라. 당신은 지금 파리에 없기 때문에 파리에서 죽어 있다는 것이 어떤 것인지 알고 있다. 빛도 소리도 아무것도 없다. 팀북투(아프리카 서부에 있는 소도시——옮긴이)도 사정은 마찬가지이다. 결국 당신은 모든 장소에서 죽어 있다. 당신이 지금 위치하고 있는 작은 지점을 제외하고. 당신이 모든 장소에서 죽어 있는 상태에 얼마나 가까운지를 생각해 보라! 또한 당신은 지금 이외의 모든 시간에 죽어 있을 수도 있다. 당신이 살아 있는 시공의 작은 조각은 우연히 당신의 신체가 지금 있는 장소가 아니라, 당신의 신체와 〈지금〉이라는 개념에 의해 정의되는 장소인 것이다. 우리들의 언어는 모두 〈여기〉와 〈지금〉의 풍부한 조합, 즉 〈나I〉와 〈나me〉를 포괄한다.

컴퓨터를 프로그램할 때 외부 세계와 컴퓨터 자체와의 관계를 기술하는 데 〈나I〉, 〈나me〉, 〈나의my〉와 같은 용어를 사용하는 일은 흔하다. 물론 이런 용어를 사용할 때 그 배후에 세련된 자기 개념이 필요한 것은 아니다. 물론 있어도 무방하지만 말이다. 본질적으로 어떤 표상 체계도, 앞의 「전주곡——개미의 푸가」의 나를 찾아서에서 정의했듯이, 적절한 수준이기는 하지만, 일부 관점의 구체화인 것이다. 〈관점을 가짐〉과 〈표상 체계임〉 사이의 명백한 관계는 됨가능물-성에 대한 고찰을 한 걸음 더 진전시킨다. 왜냐하면 만약 우리가 됨가능물-성을 그 범주 레퍼토리와 그들의 세계 선의 충분히 지표화된 기억을 갖춘 물리적 표상 체계와 동일시할 수 있다면, 우리는 주관성 중에서 몇 가지를 객관화시키게 될 것이기 때문이다.

여기에서 〈박쥐가 된다는 것〉이라는 개념이 낯설게 느껴지는 까닭은, 박쥐가 기묘한 방식으로 외부 세계를 지각하기 때문이 아니라 박쥐는 분명 우리 인간에 비하면 지극히 축소된 개념적·지각적 범주의 집합밖에 갖지 않기 때문이라는 점을 지적해 둘 필요가 있다. 감각의 여러 양상은 어떤 의미에서는 놀랄 만큼 교환 가능하고 동등하다. 예를 들어 시각 장애자든 정상적인 시각을 가진 사람이든 촉각에 의해 시각적 경험이 유발될 수 있다. 텔레비전, 카메라로 구동되는 1,000개 이상의 자극 돌기가 달린 판을 어떤 사람의 등에 장치하면, 등을 통해 느껴지는 촉감은 뇌에 전달되고 그 처리 과정이 시각 경험을 일으킬 수 있다. 눈이 보이는 한 여성의 대체 시각 경험에 대한 보고를 인용해 보자.

나는 눈을 가린 채 의자에 앉아 있었다. TSR 돌기가 등에 닿아 차가운 느낌이 들었다. 처음에는 형태 없는 감각의 물결을 느꼈을 뿐이다. 콜린스는 자신이 내 앞에서 손을 흔들고 있다고 말해 주었고, 나는 그 느낌에 익숙해질 수 있었다. 그때 갑자기 나는 검은

삼각형이 사각형의 왼쪽 아래에 있다는 것을 느꼈다. 아니, 본 것인지도 모른다. 하여튼 어느 쪽인지는 분명치 않다. 그 감각이 어떤 것인지 정확히 구분하기는 힘들었다. 나는 등에서 진동을 느끼고 있었는데 머리 속에서는 사각형 테두리 속에 그 삼각형이 나타난 것이었다(낸시 헤칭거 Nancy Hechinger, 「눈없이 보기 Seeing Without Eyes」에서 인용).

이러한 감각 입력 양상의 변환은 잘 알려져 있다. 앞에 소개한 몇 개의 논문에서도 지적되었듯이 모든 것을 아래위로 역전시키는 프리즘 모양의 안경을 쓴 사람은 2, 3주일 후에는 이러한 방식으로 세계를 보는 데 완전히 익숙해진다. 좀더 추상적인 예를 들자면, 새로운 언어를 배우는 사람도 마찬가지로 새로운 방식으로 개념들의 세계를 경험한다.

따라서 〈박쥐의 세계관〉을 우리의 세계관과 다르게 만드는 것은, 실제로는 자극을 지각으로 변환시키는 양식이나 사고를 지탱하는 매체의 성격이 아니다. 그것은 매우 제한된 박쥐의 범주 대집합, 그리고 살아가는 데 무엇이 중요하고 무엇이 그렇지 않은가에 대한 강조점의 차이인 것이다. 박쥐가 〈인간의 세계관〉과 같은 관념들을 형성하거나 그와 연관된 농담을 할 수 없다는 것은 사실이지만, 그것은 그들이 너무 바쁘고 생명을 유지하는 데 온 힘을 기울여야 하기 때문이다.

네이글이 던진 물음을 통해 우리가 생각하지 않을 수 없는, 더구나 아주 진지하게 생각할 수밖에 없는 것은, 어떻게 우리가 자신의 마음을 박쥐의 마음에 사상(寫像)할 수 있는가이다. 어떤 종류의 표상 체계가 박쥐의 마음일까? 우리는 박쥐에게 감정 이입을 할 수 있을까?

이런 관점에서 네이글의 질문은, 이야기 스물둘의 나를 찾아서에서 이야기했듯이 한 표상 체계가 다른 표상 체계를 시뮬레이트하는 방식과 밀접하게 연관되어 있는 것 같다. 우리는 시그마5라는 컴퓨터에 대해 〈DEC임은 어떤 것일까?〉라고 물음으로써 무언가를 배우게 될까? 천만에, 그것은 어리석은 질문이다. 그것이 어리석은 까닭은 프로그램되지 않은 컴퓨터는 표상 체계가 아니기 때문이다. 설령 어떤 컴퓨터가 다른 컴퓨터를 에뮬레이트할 수 있는 프로그램을 갖고 있다 해도 이 프로그램이 컴퓨터에게 앞의 질문에 포함되는 개념들을 다룰 수 있는 표현 능력을 주지는 않는다. 따라서 대단히 세련된 인공 지능 프로그램, 〈이다be〉와 같은 동사를 우리들처럼 자유자재로 사용할 수 있는(네이글의 확장된 의미를 포함해서) 프로그램이 필요할 것이다. 여기에서 질문은 오히려 다음과 같은 것이 되어야 할 것이다. 〈자신을 이해하는self-understanding 인공 지능 프로그램으로서의 당신이 그와 같은 또 다른 프로그램을 에뮬레이트한다는 것은 어떤 것일까?〉 그러나 이런 물음은 〈어떤 사람이 다른 사람에게 강하게 감정 이입한다는 것은 어떤 것일까?〉라는 질문과 아주 비슷해지기 시작한다.

앞에서도 지적했듯이 사람은 단 한 순간도 컴퓨터를 에뮬레이트할 수 있을 정도로 인내심이 깊지도 않고 정확하지도 않다. 다른 됨가능물-성의 입장이 되어보려고 시도할 때 인간은 에뮬레이트하는 것이 아니라 감정이입을 하는 경향이 있다. 그들은 자신의 뇌의 기호 활동의 연쇄 반응에 변화를 초래하는 전반적인 경향들을 스스로 이용함으로써 자기의 내부 기호 체계를 〈전복〉시킨다. LSD 환각제도 뉴런이 의사 소통하는 방식을 근본적으로 변화시키지만, 감정 이입은 LSD를 복용하는 경우와 정확히 같지는 않다. LSD는 예측 불가능한 방식으로 작용한다. LSD의 효과는 뇌 속에서 확산되는 방식에 따라 달라지지만 그 효과는 무엇이 무엇을 기호적으로 표현하는가와는 무관하다. 따라서 LSD가 사고에 미치는 효과는 뇌를 관통하는 총알이 사고에 미치는 효과와 조금은 비슷하다. 다시 말해서 외부에서 침입하는 물체는 뇌 속의 물질이 하는 기호 활동 능력과는 무관하다.

그러나 〈자, 박쥐가 된다면 어떤 느낌일지 생각해 보자〉라는 식의 기호 활동의 채널을 통해 만들어진 하나의 편향이 하나의 정신적 맥락을 만들기 시작한다. 정신적 용어보다 물리적인 용어로 번역하자면, 박쥐의 관점에 당신 자신을 투영하려는 행위가 당신 뇌의 일부의 기호계를 활성화한다는 것이다. 그리고 이러한 기호들이 활성 상태를 유지하는 한 다른 모든 기호가 활성화되는 패턴을 촉발시키게 된다. 뇌는 매우 복잡하기 때문에 이러한 기호계는 특정 활동을 안정적인 것으로 즉 맥락으로서, 그리고 그것에 의존하는 방식으로 활성화되는 다른 기호들로 취급할 수 있다. 따라서 우리가 〈박쥐가 되어 생각할〉 때, 우리는 일상적인 것과 다른 경로로 사고를 전달하는 뉴런의 맥락을 만들기 시작하며, 그에 의해 자신의 뇌를 전복시키게 된다(무척 안타깝게도, 우리가 원한다고 해서 〈아인슈타인이 되어 생각할〉 수는 없다!).

그렇지만 이러한 모든 풍부함도 우리를 박쥐-성 bat-itude 그 자체에 도달하게 하지는 못한다. 각자의 자기 상징(렘의 퍼스네틱스에 나오는 〈코어〉 또는 〈인격의 핵〉)은 그 또는 그녀의 삶을 통해 대단히 크고 복잡하고 특유한 무엇이 된다. 그리고 그것은 더 이상 카멜레온처럼 다른 사람이나 생물과의 동일성을 가정할 수 없게 된다. 자기상징의 개인사individual history는 자기 상징의 그 작은 〈매듭〉에 단단히 휘감기게 된다.

동형(同形) 또는 동일한 자기상징을 가질 만큼 흡사한 두 개의 시스템, 예를 들어 어떤 여성과 원자 하나하나까지 대응하는 그녀의 복제에 대해 생각해 보는 것도 흥미롭다. 만약 그녀가 자신에 대해 생각하면 그녀는 자신의 복제에 대해서도 생각하고 있을까? 많은 사람들이 드넓은 우주 어딘가에 자기와 비슷한 또 다른 자신이 있을 것이라고 공상한다. 당신이 자신에 대해 생각하고 있을 때 당신은 무의식 중에 그 사람에 대해서도 생각하고 있는 것일까? 그렇다면 지금 당신이 생각하는 우주 저편의 인물은 과연 누구일까? 그 사람이 된다는 것은 어떤 것일까? 당신이 그 사람일까? 만약 선택이 가능하다면 당신과 그 사람 중에서 누가 죽게 할 것인가?

네이글이 자신의 글에서 인정하지 않는 것처럼 보이는 것 중 하나는, 우리가 자신의 것이 아닌 영토로 건너가는 것을 가능하게 해주는 다리는 (다른 무엇보다도) 언어라는 점이다. 박쥐는 〈다른 박쥐가 된다는 것은 어떤 것일까?〉에 대해 전혀 생각하지 않으며, 그런 의문도 품지 않는다. 그것은 박쥐가 개념을 교환하기 위한 보편적 수단을 갖지 않기 때문이다. 인간의 경우에는 언어·영화·음악·몸짓 등이 그런 수단을 제공한다. 이러한 매체는 우리가 투영하거나 다른 관점으로 빨려들어 가는 것을 돕는다. 관점은 보편적인 교환 수단을 통해 호환성이 높아지고, 이동하기 쉬워지며, 그만큼 덜 개인적이고 덜 특유해진다.

지식은 객관 주관의 기묘한 혼합물이다. 언어로 표현할 수 있는 지식은, 그 말이 다른 사람들에게도 실제로 〈동일한 것을 의미하는〉 한 확대되어 공유된다. 이때 두 사람은 동일한 언어로 말하는 것일까? 우리가 〈동일한 언어로 말한다〉고 표현할 때 그 의미가 무엇인지는 매우 다루기 힘들다. 우리는 언어 아래쪽에 숨겨져 있는 미묘한 풍미가 공유되지 않는다는 것을 인정하고, 당연시한다. 우리는 언어적 교류에 무엇이 포함되고, 무엇이 포함되지 않는지를 어느 정도까지는 알고 있다. 언어는 가장 사적인 경험을 교환하는 공적인 매체이다. 하나하나의 단어들은 각자의 마음 속에 풍부하고 흉내낼 수 없는 개념들의 무리에 둘러싸여 있고, 우리는 아무리 그것들을 마음의 표면까지 끌어올리려고 노력해도 항상 무언가를 빠뜨린다는 것을 알고 있다. 우리가 할 수 있는 일은 가능한 한 가까이 접근하는 것이다(이 주제에 대해서는 조지 스타이너George Steiner의 『바벨 이후*After Babel*』를 참조하라).

언어나 몸짓처럼 밈을 교환하는 매체에 의해서(이야기 열 「이기적인 유전자와 이기적인 밈」을 보라), 우리는 *X*가 되거나 *X*를 하는 것이 어떤 것인지를 경험할 수 있다(때로는 대리 경험이지만). 그러나 그것은 결코 진짜가 아니다. 그렇다면 *X*가 되는 것이 어떤 것인지에 대한 진짜 지식이란 도대체 무엇인가? 우리는 10년 전의 자신이 된다는 것이 어떤 것인지조차 잘 모른다. 고작 일기를 들춰보고서야, 아니 정확하게는 스스로를 투영해봄으로써 그것이 어떤 것인지 말할 수 있다. 따라서 그 역시 대리 경험인 것이다. 더욱이 우리는 어제 자신이 실제로 한 일을 어떻게 할 수 있었는지조차 모를 때가 종종 있다. 그리고 당신이 거기까지 완전히 도달할 수 있다 해도 바로 지금 나임이 어떤 것인지 역시 분명치 않다.

언어는 (우리에게 그 문제를 이해시킴으로써) 우리를 이 문제로 끌어들이며, 우리가 그 문제로부터 탈출하는 것을 돕는다 (그것은 언어가 사고를 교환하는 보편적 매체이고, 경험을 공유 가능하게 하고, 더욱 객관적인 것이 되는 것을 허용하기 때문이다). 그러나 언어가 우리를 끝까지 인도할 수는 없다.

어떤 의미에서 괴델의 정리는 다음과 같은 사실에 대한 수학적 유추이다. 즉 내가 초콜릿을 좋아하지 않는 것이나 박쥐임이 어떤 것인지를 이해할 수 있는 것은 계속 (정확해지는) 시뮬레이션 과정의 무한한 연속(에뮬레이션을 향해 무한히 수렴하지만 결코 그 자체에 도달하지 못하는) 이외에는 불가능하다는 것이다. 나는 자신의 안쪽에 사로잡혀 있기 때문에 다른 시스템들이 어떤 것인지 이해할 수 없다. 괴델의 정리는 내가 자신의 안쪽에 붙잡혀 있고, 따라서 다른 체계가 나를 어떻게 이해하는지를 이해할 수 없다는 일반적인 사실로부터 도출되는 귀결인 것이다. 그러므로 네이글이 날카롭게 제기한 주관성-객관성의 딜레마는 수학적 논리학과, 앞에서 살펴본 기본적인 물리학의 인식론적 문제와 어느 정도 연관성을 갖는다. 이러한 개념은 졸저 『괴델, 에셔, 바흐』의 마지막 장에서 좀더 자세히 다룬다.

D. R. H.

인식론적 악몽

레이먼드 스멀리언

제1막

프랭크는 안과 의사의 진찰실에 있다. 의사는 책을 가리키며 〈이 책의 색깔은?〉 하고 묻는다. 프랭크는 〈빨간색〉이라고 대답한다. 그러자 의사는 이렇게 말한다. 〈역시 생각한 대롭니다! 당신의 색 감각 메커니즘은 아주 형편없는 상태입니다. 그렇지만 다행히도 치료는 가능합니다. 몇 주일만 지나면 완전히 낫게 될 겁니다.〉

제2막

(몇 주일이 지난 후) 프랭크는 친구인 실험 인식론학자 집의 실험실에 있다(실험 인식론이 무엇인지는 곧 알게 될 것이다!) 인식론학자도 책을 가리키며 〈이 책의 색깔이 무엇인가?〉라고 묻는다. 프랭

* Raymond M. Smullyan, Philosophical Fantasies (New York: St. Martins Press, 1982).

크는 이미 안과 의사로부터 〈완치〉 판정을 받았다. 그러나 지금 그는 매우 분석적이고 신중한 상태여서 반박의 가능성이 있는 어떤 답변도 하려 들지 않는다. 그래서 프랭크는 〈내게는 빨간 색으로 보이네〉라고 대답한다.

인식론학자: 틀렸어!

프랭크: 내 말을 잘못 들은 것 아닌가. 나는 단지 그 책이 내게 빨간색으로 보인다고 말했을 뿐이네.

인식론학자: 제대로 들었어. 그리고 자네 대답은 틀렸어.

프랭크: 좀더 분명히 말해 주게. 이 책이 빨간색이라는 점에서 내가 틀렸다는 것인지, 아니면 이 책이 내게 빨간색으로 보인다는 점에서 틀렸다는 것인지 어느 쪽인가?

인식론학자: 이 책이 빨간색이라는 점에서 자네가 잘못했다고 말할 수 없지. 왜냐하면 자네는 이 책이 빨간색이라고 말하지 않았기 때문일세. 자네가 말한 것은 이 책이 자네에게 빨간색으로 보인다는 것이고, 틀린 것은 그 언명(言明)이지.

프랭크: 하지만 〈이것이 내게 빨간색으로 보인다〉는 언명이 틀렸다고 말할 수는 없을 텐데.

인식론학자: 말할 수 없는 것이라면 어떻게 내게 말할 수 있었겠나?

프랭크: 내 말은 자네의 말이 그런 뜻일 수 없다는 것이야.

인식론학자: 왜 그럴 수 없지?

프랭크: 그렇지만 이 책이 내게 어떤 색깔로 보이는지 내가 알고 있다는 것은 분명하네.

인식론학자: 그 말도 틀렸어.

프랭크: 내게 어떻게 보이는지 나보다 잘 아는 사람은 아무도 없어.

인식론학자: 미안하지만, 이번에도 틀렸어.

프랭크: 그렇다면 내게 어떻게 보이는지 나보다 잘 아는 사람이 도대체 누군가?

인식론학자: 바로 날세.

프랭크: 자네가 어떻게 나의 내밀한 심리 상태를 알 수 있단 말이지?

인식론학자: 내밀한 심리 상태라! 그런 것은 형이상학적 쓰레기에 지나지 않아! 나는 실제적인 인식론학자일세. 〈마음〉 대 〈물질〉이라는 형이상학적 문제는 인식론적 혼란의 결과물에 지나지 않지. 인식론이야말로 철학의 참된 기초야. 그러나 과거의 인식론학자들은 모두 이론적인 방법밖에 쓰지 않았기 때문에 그들의 주장은 대부분 단순한 언어 게임으로 변질되고 말았어. 다른 인식론학자들은 어떤 사람이 이러저러한 것을 믿고 있다고 주장할 때 그 주장이 틀렸는지에 대해 진지하게 논의해 왔지만, 나는 이러한 문제를 실험적으로 해결하는 방법을 발견했다네.

프랭크: 도대체 그런 문제를 어떻게 경험적으로 결정할 수 있다는 말이지?

인식론학자: 그 사람의 생각을 직접 읽어내는 것이지.

프랭크: 그렇다면 자네에게 텔레파시 능력이 있다는 말인가?

인식론학자: 물론 그건 아니야. 나는 단지 누구든 해야 할 분명한 일을 했을 뿐이지. 다시 말해서 나는 전문 용어로는 세레브레스코프cerebrescope라고 부르는 뇌판독brain-reading 기계를 만들었어. 그 기계는 지금 이 방에서 작동하고 있어. 자네 뇌 속의 모든 신경 세포를 남김없이 스캐닝하고 있지. 따라서 나는 자네의 모든 감각과 생각을 읽을 수 있고, 이 책이 자네에게 빨갛게 보이지 않는다는 것은 명백하고 객관적인 진리야.

프랭크: (차분한 어조로) 하늘에 맹세코 이 책은 내게 빨간색으로 보이네. 그것이 내게 빨간색으로 보이는 것 같다는 것은 분명해.

인식론학자: 미안하지만, 이번에도 틀렸어.

프랭크: 정말인가? 이것이 내게 빨간색으로 보이는 것 같지도 않다는 말인가? 내게는 빨간색으로 보이는 것 같은 것 같은데.

인식론학자: 역시 틀렸어! 〈이 책은 빨간색이다〉라는 말 뒤에 〈같다〉라는 말을 아무리 여러 번 반복해도 틀리기는 마찬가지야.

프랭크: 정말 이상한 일이군. 그러면 〈같다〉라는 말 대신 〈라고 믿는다〉라고 말한다고 하세. 그리고 처음부터 다시 시작하지. 그러니까 〈이 책이 내게 빨간색으로 보인다〉라는 언명을 철회하고, 〈나는 이 책이 빨간색이라고 믿는다〉라고 하지. 이 언명은 참인가 거짓인가?

인식론학자: 잠깐만 기다리게. 뇌 판독 기계의 숫자판을 확인해 볼 테니……음, 그 언명은 거짓이야.

프랭크: 그렇다면 〈나는 이 책은 빨갛다고 믿는다고 믿는다〉라고 하면?

인식론학자: (숫자판을 보고) 그것도 거짓이야. 〈나는 이렇게 믿는다〉는 말을 아무리 되풀이해도 그러한 신념문these belief sentences은 모두 거짓이네.

프랭크: 정말 많은 것을 깨우치는 경험이었어. 그러나 자네는 내가 무한히 많은 잘못된 신념을 가질 수 있다는 것을 인정하는 것이 조금 힘들다는 사실을 인정해야만 할 걸!

인식론학자: 왜 자네는 자신의 신념이 틀리다고 말하는 것이지?

프랭크: 자네가 죽 그렇게 말하지 않았나!

인식론학자: 나는 그런 말을 한 적이 절대 없어!

프랭크: 세상에! 나는 내 잘못을 모두 인정할 참이었어. 그런데 이제 와서 자네는 내 신념이 잘못이 아니라고 말하고 있어. 도대체 자네는 지금 무얼 하고 있는 건가? 나를 미치게 할 작정인가?

인식론학자: 제발 진정하게! 언제 내가 자네의 신념이 잘못되었다고 말하거나 암시했는지 말해 보겠나?

프랭크: 다음과 같은 문장의 무한 반복을 기억해 보기만 해도 충분할 걸세. (1) 나는 이 책이 빨간색이라고 믿는다. (2) 나는 이 책이 빨간색이라고 믿는다고 믿는다 등등. 자네는 내게 이러한 언명이 모두 거짓이라고 말하지 않았나?

인식론학자: 그렇네.

프랭크: 그렇다면 어떻게 자네는 이러한 거짓 언명 모두를 받아들이는 내 신념이 잘못이 아니라고 모순 없이 주장할 수 있는 것이지?

인식론학자: 왜냐하면 앞에서도 말했듯이, 자네는 그중 어떤 언명도 믿지 않기 때문이야.

프랭크: 무슨 뜻인지 알 것도 같은데. 하지만 아직도 확실치는 않군.

인식론학자: 조금 다른 식으로 표현해 보지. 자네가 주장하는 각각의 언명이 거짓이지만 그 덕분에 자네가 그보다 선행하는 언명에 대해 잘못된 믿음을 갖지 않게 해준다는 것을 이해하지 못하겠나? 첫번째 언명은 이미 말했듯이 거짓일세. 여기까지는 좋아! 그런데 두번째 언명은 단지 자네가 첫번째 언명을 믿고 있다는 것의 결과이지. 만일 두번째 언명이 참이라면 자네는 첫번째 언명을 믿고 있는 것이 되네. 따라서 첫번째 언명에 대한 자네의 신념은 물론 잘못이 되지. 그러나 다행히도 두번

째 언명은 거짓이야. 따라서 사실 자네는 첫번째 언명을 믿고 있지 않는 것일세. 따라서 두번째 언명에 대한 자네의 신념은 잘못이 아니야. 즉 두번째 언명이 거짓이라는 사실은, 자네가 첫번째 언명에 대해 잘못된 신념을 갖지 않는다는 것을 함축하네. 마찬가지로 세번째 언명이 거짓이라는 사실이 자네가 두번째 언명에 대해 잘못된 신념을 갖지 않게 해주지. 그런 식으로 계속되는 것이네.

프랭크: 이제 분명히 알았네! 따라서 내 신념은 어느 것도 잘못이 아니고, 언명만이 틀린 것이군.

인식론학자: 그렇지.

프랭크: 정말 놀랍군. 그런데 말이 나온 김에 물어보세. 이 책의 색깔은 무슨 색인가?

인식론학자: 당연히 빨간색이지.

프랭크: 뭐라고?

인식론학자: 물론 이 책은 빨간색이야. 왜 그러지? 눈에 무슨 문제라도 있나?

프랭크: 하지만 지금까지 나는 줄곧 이 책이 빨간색이라고 말하지 않았나?

인식론학자: 천만에! 자네는 계속 이 책이 자네에게 빨간색으로 보인다고 하거나, 빨간색으로 보이는 것 같다고 하거나, 빨간색이라고 믿는다고 하거나, 빨간색이라고 믿는다고 믿는다고 말했을 뿐이야. 자네는 한 번도 이 책이 빨간색이라고는 말하지 않았어. 내가 맨 처음에 자네에게 〈이 책은 무슨 색인가?〉라고 물었을 때, 자네가 〈빨간색〉이라고 대답했다면 이런 성가신 논의를 몽땅 피할 수 있었을 거야.

제3막

몇 개월 후 프랭크는 다시 인식론학자의 집에 왔다.

인식론학자: 반갑군! 어서 앉게.

프랭크: (자리에 앉으면서) 지난번 토론에 대해 곰곰이 생각해 보았는데, 확실히 해두고 싶은 것이 많았어. 우선 자네가 한 말 중에 모순이 있다는 것을 발견했네.

인식론학자: 그래, 잘 됐군! 나는 모순을 무척 좋아하네. 어서 말해 보게.

프랭크: 자네는 내 신념문이 거짓이지만, 실제로는 거짓인 신념을 전혀 갖지 않았다고 말했어. 만약 자네가 저 책이 실제로 빨간색이라고 인정하지 않았다면 모순을 범하지 않았을 거야. 그러나 저 책이 빨간색이라고 인정했다는 사실이 모순으로 이어진 셈이지.

인식론학자: 어떻게 그렇게 되지?

프랭크: 자네가 올바르게 지적했듯이, 〈나는 이것이 빨간색이라고 믿는다〉, 〈나는 이것이 빨간색이라고 믿는다는 것을 믿는다〉라는 각각의 내 신념문에서, 두번째 이후의 모든 문장들이 거짓이라는 사실이 내가 그 전 문장에 대해 잘못된 신념을 갖지 않도록 구해주었어. 그렇지만 자네는 최초의 문장을 고려에 넣지 않았어! 〈나는 이것이 빨간색이라고 믿는다〉라는 최초의 문장이 거짓이라는 사실과 그것이 빨간색이라는 사실을 합치면 내가 잘못된 신념을 갖는다는 것을 시사하게 되지.

인식론학자: 아직도 그 이유를 모르겠군.

프랭크: 그건 자명하네! 〈나는 이것이 빨간색이라고 믿는다〉라는 문장이 거짓이기 때문에 실제로 나는 그것이 빨간색이 아니라

고 믿고 있는 것이고, 그것이 실제로는 빨간색이기 때문에 나는 거짓 신념을 갖고 있는 것이야.

인식론학자: (실망한 투로) 미안하지만, 자네의 증명은 분명히 실패했어. 물론 그것이 빨간색이라고 자네가 믿고 있다는 사실이 거짓이라면, 자네가 그것이 빨간색이라고 믿지 않는다는 것을 암시하지. 하지만 그렇다고 해서 자네가 이것이 빨간색이 아니라고 믿는다는 것을 의미하지는 않아!

프랭크: 그러나 나는 분명 그것이 빨간색이거나 빨간색이 아니거나 둘 중 하나일 것이라는 사실을 알고 있어. 따라서 내가 빨간색이라고 믿지 않으면 빨간색이 아니라고 믿고 있는 것이 분명해.

인식론학자: 전혀 그렇지 않아. 나는 목성에는 생명이 있다고 믿거나, 없다고 믿거나 둘 중 하나야. 그렇지만 나는 목성에 생명이 있다고 믿지도, 생명이 없다고 믿지도 않네. 어느 쪽으로 믿을 수 있는 증거도 없기 때문이지.

프랭크: 흠, 자네 말이 옳은 것 같군. 그러나 더 중요한 것이 있어. 솔직하게 이야기하자면 내가 나 자신의 신념에 대해 잘못된 생각을 가지기란 불가능하다고 생각해.

인식론학자: 그 문제를 다시 설명해야 하나? 나는 이미 자네(자네의 언명이 아니라 자네의 신념)는 잘못이 아니라는 것을 충분히 설명했다고 생각하는데.

프랭크: 좋아. 하지만 나는 그러한 언명조차 잘못이라고 믿지 않아. 물론 저 기계에 따르면 그 언명은 잘못이겠지. 하지만 왜 내가 저 기계를 신뢰해야 하나?

인식론학자: 도대체 누가 자네에게 저 기계를 신뢰해야 한다고 말했지?

프랭크: 그러면 다시 묻겠네. 나는 저 기계를 신뢰해야 하나?

인식론학자: 〈……해야 한다 should〉라는 단어를 포함하는 질문은 내가 다룰 수 있는 영역을 벗어나네. 만약 원한다면 내 동료가 뛰어난 도덕학자를 소개해 줄 텐데. ……그라면 그런 질문에 대답할 수 있겠지.

프랭크: 그게 아니야. 나는 도덕적인 의미에서 〈……해야 하나?〉라고 물은 것이 아니야. 나는 단지 〈내가 이 기계가 신뢰할 수 있다는 증거를 갖고 있는가?〉라는 뜻에서 그 말을 한 것일세.

인식론학자: 그렇다면 그런 증거를 갖고 있나?

프랭크: 〈내게〉 묻지 말게! 내 물음은 〈자네〉가 이 기계를 신뢰하는지 아닌지야.

인식론학자: 내가 그 기계를 신뢰〈해야〉 하냐구? 모르겠어. 그리고 나는 내가 무엇을 〈해야 하는가〉 따위의 문제에 대해서는 별로 관심이 없어.

프랭크: 또 자네의 도덕적 콤플렉스가 시작되었군. 내 물음은 그런 것이 아니라, 자네에게 그 기계를 신뢰할 수 있다는 증거가 있느냐는 것일세.

인식론학자: 물론이지!

프랭크: 그렇다면 핵심으로 들어가지. 자네의 증거란 무엇인가?

인식론학자: 내가 그 질문에 한 시간이나 하루 또는 1주일 이내에 답할 수 있다고 기대하지는 않겠지? 나와 함께 이 기계를 조사하고 싶다면 그렇게 할 수 있지만, 몇 년은 족히 걸릴 것이라고 장담할 수 있어. 그렇지만 조사가 끝나면 자네는 그 기계의 신뢰성에 대해 털끝만큼의 의심도 갖지 않게 될 걸세.

프랭크: 좋아. 그 측정이 정확하다는 의미에서는 이 기계의 신뢰성

을 믿을 수 있겠지만, 과연 이 기계가 측정하는 것이 정말 의미 있는 것인지는 의심스럽군. 이 기계가 측정하는 모든 것은 어떤 사람의 생리적인 상태나 활동에 국한되는 것 같은데.

인식론학자: 물론 그렇지. 자네는 그 이외에 어떤 측정을 기대하는 것이지?

프랭크: 기계가 나의 심리적 상태, 즉 나의 실제 신념을 측정할 수 있을지 의심스럽군.

인식론학자: 또 그 문제로 돌아가는 건가? 그 기계는 자네가 심리적 상태·신념·감각 등의 명칭으로 부르는 생리적인 상태나 그 과정을 측정하네.

프랭크: 바로 이 대목에서 나와 자네의 차이점이 순전히 의미론적인 것이라는 확신이 드는군. 좋아. 나는 자네의 기계가 자네의 의미에서 〈신념〉을 정확하게 측정한다고 인정하네. 그러나 나는 그 기계가 내 의미에서의 〈신념〉을 측정할 수 있다고는 믿지 않아. 바꿔 말하면 나는, 우리들이 막다른 골목에 다다른 이유가 단지 자네와 내가 〈신념〉이라는 말에 다른 의미를 부여하고 있기 때문이라고 주장하는 걸세.

인식론학자: 다행히 자네의 주장이 옳은지 여부는 실험적으로 결정할 수 있어. 마침 지금 내 실험실에 두 대의 뇌 판독기가 있어. 한 대를 자네의 뇌에 사용해서 자네가 〈믿는다believe〉라는 단어에 어떤 의미를 부여하는지 조사하고, 다른 한 대를 내 뇌에 사용해서 〈믿는다〉라는 단어가 내게 무엇을 뜻하는지 조사해 보지. 그런 다음 그 결과를 비교해 보자구. (조사가 끝난 후) 이런, 공교롭게도 우리는 완전히 똑같은 의미로 〈믿는다〉라는 단어를 사용한다는 사실이 밝혀졌네.

프랭크: 망할 놈의 기계! 자네는 우리들이 〈믿는다〉라는 단어가 같은 것을 의미한다고 믿는가?

인식론학자: 〈내가〉 그렇게 믿냐고? 잠깐 기계를 확인해 보지. 그렇군. 내가 그렇게 믿고 있다는 것이 분명하군.

프랭크: 맙소사! 자네는 기계를 보지 않으면 자기가 무엇을 믿는지도 말할 수 없나?

인식론학자: 물론이지.

프랭크: 하지만 대부분의 사람들은 자신이 무엇을 믿는지에 대한 질문을 받으면 쉽게 대답할 거야. 그런데 자네는 왜 자신의 신념을 알기 위해 뇌 판독기를 사용해서 기계가 읽어낸 결과를 통해 자기가 무엇을 믿고 있는지 알아낸다는 터무니없이 우회적인 방법을 사용하는 것이지?

인식론학자: 내가 무엇을 믿고 있는지 알아내는 데 그 이상의 과학적이고 객관적인 방법이 또 있을까?

프랭크: 이런! 왜 자신에게 물어보지 않지?

인식론학자: (슬픈 어조로) 그게 제대로 되지 않았네. 내가 무엇을 믿고 있는지 스스로에게 물을 때마다 나는 한번도 그 대답을 얻지 못했다네!

프랭크: 왜 자네가 믿고 있는 것을 그대로 〈말하지〉 않지?

인식론학자: 내가 무엇을 믿고 있는지 알기 전에, 어떻게 내가 무엇을 믿고 있는지 말할 수 있겠나?

프랭크: 자네가 무엇을 믿고 있는지에 대한 지식 따위는 집어치우자구. 어쨌든 자네는 분명 자신이 무엇을 믿고 있는지에 대해 어떤 식으로든 관념이나 신념을 갖고 있을 테니까. 그렇지 않나?

인식론학자: 물론 그런 신념은 있어. 그러나 그 신념이 어떤 것인

지 어떻게 알 수 있지?

프랭크: 우리가 또 다른 무한 회귀에 빠지고 있는 것 같군. 이 대목에서 나는 자네가 제정신인지 심각하게 의심하지 않을 수 없어.

인식론학자: 어디, 기계를 살펴보지. 정말 그렇군. 내가 미쳐가고 있는지 모른다고 나오는군.

프랭크: 정말 한심하네! 이런 사태가 두렵지 않나?

인식론학자: 조사해 보지. 그렇군. 내가 두려워하고 있는 것이 분명해.

프랭크: 제발 이 빌어먹을 기계가 자네에게 자네가 두려워하고 있는지 여부에 대해 하는 말을 잊을 수 없나?

인식론학자: 방금 내가 두려워하고 있다고 말했을 텐데. 물론 기계를 통해 그 사실을 알았지만 말이야.

프랭크: 자네를 기계로부터 떼어놓기란 불가능하다는 사실을 깨달았어. 좋아. 그렇다면 좀더 기계와 놀아보지. 왜 자네는 기계에게 자네가 제정신을 계속 유지할 수 있는지 여부를 물어보지 않나?

인식론학자: 좋은 생각이야! 내가 제정신을 되찾을 수 있다는 결과가 나왔어.

프랭크: 기계가 어떻게 하면 된다고 하던가?

인식론학자: 모르겠어. 그건 기계에게 묻지 않았어.

프랭크: 제발 부탁이니 물어보게!

인식론학자: 좋은 생각이야. 결과는…….

프랭크: 어떤 결과가 나왔지?

인식론학자: 결과는…….

프랭크: 어서 말해 보게. 결과가 무엇이지?

인식론학자: 이렇게 놀라운 대답은 처음이야! 기계에 따르면 내가 할 수 있는 최상의 방책은 더 이상 기계를 신뢰하지 않는 것이라네!

프랭크: 듣던 중 반가운 소리군! 그래 어떻게 할 작정인가?

인식론학자: 내가 그걸 어떻게 알겠나? 나는 미래를 읽을 수 없어.

프랭크: 내 말은 지금 당장 어떻게 하겠느냐는 뜻이야.

인식론학자: 좋은 생각이야. 기계에게 물어보지. 기계에 따르면, 지금 내 의도들은 완전히 상반된 것들이라네. 나는 그 이유를 알아! 나는 지독한 역설에 빠진 거야! 만약 기계가 신뢰할 만하다면, 나는 그것을 신뢰하지 말라는 조언을 받아들이는 편이 나을 테지. 그러나 만약 내가 기계를 신뢰하지 않는다면, 신뢰하지 말라는 그 조언도 신뢰할 수 없게 돼. 따라서 나는 정말 난처한 처지가 된 거야.

프랭크: 이 문제에 도움을 줄 만한 사람을 알고 있어. 그 사람에게 상담을 하고 올 테니 잠깐 기다리게. 그럼 또 만나세.

제4막

(같은 날, 늦은 시간. 정신과 의사의 진찰실)

프랭크: 선생님, 제 친구 때문에 정말 걱정입니다. 그 친구는 자칭 〈실험 인식론학자〉입니다.

의사: 아, 그 실험 인식론학자 말씀입니까? 실험 인식론학자는 전 세계에 단 한 사람뿐이지요. 저도 그를 잘 알고 있습니다.

프랭크: 다행이군요. 그가 마음을 읽어내는 장치를 만들어서 그것을 자기의 뇌에 사용하고 있다는 것도 아십니까? 그는 무엇을

생각하느냐, 무엇을 믿느냐, 무엇을 느끼느냐, 무엇을 두려워하느냐 따위의 질문을 받으면 기계에게 물어보기 전에는 한 마디도 대답하지 못합니다. 지나치게 심각한 상태가 아닐까요?

의사: 그 정도로 중증은 아닌 것 같습니다. 사실 제 소견으로는 아주 좋은 편입니다.

프랭크: 당신이 그의 친구라면, 조금 더 관심을 갖고 지켜봐주시지 않겠습니까?

의사: 저는 그를 자주 만납니다. 그리고 그때마다 세심하게 관찰하고 있습니다. 그렇지만 그의 경우에는 이른바 〈정신 요법〉이 별반 도움이 안될 것 같군요. 그의 문제는 조금 특수해서 자연스럽게 해결되기를 기다리지 않으면 안 되는 종류입니다. 그리고 저는 그 문제가 자연히 해결되리라고 생각합니다.

프랭크: 당신의 낙관론이 틀리지 않기를 바랍니다. 하지만 저는 지금 시점에서 어떤 식으로든 도움을 받아야 할 것 같습니다.

의사: 그 이유가 무엇이지요?

프랭크: 인식론학자와 함께 지낸 시간들은 정말이지 낙담스러웠습니다! 지금 저는 제가 미쳐가고 있는 것은 아닌지 의심스럽습니다. 사물들이 제게 어떻게 보이는지에 대해서조차 자신이 없을 지경입니다. 당신이 저를 도와줄 수 있으리라고 생각합니다만.

의사: 그랬으면 좋겠지만 안타깝게도 앞으로 얼마 동안은 불가능합니다. 왜냐하면 다음 3개월 동안 해야 할 일이 산더미처럼 쌓여 있으니까요. 그 다음에는 3개월 동안 휴가를 얻어 이곳을 떠나 있을 예정입니다. 그러니까 6개월 후에 다시 찾아오셔서 그 문제를 상담합시다.

제5막

(같은 방. 6개월 후)

의사: 당신 문제에 대해 이야기하기 전에, 먼저 당신 친구인 인식론학자는 이제 완전히 회복했다는 기쁜 이야기를 전해드려야 하겠군요.

프랭크: 정말 잘 됐군요. 그런데 어떻게 회복되었지요?

의사: 마치 운명이 그를 어루만지기라도 한 것 같았습니다. 물론 그의 정신 활동도 〈운명〉의 일부이지만 말입니다. 그 동안 있었던 일을 설명하지요. 당신이 그를 만난 이래 몇 개월 동안 그는 〈나는 이 기계를 신뢰해야 하는가, 아니면 신뢰하지 말아야 하는가, 신뢰할 것인가 말 것인가?〉라는 생각을 계속했습니다(그도 〈해야 하는가〉라는 말을 당신의 경험적 의미에서 사용하기로 결정한 것입니다). 그렇지만 아무런 결론도 얻지 못했습니다! 그래서 그는 논의 전체를 〈형식화〉하기로 결정했습니다. 그는 기호 논리에 대한 자신의 연구를 기초로 일계(一階) 술어 논리 first-order logic의 공리를 취하고, 거기에 비기계적인 공리로서 기계에 대한 특정 사실을 덧붙인 것입니다. 물론 그 결과로 얻어진 체계는 모순된 것이었습니다. 그는 자신이 기계를 신뢰하지 않을 때, 그리고 그때에 한해서 그 기계를 신뢰해야 하며, 따라서 그는 기계를 신뢰해야 하면서 동시에 신뢰해서는 안 된다는 것을 형식적으로 증명했습니다. 이미 아실지도 모르지만, 고전 논리(그가 사용한 논리는 이것이었는데)에 근거하는 체계에서는 모순 명제가 하나라도 증명되면 모든 명제를 증명할 수 있게 되기 때문에 결국 체계 전체가 붕괴하게 됩니다. 따라서 그는 고전 논리보다 약한 논리, 즉 〈최

소 논리 minimal logic〉라고 불리는 것에 가까운 논리를 사용하기로 했습니다. 그 논리에서는 하나의 모순이 증명되더라도, 반드시 모든 명제가 증명되지는 않습니다. 그렇지만 이 체계는 너무 약해서 그가 기계를 신뢰해야 하는지 여부를 결정할 수 없다는 것을 알았습니다. 그래서 그는 다음과 같은 훌륭한 착상을 얻은 것입니다. 귀결하는 체계가 모순되더라도 그의 체계에 고전 논리를 사용하지 않을 이유가 무엇인가? 모순을 포함하는 체계가 반드시 쓸모없는 것일까? 전혀 그렇지 않다! 설령 모든 어떤 명제가 주어진다 하더라도, 참인 증명과 거짓인 증명이 있지만, 이러한 두 개의 증명 중에서 어느 한쪽이 다른 쪽보다 심리적으로 설득력이 강할 수도 있다. 그 경우 실제로 당신이 믿는 쪽의 증명을 고르면 된다! 이론적으로 이 착상은 매우 훌륭하다는 것이 입증되었습니다. 그가 얻은 체계는 이러한 성질을 갖고 있었던 것입니다. 다시 말해서 어떤 두 개의 증명에 대해서도 항상 한쪽이 다른 쪽보다 심리적으로는 훨씬 강한 설득력을 가질 수 있는 것입니다. 더 바람직한 것은 서로 모순되는 명제의 어떤 쌍에 대해서도 한쪽 명제의 증명이 다른 명제의 증명보다 설득력이 강하게 나타났다는 사실입니다. 실제로 인식론학자 이외의 사람이면 누구나 이 체계를 사용해서 기계를 신뢰할 수 있는지 여부를 결정할 수 있을 것입니다. 그러나 인식론학자의 경우에는 다음과 같은 일이 일어났습니다. 그는 기계를 신뢰해야 한다는 증명과 신뢰해서는 안 된다는 또 하나의 증명을 얻었습니다. 어느 쪽 증명이 그에게 더 강한 설득력을 가질 수 있었을까요? 실제로 그는 어느 쪽 증명을 〈믿고〉 있었을까요? 이것을 알아낼 수 있는 유일한 방법은 기계에게 묻는 것입니다! 그러나 인식론학자는 그 방법이 교묘한 논점 회피에 불과하다는 것을 알았습니다. 왜냐하면 그가 기계에게 묻는다는 것은 그가 기계를 신뢰했다는 것을 암묵적으로 인정하는 꼴이 되기 때문입니다. 따라서 그는 여전히 난국을 헤쳐나오지 못하고 있었습니다.

프랭크: 그렇다면 그는 어떻게 그 딜레마에서 벗어날 수 있었지요?

의사: 바로 그때 운명이 그에게 손을 내뻗었습니다. 그는 그 문제에 대한 이론에 완전히 몰두해 있어서 깨어 있는 시간은 온통 그 문제에 쏟아붓고 있었기 때문에 평생 처음 실험에 태만하게 된 것입니다. 그 결과 전혀 모르는 사이에 기계의 일부분이 파열하고 말았습니다! 그렇게 되자 처음으로 기계가 모순된 정보를 주기 시작한 것입니다. 교묘한 역설뿐 아니라, 너무도 노골적인 모순까지도 말입니다. 그 기계는 어느 날에는 인식론학자가 특정 명제를 믿고 있다고 말하고, 며칠 후에는 그가 같은 명제를 믿지 않는다고 말한 것입니다. 더욱이 엎친 데 덮친 격으로 기계는 인식론학자가 며칠 동안 자신의 신념을 바꾸지 않았다고 말한 것입니다. 이렇게 되자 인식론학자는 기계를 완전히 신뢰하지 않게 되었습니다. 지금 그는 원기왕성한 상태입니다.

프랭크: 정말이지 지금까지 들어본 이야기 중에서 가장 놀라운 이야기군요! 저는 줄곧 그 기계가 위험하고 신뢰할 수 없다고 생각해 왔습니다.

의사: 천만에! 전혀 그렇지 않습니다. 실험상의 부주의로 고장을 일으키기 전까지 기계는 매우 훌륭하게 작동했습니다.

프랭크: 그래도 제가 그 기계를 처음 알게 되었을 때 그 기계는 신

되할 수 없는 상태였습니다.

의사: 그렇지 않아요, 프랭크. 바로 그것이 당신의 문제입니다. 저는 당신이 인식론학자와 나눈 이야기를 모두 알고 있습니다. 하나도 빠짐없이 녹음되어 있었으니까요.

프랭크: 그렇다면 그 책이 빨간색이라고 제가 믿고 있다는 것을 기계가 부정했을 때, 기계가 옳을 수 없다는 것을 이해했을 텐데요.

의사: 왜 그렇지요?

프랭크: 오, 제발! 그 악몽을 또 되풀이해야 한단 말입니까? 어떤 사람이 특정 물체가 어떤 성질을 갖고 있다고 주장할 때, 그 사람이 틀릴 수 있다는 것은 이해할 수 있습니다. 하지만 어떤 사람이 어떤 감각을 갖고 있다고 주장할 때, 그 사람이 틀릴 수 있는 경우를 단 한 번이라도 들은 적이 있습니까?

의사: 물론 있습니다! 제가 아는 사람 중에 기독교 신자이면서 과학자인 사람이 있었는데, 그는 지독한 치통에 시달리고 있었습니다. 하루 종일 어디를 가든 치통으로 애를 먹었습니다. 사람들이 그에게 치과 의사에게 가면 나을 수 있지 않느냐고 물었지만, 그는 고칠 것이 없다고 대답했습니다. 그러자 그는 〈그래도 통증을 느끼지 않느냐?〉는 질문을 받았습니다. 그의 대답은 〈아뇨, 전혀 통증을 느끼지 않아요. 아무도 통증을 느끼지 않습니다. 통증 따위는 없습니다. 통증이란 단지 환각에 지나지 않아요〉라는 것이었습니다. 본인은 아픔을 느끼지 않는다고 주장함에도 불구하고, 그가 통증에 시달리고 있다는 것은 주변에 있던 모든 사람들이 잘 아는 사례입니다. 저는 그가 거짓말을 하고 있었다고는 생각하지 않습니다. 단지 그는

실수를 하고 있었던 것입니다.

프랭크: 그런 경우라면 그럴 수 있겠지요. 하지만 누군가가 책의 색깔에 대해 자기의 신념을 주장했을 때, 잘못을 저지를 수 있습니까?

의사: 기계를 사용하지 않아도 확실히 말할 수 있습니다. 만약 제가 누군가에게 이 책의 색깔을 물었을 때, 그 사람이 〈나는 그것이 빨간색이라고 믿는다〉라고 대답했다면, 저는 그가 정말 그렇게 믿고 있는지 매우 의심스러울 것입니다. 만약 그가 정말 그렇게 믿고 있다면 그는 〈빨간색이다〉라고 대답하지 〈나는 빨간색이라고 믿는다〉라거나 〈빨간색인 것 같다〉라는 식의 대답은 하지 않을 것입니다. 그 대답의 소심함 자체가 그의 의구심을 나타내는 증거일 것입니다.

프랭크: 도대체 왜 제가 그 책이 빨간색이라는 데 의심을 품는다는 말입니까?

의사: 그 문제라면 저보다는 당신 쪽이 잘 알고 있을 텐데요. 과거에 자신의 지각의 정확함을 의심할 만한 일이라도 있었습니까?

프랭크: 그러고 보니 그런 일이 있긴 있었습니다. 인식론학자의 집을 방문하기 몇 주일 전에 눈병이 나서 색깔을 잘못 보는 일이 있었습니다. 하지만 인식론학자 집에 갔을 때는 완치된 후였습니다.

의사: 어쩐지! 당신이 그 책이 빨간색인지 의심한 것도 놀랄 일이 아니군요! 당신의 눈은 그 책의 색깔을 정확하게 지각했지만, 과거의 경험이 당신 마음 속에 남아 있어서 당신으로 하여금 책의 색깔이 빨간색이라고 믿지 못하게 방해한 것입니다. 결국 기계가 옳았던 것입니다!

프랭크: 그건 그렇다고 쳐도, 그 책이 빨간색이라는 저의 믿음이 참이라는 것을 의심한 이유는 무엇입니까?

의사: 왜냐하면 당신은 그것이 참이라고 믿지 않았기 때문입니다. 그리고 무의식 중에 당신은 그 사실을 알아차리고 있었던 것입니다. 게다가 자신의 지각을 의심하기 시작하면 그 의심은 전염병처럼 좀더 높은 수준의 추상으로 확장되어서 급기야는 신념 체계 전체가 불안정한 의혹 덩어리가 되고 맙니다. 지금 당신이 인식론학자의 실험실로 가서 그 책이 빨간색이라고 믿는다고 주장하면, 만약 그 기계가 수리되었다면, 기계도 동의할 겁니다. 그 점은 제가 보증할 수 있습니다.

프랭크: 그 기계는 훌륭합니다. 아니 훌륭했다고 말하는 편이 나을지 모르겠군요. 인식론학자는 그 기계로부터 많은 것을 배웠습니다. 그러나 그 기계를 자신의 뇌에 사용한 것은 잘못이었습니다. 그는 그런 식으로 불안정한 상황을 만들어내지 말았어야 합니다. 뇌와 기계가 조합을 이루면서 서로의 행동을 조사하고 그 움직임에 영향을 주는 과정에서 되먹임고리에 중대한 문제가 발생한 것입니다. 결국에는 시스템 전체가 사이버네틱 동요cybernetic wobble에 빠져버린 것이지요. 따라서 얼마 후에는 둘 중 어느 한쪽에 이상이 생길 운명이었던 것입니다. 기계에 문제가 생긴 것이 다행이지만 말입니다.

프랭크: 이제 알겠습니다. 한 가지만 더 묻겠습니다. 자신이 신뢰할 수 없다고 주장하는 기계를 어떻게 신뢰할 수 있지요?

의사: 기계는 자기가 신뢰할 수 없다고는 결코 말하지 않았습니다. 기계가 한 말은 자기를 신뢰하지 않는 편이 인식론학자를 위해 나을 것이라는 겁니다. 그리고 기계는 옳았습니다.

스멀리언의 악몽이 너무 기괴해서 납득이 가지 않는다고 생각하는 사람들을 위해 좀더 현실성 있는 우화를 소개하겠다. 물론 이 이야기는 지어낸 것이지만, 충분히 있음직한 이야기이다.

옛날에 체이스Chase와 샌본Sanborn이라는 커피 시음가(試飮家)가 있었다. 두 사람은 모두 맥스웰 하우스에 근무하고 있었다. 다른 여섯 사람의 커피 시음가와 함께 맥스웰 하우스의 커피 맛을 한결같이 유지하는 것이 두 사람의 일이었다. 체이스가 맥스웰 하우스에서 일한 지 약 6년이 지난 어느 날, 그는 헛기침을 하고 나서 샌본에게 이렇게 고백했다.

〈인정하기 괴로운 일이지만, 나는 이 일에 싫증을 느끼고 있다네. 6년 전 이곳에 처음 왔을 때 나는 맥스웰 하우스 커피가 전세계에서 가장 맛있다고 생각했었네. 나는 그 맛을 오랫동안 유지하는 데 기여할 수 있다는 것에 긍지를 느꼈어. 그리고 우리는 그 일을 훌륭하게 해왔어. 맥스웰 하우스 커피는 지금도 내가 처음 왔을 때와 같은 맛을 가지고 있어. 그렇지만 나는 이제 그 맛을 좋아하지 않네! 내 취향이 바뀌었어. 내 커피 취향은 그때보다 훨씬 더 까다로워졌어. 나는 더 이상 그 맛을 좋아하지 않게 되었어.〉

샌본은 그의 고백에 비상한 관심을 나타냈다. 〈자네가 그렇게 말하다니 정말 재미있군.〉 그는 이렇게 말했다. 〈실은 내게도 비슷한 일이 일어났거든. 나는 자네보다 조금 먼저 이 회사에 들어왔네. 나 역시 처음에는 맥스웰 하우스 커피가 가장 맛

있는 커피라고 생각했지. 그러나 지금, 나 역시 자네와 마찬가지로 우리가 만드는 커피를 가장 좋아하지는 않네. 하지만 내 취향은…… 변하지 않았어. 단지 맛을 느끼는 내 혀의 미뢰나 그 밖의 무언가가 이상해진 모양이야. 자네도 알겠지만, 가령 팬케이크나 아주 단 시럽을 먹고 나서 곧바로 오렌지 주스를 마시면 미각이 이상해지지 않나? 내게 맥스웰 하우스 커피는 더 이상 과거와 같은 맛이 아니야. 같은 맛을 느낄 수 있다면 지금도 그 맛을 좋아할 텐데. 왜냐하면 지금도 나는 그 맛이 세계 최고라고 생각하고 있기 때문이지. 그렇다고 우리가 우리 일을 제대로 하지 못했다는 뜻은 아니네. 자네를 비롯해서 모든 시음가들이 그 커피가 같은 맛이라는 데 의견이 일치하고 있으니까. 따라서 그것은 전적으로 나 개인의 문제임이 분명해. 나는 더 이상 내가 이 일에 적합지 않다고 생각해.〉

체이스와 샌본은 한 가지 점에서는 일치했다. 둘 다 맥스웰 하우스 커피를 좋아했지만, 이제는 더 이상 그 커피 맛을 좋아하지 않게 되었다는 점이다. 그러나 다른 점에서는 차이가 있다고 주장한다. 즉 체이스에게는 맥스웰 하우스 커피의 맛이 한결같았지만 샌본에게는 그렇지 않았다. 그 차이는 대단치 않은 것처럼 여겨질지도 모르지만, 두 사람의 상황을 비교해 보면 서로의 경우가 정말 그처럼 다른 것인지 의아하게 생각할 것이다. 체이스는, 〈실제로는 샌본도 나와 같은 상태이고 단지 커피 맛에 대한 기준이 차츰 높아졌다는 사실을 알아차리지 못한 것은 아닐까?〉라고 생각할 것이다. 한편 샌본은 〈체이스가 자기에게는 커피 맛이 항상 같다고 말하지만, 실제로는 거짓말을 하고 있는 것이 아닐까?〉라고 생각할 것이다.

맥주를 처음 마셔본 순간을 기억하는가? 정말 끔찍한 맛이었을 것이다. 그러고는 〈이런 걸 좋아할 사람이 어디 있담〉 하고 생각했을 것이다. 여러분도 기억을 더듬으면 알 수 있겠지만, 맥주의 맛은 후천적으로 획득된 맛acquired taste이다. 다시 말해서 사람들은 점차 그 맛을 좋아하도록 자신을 훈련시킨다. 그렇다면 어떤 맛으로 훈련시키는 것인가? 처음 마셨을 때의 맛인가? 그 맛을 좋아할 사람은 아무도 없을 것이다! 맥주는 익숙해진 사람들에게는 다른 맛으로 느껴진다. 그렇다면 맥주는 획득된 맛이 아니다. 최초의 맛을 좋아하게 될 사람은 없다. 사람들은 점차 다른 맛, 즉 자신의 마음에 드는 맛을 경험하게 된다. 만일 처음 홀짝거린 맥주의 맛이 그런 맛이라면 사람들은 처음부터 진심으로 맥주를 좋아하게 되었을 것이다!

그렇다면 맛과 맛에 대한 반응, 즉 좋은 맛인가 나쁜 맛인가에 대한 판단은 서로 분리될 수 없는 것인지도 모른다. 체이스와 샌본도 실제로는 같은 상태였고, 단지 약간 다른 표현 방식을 선택한 것인지도 모른다. 그러나 그들의 상태가 완전히 같은 것이라면 두 사람 모두 어떤 잘못을 저지른 셈이다. 왜냐하면 그들은 제각기 서로가 같다는 것을 완강하게 부정했기 때문이다. 두 사람 중 어느 한 사람이 전혀 의도하지 않고 자신의 경우를 대신 상대의 경우로 잘못 기술하는 일이 있을 수 있을까? 가령 미뢰가 변한 것은 체이스 쪽이고, 커피에 대한 취향이 바뀐 쪽은 샌본일지도 모른다. 이런 식으로 잘못을 저지를 수 있을까?

일부 철학자들은, 그리고 다른 사람들도 어떤 사람이 이런 문제에 대해 잘못을 저지르는 일은 있을 수 없다고 생각한다.

모든 사람은 어떤 대상이 자신에게 어떻게 느껴지는지에 대해 최종적이고 절대적인 판정자이다. 만약 체이스와 샌본이 진지하게 말했다면, 알아차리지 못하는 사이에 언어상의 실수를 범하지 않았다면, 그리고 두 사람 모두 자신이 한 말의 의미를 알고 있다면, 두 사람은 진실을 나타낸 것이 분명하다. 두 사람의 서로 다른 이야기를 확인할 수 있는 테스트는 상상할 수 없을까? 만약 샌본이 지금까지 항상 훌륭한 성적으로 통과했던 미각 식별 테스트에서 형편없는 점수를 받았다면, 게다가 그의 미뢰에서 이상이 발견되었다면(그가 최근에 즐겼던 사천[四川] 요리 때문에) 그 사실은 그의 이야기를 뒷받침하게 될 것이다. 한편 체이스가 이러한 테스트를 전보다 좋은 성적으로 통과해서 커피 종류에 대한 지식이 늘어나고, 각각의 장점과 특징에 대해서도 큰 관심을 나타냈다면, 이들 사실은 그의 이야기를 지지하는 재료가 될 것이다. 그러나 이러한 테스트가 체이스나 샌번이 옳다는 것을 뒷받침할 수 있다면, 테스트를 통과하지 못하면 그들의 주장은 설득력을 잃게 될 것이다. 만약 체이스가 샌본의 테스트를 통과하고, 샌본도 체이스의 테스트를 통과한다면 두 사람은 각기 자신의 이야기를 의심하게 될 것이다. 물론 이러한 테스트가 이 문제에 어떤 관련을 갖는다는 전제에서 그렇다.

이 점을 다른 식으로 나타내면 자신의 정당성을 확인할 가능성을 얻기 위해서 치러야 하는 비용은 외부에서 신뢰받지 않을 수 있다는 가능성이다. 우리는 〈나는 내가 무엇을 좋아하는지 알고 있으며, 또한 그것이 내게 어떤 것인지도 알고 있다〉라고 우겨댄다. 적어도 어떤 문제에 대해서는 그럴지도 모른다. 하지만 그것은 실행performance을 통해 검증되어야 할 무엇이다. 가정이지만, 당신은 당신이 알고 있다고 생각하는 만큼 그것이 여러분에게 어떤 것인지에 대해 실제로는 그만큼 잘 알지 못한다는 사실을 발견할지도 모른다.

D. C. D.

이야기 • 스물여섯

아인슈타인의 뇌와 나눈 대화

더글러스 호프스태터

거북과 아킬레스가 파리에 있는 뤽상부르 공원에 있는 커다란 8각형 연못의 한쪽 가장자리에서 우연히 만난다. 이 연못에서는 어린아이들이 모형 범선을 띄우면서 놀곤 한다. 요즈음에는 모터가 달려 있어 무선으로 원격 조종을 하는 배도 등장한다. 그러나 그런 것들은 중요하지 않다. 아주 상쾌한 가을날이다.

아킬레스: 거북 씨, 저는 당신이 기원전 5세기에 계신 줄 알았는데요.

거북: 그건 오히려 당신에게 할 말인 것 같은데요. 저는 종종 몇 세기를 오르내리며 산보를 하곤 합니다. 울화를 가라앉히는 데는 그만이지요. 더구나 상쾌한 가을날에 숲과 나무 사이로 산책하면서 아이들이 성장해서 나이를 먹다가 죽고, 그런 다음 다시 여전히 머리가 나쁘고, 대체로 제멋대로인 다음 세대

의 인간들이 나타나는 모습을 지켜보는 것은 정말 기분 좋은 일이지요. 아, 이렇게 저능한 정신을 가진 종이라면 오죽 고민이 많은 생물이겠는가! 이런, 용서하십시오! 당신이 그 고귀한 종족의 일원이라는 사실을 까맣게 잊고 있었습니다. 하여튼 당신, 즉 아킬레스는 물론 그 법칙의 예외입니다(잘 알려져 있는 인간의 〈논리〉에 따르면, 그것에 의해서 법칙이 증명된다고 하더군요). 당신은 때때로 인간의 조건에 대한 통찰력 깊은 명언을 남긴 것으로 알려져 있습니다.(물론 그런 말들이 어느 정도까지는 의도하지 않고 우연히 나온 것이라 하더라도!) 저는 모든 인간 종족들 중에서 당신, 즉 아킬레스를 알게 되었다는 사실을 대단한 영광으로 생각하는 바입니다.

아킬레스: 그런 칭찬을 해주시다니 정말 감사합니다. 사실 저는 그런 찬사를 받을 만한 인물이 아닙니다. 그런데 이렇게 우연히 만나게 된 연유를 이야기하자면, 실은 오늘 이곳에서 친구와 도보 경주를 하기로 했습니다. 그런데 그 친구가 나타나지 않았습니다. 저는 그가 그다지 승산이 없다는 것을 깨닫고, 좀 더 유익한 방식으로 하루를 보내기로 결심한 것이라고 추측했습니다. 그러고 보니 특별히 할 일이 없어졌지요. 그래서 한가롭게 거닐면서 사람들(그리고 거북들)을 구경하고, 철학적 문제에 대한 사색을 즐기려는 참이었습니다. 당신도 아다시피 철학적 사색은 제 취미이니까요.

거북: 음, 그랬군요. 사실 저도 약간의 흥미로운 문제에 대해 약간의 사색을 즐겼습니다. 그 흥미로운 일을 함께 나누는 것이 어떻겠습니까?

아킬레스: 듣던 중 반가운 소리군요. 당신이 심술궂은 논리적 올가

미로 저를 유인하려는 것이 아니라면 말입니다, 거북 씨.

거북: 심술궂은 올가미라니요? 천만에요. 당신은 저를 오해하고 있는 것 같군요. 제가 언제 그런 논리적 올가미를 씌운 적이 있나요? 저는 온화한 존재이고, 그 누구도 괴롭히지 않으면서 조용한 초식 생활을 보내고 있습니다. 그리고 저의 사고는 기기묘묘한 사물의 얼개들 속을 그저 이리저리 표류할 따름입니다. 현상들의 겸손한 관찰자인 저는 터벅터벅 그 길을 따라가면서, 그리 대단치도 않은 진부하고 어리석은 이야기를 허공에 발산하는 것이나 아닌지 두렵군요. 하지만 당신에게 지금의 저의 의도만은 이해시키고 싶습니다. 제가 생각하는 것은 이 좋은 날에 뇌와 마음에 대해 이야기를 나누려는 것뿐입니다. 당신도 알겠지만, 뇌나 마음이라는 것은 논리와는 아무런 연관도, 그야말로 털끝만큼의 관련도 없습니다!

아킬레스: 그렇게 말씀하시니 비로소 안심이 되는군요, 거북 씨. 그리고 사실 저의 호기심은 무척 자극되었습니다. 그리 대단한 이야기가 아니라도 상관없으니 당신의 생각을 들려주십시오.

거북: 아킬레스 씨, 당신은 참으로 관대한 분이군요. 정말 감탄할 지경입니다. 그런데 우리가 하려는 이야기는 여간 만만치가 않습니다. 그래서 먼저 유추를 사용해서 가닥을 잡아보기로 하지요. 물론 당신도 〈레코드판〉에 대해 알고 계시겠지요. 현미경 수준의 미세한 패턴들이 새겨져 있는 홈이 패인 플라스틱 원반말입니다.

아킬레스: 물론 알지요. 거기에 음악이 저장되어 있지요.

거북: 음악이라고요? 저는 음악이 귀로 듣는 것이라고 생각했는데.

아킬레스: 맞습니다. 하지만 레코드로도 음악을 들을 수 있지요.

거북: 레코드를 손에 들고 귀에 가까이 대면 지독하게 조용한 침묵의 음악이 들리겠지요.

아킬레스: 제발, 거북 씨. 농담이라면 적당히 해주십시오. 레코드판에 저장된 음악을 들은 적이 없나요?

거북: 솔직히 말씀드리자면, 가끔 레코드판을 보면 곡조를 흥얼거리고 싶은 생각이 들곤 합니다. 그런 걸 말씀하시는 겁니까?

아킬레스: 그런 게 아닙니다. 제 말을 들어보세요. 레코드판을 회전시키는 턴테이블에 걸어서 그 위에 아주 가느다란 바늘을 올려놓습니다. 그 바늘은 긴 막대 끝에 달려 있고, 그 바늘을 레코드판의 가장 바깥쪽 홈에 올려놓지요. 그 후의 상세한 과정은 저도 설명하기 힘들지만, 하여튼 마지막에 아주 훌륭한 음악이 스피커라는 장치를 통해 흘러나오게 됩니다.

거북: 그건 저도 알고 있습니다. 그런데 아직 모르는 것이 있습니다. 왜 다른 불필요한 장치들을 모두 떼어버리고 스피커만 사용하지 않지요?

아킬레스: 이런, 그렇게는 할 수 없습니다. 자, 들어보세요. 음악이 스피커에 저장되는 것이 아닙니다. 그건 레코드판에 저장됩니다.

거북: 레코드 속에 말입니까? 레코드라는 것은 〈모두 한꺼번에 all at once〉 거기에 존재하고 있습니다. 하지만 음악이라는 것은 제가 아는 한, 천천히 한 번에 조금씩 나오지 않습니까?

아킬레스: 모두 옳은 이야기입니다. 그렇지만 당신 말처럼 레코드가 〈모두 한꺼번에〉 거기에 존재한다고 해도, 우리는 그 레코드에서 조금씩 소리를 꺼낼 수 있습니다. 왜냐하면 레코드의 홈이 바늘 아래쪽을 천천히 통과하기 때문입니다. 그 과정에

서 바늘은 앞에서 당신이 말했던 것처럼 현미경적 수준에서 새겨진 홈을 따라 오르내리면서 미세하게 진동하게 됩니다. 그런 미세한 설계 속에 음악 소리가 암호화되어 있고, 그 암호가 처리되어 스피커에 보내지면 최종적으로 우리의 귀에 음악이 들리게 되는 겁니다. 따라서 우리는 당신이 말한 대로 〈한 번에 조금씩〉 음악을 들을 수 있는 것이지요. 이 모든 과정은 정말 훌륭한 것입니다.

거북: 과연, 확실히 훌륭하고 복잡하군요. 친절하게 설명해 주셔서 감사합니다. 그런데 왜 당신은 저처럼 하지 않습니까? 그러니까 긴 시간 동안 조금씩 듣는 대신 벽에 레코드판을 걸고 그 아름다움을 모두 한꺼번에 감상하지 않습니까? 그 아름다움을 잘게 썰어서 천천히 듣는 고통을 즐기는 마조히즘적(被虐的) 쾌감을 즐기는 것인가요? 저는 마조히즘masochism에는 항상 반대입니다.

아킬레스: 이런, 당신은 음악의 본성을 완전히 오해하고 있는 것 같군요. 일정한 시간에 걸쳐 지속된다는 것은 음악의 본성에 해당됩니다. 사람들은 순간적으로 폭발하듯 터져나오는 소리를 음악으로 즐기지는 않습니다. 당신도 알겠지만 음악은 그런 것이 아닙니다.

거북: 물론 극히 짧은 시간에 귀청을 찢는 소음, 즉 모든 성부(聲部)의 소리를 한데 합쳐서 한꺼번에 내는 소리를 좋아할 사람이 없다는 것은 저도 압니다. 그런데 당신네 인간들은 왜 저처럼 음악을 감상할 수 없는 겁니까? 제가 즐기는 방식이 훨씬 더 단순하고 확실하지 않습니까? 제 방식은 벽에 레코드판을 걸고 눈으로 그 속에 있는 아름다움을 단숨에 취하는 것입니

다. 어쨌든 그 음악은 그 속에 모두 들어 있으니까 말입니다. 그렇지 않나요?

아킬레스: 당신이 레코드판의 표면을 보고 다른 레코드판과 구별할 수 있다는 이야기를 들으니 무척 놀랍군요. 제게는 레코드판이 모두 똑같이 보이는데……. 마치 거북이 모두 똑같이 보이는 것처럼 말입니다.

거북: 그렇습니까? 당신의 말에 굳이 대답할 필요는 없을 것 같군요. 그런데 두 장의 레코드판이 마치 두 곡의 음악, 예를 들어 바흐의 곡과 베토벤의 곡이 틀린 것과 같은 정도로 다르다는 것은 알고 있겠지요?

아킬레스: 그래도 제게는 아주 비슷하게 보이는데요.

거북: 그렇습니까? 레코드 표면에 어떻게 음악이 기록되는지, 그래서 두 개의 곡이 다르면 그것을 기록한 레코드 표면도 다르다는 것을 이야기해 준 사람은 바로 당신이었습니다. 그리고 굳이 덧붙이자면, 곡의 차이만큼 레코드의 표면도 다르다는 것을 이야기한 사람도 바로 당신이었습니다.

아킬레스: 그 점에서는 당신 말이 옳다고 인정하지 않을 수 없군요.

거북: 솔직히 인정해 주시니 대단히 기쁩니다. 그런데 하나의 곡 전체가 레코드 표면에 들어 있다면 한눈에, 아니 조금 양보해도, 기껏해야 레코드 표면을 한 번 죽 훑어보는 정도로 그 음악을 취할 수 없다는 것입니까? 그 편이 훨씬 더 강렬하게 음악의 즐거움을 맛볼 수 있지 않겠습니까? 그리고 그 곡의 각 성부도 온전하게 즐길 수 있을 텐데요. 다시 말해서, 그 소리들을 한꺼번에 들을 때처럼 각 성부들 사이의 관계가 상실되지 않는다는 말입니다.

아킬레스: 그러니까, 거북 씨, 우선 저는 눈이 그 정도로 좋지 않습니다. 그리고…….

거북: 아! 그랬군요. 그렇다면 다른 해결책이 있습니다. 당신 방의 벽에 그 곡의 악보를 몽땅 붙여놓고 그림을 감상할 때처럼 가끔씩 그 음악의 아름다움을 감상하면 어떻겠습니까? 그렇게 하면 당신도 그 벽에 곡 전체가 모든 세부에 걸쳐 존재한다는 사실을 인정하지 않을 수 없게 될 겁니다.

아킬레스: 거북 씨, 솔직히 이야기하자면 저의 미학적 능력이 부족하다는 고백을 해야 할 것 같습니다. 과연 인쇄된 기호를 보면서 실제로 들었을 때처럼 그 곡을 즐길 수 있을 만큼 시각적으로 해석할 수 있을지 자신이 없군요.

거북: 그것 참 안됐군요. 그렇게 할 수 있다면 시간 낭비를 줄일 수 있을 텐데! 한번 상상해 보십시오. 베토벤의 교향곡을 듣는데 한 시간을 허비하는 대신, 아침에 일어나면 눈앞의 벽에 그 교향곡이 펼쳐져 있어서 눈을 뜨기만 하면 채 10초도 안 되는 시간에 모든 곡을 감상하고 산뜻한 기분으로 하루를 맞이할 수 있지 않겠습니까?

아킬레스: 오! 거북 씨, 지금 당신은 불쌍한 베토벤에게 부당한 짓을 하고 있습니다. 정말 어처구니없는 오해입니다.

거북: 천만에! 베토벤은 제가 두번째로 좋아하는 작곡가입니다. 게다가 지금까지 저는 그의 아름다운 작품을 감상하는 데, 그러니까 악보와 레코드판을 응시하느라 몇 분이라는 시간을 할애해 왔습니다. 당신은 이해할 수 없겠지만 그의 일부 레코드판에 새겨진 형태들은 그야말로 절묘합니다.

아킬레스: 당신이 저를 완전히 압도했다는 것을 인정하지 않을 수

없군요. 조심스럽게 이야기하자면 당신의 음악 감상법은 정말 기묘하군요. 당신은 정말 특이해요. 만약 당신의 다른 면을 알 수 있다면 그런 기행도 충분히 이해할 수 있을 것 같군요.

거북: 짐짓 생색이라도 내는 듯한 말투로군요. 만약 어떤 친구가 당신에게 당신이 레오나르도 다빈치의 그림을 한번도 제대로 이해하지 못했다는 사실을 〈폭로〉한다면 어떻게 생각하겠습니까? 그러니까 실제로 그의 그림은 보는 것이 아니라 귀로 듣는 것이고, 감상 시간은 62분이며, 8악장으로 이루어져 있고, 그 속에는 서로 다른 크기의 종(鐘)들이 시끄럽게 울리는 길다란 악절들이 들어 있을 뿐이라는 사실을 이야기해 준다면 말입니다.

아킬레스: 그림에 대해 그렇게 생각하다니 정말 기묘하군요. 하지만…….

거북: 제가 친구 악어에 대해 이야기한 적이 없었나요? 그는 엎드려서 일광욕을 하면서 음악을 감상합니다.

아킬레스: 글쎄요. 들은 적이 없는 것 같군요.

거북: 다행히도 그의 배에는 거친 껍질이 붙어 있지 않습니다. 덕분에 아름다운 음악을 〈듣고〉싶을 때면 적당한 레코드판을 집어서 그의 평평한 배를 순간적으로 찰싹 때립니다. 그토록 많은 감미로운 패턴들을 순식간에 흡수하는 황홀경은 말로 표현할 수 없을 정도라더군요. 한번 생각해 보세요. 그의 경험은 제게 무척 새롭습니다. 저의 경험이 당신에게 새롭듯이 말입니다.

아킬레스: 그런데 그는 어떻게 레코드를 구별하지요?

거북: 그가 바흐와 베토벤으로 자기 배를 때릴 때 느끼는 차이

는, 당신이 맨살에 불에 달군 쇠꼬챙이와 벨벳 안감을 댈 때 느끼는 차이만큼 큽니다.

아킬레스: 형세가 완전히 역전된 꼴이군요, 거북 씨. 당신이 제게 확실히 입증한 것은 한 가지입니다. 당신의 관점이 저의 관점과 마찬가지로 유효하다는 것이지요. 그리고 만약 제가 이 점을 인정하지 않았다면, 저는 청각(聽覺) 절대주의를 옹호하는 편협한 옹고집으로 낙인 찍혔을 것입니다.

거북: 정말 능숙한 언변입니다. 놀랄 정도군요! 이제 서로의 관점을 잘 알았으니 하는 말이지만, 실은 저도 레코드에 대해서는 보는 것보다는 당신처럼 듣는 편이 친숙하다는 점을 고백하지 않을 수 없습니다. 사실 그 두 가지 유형의 경험을 비교한 까닭은 이 사례를 이용해서 이제부터 당신에게 제기하고 싶은 문제의 유추로 삼으려는 의도였습니다, 아킬레스 씨.

아킬레스: 이번에도 속임수였군요. 좋아요, 좋습니다. 어서 이야기를 계속해 보시지요. 기꺼이 경청하겠습니다.

거북: 좋습니다. 가령 어느 날 아침, 제가 큰 책을 한 권 가지고 당신을 찾아갔다고 합시다. 당신은 〈어서 오십시오, 거북 씨. 당신이 가져온 큰 책에는 무엇이 쓰여 있습니까?〉라고 물었습니다(물론 제가 잘못 생각하지 않았다면 말입니다). 저는 이렇게 대답했습니다. 〈이것은 아인슈타인의 뇌를 도식적으로 기술한 것입니다. 세포 수준까지 상세히 기술되어 있습니다. 아인슈타인이 세상을 떠난 후에 약간 미친 신경학자가 심혈을 기울여 기록한 것입니다. 아인슈타인이 과학을 위해 자신의 뇌를 기증했다는 사실은 알고 계시지요?〉 그러자 당신은 이렇게 물었습니다. 〈도대체 무슨 말을 하고 있는 겁니까? 아인슈타인의

뇌에 대한 세포 수준의 도식적인 기록이라니요?〉 여기까지 문제가 없습니까?

아킬레스: 물론 저라면 그렇게 말할 겁니다. 그런데 그 발상은 조금 터무니없는 것 같군요. 제 느낌으로는 당신이 하려는 이야기가 대략 이런 것이라고 생각하는데요. 〈당신도 알겠지만 아킬레스 씨, 모든 뇌는 뉴런, 그러니까 신경 세포로 이루어져 있고, 그 뉴런들은 축색axon이라 불리는 섬유 조직으로 연결되어 고도로 상호 연결된 망network을 형성하고 있습니다.〉 그러면 저는 흥미를 보이면서, 〈어서 이야기를 계속하시지요〉라고 응수합니다. 그리고 당신은 이야기를 이어갑니다.

거북: 브라보! 정말 훌륭합니다. 마치 제 입에서 나오는 말을 듣는 것 같군요. 그러면 당신의 제안대로 이야기를 계속하겠습니다. 〈여기서는 상세한 부분은 생략하겠습니다. 하지만 약간의 지식은 필요합니다. 이들 뉴런이 발화한다는 사실은 잘 알려져 있습니다. 다시 말해서 극히 미약한 전류(이 전류는 축색에 의해 제어됩니다)가 축색을 통해 인접한 뉴런에 전달되고, 거기에서 다른 뉴런에서 온 신호와 합쳐져서 인접한 뉴런을 '촉발trigger' 시키게 됩니다. 그러나 그 인접 뉴런은 입력 전류의 합이 문턱값threshold value(그 값은 해당 뉴런의 내부 구조에 의해 결정됩니다)을 넘어설 때에만 작동합니다. 문턱값에 못 미치면 그 뉴런은 발화하지 않습니다.〉 이 대목에서 당신은 〈흠!〉이라고 말할 것입니다.

아킬레스: 그런 다음 어떤 이야기를 할 계획입니까, 거북 씨?

거북: 좋은 질문입니다. 저는 이런 이야기를 하려고 합니다. 〈지금까지 말씀드린 것은 뇌 속에서 실제로 일어나는 일을 땅콩만

한 크기로 요약한 것이지만, 제가 지금 갖고 있는 이 큰 책이 어떤 것인지 설명하기에는 충분한 배경 지식이라고 생각합니다.〉 그러면 제가 아는 한, 당신은 이렇게 말할 겁니다. 〈그 설명을 듣고는 싶지만 그 이야기 속에 당신의 악명 높은 올가미가 들어 있고, 당신이 그 장치를 사용해서 아무런 의심도 하지 않는 불쌍한 저를 빠져나갈 수 없는 모순 속으로 유인하는 것이 아닌지 경계심을 늦출 수 없군요.〉 그러면 저는 다시 한번 당신을 안심시킬 것입니다. 그럴 생각은 추호도 없다고 말입니다. 그리고 일단 안심을 하고 나면 당신은 제게 그 책의 내용을 알려달라고 요구할 겁니다. 책을 조금 들여다본 당신은 이렇게 말하겠지요. 〈이것은 수와 문자, 그리고 생략 기호들에 불과한 것 같은데.〉 그러면 저는 이렇게 대답할 것입니다. 〈그러면 도대체 무엇이 적혀 있을 것이라고 생각했습니까? 설마 별이나 은하, 원자의 작은 그림이 들어 있고, '$E=mc^2$'과 같은 공식이 여기저기 적혀 있을 것이라고 생각했습니까?〉

아킬레스: 잠깐, 이 대목에서 아마도 저는 화를 벌컥 낼 겁니다. 그리고 분개한 어투로 〈아니, 저의 수준이 그 정도밖에 되지 않는다고 생각했습니까?〉

거북: 당신이라면 당연히 그랬겠지요! 맞습니다. 그런 다음 당신은 계속해서, 〈도대체 그 숫자들은 무엇입니까? 어떤 의미를 갖지요?〉라고 말할 것입니다.

아킬레스: 그 다음은 제가 계속하지요. 당신이 어떤 대답을 할지 대충 예상할 수 있으니까요. 〈이 책에는 약 1,000억 쪽이 있지만 이 책의 매 쪽에는 하나의 뉴런에 대응하며, 그 뉴런과 연관된 중요한 성질을 기록한 수치가 적혀 있습니다. 예를 들어

그 뉴런의 축색이 다른 뉴런에 연결되어 있는지, 그 뉴런이 발화하기 위한 문턱 전류값이 어느 정도인지 등의 수치이지요. 그런데 뇌의 기능 전반에 대해 그 밖에 중요한 몇 가지 사항을 당신에게 이야기하는 것을 잊고 있었군요. 특히 뇌 속에서 사고, 그중에서도 의식적인 사고가 발생할 때 어떤 일이 일어나는지, 또는 그런 일이 일어난다고 믿어지는지를 (우리가 신경학 연구를 통해 알게 된 사실들을 기초로) 이야기해야 할 것 같군요.〉 그러면 저는 조금 모호한 표현의 불평투로 사고가 뇌 속이 아니라 마음 속에서 일어난다는 데 대해서 반대할 겁니다. 그러면 당신은 황급히 그 말을 깔아뭉개고 이렇게 말하겠지요. 〈그 문제라면 나중에 이야기할 수 있을 겁니다. 가령 우리가 뤽상부르 공원에서 우연히 만날 수 있다면 말입니다. 지금은 이 책의 내용을 당신에게 소개하는 것이 급선무입니다.〉 그러면 저는 항상 그랬듯이 마음을 진정시키고, 당신은 서둘러 이런 평을 하겠지요. 〈사고는 서로 연결된 일련의 뉴런들이 연속적으로 발화할 때 (마음 속에서든 뇌 속에서든 당신이 선호하는 어디에선가, 지금으로서는!) 발생합니다. 그런데 그 과정이 도미노가 하나씩 차례로 쓰러지듯 긴 열을 이룬 개별적인 뉴런들이 발화하는 것이 아니라는 점을 알아두어야 합니다. 오히려 여러 개의 뉴런들이 동시에 또 다른 여러 개의 뉴런들을 촉발시켜 발화하게 만든다는 편이 옳을 것입니다. 이 과정에서 몇 개의 뉴런들의 연쇄가 본류에서 벗어난 흐름을 형성할 가능성도 있습니다. 그러나 이 지류(支流)들은 문턱값에 도달하지 못하기 때문에 곧 소멸하게 됩니다. 따라서 전체적으로 발화하는 뉴런들의 넓거나 좁은 대열이 형성되어 에너지를 계속 다른 뉴런들에게 전달하면서 뇌 속에서 이리저리 구불거리는 동역학적인 연쇄를 형성하게 됩니다. 그 경로는 진행 과정에서 만나게 되는 축색들의 여러 가지 저항에 따라 결정됩니다. 따라서 '최소 저항의 경로를 따라 진행된다'라고 표현해도 무리는 아닐 것입니다.〉 이 대목에서 저는 분명 이렇게 말할 것입니다. 〈정말 긴 이야기를 했습니다. 그 이야기를 소화할 시간을 조금 주시지요.〉 저는 당신이 지금까지 제게 해준 이야기를 곱씹어본 다음, 몇 가지 내용을 확인하기 위해 질문할 것입니다. 그리고 전체적인 상을 얻게 된 데 만족하겠지요. 제가 그 주제에 대해 좀더 많은 정보를 원하면 당신은 물론 대답해 주실 것입니다. 그러면 저는 뇌에 대하여 설명한 어떤 대중서를 읽는 것보다도 쉽게 그 주제를 이해할 수 있게 될 겁니다. 그러면 당신은 이렇게 말할 것입니다. 〈기억에 대해 간략한 설명을 하는 것으로 지금까지의 신경 활동에 대한 기술을 끝맺기로 하지요. 최소한 지금까지 이루어진 기억에 대한 연구를 기초로 말입니다. 그러면 '신경 활동의 인화점 flashing spot of activity'이 뇌 내부를 이리저리 구불대며 이동하는 모습을 생각해 보기로 합시다. 그 점은 '모든 활동이 이루어지는 지점'이라고 불리기도 하고, 마음과 뇌가 조우(遭遇)하는 가설적 지점이기도 합니다. 그것은 마치 뤽상부르 공원의 8각형 연못에 아이들이 띄우곤 하는 모형 범선이 연못 표면을 이동하는 것과 같습니다. 배가 나아가면 항상 그 뒤쪽에 소용돌이와 같은 교란(攪亂)이 일어나지요. 그리고 그 교란도 매질을 통해 전달됩니다. 보트와 마찬가지로 뇌 속의 '신경 활동의 인화점'도 뒤편에 교란 또는 항적(航跡)을 남기게 됩니다. 도착한 신호에 의해 막 발화한 뉴런들은 몇 초 동안 같은 종류의 내부 활동을 (아마도 그 본질은 화학적일 것입니다) 계속 수행합니다. 그 결과 해당 뉴런에 항구적인 변화가 일어나지요. 그 변화는 이미 앞에서 이야기한 발화의 문턱값, 축색 저항 등의 수치 중 일부를 반영합니다. 물론 이 수치가 변경되는 정확한 방식은 문제의 내부 구조의 특정 측면들에 따라 달라집니다. 그리고 이들 측면 자체가 수치적 부호화에 영향을 받기 쉬운 특성을 가집니다.〉 이 대목에서 제가 끼여듭니다. 아마도 저는 이렇게 말할 겁니다. 〈그래서 그 수치들을 모든 뉴런에 기록하는 일이 앞에서 언급한 저항이나 문턱값과 마찬가지로 가장 중요하겠군요.〉 그러면 당신은 틀림없이, 〈날카로운 지적입니다, 아킬레스 씨. 그 필요성을 이렇게 빨리 알아차릴 줄은 전혀 예상치 못했습니다. 그러면 그 수치에 이름을 붙여도 되겠군요. 가령 '구조 변화 수structure altering number'라고 하면 어떻겠습니까?〉라고 대답할 것입니다. 그리고 이 대화의 결론을 내리기 위해서 제가 이렇게 지적하겠지요. 〈이 구조 변화 수는 정말 주목할 만한 가치가 있습니다. 왜냐하면 그 페이지 위의 다른 수치들이 어떻게 변화할 것인지를 기술할 뿐만 아니라 다음에 신경 펄스가 도달했을 때 그 수치 자체가 어떻게 변화할지에 대해서도 기술하고 있기 때문입니다.〉

거북: 당신은 이미 우리 두 사람 사이의 대화가 어떻게 진행될지 그 요지를 모두 파악하신 것 같군요. 아마 저도 지금 당신이 예상한 이야기를 했을 겁니다. 그리고 당신도 그런 이야기를 했을 것이라고 생각합니다. 그런데 제가 어디까지 했었지요? 아, 맞아요. 이제 생각이 나는군요. 가상 상황에서 제가 책을

한 권 갖고 있고, 그 속에 필요한 온갖 자료가 수치화되어 기록되어 있었지요. 더구나 그것은 아인슈타인이 죽던 날 그의 뇌에서 조사한 개별 뉴런들에 대한 자료입니다. 따라서 우리는 매쪽마다 1) 문턱값, 2) 현재의 쪽에 대응하는 뉴런에 연결되어 있는 뉴런을 나타내는 쪽 수의 집합, 3) 연결되는 축색의 저항값, 그리고 4) 그 뉴런의 발화 결과로 발생하는 항적이라고 할 수 있는 뉴런의 〈잔향reverberation〉이 어떻게 그 쪽의 수치를 변화시키는지를 보여주는 수치의 집합이라는 네 종류의 수치를 갖게 됩니다.

아킬레스: 이제 그 이야기로 당신이 갖고 있는 방대한 책의 성격을 설명하려는 처음의 목표가 달성된 셈이군요. 이제 우리의 가상 대화도 끝날 때가 된 것 같군요. 그리고 잠시 후면 인사를 하고 헤어지게 되겠지요. 그래도 조금 전에 이 가상 대화 속에서 당신이 앞으로 이 공원에서 우리 두 사람이 나누게 될 대화에 대해 언급했다는 것은 바로 오늘 여기에 있는 우리의 상황을 암시한 것이 아닌지 묻지 않을 수 없군요.

거북: 이 얼마나 놀라운 우연의 일치입니까! 그건 순전한 우연이었습니다.

아킬레스: 그래서 거북 씨, 괜찮으시다면 그 가상의 아인슈타인 책이 〈마음-뇌〉 문제를 푸는 데 어떤 도움을 줄 수 있는지 알고 싶은데요. 그 점에 대해 이야기해 주실 수 있겠습니까?

거북: 물론입니다. 기꺼이 말씀드리지요, 아킬레스 씨. 그런데 어차피 가상의 책이라는 점을 고려할 때 몇 가지 특성을 추가해도 괜찮겠습니까?

아킬레스: 그 점에 대해 특별히 반대할 이유는 없을 것 같군요. 이

미 1,000억 쪽이나 되는 방대한 책이기 때문에 분량이 조금 더 늘어나도 별 차이는 없겠지요.

거북: 꽤 모험적이군요. 제가 덧붙이려는 것은 다음과 같습니다. 소리가 귀에 도달하면 고막의 진동이 내이(內耳)와 중이의 섬세한 구조에 전달되어 최종적으로 이러한 청각 정보를 처리하는 역할을 하는 뉴런에까지 이어집니다. 그런 기능을 하는 뉴런을 〈청각 뉴런〉이라고 부를 수 있겠지요. 마찬가지로 코드화된 명령을 근육에 전달하는 역할을 하는 뉴런도 있습니다. 예를 들어 손의 운동은 손의 근육에 간접적으로 연결되는 뇌 속의 특정 뉴런의 발화에 의해 일어납니다. 입과 성대도 마찬가지입니다. 그래서 이 책에 덧붙일 추가 정보로, 우리가 여러가지 고저와 강약의 소리를 들려주었을 때 청각 뉴런이 특정 음조에 의해 어떻게 발화하는지를 정확히 알기 위해 필요한 데이터 집합을 포함시키려는 것입니다. 그리고 이 책에 그 밖에 중요한 장을 하나 추가해서, 〈입 명령 뉴런 mouth-directing neuron〉 또는 〈성대 명령 뉴런 vocal-cord-directing neuron〉이 발화하면 각각의 기관에 어떻게 영향을 주는지 그 방식을 설명할 것입니다.

아킬레스: 무슨 뜻인지 알겠습니다. 청각의 입력 신호에 의해 뉴런의 내부 구조가 어떻게 영향을 받는지, 그리고 발성 기관들에 연결되어 있는 특정 핵심 뉴런들의 발화가 어떻게 그 기관에 영향을 주는지 알고 싶은 것이군요.

거북: 그렇습니다. 아킬레스 씨, 당신도 아시겠지만 당신과 함께 대화를 나누면서 당신이 제 생각을 받아서 이야기해 주는 것이 큰 도움이 됩니다. 당신을 통해 제가 한 이야기가 훨씬 더

분명한 의미로 돌아오기 때문이지요. 당신의 소박한 단순성이 저의 학식 높은 다변(多辯)을 보완해 준다고나 할까요.

아킬레스: 저도 당신에게 한 가지를 되반사시키고 싶군요, 거북씨.

거북: 어떤 것입니까? 무얼 말씀하시고 싶은 것이지요? 혹시 제가 언짢은 이야기라도 했나요?

아킬레스: 지금 우리가 문제 삼고 있는 방대한 책 속에는 수치 변환 표들이 있고, 그 변환 표들이 지금 막 시작된 임무를 정확하게 달성시키게 됩니다. 그것들은 어떤 소리가 들어와도 그것에 대해 각 뉴런이 어떤 반응을 하는지 알려주고, 또한 아인슈타인의 몸 속에 있는 신경에 의해 그것들에 연결되어 있는 뉴런의 기능 중 하나로 입의 형태와 성대의 긴장에 어떤 변화가 발생하는지 알려줄 것입니다.

거북: 그렇습니다.

아킬레스: 그렇다면 아인슈타인에 대한 포괄적인 자료가 도대체 누구에게 어떤 도움이 됩니까?

거북: 누구에게도, 아무런 도움이 되지 않을 수도 있습니다. 단, 자료에 굶주린 신경생리학자를 제외한다면 말이지요.

아킬레스: 그렇다면 당신은 왜 방대한 책, 이 대작(大作)을 제안한 것입니까?

거북: 왜냐고요? 단지 마음과 뇌에 대해 사색할 때, 상상력을 자극하기 위해서이지요. 그래도 이 분야의 초심자들에게는 도움이 될지도 모르지요.

아킬레스: 저도 그런 초심자의 한 사람입니까?

거북: 물론이지요. 당신이라면 이러한 책의 장점을 예증하기 위한 테스트의 피실험자로서 아주 잘 해낼 것 같군요.

아킬레스: 하여튼 아인슈타인이 이런 사태에 대해 어떻게 생각했을지 의문을 떨칠 수 없군요.

거북: 그 문제라면 간단합니다. 이 책만 있으면 알 수 있으니까요.

아킬레스: 그게 가능하다는 말입니까? 저는 어디서부터 시작해야 할지조차 모르겠습니다.

거북: 자기 소개부터 시작하는 편이 좋겠지요.

아킬레스: 누구한테 제 소개를 하라는 말입니까? 이 책에 대해서요?

거북: 당연하지요. 이 책이 아인슈타인입니다. 그렇지 않나요?

아킬레스: 천만에! 아인슈타인은 책이 아니라 사람이었어요.

거북: 흠, 그 점에 대해서는 조금 고려할 필요가 있겠군요. 하지만 레코드 속에 음악이 저장되어 있다고 말한 사람이 당신이 아니었습니까?

아킬레스: 물론 그랬지요. 제가 그렇게 말했습니다. 게다가 당신에게 어떻게 그 음악을 들을 수 있는지 설명해 주었습니다. 우리는 레코드판을 거기에 〈모두 동시에〉 놓아두는 것이 아니라, 적당한 바늘과 그 밖의 장치들을 사용해서 레코드판으로부터 실제로 살아 있는 음악을 끄집어낼 수 있습니다. 그러면 진짜 음악처럼 〈한 번에 조금씩〉 음악이 나타납니다.

거북: 그렇다면 당신의 말은 레코드의 음악이 단순한 합성에 의한 모조품에 지나지 않는다는 뜻입니까?

아킬레스: 흠, 소리 자체는 충분히 진짜라고 말할 수 있는데…… 플라스틱에서 소리가 나오기는 했지만, 역시 음악 그 자체는 진짜 소리로 이루어져 있습니다.

거북: 하지만 그 음악은 거기에 〈모두 한꺼번에〉 존재하지 않습니까? 원반이라는 형태로 말입니다.

아킬레스: 조금 전에 당신이 지적했듯이, 예, 그렇습니다.

거북: 그런데 처음에 당신이 음악이라는 것은 레코드가 아니라 소리라고 말했던 것 같은데요.

아킬레스: 음, 그랬습니다.

거북: 그렇다면 당신은 건망증이 무척 심하군요! 저에게 음악은 레코드 그 자체이고, 저는 그것을 조용히 앉아서 감상할 수 있다고 당신에게 했던 말을 다시 상기시켜 주어야 하겠군요. 그렇다고 해서 레오나르도 다빈치의 「암굴(岩窟)의 성모」를 그림으로 보는 것이 핵심을 놓치는 일이라는 이야기는 아닙니다. 아니면 제가 그림이라는 것이 단지 단조로운 저음을 내는 바순의 연주, 선율이 아름다운 피콜로의 소리, 장려한 하프 연주음 등을 쌓아두는 장소에 불과하다는 이야기를 에둘러서 주장하는 것입니까?

아킬레스: 물론 그렇지 않지요. 당신이 그 시각적 측면을 선호하는 데 비해 저는 그 청각적 측면을 선호하더라도, 이러한 각각의 방식이 실제로는 레코드판의 특성 중 일부에 대해 반응하는 것이라고 생각합니다. 최소한 저는 베토벤의 음악 중에서 당신이 좋아하는 부분이 제가 좋아하는 부분과 일치하기를 바랍니다.

거북: 그럴 수도 있고, 그렇지 않을 수도 있지요. 하여튼 아무래도 상관없습니다. 아인슈타인이 사람인지 아니면 이 책 속에 있는 것인지에 대해서는……. 그런데 먼저 자기 소개부터 하고 나서 이야기를 계속하지요.

아킬레스: 하지만 〈책〉은 제가 한 말에 대해 〈반응〉할 수 없지 않나요. 그건 마치 플라스틱으로 된 검은 원반과 같습니다. 그러

니까 〈모두 한꺼번에〉 거기에 존재합니다.

거북: 어쩌면 바로 그 말 속에 단서가 들어 있을지도 모릅니다. 음악이라는 주제와 레코드의 관계에 대해 방금 우리가 했던 대화를 검토해 봅시다.

아킬레스: 당신 말은, 제가 그 책을 〈한 번에 조금씩〉 경험하려고 시도해야 한다는 뜻입니까? 그렇다면 도대체 어디서부터 시작해야 하지요? 첫 장부터 시작해서 끝까지 계속 읽어나가야 하는 겁니까?

거북: 그럴 필요는 없습니다. 이제부터 아인슈타인에게 자기 소개를 한다고 생각해 보세요. 그러면 어떻게 이야기하겠습니까?

아킬레스: 음…… 〈안녕하십니까, 아인슈타인 박사. 저는 아킬레스라고 합니다.〉

거북: 좋아요. 당신의 말 속에는 무언가 미묘한 음조가 담겨 있어요.

아킬레스: 음조라……흠. 그러니까 당신은 앞에서 이야기한 변환 수치 표를 이용하려는 것입니까?

거북: 훌륭하군요. 정말 좋은 생각입니다. 왜 미처 그 생각을 못 했을까.

아킬레스: 누구나 가끔은 좋은 생각이 떠오르는 법입니다. 너무 자책하지 마십시오.

거북: 하여튼 당신이 좋은 생각을 떠올렸습니다. 그것이 바로 우리가 이 책을 손에 넣었을 때, 우리가 하려고 했던 일입니다.

아킬레스: 그렇다면 발성된 모든 음조에 대해서 아인슈타인의 뇌 속 청각 뉴런의 구조에서 일어날 수 있는 모든 변화를 조사해야 한다는 말인가요?

거북: 대략 그렇습니다. 그렇지만 극히 세심하게 그 일을 하지 않

으면 안 됩니다. 당신이 제안했듯이 우리는 최초의 음조를 취해서 그 소리가 어떤 세포를 어떻게 발화시키는지 조사할 것입니다. 다시 말해서 각 페이지에 있는 각각의 수치가 정확히 어떻게 변화하는지 조사합니다. 그런 다음 그 책을 한 쪽씩 넘기면서 그러한 변화를 실제로 적용시키는 겁니다. 이러한 과정을 〈1라운드round one〉라고 부를 수도 있습니다.

아킬레스: 그러면 2라운드는 두번째 소리에 대해 비슷한 과정이 일어나는 것이군요.

거북: 꼭 그렇지는 않습니다. 왜냐하면 아직 우리가 최초의 소리에 대한 반응을 끝내지 않았기 때문입니다. 분명히 우리는 개별 뉴런들을 책 전체에 걸쳐 한 차례 조사했습니다. 그렇지만 그 중 일부 뉴런들이 발화하고 있기 때문에 이 사실도 고려하지 않으면 안 됩니다. 그 말은 발화하는 뉴런의 축색이 연결되는 각 쪽으로 가서, 〈구조 변화 수〉가 지시하는 방식대로 그 쪽들을 수정하지 않으면 안 된다는 뜻입니다. 이것이 2라운드입니다. 그리고 이들 뉴런이 다시 다른 뉴런들에 연결됩니다. 자, 보십시오! 우리는 뇌를 일주하는 순환 열차를 타고 상당히 멀리까지 왔습니다.

아킬레스: 도대체 언제쯤이면 두번째 소리에 도달합니까?

거북: 좋은 지적입니다. 조금 전에 깜빡 잊고 빠뜨렸지만, 일종의 시간 척도time scale를 설정할 필요가 있습니다. 각 쪽에는 해당 뉴런이 발화하는 데 필요한 시간, 즉 아인슈타인의 뇌 속에서 실제로 발화하는 데 필요한 시간이 지정되어 있을 겁니다. 그 시간은 대략 1,000분의 1초 단위로 측정될 것입니다. 라운드들이 진행됨에 따라 지금까지 발화한 시간을 합해서 그

합이 첫번째 소리의 길이에 도달할 때 두번째 소리에 대해서 시작하게 됩니다. 이런 식으로 당신이 방금 했던 자기 소개말을 한 음조씩 차례로 입력시키고, 각 단계마다 이런 방식으로 반응하는 뉴런들에 수정을 가할 수 있습니다.

아킬레스: 재미있는 절차로군요. 하지만 너무 길다는 느낌이 듭니다.

거북: 이 모든 이야기가 가설적인 것이기 때문에 최소한 시간 문제로 걱정할 필요는 없습니다. 가령 실제로는 1000년 단위의 시간이 걸릴 수도 있지만, 여기에서는 그냥 5초라고 합시다.

아킬레스: 제가 했던 소개말을 입력시키는 데 5초라고요? 어쨌든 좋습니다. 방금 제 머리 속에 떠오른 상(像)은 이 책의 수백만 쪽은 아니더라도 수십 쪽씩 매 쪽에 있는 수치를 변경시켜 왔다는 생각이 드는데요. 가령 이전에 처리한 쪽이든, 청각 변환 수치 표를 통해서 입력되는 소리를 통해서든 말입니다.

거북: 그렇습니다. 그리고 소개말이 끝나도 뉴런은 여전히 발화를 계속하고 있어서, 하나의 뉴런으로부터 다음 뉴런으로, 마치 캐스케이드(폭포와 같이 하나의 흐름이 여러 개의 작은 흐름을 촉발시키는 과정을 뜻함——옮긴이)처럼 우리는 마치 이상하고 정교한 〈춤 dance〉을 추고 있는 것과도 같습니다. 즉 뚜렷한 청각 입력 없이도 라운드를 거듭하면서, 마치 반복적인 스텝을 밟듯 여러 쪽 사이를 반복적으로 오갑니다.

아킬레스: 그 과정에서 무언가 기이한 일이 일어나리라는 것을 알 수 있군요. 그렇게 몇 〈초〉 동안(우리가 터무니없이 과소 평가한 시간 척도를 계속 사용한다면) 더 책장을 넘기면서 수치를 변화시키면 특정 〈발언 뉴런 speech neuron〉들이 발화를 시작

하겠군요. 그렇게 되면, 입 모양이나 성대의 긴장 등을 보여 주는 수치표에 의지하지 않으면 안 됩니다.

거북: 아킬레스 씨, 이제 대충 감을 잡은 것 같군요. 따라서 이 책을 읽는 방법은 1쪽에서 시작하는 것이 아니라 서문에 쓰여 있는 방법을 따르는 것이 좋습니다. 그 서문에는 반드시 적용시켜야 할 변화와 어떻게 진행시켜야 하는가에 대한 규칙이 적혀 있기 때문입니다.

아킬레스: 만약 입 모습과 성대의 상태를 안다면, 지금 아인슈타인이 무엇을 〈말하는지〉 파악할 수 있을 것 같은데요. 그렇지 않습니까? 특히 지금 우리가 전제하고 있는 기술적 진보를 감안한다면 그런 일은 쉽게 가능하지 않을까요? 그렇게 생각하니, 그가 제게 뭐라고 이야기를 했을 것 같은데요.

거북: 저도 그렇게 생각합니다. 가령 〈안녕하세요. 저를 찾아오셨나요? 제가 죽었나요?〉 식의 이야기를 하지 않았을까요?

아킬레스: 아주 이상한 질문이군요. 물론 그는 죽었습니다.

거북: 그래요? 그렇다면 누가 당신에게 그 질문을 한 것이지요?

아킬레스: 그거야 그 멍청한 책이지요. 물론 아인슈타인이 아닙니다! 그런 말로 저를 함정에 빠뜨리려고 하지 마십시오.

거북: 천만에! 그럴 생각은 추호도 없습니다. 하지만 당신은 그 책에 대해 좀더 질문을 계속하고 싶을 겁니다. 그렇지 않나요? 인내심만 있다면 끝까지 대화를 계속할 수도 있습니다.

아킬레스: 아주 흥미로운 제안이군요. 실제로 제가 아인슈타인을 만났다면 그가 제게 무슨 말을 했을지 알고 싶군요!

거북: 그러면 우선 기분이 어떤지 물어보고, 그런 다음에 그를 만나 무척 기쁘다는 이야기를 하면 되겠군요. 그가 살아 있는 동

안에는 한 번도 만난 적이 없으니까요. 하여튼 그가 〈진짜〉 아인슈타인인 것처럼 이야기를 진행시키세요. 당신이 이미 그가 진짜라고 결정한 것은 의문의 여지가 없으니까 말입니다. 그런데 만약 당신이 그에게 진짜 아인슈타인이 아니라고 말하면 그가 어떤 반응을 보일 것 같습니까?

아킬레스: 잠깐 생각할 시간을 주세요. 당신은 지금 〈그〉라는 대명사를 사용해서 큰 책과 결합된 어떤 과정을 지칭하지만 그것은 〈그〉가 아닙니다. 그것은 다른 무엇입니다. 당신은 편견이 있는 질문을 하고 있는 것 같군요.

거북: 질문을 할 때에는 당신도 그를 아인슈타인이라고 생각하고 말을 건네지 않습니까? 그렇지 않다면, 〈안녕하십니까, 아인슈타인-뇌-메커니즘-책, 나는 아킬레스입니다〉라고 말하겠습니까? 만약 그런 표현을 사용한다면 그는 이유를 알지 못해 어리둥절할 것입니다.

아킬레스: 〈그〉 따위는 없습니다. 제발 〈그〉라는 대명사를 사용하지 않았으면 좋겠군요.

거북: 제가 그런 표현을 사용하는 까닭은 당신이 프린스턴 병원 침대에 누워 있는 아인슈타인을 실제로 만난다면 무슨 말을 할지 상상하고 있기 때문입니다. 물론 책에 대해서 질문을 하거나 평을 할 때에도 사람 아인슈타인에 대해 할 때와 똑같은 방법으로 하지 않으면 안 됩니다. 따라서 그 책은 처음에는 그의 인생의 마지막 날의 뇌 상태를 반영합니다. 그리고 그는 자신을 책이 아닌 사람으로 간주합니다. 그렇지 않겠습니까?

아킬레스: 그렇군요. 그렇다면 제가 그 책에 대해 질문하는 방식은, 제가 그 자리에 있다면 본인에게 하듯이 똑같이 해야 하

겠군요.

거북: 불행히도 그는 죽었지만, 당신은 그에게 그의 뇌는 사후에 커다란 카탈로그에 코드화되어 있고, 그 카탈로그를 당신이 소유하고 있으며, 지금 당신이 그 카탈로그와 언어용 수치 변환표를 사용해서 대화를 나누는 것이라고 설명할 수 있습니다.

아킬레스: 그 이야기를 들으면 그는 무척 놀라겠군요!

거북: 누가 놀란다는 말입니까? 나는 〈그〉란 존재하지 않는다고 생각하는데…….

아킬레스: 물론 제가 책과 이야기를 나눈다면, 〈그〉는 없지요. 그래도 진짜 아인슈타인에게 그 이야기를 한다면 분명 그는 놀랄 겁니다.

거북: 만약 당신이 살아 있는 사람의 면전에서 그가 이미 죽었고, 그의 뇌는 카탈로그 속에 코드화되어 있으며, 그 카탈로그를 사용해서 그와 대화를 나누고 있다고 말할 수 있을까요?

아킬레스: 저는 살아 있는 사람과 말하는 것이 아닙니다. 저는 책에게 말을 하고, 살아 있는 사람의 반응이 어떨지 알아내려는 것입니다. 따라서 어떤 의미에서는 〈그〉가 여기에 있지요. 흠, 조금 혼란스럽군요. ……그렇다면 저는 그 책 속의 누군가에게 이야기를 하는 셈인가요? 그 책이 존재하기 때문에 누군가가 그 책 속에 있는 것인가요? 그런 생각은 어디에서 오는 겁니까?

거북: 그 책에서 나오는 것이지요. 당신도 잘 알고 있지 않습니까?

아킬레스: 그렇다면 그는 자기 기분이 어떤지 어떻게 말할 수 있습니까? 책이 어떻게 느낄 수 있지요?

거북: 책은 아무것도 느끼지 못합니다. 책은 단지 거기에 있을 뿐

입니다. 의자처럼 말입니다.

아킬레스: 그렇다면 그건 단순한 책이 아니군요. 그것은 책에 모든 과정을 더한 무엇입니다. 그런데 〈책 + 과정〉은 어떻게 느낌을 갖지요?

거북: 제가 그걸 어떻게 알겠습니까? 하지만 당신이 직접 물어볼 수는 있습니다.

아킬레스: 저는 그 책이 어떻게 이야기할지 알고 있습니다. 가령 〈나는 기운이 없고, 다리가 아프다〉라는 식으로 말하겠지요. 그리고 책이든 책 + 과정이든 다리 같은 것을 갖고 있지는 않습니다!

거북: 그러나 그 신경 조직 속에는 다리나 다리의 아픔 등에 대한 아주 강렬한 기억이 포함되어 있습니다. 왜 그 책에게 더 이상 인간이 아니라 책 + 과정이라는 사실을 말해 주지 않지요? 어쩌면 당신이 아는 한 상세하게 사정을 설명해 주면 전후 사정을 충분히 이해하기 시작하고 다리의 통증이나 그렇게 생각되는 것까지 완전히 잊어버릴지도 모르는데 말입니다. 결국 그 책에게는 갖지도 않은 다리의 통증을 느낄 어떤 기득권도 없습니다. 그러니까 그런 것들은 무시하고, 그 책이 지금 실제로 가질 수 있는 것, 가령 당신 아킬레스와 의사 소통을 할 수 있는 능력이나 사고하는 능력에 신경을 집중하는 편이 좋을 것입니다.

아킬레스: 이 전체적인 과정에는 무언가 지독하게 슬픈 느낌이 있습니다. 그중에서도 특히 슬픈 것은 뇌에 메시지를 입력시키거나 꺼내는 데 너무 오랜 시간이 걸린다는 점입니다. 몇 마디 대화를 나누기도 전에 늙은이가 되어버릴 판입니다.

거북: 그렇다면 해결책이 있습니다. 당신도 카탈로그로 변하면 됩니다.

아킬레스: 뭐라고요? 그렇게 되면 다리가 없어질 텐데, 도보 경주를 할 수도 없지 않습니까? 사양하겠습니다.

거북: 카탈로그로 변한 후에는 누군가가 당신의 책을 관리해서 책장을 넘기면서 수치를 기록해 주면, 아인슈타인과 흥미로운 대화를 계속할 수 있지요. 더 재미있는 것은 카탈로그가 되면 여러 사람과 동시에 대화를 나눌 수 있다는 점입니다. 아킬레스 카탈로그를 여러 벌 복사해서 사용 설명서를 붙여 당신이 대화를 나누고 싶은 사람에게 보내기만 하면 됩니다. 무척 흥미로울 겁니다.

아킬레스: 그래요? 정말 구미가 당기는데요. 가령 호머Homer, 제논Zenon, 루이스 캐롤…… 그들의 뇌도 카탈로그로 만들어졌다면…… 하지만 잠깐 기다리십시오. 어떻게 제가 여러 사람과 한꺼번에 대화를 할 수 있지요?

거북: 아무런 문제도 없습니다. 모든 대화가 따로따로 진행될 테니까요.

아킬레스: 그럴 테지요. 그리고 그 대화들을 저의 머리 속에 모두 담아놓아야 할 텐데.

거북: 당신의 머리라고요? 잘 기억해 두세요. 그때는 이미 당신에게 머리가 없을 겁니다.

아킬레스: 머리가 없다고요? 그렇다면 그때 저는 어디에 있게 됩니까? 도대체 무슨 말이지요?

거북: 당신은 동시에 여러 곳에 있게 됩니다. 그리고 각각의 장소에서 제각기 멋진 대화를 즐기게 됩니다.

아킬레스: 한 번에 여러 사람과 대화를 하는 것은 어떤 느낌일까요?

거북: 이런 것을 상상해 보면 되지 않겠습니까? 아인슈타인의 카탈로그를 여러 벌 복사해서 당신의 친구나 그 밖의 사람들에게 보내주고, 그들이 아인슈타인과 대화를 나눈다고 가정한 다음, 그때 아인슈타인에게 질문을 하는 것이 어떤 것인지 상상하는 겁니다.

아킬레스: 그렇다고 해도, 제가 가지고 있는 아인슈타인에게 그런 사정을 이야기해 주지 않는 한 그가 다른 카탈로그나 다른 대화에 대해 알 도리가 없지 않습니까? 어떤 식으로든 카탈로그들이 서로에게 영향을 줄 수는 없습니다. 따라서 그는 자기가 동시에 복수(複數)의 대화에 가담하는 것을 느낄 수 없다고 말하지 않을까요?

거북: 당신도 마찬가지이겠지요. 설령 당신의 카탈로그들이 동시에 여러 명과 대화를 나누고 있다고 해도 말입니다.

아킬레스: 나라고요? 어떤 나가 나입니까?

거북: 그들 모두가 당신입니다. 아니면 그중 누구도 당신이 아니겠지요.

아킬레스: 정말 해괴한 이야기로군요. 그렇게 되면 저는 제가 어디에 있는지도 모르겠군요. 어딘가에는 있다 하더라도 말이에요. 더구나 그 해괴한 카탈로그들은 저마다 나라고 주장하겠군요.

거북: 충분히 그런 사태를 예상할 수 있겠지요. 하지만 그렇게 되는 것은 당신이 자초한 일이 아닙니까? 심지어는 두 사람의 당신을, 또는 당신 모두를 서로 소개시켜 줄 수도 있습니다.

아킬레스: 세상에! 저는 이런 순간을 기다렸습니다. 당신은 저를

만날 때마다 이런 해괴한 제안을 내놓는군요.

거북: 어느 쪽이 진짜 당신인지를 둘러싸고 작은 다툼이 벌어질지도 모르겠군요. 그렇게 생각하지 않습니까?

아킬레스: 이런, 그것이야말로 인간의 영혼으로부터 즙을 짜내는 악마의 계략입니다. 저는 지금 〈내〉가 누구인지 혼란스러운 지경입니다. 도대체 〈나〉는 사람입니까, 아니면 하나의 과정입니까? 저의 뇌 속에 있는 하나의 구조입니까, 아니면 저의 뇌 속에서 일어나는 것을 느끼는 포착할 수 없는 어떤 본질입니까?

거북: 흥미로운 질문이군요. 다시 아인슈타인 이야기로 돌아가서 그 문제를 생각해 봅시다. 아인슈타인은 죽었습니까, 아니면 카탈로그 덕분에 생명을 유지하고 있습니까?

아킬레스: 어느 모로 보나 그의 정신 가운데 일부는 살아 있습니다. 그 데이터가 기록되어 있다는 사실을 고려할 때 말입니다.

거북: 그 책이 한 번도 사용되지 않는다 해도 말입니까? 그래도 그가 살아 있다고 말할 수 있습니까?

아킬레스: 정말 어려운 문제로군요. 아무래도 〈아니다〉라고 말해야 할 것 같군요. 우리가 그를 살아 있게 한 것은 저 불모의 책에서 〈한 번에 조금씩〉 그에게 〈생명을 불어 넣었기〉 때문입니다. 그것은 하나의 과정이었고, 단순한 데이터 북을 넘어서는 무엇입니다. 그는 우리와 대화를 하고 있었고, 바로 그 사실이 그를 살아 있게 한 것입니다. 그의 뉴런은, 물론 비유적인 방식이지만 발화를 계속하고 있었습니다. 단지 그 발화 속도가 일반적인 속도에 비하면 조금 느린 것이었지만, 뉴런들이 발화를 계속하는 한 그런 사실은 중요치 않습니다.

거북: 가령 당신이 1라운드를 처리하는 데 10초 걸리고, 2라운드에

는 100초, 3라운드에는 1,000초가 걸리는 식으로 계속된다고 합시다. 물론 책 자체는 그렇게 긴 시간이 걸린다는 사실을 알지 못할 것입니다. 왜냐하면 외부와의 접촉은 청각 변환 수치표를 통해서만 이루어지니까요. 또한 당신이 그 사실을 가르쳐주기로 마음먹지 않는 한 책은 그것을 알 수 없습니다. 몇 라운드가 지나고 나면 발화하는 데 상상할 수 없을 정도로 긴 시간이 필요한데도 그것이 여전히 살아 있는 것일까요?

아킬레스: 당연히 살아 있다고 할 수 있지 않겠습니까? 만약 제가 같은 방식으로 카탈로그가 되었다면, 그리고 제 책장을 넘기는데에도 마찬가지로 긴 시간이 걸린다면 우리 둘 사이의 대화 속도가 일치하게 되겠군요. 그렇게 되면 그와 나 중 어느 한 사람도 대화를 하면서 전혀 이상한 느낌을 받지 않을 것입니다. 설령 외부 세계의 척도에서는 우리가 인사를 나누는 데 몇천 년이 걸린다 해도 말입니다.

거북: 처음에 당신은 이 조직 구조가 〈한 번에 조금씩〉 표면화되는 과정이 매우 중요하다고 생각하고 있었지만, 지금은 그 과정이 지속적으로 느려져도 무방하다고 생각하는 것 같군요. 궁극적으로 서로의 생각을 나누는 데 100년 가까운 시간이 걸리게 될 것입니다. 그리고 조금 더 시간이 지나면, 뉴런이 1조 년에 한 번 꼴로 발화하게 되겠지요. 그다지 활발한 대화는 아니겠군요!

아킬레스: 외부 세계의 관점에서는 그렇겠지요. 하지만 외부 세계의 시간 흐름을 의식하지 못하는 우리 두 사람에게는 아무런 문제도 없습니다. 지극히 정상이지요. 물론 누군가가 우리의 수치를 계속 변화시켜 준다는 가정에서 하는 이야기이지만.

아인슈타인과 저는 느린 속도로 넘겨지는 페이지 바깥의 세계는 완전히 망각하게 됩니다.

거북: 그렇다면 그 충실한 뉴런 기록원이, 그의 이름을 농담삼아 어-킬-이즈A-kill-ease라고 합시다, 어느 날 오후 밖에 나가 낮잠을 자다가 되돌아오는 것을 잊었다고 합시다…….

아킬레스: 그건 반칙입니다! 그것은 이중 살인 행위입니다! 아니, 이중 교살인가요?

거북: 그렇게 엄청난 일인가요? 그래도 당신들 두 사람은 여전히 〈모두 동시에〉 거기에 있지 않습니까?

아킬레스: 〈모두 동시에〉라고요? 세상에! 우리 카탈로그가 더 이상 처리되지 않는다면 무슨 즐거움이 남겠습니까?

거북: 차츰 느려지는 달팽이보다도 별로 빠르지 않을 텐데?

아킬레스: 속도야 어떻든 간에 그래도 계속 처리되는 편이 훨씬 낫습니다. 거북 씨 정도의 속도만 되더라도 말입니다. 그런데 왜 책을 돌보는 사람에게 〈어-킬-이즈〉라는 이름을 붙인 것입니까?

거북: 그건 당신의 뇌가 책 속에 코드화되어 있을 뿐 아니라 당신이 그 뇌-책을 지키고 있다면 그것이 어떤 느낌일지 상기시키려고 그랬을 뿐입니다(절대 단순한 농담이 아닙니다!).

아킬레스: 그렇다면 제가 저 자신의 뇌에게 질문을 하지 않을 수 없게 되겠군요. 아니, 그게 아니라, 잠깐! 저의 책이 제게 질문을 하게 되는 것이 아닌가요? 이런 지독하고 복잡한 혼동 때문에 벌써 머리가 완전히 이상하게 되어버렸군요. 당신은 항상 이런 식으로 저를 갑자기 혼란의 수렁에 밀어넣는군요! 아, 굉장한 생각이 있습니다. 이 책을 돌보는 기계가 있다고

가정합시다. 즉 그 기계가 책장을 넘기면서 간단한 계산을 하고, 그 밖의 사무 처리를 떠맡습니다. 이렇게 하면 인간이 일을 처리하는 신뢰성의 부족이라는 문제를 피할 수 있고, 당신이 낸 비비꼬인 이상한 회로도 회피할 수 있습니다.

거북: 음, 그렇게 생각할 수도 있겠지요. 아주 독창적인 생각이군요. 그래도 그 기계가 망가지면 어떻게 합니까?

아킬레스: 정말 당신의 상상력은 병적입니다! 마치 저를 정신적으로 고문하고 있는 것 같군요.

거북: 전혀 그렇지 않습니다. 누군가가 당신에게 그 이야기를 깨우쳐주지 않으면, 당신은 그 기계의 존재조차 인식하지 못할 것입니다. 더구나 그 기계가 망가져도 알아차리지 못하겠지요.

아킬레스: 이런 식으로 외부 세계에서 고립되는 것은 마음에 들지 않는군요. 사람들이 자신들의 판단을 제게 가르쳐주는 것보다는 제 주변에서 일어나는 일들을 지각할 수 있는 다른 방식이 있으면 좋겠군요. 가령 살아 있는 동안에 시각 정보 처리를 담당하던 뉴런을 이용하는 것은 어떻습니까? 청각 변환 수치 표와 마찬가지로 시각 변환 수치 표 같은 것이 있어도 좋지 않을까요? 그런 것이 있다면 텔레비전 카메라에서 나오는 신호에 따라 책을 변경시키는 데 사용할 수 있을 것입니다. 그렇게 되면 저는 제 주위의 세계를 보고 거기에서 일어나는 사건에 반응할 수 있습니다. 특히 책장을 넘기는 기계나 책장과 숫자로 가득 찬 책 등을 바로 알아볼 수 있겠지요.

거북: 고통을 받기로 작정한 모양이군요. 그렇게 되면 당신은 당신에게 닥치게 될 운명을 지각하게 됩니다. 다시 말해 텔레비전 카메라와 변환 수치 표를 통해 공급되는 입력을 통해 그 운명

을 〈보게〉 됩니다. 그러니까 그때까지 당신을 위해 훌륭하게 역할을 해온 책장넘기는 기계가 빠져나가려고 하는 헐거운 부분을 갖고 있다는 것을 보게 되는 것이지요. 그것이 당신을 두렵게 할 겁니다. 그렇게 해서 무슨 이득이 있지요? 만약 그런 시각 스캔 장치가 없다면, 당신은 주위에서 일어나는 일을 알 수 있는 방법이 없고, 특히 당신의 책장을 넘기는 기계에 대해서조차 알지 못할 것입니다. 따라서 당신의 사고는 냉정하고 침착하게 진행되고, 외부 세계의 걱정거리 때문에 영향을 받을 일도 없습니다. 그리고 책장을 넘기는 기계가 고장이 나서 어쩔 수 없이 곧 종말을 맞이하게 될 것이라는 사실을 알지 못한 채 즐겁게 일생을 보낼 수 있습니다. 이 얼마나 아름다운 생활입니까? 최후를 맞이할 때까지 근심걱정 없이 살 수 있다니!

아킬레스: 그래도 그 기계가 고장이 나면, 저는 죽어서 사라지고 말 텐데.

거북: 그래서요?

아킬레스: 그렇게 되면 저는 생명도 없고, 움직임도 없는 숫자가 가득 적힌 종이뭉치에 불과해지겠지요.

거북: 정말 불쌍하겠군요. 어쩌면 어-킬-이즈가 자기가 늘 일하던 곳으로 우연히 되돌아와 그 기계가 망가진 부분에서부터 다시 일을 계속할지도 모르지요.

아킬레스: 오! 그렇게 되면 저는 부활하게 되겠군요. 잠시 동안 죽었다가 다시 살아나는군요!

거북: 그런 식의 기묘한 구분을 계속 고집한다면 그렇겠지요. 그런데 어-킬-이즈가 주사위 놀이를 하거나, 세계 일주 여행을

하거나, 아니면 자기 뇌를 책에 복사하러 가느라고 몇 분 또는 몇 년 동안 당신을 그대로 방치해 놓는 경우보다 기계가 고장난 경우에 당신이 〈더 죽어 있다deader〉라고 할 수 있는 이유는 무엇이지요?

아킬레스: 기계가 고장나는 편이 〈더 죽어 있는〉 것은 분명합니다. 왜냐하면 제가 언젠가는 기능을 회복하리라는 기대를 전혀 할 수 없기 때문이지요. …… 반면 어-킬-이즈는 근무 태만을 하기는 했지만 언젠가는 다시 돌아와서 자기 일을 할 것입니다.

거북: 그렇다면 당신 말은 어-킬-이즈가 돌아오려는 의도를 갖고 있기 때문에 당신이 아직 살아 있다는 뜻입니까? 그렇다면 기계가 고장난 순간 당신은 죽은 건가요?

아킬레스: 그런 식으로 〈살아 있는 상태〉와 〈죽어 있는 상태〉를 구분하는 것은 어리석은 짓입니다. 분명 이런 개념들은 자기 이외의 존재의 단순한 의도와는 아무런 관계도 없습니다. 가령 전구의 주인이 불을 켤 의도가 없다면 그 전구는 〈죽어 있다〉고 말하는 것만큼이나 어리석은 일이지요. 본질적으로 전구의 내부 구조에는 아무런 변화도 없으니까요. 그리고 이 점이 중요한 것입니다. 제 경우에 중요한 것은 그 책이 고스란히 보존되어야 한다는 것입니다.

거북: 그렇다면 당신 말은, 그 책이 모두 동시에 거기 있다는 말입니까? 즉 당신이 살아 있음을 보증하는 것은 그 책의 존재에 불과하군요. 그것은 레코드판의 존재가 음악의 존재와 동등한 것과 같은 것 아닌가요?

아킬레스: 아주 재미있는 생각이 떠올랐습니다. 지구가 완전히 소멸되고, 바흐의 음악이 담긴 레코드 한 장만 부서지지 않고

우주 공간을 떠돌고 있습니다. 그렇다면 그 음악은 여전히 존재합니까? 만약 사람과 비슷한 어떤 생물이 그 레코드를 찾아내서 들을 수 있는 가능성에 따라 답이 달라진다고 말한다면 무척 어리석은 대답이 되겠지요. 거북 씨, 당신에게 음악이란 레코드 그 자체로 존재하는 것이니까요. 마찬가지로 책의 경우를 다시 생각해 보면, 책이 단지 거기에 모두 동시에 존재한다면 저 역시 거기에 존재한다는 생각이 듭니다. 만약 그 책이 소멸하면 저도 사라지겠지요.

거북: 그렇다면 당신은 숫자와 변환 수치 표가 존재하는 한 당신이 본질적으로, 그리고 잠재적으로 살아 있다는 주장을 하는 것입니까?

아킬레스: 그렇습니다. 가장 중요한 것은 저의 뇌조직의 통합성 integrity입니다.

거북: 가령 제가 〈누군가가 그 책의 사용 방법을 알려주는 서문의 명령들을 훔쳐가면 어떻게 되지요?〉라고 물어도 괜찮겠습니까?

아킬레스: 그것을 되찾아야 한다는 대답밖에는 할 수 없군요. 그 사람이 사용 방법을 돌려주지 않으면 제게는 더 이상 희망이 없겠지요. 사용 방법이 없는 책이 무슨 소용이 있겠습니까?

거북: 그렇게 되면 다시 당신의 생사가 그 도둑이 마음먹기에 달려 있다는 말이 되는군요. 그렇지만 변덕스러운 바람이 불어서 그 서문의 몇 쪽이 바람에 날려 공중으로 사라질 수도 있지 않겠습니까? 그렇게 되면 도둑의 의도 따위는 더 이상 중요하지 않게 됩니다. 그렇게 되면 〈당신〉은 덜 살아 있게 less alive 되는 것인가요?

아킬레스: 조금 까다로운 질문이군요. 천천히 생각할 시간을 주십시오. 〈나는 죽는다. 내 뇌가 책으로 전사(轉寫)된다. 그 책 속에는 내 진짜 뇌 속에서 뉴런들이 발화하는 것과 똑같이 그 책의 각 쪽을 처리하는 방법을 지시하는 서문이 달려 있다.〉

거북: 그리고 그 책은 그러한 명령들과 함께 고서점의 한쪽 귀퉁이에 먼지를 뒤집어 쓴 채 꽂혀 있습니다. 누군가가 가게에 들어와서 우연히 이 귀한 물건을 발견하고 이렇게 외칩니다. 〈아니, 이것은 아킬레스 책이다! 어떻게 이 책이 이런 곳에 있을까! 그래, 이 책을 사서 읽어보자.〉

아킬레스: 그렇다면 그는 당연히 명령서까지 함께 사겠지요. 책과 명령서가 함께 있어야 한다는 것은 필수적입니다.

거북: 어느 정도로 가까이 있어야 하지요? 두 책을 합쳐서 합본을 만들어야 합니까? 같은 가방 안에? 한 집 안에? 아니면 1킬로미터 정도 거리에 있으면 됩니까? 산들바람이 불어서 책의 낱장들이 흩어지면 당신의 존재가 그만큼 감소되는 겁니까? 정확히 어느 정도 단계에 왔을 때 그 책이 구조적 통합성을 잃게 되는 것입니까? 당신도 알겠지만 레코드는 조금 휘어져도 평평한 것과 똑같이 훌륭한 음악을 감상할 수 있습니다. 사실 조금 휘어진 레코드가 저처럼 교양이 풍부한 감상가에게는 더 매력적입니다. 제 친구 중에는 깨진 레코드가 더 멋있다고 생각하는 사람도 있습니다! 그의 집 벽을 보면 깨진 바흐가 도배를 하듯 더덕더덕 붙어 있습니다. 깨진 푸가, 뭉개진 카논, 찢겨진 리체르카레 ricercare(푸가의 전신으로 16, 17세기의 대위법적인 기악 형식——옮긴이)들이 말입니다. 그는 그것들을 더할 나위 없이 즐깁니다. 제 친구의 눈에는 구조적 통합성이 있는

것입니다.

아킬레스: 제게 관찰자의 관점을 묻는 것이라면, 저는 책의 낱장이 다시 합쳐진다면 아직 제가 살아남을 수 있는 희망이 있다고 대답할 수 있을 것입니다.

거북: 도대체 〈누구〉의 눈 속에서 다시 통합된다는 말입니까? 일단 죽은 후에는 관찰자인 당신은 (존재한다 해도) 책이라는 형태로만 남아 있을 뿐입니다. 그런 상태에서 책의 낱장들이 흩어져 버리면, 당신은 자신이 구조적 통합성을 잃기 시작한다고 느끼겠습니까? 아니면 외부에서 관찰하는 제게 그 구조가 회복 불가능하다는 느낌이 들었을 때, 제가 당신은 이미 존재하지 않는다는 결론을 내려야 합니까? 아니면 아직도 어떤 당신의 〈본질〉이 분산된 형태로 남아 있는 것입니까? 그렇다면 그 판단을 누가 내립니까?

아킬레스: 제발! 저는 그 책 속에 있는 불쌍한 영혼이 어떻게 될지 갈피를 잡을 수 없어요. 그리고 그 자신이 또는 저 자신이 어떤 감정을 가질지에 대해서도 확신이 서지 않는군요.

거북: 〈그 책 속의 불쌍한 영혼〉이라고요? 오, 아킬레스 씨! 당신은 아직도 책 속 어딘가에 〈당신〉이 있다는 식의 시대에 뒤떨어진 관념에 매달리고 있습니까? 제 기억이 옳다면, 당신은 처음에 제가 당신이 진짜 아인슈타인과 대화를 나눌 수 있다고 제안했을 때, 그런 관념을 받아들이기를 꺼려했던 것 같은데요.

아킬레스: 분명히 그랬지요. 하지만 그것은, 그 책이 아인슈타인의 감정을, 또는 감정처럼 여겨지는 무언가를 느낀다는, 또는 최소한 표현한다고 생각할 때까지였습니다. 그렇지만 당신이 옳

을지도 모릅니다. 어쩌면 제가 지금 믿어야 하는 것은 유일한 진짜 〈나〉는 바로 여기, 즉 나의 살아 있는 뇌 내부에 있다는, 시대에 뒤떨어질지는 모르지만, 모두에게 친숙하고 건전한 상식이기 때문입니다.

거북: 오래 되고 친숙한 〈기계 속의 유령〉 이론을 말하는 것인가요? 그렇다면 그 속에, 그 〈당신〉 속에 있는 것은 무엇입니까?

아킬레스: 제가 표현하는 모든 감정으로 느껴지는 것은 전부이지요.

거북: 그런 감정의 느낌이란 일련의 전기 화학적인 활동의 연쇄가 당신의 뇌 속에서 여러 가지 신경 회로 중 하나를 통해 전달되는 단순한 물리적 사건에 지나지 않을지도 모릅니다. 어쩌면 당신은 그러한 사건을 기술하기 위해서 〈느낌 feeling〉이라는 말을 사용하는지도 모릅니다.

아킬레스: 그렇지는 않은 것 같습니다. 왜냐하면 제가 〈느낌〉이란 말을 사용하면, 책도 그 말을 사용하고, 그때 책은 전기과학적인 활동이 발생했다고 느끼지 않기 때문입니다. 책이 느낀다고 말하는 것은 그 책 속의 수치가 변화한다는 뜻입니다. 아마도 〈느낌〉이라는 말은 시뮬레이트된 신경 활동의 존재를 나타내는 말과 동의어일 것 같군요.

거북: 그러한 견해는 〈한 번에 조금씩〉 느낌이 전개된다는 점을 지나치게 강조합니다. 신경 구조가 시간의 경과에 따라 변화하는 것이 느낌의 본질처럼 보이지만, 그런 느낌이 레코드판이나 대화처럼 〈모두 동시에〉 거기에 있을 수 없는 까닭은 무엇이지요?

아킬레스: 레코드로 음악을 듣는 것과 마음 사이에서 즉시 찾아낼 수 있는 차이는, 레코드의 경우에는 〈한 번에 조금씩〉 소리를

내더라도 전혀 변화하지 않는 데 비해, 마음의 경우는 일정 시간 동안 외부 세계와 교류한 후 원래의 물리적 구조에 내재하지 않았던 형태 변화를 일으킨다는 점입니다.

거북: 좋은 지적이군요. 마음 또는 뇌는 세계와 교류함으로써 뇌의 구조에 대한 지식만으로는 예측할 수 없는 변화를 일으킵니다. 물론 그렇다고 해서 외부에서의 간섭 없이 무언가를 내성적으로 사색할 때, 앞에서 언급한 마음의 〈살아 있음 aliveness〉의 정도가 감소한다는 뜻은 아닙니다. 이러한 내성(內省)이 계속되는 동안, 뇌가 받는 변화는 본질적으로 뇌 내부에 속합니다. 즉 그 사고가 〈한 번에 조금씩〉 전개되더라도, 마음 그 자체는 〈모두 한꺼번에〉 거기에 있습니다. 의미를 분명하게 하기 위해 좀더 단순한 체계에 비유해보기로 하지요. 그레이프프루트(포도처럼 송이를 맺는 북아메리카 특산 과일——옮긴이)를 던졌을 때 그것이 지나는 전체 경로는 내재적입니다. 그 과일의 운동을 경험하는 한 가지 방법은 공중으로 던져진 그레이프프루트를 보는 것이지요. 이것이 일반적인 방법입니다. 이러한 방식을 그레이프프루트의 운동에 대한 〈한 번에 조금씩〉 방식이라고 부르기로 합시다. 그러나 다른 한편, 그 과일의 초기 위치와 초기 속도를 아는 것도 그 운동을 경험하는 또 하나의 유효한 방법입니다. 이러한 방식을 운동에 대한 〈모두 동시에〉 상(像)이라고 부르기로 합시다. 물론 여기에서는 황새가 옆을 지나가는 식의 간섭은 없는 것으로 가정합니다. 그런데 실제로 뇌(또는 뇌 카탈로그)에도 이러한 이중 성질이 있습니다. 뇌가 외부 세계와 상호 작용하면서 이런 방식과는 전혀 이질적인 방식으로 변화하지 않는 한, 뇌의 시간 진행은 〈한 번

에 조금씩〉 방식과 〈모두 동시에〉 방식 중 어느 쪽으로도 볼 수 있습니다. 제가 지지하는 것은 후자입니다. 조금 전에 우주를 표류하는 레코드에 대해 이야기했을 때 당신도 동의했다고 생각합니다만.

아킬레스: 〈한 번에 조금씩〉 쪽이 훨씬 이해하기 쉽군요.

거북: 당신에게는 그렇겠지요. 어쨌든 사람의 뇌는 그런 방식으로 사물을 보도록 만들어졌으니까요. 가령 공중을 나는 그레이프프루트의 운동처럼 간단한 경우에도 사람의 뇌는 실제 운동을 포물선 운동으로 〈모두 동시에〉 시각화하는 것보다는 〈한 번에 조금씩〉 보는 쪽을 훨씬 만족스러워합니다. 그러나 〈모두 동시에〉라는 상(像)이 존재한다는 것을 인식하게 되었다는 사실 자체가 인간 정신의 위대한 진일보입니다. 왜냐하면 그것은 자연계에 어떤 규칙성, 즉 사건들을 예상 가능한 채널로 인도하는 규칙성이 존재한다는 인식에 도달한 것이기 때문입니다.

아킬레스: 물론 느낌이라는 것이 〈한 번에 조금씩〉이라는 상 속에 존재한다는 점은 인정합니다. 왜냐하면 그것이 제가 저 자신의 느낌을 느끼는 방식이기 때문입니다. 하지만 〈모두 동시에〉라는 상 속에도 그런 느낌이 존재하는 것입니까? 움직이지 않는 책 속에도 〈감정〉이 있습니까?

거북: 그렇다면 움직이지 않는 레코드 속에는 음악이 있습니까?

아킬레스: 더 이상 그 문제에 대해 어떻게 대답해야 할지 확신이 서지 않는군요. 그러나 〈내〉가 그 아킬레스 책 속에 있는지, 그리고 〈진짜 아인슈타인〉이 아인슈타인 책 속에 있는지에 대해서는 여전히 알고 싶군요.

거북: 그럴 수도 있겠지요. 하지만 저 역시 〈당신〉이 어디엔가는

있다고 말할 수 있는지에 대해서 알고 싶습니다. 그렇다면 아킬레스 씨, 잠시 우리에게 편안한 〈한 번에 조금씩〉이라는 상을 고수하기로 합시다. 그리고 당신 자신의 뇌 내부에서 일어나는 과정을 상상해보십시오. 가령 〈열점 hot spot〉, 즉 전기 화학적 활동의 연쇄 작용점이 〈최소 저항 경로〉를 따라 구불거리면서 진행한다고 상상해 보세요. 당신이든, 아킬레스 씨든, 당신이 좋아하는 명칭인 〈나〉이든 그 누구도 어떤 경로가 최소 저항 경로인지 제어할 수 없습니다.

아킬레스: 제가 제어할 수 없다고요? 그렇다면 저의 잠재 의식이 제어하는 것입니까? 예를 들어 저는 가끔씩 잠재 의식적 경향에 의해 야기되기라도 하듯 어떤 생각이 불현듯 〈떠오르는〉 것을 느끼곤 합니다.

거북: 하긴 〈잠재 의식〉이라는 말이 신경 구조를 지칭하는 좋은 표현이 될 수도 있겠군요. 결국 특정 순간에 어떤 경로가 최소 저항 경로가 될지 결정하는 것은 그 신경 조직이니까요. 그리고 그 열점이 마치 소용돌이치는 것과 같은 경로를 지날 뿐 다른 경로를 택하지 않는 것은 바로 이러한 신경 구조 때문입니다. 이러한 전기 화학적인 활동이 아킬레스 씨의 심리적·감정적 생활을 구성하는 것이지요.

아킬레스: 정말 섬뜩하고 기계적인 이야기로군요. 당신이 그보다 훨씬 더 이상한 이야기도 할 수 있다는 데 내기를 걸어도 좋습니다. 이런 시는 어떻습니까? 동사들이 활개를 치게 하라! 그리고 뇌, 마음, 인간에 대한 거북의 노래를 들어라!

거북: 당신의 시구(詩句)는 신들의 영감을 얻은 게 틀림없는 것 같군요. 그런데 아킬레스 씨의 뇌는 수많은 방으로 이루어진 미

로와 같습니다. 그리고 각각의 방에는 많은 문이 달려 있어서 그 문을 통해 다른 방으로 연결되고, 대부분의 방에는 이름표가 붙어 있습니다(여기에서 각각의 〈방〉은 몇 개에서 수십 개 또는 그보다 많은 뉴런의 복합체라고 생각해도 됩니다. 그리고 〈이름표가 붙은〉 방은 주로 언어-뉴런들로 이루어진 특수한 복합체입니다). 〈열점〉이 문들을 여닫으면서 이 미로를 뚫고 들어와 때때로 〈이름표가 붙은〉 방에 들어갑니다. 그 순간 당신의 목구멍과 입이 수축하면서 말을 하게 됩니다. 그 동안 신경의 발화는 아킬레스 경로를 따라 되돌릴 수 없이 진행됩니다. 그 경로의 형태는 벌레를 쫓는 제비의 격렬한 돌진보다도 기묘합니다. 매차례의 방향 전환은 당신의 뇌에 존재하는 신경 조직의 구조에 의거해 미리 결정되고, 그 진행은 감각 입력의 메시지가 간섭할 때까지 계속됩니다. 그리고 메시지가 입력되면 신경 발화는 진행하던 경로에서 방향을 바꾸게 됩니다. 신경 발화는 이런 식으로 방에서 방으로, 그리고 이름표가 붙은 방으로 방문을 계속해갑니다. 당신이 말을 하는 동안 이런 과정이 계속되는 것입니다.

아킬레스: 그렇지만 제가 항상 말을 하고 있는 것은 아닙니다. 때로는 가만히 앉아서 생각을 하기도 하지요.

거북: 물론 그렇지요. 이름표가 붙은 방은 전등의 밝기를 어둡게 할 수도 있습니다. 그러니까 말을 하지 않는다는 신호이지요. 그러면 소리 내서 말을 하지 않고, 〈사고〉가 진행됩니다. 하지만 〈열점〉의 이동은 계속됩니다. 이 방 저 방을 돌아다니면서 문의 경첩에 기름을 쳐서 부드럽게 만들거나 물을 떨어뜨려서 녹슬게 합니다. 어떤 문은 경첩이 너무 심하게 녹이 슬어 열리

지 않습니다. 반면 다른 문은 너무 자주 기름을 쳐서 저절로 열리기도 합니다. 따라서 현 시점의 흔적이 장래를 위해 남겨지게 되어, 현재의 〈나〉는 미래의 〈나〉를 위해 메시지와 기억을 남깁니다. 뉴런들이 벌이는 이러한 춤이야말로 영혼의 춤인 것입니다. 그리고 영혼의 춤을 안무하는 유일한 안무가는 바로 물리 법칙입니다.

아킬레스: 저는, 정상적으로 제가 생각하는 것을 지배하는 것은 저 자신이라고 생각합니다. 그런데 당신의 이야기는 그런 생각을 완전히 뒤집는 것이군요. 따라서 〈나〉라는 것은 그러한 신경 구조와 자연 법칙에서 발생한 것에 지나지 않는다는 것처럼 들립니다. 그렇다면 제가 저 자신이라고 생각하는 것은 좋게 말해도 자연 법칙에 의해 지배되는 유기체의 부산물에 지나지 않고, 나쁘게 말하면 저의 왜곡된 편견이 만들어낸 인위적인 개념에 불과한 것이 아닙니까? 다시 말하자면 당신의 말을 듣고 보니 제가 누구인지, 또는 제가 무엇인지조차 갈피를 잡을 수 없게 되어버렸습니다.

거북: 그것은 매우 중요한 문제입니다. 당신은 어떻게 당신이 무엇인지 〈알〉 수 있습니까? 무언가를 안다는 것은 어떤 의미입니까?

아킬레스: 제가 무언가를 알 때, 또는 저의 뇌가 무언가를 알 때 거기에 존재하는 것은 저의 뇌 속을 이 방에서 저 방으로, 그리고 이름표가 붙은 여러 방을 구불거리며 돌아다니는 경로입니다. 제가 어떤 주제에 대해 사고할 때, 저의 신경 발화는 그 경로를 거의 자동적으로 지나게 됩니다. 특히 제가 대화를 한다면 그 발화가 〈이름표 붙은〉 방을 통과할 때마다 어떤 소리

가 발생하게 됩니다. 그러나 물론 저의 신경 발화가 이런 일들을 유능하게 처리하기 위해서 저 자신이 발화에 대해 생각할 필요는 없습니다. 따라서 저는 제가 없더라도 잘 작동하는 것처럼 보이는군요!

거북: 〈최소 저항 경로〉가 스스로 모든 일을 처리하는 것은 분명합니다. 그러나 그러한 작용의 모든 산물은 당신과 같다고 생각할 수 있습니다. 이러한 분석에 당신의 자아가 필요없다고 생각할 필요는 없습니다.

아킬레스: 그렇지만 이런 상(像)이 갖는 문제는 저의 〈자아〉가 저 자신을 제어하지 않는다는 점입니다.

거북: 그 문제라면 당신이 〈제어〉라는 말을 어떤 의미로 생각하는지 여부에 달려 있는 것 같은데요. 당신이 아무리 애써도 당신의 신경 발화 경로가 최소 저항 경로를 벗어나게 만들 수 없다는 것은 분명합니다. 그러나 한 순간의 아킬레스 씨는 다음 순간에 어떤 경로가 최소 저항 경로가 될지에 직접적인 영향을 줍니다. 이 점을 고려한다면, 〈당신〉이, 당신이 무엇이든 간에, 장래의 당신의 감정·사고·행동을 어느 정도 제어한다는 느낌을 얻게 될 것입니다.

아킬레스: 그렇군요. 흥미로운 생각입니다. 하지만 그 말은 여전히 제가 생각하고 싶은 것을 마음대로 생각할 수 없고, 바로 앞 버전version의 저에 의해 제가 생각하도록 설정된 것을 생각할 뿐이라는 뜻이지 않습니까?

거북: 그렇지만 당신의 뇌 속에서 설정된 것은 거의 모두 당신이 생각하기를 원했던 것입니다. 물론 때로는 당신의 뇌가 의지대로 기능하지 않는 경우가 있지만 말입니다. 예를 들어 어떤

사람의 이름을 잊어버리거나, 중요한 문제에 주의를 집중할 수 없거나, 자신을 제어하려고 안간힘을 쓰지만 안절부절못하게 됩니다. 이런 일들은 모두 지금 당신이 말씀하신 것을 반영합니다. 어떤 의미에서 당신의 〈자아〉가 당신 자신을 제어하지 않는다는 사실의 반영입니다. 당신이 지금의 아킬레스를 과거의 아킬레스와 동일시하고 싶은지 여부는 당신에게 달린 문제입니다. 당신이 과거의 당신의 자아들과 자신을 동일시하는 쪽을 선택하면, 당신은 〈당신〉이, 즉 계속 존재해 왔던 당신이라는 의미로, 오늘의 당신을 지배하고 있다고 말할 수 있습니다. 그러나 만약 당신이 현재에만 존재한다고 생각하는 쪽을 선호한다면, 〈당신〉이 지금 하는 일은 독립적인 〈영혼〉에 의해 지배되는 것이 아니라 자연 법칙에 의해 제어되는 것입니다.

아킬레스: 당신과 토론을 하다 보니 저 자신에 대해 조금은 더 많은 것을 알게 된 느낌이 드는군요. 저의 신경 구조에 대해 모든 것을, 그러니까 저의 신경 발화가 경로를 선택하기 전에 그 경로를 미리 예언할 수 있을 정도로!, 알 수 있을지는 의문이지만 말입니다. 그렇게 된다면 총체적이고 더없이 훌륭한 자기 인식이 가능할 것입니다.

거북: 이런, 아킬레스 씨. 순진하게도 당신은 제 도움도 받지 않고 제일 지독한 역설에 빠지고 말았군요! 언젠가는 정기적으로 그런 역설에 빠지는 방법을 배우게 될 겁니다. 그러면 저 없이도 잘 해낼 수 있겠지요.

아킬레스: 조롱은 그쯤 해두시고, 제가 우연히 빠지게 된 역설에 대해서 어서 이야기해 주십시오.

거북: 당신에 대해 모든 것을 알 수 있는 방법이 무엇일까요? 가령 당신의 아킬레스 책을 읽는 방법도 시도해 볼 수 있겠지요.

아킬레스: 그것은 엄청난 계획입니다. 그 책에는 무려 수천억 페이지가 있습니다! 그 책을 읽는 소리를 듣다가 잠이 들고 말 겁니다. 아니, 그 일을 끝내기도 전에 죽을지도 모릅니다. 끔찍한 일이지요! 하지만 제게 뛰어난 속독(速讀) 능력이 있어서, 지구상에서 저에게 할당된 시간 이내에 책 전체의 내용을 알 수 있다고 가정합시다.

거북: 그렇게 되면 당신은 아킬레스에 대해 모든 것을 알게 되겠지요. 그 아킬레스가 아킬레스 책을 다 읽기 전에! 하지만 당신은 지금 존재하는 아킬레스에 대해서는 아무것도 알지 못합니다!

아킬레스: 아니, 그런 낭패스런 일이! 제가 책을 〈읽는다〉는 사실이 그 책을 진부한 것으로 만들고, 자신에 대해 알려는 시도 자체가 저를 과거의 저와는 다르게 변화시킨다니! 제가 조금 더 큰 뇌를 가질 수 있다면, 저의 복잡성을 모두 이해할 수 있을 텐데. 하지만 그렇게 된다 해도 아무런 도움이 되지 않는다는 것을 저는 알고 있습니다. 더 큰 뇌를 갖게 되면, 저는 그만큼 더 복잡해질 테니까요. 결국 저의 마음은 절대 그 자신을 이해할 수 없다는 것이군요. 제가 알 수 있는 것은 개요, 즉 기본적인 개념뿐이군요. 저는 그 선을 넘을 수 없습니다. 저의 뇌 구조가 다른 곳이 아닌 바로 저의 머리 속에, 즉 정확히 〈내〉가 있는 곳에 있음에도 불구하고, 그 본성에 이 〈내〉가 접근할 수 없다는 것입니다. 저는 필연적으로 〈나〉를 구성하는 실체 그 자체에 무지합니다. 결국 나의 뇌와 〈나〉는 동일하지 않습니다!

거북: 익살스러운 딜레마는 우리 인생의 숱한 환희의 재료입니다. 그런데 아킬레스 씨, 이제 맨 처음에 제기되었던 물음, 지금까지 우리가 토론을 하게 된 발단이었던 문제에 대해 생각해 봅시다. 〈사고는 마음 속에서 발생하는 것인가, 아니면 뇌 속에서 발생하는 것인가?〉라는 문제 말입니다.

아킬레스: 이제 저는 〈마음〉이라는 말의 의미를 잘 모르겠습니다. 물론 그것이 뇌나 그 활동에 대한 일종의 시적 표현이라는 것 정도는 알고 있지만. 그 말은 〈미(美)〉라는 말을 떠올리게 하는군요. 그것은 공간의 어딘가에 위치지울 수 없는 무엇이지요. 하지만 천상의 다른 세계를 떠도는 무엇도 아닙니다. 오히려 복잡한 실체의 구조적인 특성에 더 가깝지요.

거북: 수사적인 표현을 사용해도 무방하다면, 알렉산더 스크리아빈 Alexander Scriabin(신비 화음을 만든 러시아의 작곡가이자 피아니스트——옮긴이)의 음악이 갖는 아름다움은 어디에 있는 것입니까? 소리 속에 있습니까? 인쇄된 음표 속에 있는 것입니까, 아니면 감상하는 사람의 귀나 마음이나 뇌 속에 있습니까?

아킬레스: 제 생각으로 〈미〉는 우리의 신경 발화가 뇌의 특정 영역, 그러니까 〈이름표가 붙은 방〉을 통과할 때마다 우리가 내는 소리와 같은 것 같습니다. 우리는 이런 소리에 대응해서 어떤 〈실체 entity〉가, 즉 〈존재자 existing thing〉가 존재한다고 생각하고 싶어하는 경향이 있습니다. 다시 말하면 〈미〉라는 말이 명사이기 때문에, 우리는 미를 어떤 〈사물 Thing〉 쯤으로 생각하곤 합니다. 그러나 〈미〉라는 말은 어떤 사물도 표시하지 않을 것입니다. 그 말은 우리가 어떤 사건이나 지각을 경험할 때 말하고 싶어지는 편리한 소리에 지나지 않습니다.

거북: 좀더 이야기를 확장시키자면, 그러한 성질을 갖는 단어는 많이 있는 것 같습니다. 가령 〈미〉, 〈진리〉, 〈마음〉, 〈자아〉 등이 그런 단어들이지요. 그 단어들도 우리가 발언하게 되는 소리에 지나지 않습니다. 우리는 여러 가지 기회에 신경 발화에 의해 그런 소리를 내게 되는 것입니다. 그리고 우리는 이러한 각각의 소리에 대응하는 〈실재〉, 즉 〈실제로 존재하는 것 Real Thing〉이 있다고 믿지 않을 수 없습니다. 그러나 저는 이러한 소리를 사용함으로써 얻을 수 있는 이익이 그 소리에 우리가 〈의미〉라고 부르는 것을 그에 비례하는 정도의 양만큼 물들이고 있다는 이야기를 하고 싶군요. 그러나 그 소리가 어떤 사물을 표시하고 있는지 여부에 대해서…… 우리가 어떻게 그것을 알 수 있겠습니까?

아킬레스: 당신의 세계관은 무척이나 유아론적(唯我論的)이군요. 이제 그런 사고 방식은 시대에 뒤떨어진 것입니다. 사물은 그 자체의 존재를 갖는 것 아닙니까?

거북: 흠, 좋아요. 그럴지도 모르지요. 저도 그것을 부정한 적은 한 번도 없습니다. 단지 제 생각은 몇 개의 음이 존재하는 실체 Existing Entity를 표상한다고 가정하는 쪽이 〈의미〉의 의미에 대한 실용적인 견해라는 것입니다. 이런 가정이 갖는 실용적 가치야말로 그 가정을 증명해 주는 최선의 정당화가 될 수도 있습니다. 하여튼 아킬레스 씨, 〈진짜 당신〉이라는 그 실체를 파악하기 어려운 곳으로 다시 돌아갑시다.

아킬레스: 사실 그것이 어딘가에 있는 것인지조차 말할 수가 없군요. 설령 저의 다른 분신이 뛰어나와서 〈'진짜 나'는 지금 여기에 있다〉라고 외친다 해도 말입니다. 중요한 점은 〈스페이드

는 트럼프다〉와 같은 일상적인 말을 하게 만드는 메커니즘이 제가 또는 아킬레스 책이 〈진짜 나는 지금 여기에 있다〉라는 문장을 말하게 하는 메커니즘과 비슷하다는 점일 것입니다. 사실 저, 즉 아킬레스가 이 문장을 말할 수 있다면, 그래서 저의 책 버전the book version of me도 그렇게 말할 수 있다면 실제로 그 문장을 말할 수 있을 것입니다. 그 말에 대한 저의 첫 번째 반응이 〈나는 내가 존재하는 것을 알고 있다. 내가 그렇게 느끼기 때문이다〉라는 말을 확인하는 것이라도, 이런 〈느낌〉은 모두 환상일지도 모릅니다. 어쩌면 〈진짜 나〉도 완전히 환상인지도 모릅니다. 아마도 〈나〉라는 소리는 〈미〉라는 소리와 마찬가지로 어떤 것도 표시하지 않으며, 단지 우리들의 신경조직이 이러한 소리를 내도록 설정되었기 때문에 발성하지 않을 수 없는 편리한 소리에 지나지 않을지도 모릅니다. 아마도 제가 〈나는 내가 살아 있는 것을 알고 있다〉와 같은 말을 할 때 이런 과정이 일어날 것입니다. 그리고 당신이 아킬레스 책을 여러 권 복사해서 여러 사람에게 나누어 주고, 〈내〉가 그 사람들과 동시에 대화를 나눈다는 발상을 이야기했을 때, 제가 무척 당황스러워한 이유도 설명해 줄 수 있을 것입니다. 그때 저는 〈진짜 내〉가 어디에 있는지, 어떻게 〈내〉가 동시에 복수의 대화에 가담할 수 있는지 알고 싶었지만, 지금은 그 책의 각각의 복사본이 그 속에 내장된 어떤 종류의 구조를 가지고 있고, 그 내부 구조가 자동적으로 〈내가 진짜 나이다. 왜냐하면 내가 지금 나 자신의 감정을 느끼고 있기 때문이다. 자기가 아킬레스라고 주장하는 다른 자들은 모두 사기꾼이다〉라는 발언을 할 수 있다는 것을 알고 있습니다. 그러나 이러한 문장을 발언했다는 단순한 사실이 그 말을 한 것이 〈진짜 감정〉을 갖고 있다는 것을 뜻하지 않는다는 것도 이해할 수 있습니다. 그러나 더 중요한 사실은 저, 즉 아킬레스가 그러한 것을 말했다는 단순한 사실이 실제로 제가 무언가를 느낀다는(그것이 어떤 것이든) 것을 뜻하지는 않습니다. 이러한 점을 모두 종합하면, 저는 애당초 그러한 문장들이 어떤 식으로든 의미를 갖는 것인지에 대해 의문을 품게 됩니다.

거북: 그렇지만 이러저러한 방식의 〈느낌〉에 대한 발언은 실용적인 관점에서는 대단히 편리합니다.

아킬레스: 물론입니다. 이런 대화를 했다고 해서 그것을 피할 생각은 없습니다. 더구나 당신도 알다시피, 〈나〉라는 단어를 기피할 생각도 없습니다. 단지 저는 그 단어에 〈정신이 충만한〉 의미를 불어넣는 일을 피하려는 것뿐입니다. 지금까지 저는 본능적으로, 그리고 이런 표현을 사용해도 된다면, 교조적으로 그런 일을 계속해 왔습니다.

거북: 이번만은 일치된 결론에 도달한 것 같아서 무척 기쁘군요. 시간이 무척 천천히 가는 것 같아요. 황혼이 지기 시작하는 것 같군요. 이 시간이 되면 힘이 한데 모아져서 활력이 솟는 느낌이 듭니다. 당신 친구에게 〈바람을 맞아서〉 무척 실망이 클 텐데, 어떻습니까, 기원전 5세기까지 잠깐 거슬러 올라가는 도보 경주를 하지 않겠습니까?

아킬레스: 정말 좋은 생각이군요! 공평한 시합을 위해서 당신이 3세기 정도 먼저 출발하기로 하지요. 저는 발이 무척 빠르답니다.

거북: 자신만만하시군요, 아킬레스 씨……. 에너지가 충만한 거북을 따라잡기가 쉽지 않을 텐데.

아킬레스: 바보나 저와 경주를 하는 발 느린 거북 씨에게 내기를 걸겠지요. 제논의 집에 늦게 도착하는 쪽이 지는 겁니다.

나를 찾아서 • 스물여섯

〈이런 환상은 무척 흥미롭다. 그러나 정작 우리에 대해 아무것도 이야기해 주지 않는다. 단순한 SF에 불과하다. 진실, 확고한 사실을 알고 싶다면, 진정한 과학에 의거하지 않으면 안 된다. 다만, 이 진정한 과학은 아직 우리에게 마음의 궁극적인 본성에 대해 거의 아무것도 이야기해 주지 못한다.〉 이런 식의 반응은 우리에게 친숙하지만 이미 낡아빠진 과학에 대한 견해를 떠올리게 한다. 즉 과학이란 엄밀한 수학적 정식화, 신중한 실험, 종과 속을 망라하는 방대한 카탈로그, 성분과 처방 등의 집적이라는 사고 방식이 그것이다. 이것은 과학이 엄격하게 사실을 수집하는 활동이고, 그 속에서는 증거에 대한 요구 때문에 상상력이 제약된다는 식의 상을 제공한다. 실제로 일부 과학자들은 자신들의 직업에 대해 이러한 견해를 갖고 있으며, 이런 사람들은 아무리 뛰어나더라도 자유 분방한 태도의 동료들에 대해 의혹 어린 시선을 던진다. 오케스트라 단원들 중에서도 군대적 규율에서 정확한 음을 내는 것이 자기의 일이라고 생각하는 사람들이 있다. 만약 그렇게 생각하는 사람들이 있다면, 정작 그들이 놓치고 있는 것에 대해 생각해 볼 필요가 있다.

그러나 과학은 상상력이 자유롭게 펼쳐질 수 있는 최고의 놀이터이다. 그리고 그 곳은 훌륭한 이름을 가진, 믿기 어려운 등장 인물(예를 들어 전령-RNA, 블랙 홀, 쿼크 등)이 우글거리고, 능히 놀라운 업적이 이루어질 수 있는 곳이기도 하다. 그 곳에는 동시에 여러 장소에서 나타날 수 있는 (도처에서 일어날 수 있으면서 동시에 아무 곳에서도 일어나지 않을 수 있다) 원자 이하 수준의 여러 대상, 즉 자기 꼬리를 물고 있는 분자 후프 스네이크(미국 남부산 뱀의 총칭——옮긴이), 암호화된 명령을 가지고 있는 자기 복제하는 나선 계단, 1조 개가량의 시냅스들의 심해를 떠돌면서 자기에게 맞는 자물쇠를 찾아 헤매는 미세 크기의 열쇠 등이 있다. 그 밖에 불사(不死)의 뇌 책brain-book, 꿈을 기록하는 기계, 스스로를 이해하는 심벌들, 팔다리나 머리도 없이 때로는 마법의 빗자루처럼 맹목적으로 명령에 따르고, 때로는 다투고 묵과하고, 때로는 협력하는 정자미인들도 있다. 이 책에 등장하는 가장 환상적인 개념 중 몇 가지, 가령 우주를 누비면서 엮는 휠러의 단일 전자Wheeler's solitary electron, 에버렛의 양자역학에 대한 다세계 해석 many-worlds interpretation, 우리가 유전자를 지속시키는 생존 기계에 불과하다는 도킨스의 주장 등은 뛰어난 과학자들에 의해 진지하게 제기된 것들이다. 그렇다면 우리는 이처럼 기발한 개념을 그대로 받아들여야 할 것인가? 물론 그런 시도를 해야 하는 것은 확실하다. 그런 시도 없이 이러한 개념들이 자아와 의식이라는 가장 난해한 수수께끼에서 벗어나기 위해 필요한 거대한 개념적인 단계들인지 어찌 알 수 있겠는가? 마음을 이해하기 위해서는, 예를 들어 지구가 태양 주위를 돈다는 코페르니쿠스의 충격적인 주장이나 공간 자체가 휘어져 있다는 아인슈타인의 기괴한 주장처럼 처음에는 상식에 어긋나는 엉뚱하고 새로운 사고 방법이 필요한 것이다. 과학은 절뚝거리면서, 있을 수 없음unthinkable의 경계, 즉 특정 시대와 그 시대의 관점에서는 상상할 수 없다는 이유로 불가능하다는 선고를 받은 것들과 부단히 충돌하면서 나아간다. 그러한 경계가 조정되는 곳은 바로 사고 실험과 공상fantasy이라는 사변의 최전선이다.

사고 실험은 체계적으로 이루어질 수 있고, 그 함축은 엄밀한 양식에 따라 연역될 수 있다. 예를 들어 갈릴레오가 명명백백한 귀류법을 이용해서 무거운 물체가 가벼운 물체보다 빨리 낙하한다는 가설을 부정한 경우를 생각해 보자. 그는 우리에게 무거운 물체 A와 가벼운 물체 B를 들고 탑 위에서 떨어뜨리기 전에 두 물체를 끈이나 쇠사슬로 묶는 경우를 상상해 보라고 주문한다. 가설에 따르면, B가 느리게 떨어지기 때문에 B는 A를 끌어당기는 작용을 하게 된다. 따라서 B에 묶인 A는 A 혼자 낙하할 때보다 천천히 떨어지게 된다. 그러나 B에 묶인 A는 그 자체가 새로운 물체 C라고 생각할 수 있고, 이 물체 C는 A보다 무겁기 때문에 가설에 따르면 A 혼자 떨어질 때보다 빨리 낙하해야 한다. 그러나 B에 묶인 A가 A 혼자 떨어질 때보다 천천히 떨어지면서 동시에 더 빨리 떨어질 수 없기 때문에 (그렇게 된다면 자기 모순이거나 불합리한 현상이기 때문에) 가설은 거짓일 수밖에 없다.

그러나 다른 사고 실험들은 아무리 체계적으로 전개되더라도 단지 이해하기 어려운 개념을 예를 들어 설명하거나 생생하게 설명하기 위해 이용된다. 더구나 그 사고 실험의 목적이 증명인지, 설득인지, 교육인지의 경계선을 분명히 획정할 수 없는 때도 있다. 이 책에서는 유물론이 옳다는 가설의 여러 가지 함축을 탐구하기 위해서 계획된 다양한 사고 실험이 시도되고 있다. 그 함축이란 마음이나 자아가 뇌와 기적적인 상호 작용을 하는 별개의 무엇(비물리적인)이 아니라 뇌의 조직과 작용에 의한 설명 가능한 산물이라는 것이다. 「어느 뇌 이야기」는 갈릴레오의 증명처럼 유물론이라는 가설의 주요 전제, 즉 이 경우에는 〈경험의 뉴런 이론〉이라는 형태의 유물론을 귀류법을 통해 반박하려고 시도하는 사고 실험을 제시한다. 또한 「전주곡—— 개미의 푸가」와 「나는 어디에 있는가」, 그리고 「아인슈타인의 뇌와 나눈 대화」는 독자들이 전통적으로 유물론을 이해하는 데 장애물로 작용했던 논점을 극복하도록 도와줌으로써 유물론을 지지하기 위해 쓰였다. 특히 이 세 가지 사고 실험의 목적은 자아가 신비롭고, 보이지 않고, 나누어질 수 없으며, 마음을 구성하는 핵심에 해당하는 무엇이라는 강력한 견해에 대해 설득력 있는 대안을 제시한다. 「마음, 뇌, 프로그램」은 유물론의 한 버전(대체로 우리가 옹호하는)을 반박하면서, 현 시점에서 충분한 기술(記述)이나 연구가 이루어지지 못한 몇 가지 유물론적 대안을 그대로 남겨두고 있다.

이러한 사고 실험들은 저마다 서술의 척도라는 문제를 갖고 있다. 다시 말해 어떻게 독자들이 나무에서 머물지 않고 숲을 볼 수 있게 할 것인가라는 문제이다. 「어느 뇌 이야기」는 가상의 뇌의 부분들이 연결되어야 하는 장치가 얼마나 복잡할 것인지에 대해 전혀 언급하지 않고 있다. 「나는 어디에 있는가」에서는 수십만 개에 달하는 신경들 사이의 연결을 유지하는 데 무선을 이용하는 것이 실질적으로 불가능하다는 사실은 간과하고 있다. 또한 사람의 뇌를 컴퓨터 복제로 만들어서 양자를 동위상(同位相)으로 작동시킨다는 훨씬 더 실현 불가능한 일이 마치 실현 가능한 첨단 기술의 일부이기라도 한 듯 제시되고 있다. 「마음, 뇌, 프로그램」은 언어 처리 프로그램을 시뮬레이트하는 사람의 손을 상상하게 하지만, 만약 이것이 실현되려면 너무도 거대해져서 인간의 일생보다 짧은 시간 동안 한 마디의 대화를 나누는 데 필요한 단계들도 처리할 수 없을 것이다. 그럼에도 불구하고 우리는 정상적인 시간 척도에서 일어나는 중국어 대화에 관여하는 체계를 상상하도록 요구받는다. 이러한 척도의 문제는 「아인슈타인의 뇌와 나눈 대화」에서 한층 더 직접적인 형태로 표면화한다. 여기에서 우리는 1,000억 쪽에 달하는 방대한 책의 책장들을 번개처럼 넘기면서 지금은 고인이 된 아인슈타인 교수로부터 몇 마디의 말을 뽑아내는 상황을 참아내도록 요구받는다.

우리의 직관이라는 펌프에 달려 있는 계기판의 설정은 조금씩 다른 설명을 낳고, 그에 따라 서로 다른 문제들이 배경으로 물러나고 거기에서 제각기 다른 교훈을 얻을 수 있다. 그중에서 어떤 이야기가 신뢰할 만한지는 각각의 이야기를 세심하게 검토해서 그 이야기 속에서 어떤 특성들이 작용하고 있는지 살펴볼 때에만 온전히 판단할 수 있을 것이다. 만약 그 글들에서 나타나는 과도한 단순화가 부적절한 복잡화를 억누르기 위한 단순한 장치가 아니라 그 글에서 노리는 직관의 〈원천〉이라면, 우리는 거기에서 시사된 결론들을 불신하지 않을 수 없다. 이것들은 모두 미묘한 판단을 요구하는 문제이다. 따라서 이 책에 실린 글들에서 나타나는 상상력과 공상에 대해 일반화되고 정당한 의구심이 따라다닌다는 것은 전혀 놀랄 일이 아니다.

결국, 우리의 공상을 건전한 것으로 유지하기 위해서는 실험, 연역, 그리고 수학적 분석이라는 견고한 과학hard science의 엄밀한 방법에 의지하지 않을 수 없다. 이러한 과학적 방법은 가설을 제기하고 검증하기 위한 소재를 제공하며, 나아가 종종 그 방법 자체를 발견하는 강력한 원천이 된다. 그러나 과학의 이야기 구성 능력은 단지 주변적이거나, 교육상의 편의를 넘어서 과학 그 자체의 궁극적인 목표임이 분명하다. 어느 뛰어난 물리학 교사의 표현을 빌리자면, 참된 과학적 활동은 인문학의 한 분야이다. 과학의 목표 중 하나는 우리가 무엇인지, 어떻게 지금에 이르게 되었는지를 이해하려는 우리에게 도움을 주는 것이다. 그리고 이 목표를 위해 우리는 방대한 이야기를 필요로 한다. 아주 먼 옛날 어떻게 〈빅뱅〉이 일어났는지에 대한 이야기, 지구상의 생명의 진화에 대한 다윈의 서사시, 그리고 지금 우리가 막 이야기하는 방법을 배우기 시작한 이야기이다. 그것은 영장류 자서전 작가의 놀라운 모험을 펼쳐놓는 방법을 스스로에게 가르쳐야 하는 영장류 자서전 작가의 놀라운 모험 이야기이다.

D. C. D.

픽션

로버트 노직

나는 픽션 속의 등장 인물이다. 그렇지만 이 말을 듣고 당신이 존재론적 우월감에 젖어 빙그레 미소를 짓는다면 그것은 잘못이다. 왜냐하면 당신 역시 픽션 속의 등장 인물이기 때문이다. 엄밀한 의미에서 독자가 아닌 저자 한 사람을 제외하면 나의 독자들은 모두 픽션 속의 등장 인물이다.

나는 픽션 속의 등장 인물이다.

그러나 이 작품은 당신이 지금까지 읽은 모든 픽션과 마찬가지로 결코 픽션 작품이 아니다. 다시 말해 이것은 픽션 작품이라고 의식적으로 말하는 모더니스트의 작품이 아니며, 허구임을 부정하는 훨씬 내숭스러운 작품도 아니다. 우리는 그런 종류의 작품에 익숙해져 있고, 또한 그러한 작품을 어떻게 다루고 처리해서 그 작품의

* Robert Nozick "Fiction" Ploughshares, vol. 6, no. 3(1980). Copyright © 1980 by Ploughshares. 로버트 노직은 미국의 철학자이다.

저자가 이야기하는 (가령 일인칭으로 〈후기(後記)〉나 〈저자 주(著者註)〉 등의 제목을 붙인 부분에서) 것 중 어느 부분도 우리에게 정말 자신이 진지하게 있는 그대로 일인칭으로 이야기한다고 확신시킬 수 없다.

따라서 지금 당신이 읽는 이 글 자체가 하나의 논픽션 작품이며, 우리가 픽션 속의 등장 인물이라는 것을 알려야 하는 나의 문제는 한층 더 어려워진다. 우리가 거주하고 있는 이 픽션 세계의 내부에서 이 작품은 논픽션이다. 넓은 의미에서는 픽션 작품 속에 포괄되지만 픽션으로 한정될 수는 없기 때문이다.

우리의 세계를 당신 자신이 등장 인물인 소설처럼 생각해 보라. 그러면 우리의 저자가 어떤 존재인지 이야기할 수 있는 방법이 있을까? 어쩌면 있을지도 모른다. 만약 이 작품이, 저자가 그 속에서 자신을 표현하는 방식을 취한다면, 우리는 저자의 여러 가지 측면에 대해 추론할 수 있을 것이다. 그러나 우리가 하는 하나하나의 추론이 그에 의해 소설 속에 기록된다는 점을 유의할 필요가 있다. 더구나 그가 우리 개개의 추론이 그럴 듯하거나 타당한 것으로 생각한다고 쓴다면, 논증을 하는 우리란 도대체 누구인가?

우리가 살고 있는 소설 속에 나오는 한 성서(聖書)에 따르면, 우리 세계의 저자는 단지 〈거기에 있게 하라……〉라고 이야기함으로써 삼라만상을 창조했다고 한다. 창조에 필요한 유일한 일이 말하는 것뿐이라면, 우리가 아는 한 그것은 이야기, 희곡, 서사시, 픽션이다. 우리가 살고 있는 곳은 말에 의해 말로 지어진 곳, 즉 유니-버스uni-verse(〈uni〉는 〈단일〉이라는 뜻이고, 〈verse〉는 시구 또는 절이라는 뜻이다. 저자는 우리가 살고 있는 우주universe가 〈오직 말로 지어진 곳uni-verse〉이라고 풍자하고 있다. ──옮긴이)이다.

그러면 악의 문제라고 알려진 것에 대해 생각해 보자. 다시 말해서, 선한 창조주가 그가 알고 있고, 그것을 막는 방법을 알고 있으면서도 왜 이 세상에 악을 허용했는가라는 문제이다. 그러나 저자가 그의 작품 속에 무서운 행위들(고통과 괴로움)을 담았다 해도 어떻게 그런 행위가 저자의 선함을 의심할 이유가 되는가? 등장 인물들을 고난에 처하게 한다고 해서, 그 저자가 냉혹한 것일까? 등장 인물들이 실제로 그런 고난을 당하는 것이 아니라면 말이다. 그렇지만 등장 인물들은 실제로 고난을 당하는 것이 아닌가? 햄릿의 아버지는 실제로 죽었는가?(아니면 단지 햄릿의 반응을 보려고 숨은 것인가?) 리어 왕은 실제로 추방되어 유랑했다. 단지 꿈을 꾼 것이 아니다. 한편 맥베스는 진짜 검을 보지 않았다. 그러나 이러한 등장 인물들은 모두 실재하는 인물이 아니며, 한번도 실재한 적이 없기 때문에 작품이라는 세계밖에는 아무런 괴로움도 없고, 저자 자신의 세계에도 진짜 고통은 없다. 따라서 그러한 창조 행위에서 저자가 잔혹하지는 않은 것이다.(그렇다면 왜 저자가 자신의 세계 속에서 고통을 창조할 때만 잔혹한 것일까? 이아고Iago가 우리 세계 속에 비참함을 만들어내는 것은 전혀 아무런 문제도 없는 것일까?)

이 대목에서 당신은 이렇게 반문할 것이다. 〈도대체 무슨 소리야! 우리는 실제로 괴로움을 겪고 있잖아? 왜 오이디푸스Oedipus의 고통이 그에게 견딜 수 없이 괴롭듯이 우리도 진짜 고통스럽지 않다는 말이지?〉 물론 똑같이 실제적인 괴로움이다. 〈그러나 당신은 당신이 실제로 존재한다는 것을 증명할 수 없지 않은가?〉 만약 셰익스피어가 햄릿에게 〈나는 생각한다, 고로 존재한다〉라고 말하게 했다면, 과연 그 말이 햄릿이 실재한다는 것을 우리에게 증명하는가? 또한 햄릿의 실재를 햄릿 자신에게 증명하는 것인가? 만약 그렇다면 이러한 증명을 뒷받침하는 것은 무엇인가? 어떤 증거도 픽션 작품 속에 써 넣을 수 없고, 등장 인물의 한 사람, 가령 데카르트라는 이름의 한 사람에 의해 증명될 수도 없지 않을까? (그런 등장 인물은 자기가 꿈꾸고 있는 것이 아닌가라는 생각보다는 자신이 꿈꾸어지고 있는 것이 아닌가라는 생각에 훨씬 더 곤혹스러워할 것이다.)

흔히 사람들은 세계 속에서 변칙, 즉 조화롭지 않은 여러 가지 사실을 발견한다. 그리고 그 세계 아래쪽으로 파내려가면 갈수록 이들 고용된 음모단, 암살광에 대해 그만큼 더 많은 수수께끼(부자연스러운 일치와 아슬아슬하게 매달려 있는 사실들)를 발견하게 된다. 만약 현실이 우리가 생각하는 것처럼 일관되지 않고, 실재하지 않다면, 많은 시간을 들여 정밀한 조사를 해서 변칙성을 만들어내게 될 것이다. 과연 우리가 세계의 변칙성을 발견할 때, 우리는 이미 저자가 마무리한 세부의 한계를 발견하는 것일까? 그렇다면 그것을 발견하는 것은 누구인가? 우리의 발견에 대해 쓰는 저자는 그 발견을 너무도 잘 알고 있다. 아마도 저자는 자신의 작품을 수정하려고 준비하고 있는지도 모른다. 우리는 한창 수정이 진행 중인 교정쇄(校正刷) 속에서 살고 있는 것일까? 아니면 우리는 〈최초의 원고〉 속에서 살고 있는 것인가?

나 자신이 인정하지만, 내 생각은 그에게 반항하거나 당신들과 공모해서 우리를 창조한 저자를 전복시키거나, 아니면 우리의 지위를 그와 대등하게 향상시켜서 최소한 우리 삶의 일부를 그의 눈으로부터 숨기고 숨돌릴 만한 공간을 얻고 싶은 심정이다. 그러나 지금 내가 쓰는 이러한 말들, 나의 비밀스런 생각, 그리고 나의 느낌의 변화까지도 윌리엄 제임스(미국의 심리학자이자 철학자——옮긴이)의 철학을 신봉하는 저자는 남김없이 알고 있고, 모두 기록하고 있다. 그러나 이 저자는 모든 것을 남김없이 통제하고 있을까, 아니면 작품을 쓰면서 자기가 만들어낸 등장 인물에 대해, 그리고 등장 인물로부터 배우기도 하는 것일까? 저자는 우리라는 등장 인물이 생각하고 행동한다는 것을 알고 놀랄까? 우리가 자유롭게 생각하고, 행동하고 있다고 느낀다면, 그러한 우리의 느낌은 단지 저자가 우리를 위해 이미 써놓은 기술에 불과한 것일까? 아니면 그가 이런 자유의 느낌이 우리라는 등장 인물에 대해서는 참인 것을 깨달았기 때문에 그가 써 넣는 것일까? 우리가 생각하는 여지와 프라이버시란, 그가 기대하지 않은 함의나 그가 생각하지 않았지만 그의 작품 세계에서는 참인 무언가가 있어서 그 결과 저자의 시야를 교묘하게 피하는 사고와 행위가 존재하기 때문에 얻어지는 것이 아닐까? (그렇다면 우리는 암호로 이야기해야 하지 않을까?) 아니면 그는 다른 상황에 있어서 우리가 무엇을 하고, 무엇을 말하는지 전혀 모르는 것이 아닐까? 그래서 우리의 독립성이란 가정의 영역에만 존재하는 것일까?

이런 생각을 하는 것이 미친 짓일까? 아니면 무언가를 깨우쳐주는가?

우리가 알고 있듯이, 우리의 저자는 우리 영역의 밖에 있지만, 그 또한 우리가 직면하고 있는 문제에서 자유롭지 못할지도 모른다. 그도 자신이 다른 픽션 작품 속의 등장 인물에 지나지 않은지, 그가 우리의 우주를 창조한 것 또한 극중극(劇中劇)이 아닌지 고민하고 있을까? 그는 자신의 고민을 표현하기 위해서 나를 시켜 이 작품을, 특히 이 글을 쓰게 하는 것일까?

만약 우리의 저자도 또 다른 픽션 속의 등장 인물이고, 그가 창조한 이 허구적인 세계도 그를 창조한 또 다른 저자가 사는 실제 세계를 묘사하는 것이라면(그것은 전혀 우연의 일치가 아니다), 정말 흥미로울 것이다. 그렇다면 우리는, 우리의 저자는 모르는 일이지만 우리의 저자의 저자는 알고 있는 현실의 사람들에게 대응하는 허구적인 인물일 것이다.(바로 그 때문에 우리가 진짜 살고 있는 것이 아닐까?)

그렇다면 그 자체가 어느 누구의 픽션 속에 창조된 것도 아닌 맨 위층top floor이 존재해야 하지 않을까? 아니면 저자의 저자의 저자……식으로 계속되는 위계 체계가 끝없이 이어지는 것일까? 이러한 순환은 배제되는가? 어떤 작품 세계 속의 등장 인물이 또 하나의 픽션 세계를 창조하고, 이 픽션 세계에 나오는 한 등장 인물이 〈세계 1〉(포퍼가 이야기한 세계로서, 현실 세계를 뜻한다. ──옮긴이)을 창조하는 지극히 한정된 순환조차 허용되지 않는가? 이 순환은 더 한정될 것인가?

지금까지 우리 세계를 다른 세계보다 덜 실제적인 곳으로, 때로는 환상으로까지 기술하는 많은 이론이 있었다. 그러나 이렇듯 우리가 존재론적으로 열등한 지위에 있다는 생각을 받아들이려면 이런 생각에 조금 익숙해질 필요가 있다. 가령 자신이 처한 상황에 대해 문학 비평가처럼 접근하면서 우리 우주의 장르가 무엇인지, 비극인지 광대극인지, 또는 부조리 연극인지 묻는 것도 조금은 도움이 될 것이다. 줄거리는 무엇이고, 우리는 지금 몇 막에 있을까?

그러나 우리는 이런 열등한 지위에 대한 반대 급부로 약간의 보상을 얻기도 한다. 그것은 우리가 죽은 후에도 픽션 작품 속에 영구히 보존되어 영원히 살 수 있다는 것이다. 영원히는 아닐지라도, 적어도 우리가 등장하는 책이 존재하는 한 계속 살아갈 수 있을지도 모른다. 그렇다면 특별 가격이 매겨져 금방 처분되는 싸구려 책이 아니라 오랫동안 보존되는 명작 속에 등장하기를 기원해야 하지 않을까?

게다가 어떤 의미에서 햄릿이 〈나는 셰익스피어인가?〉라고 말하는 것은 거짓일 수도 있지만, 다른 의미에서는 참이지 않을까? 맥베스, 뱅쿼 Banquo(「맥베스」에 등장하는 인물——옮긴이), 데스데모나 Desdemona(「오셀로」에 등장하는 인물로 오셀로의 처——옮긴이), 프로스페로 Prospero(셰익스피어의 희곡 「템페스트」의 주인공——옮긴이)의 공통점은 무엇인가? 그것은 그들 속에 내재하면서 각각의 등장 인물들에게 영기를 불어 넣는 한 사람의 저자, 셰익스피어의 의식이다(그러므로 거기에는 인간의 형제애가 있다). 우리의 존재론적 지위와 일인칭 재귀대명사의 복잡성을 이용해서 우리들 한 사람 한 사람은 진정한 의미에서 〈내가 그 저자이다〉라고 이야기해도 좋을 것이다.

나를 찾아서 • 스물일곱

그런데 내가 앞의 글이 픽션 작품이고, 〈나〉라는 단어는 저자인 나를 뜻하는 것이 아니라 일인칭 등장 인물을 가리키고 있다고 말한다고 하자. 또는 내가 그 글 전체가 허구적인 작품이 아니며, 매우 재미있기는 하지만 로버트 노직의 진지한 철학 에세이라고 말한다고 하자(단, 로버트 노직은 이 글의 첫머리에 저자로 기록된 로버트 노직이 아니다. 그는 우리가 아는 한, 동명이인의 다른 저자인지도 모른다). 내가 하는 말을 당신이 곧이 곧대로 받아들인다고 가정한다면 (실제로는 그렇지 않겠지만) 내가 어느 쪽으로 이야기하는가에 따라 이 글 전체에 대한 당신의 반응이 달라질 것인가?

이제 이 글을 끝내야 하기 때문에 나는 픽션 또는 철학 에세이 중 어느 한쪽을 결정해야 한다고 말해도 될까? 그리고 그 결정이 이미 앞에서 설정했던 많은 것들을 좌지우지할 것인가? 아니면 당신이 이 글을 모두 읽기 전까지, 그 장르와 지위를 고정시키기 전까지 결정을 유보해도 될까?

아마도 신은 자신이 창조한 이 세계에서 자신이 허구적인 세계를 창조했는지, 아니면 실제 세계를 창조했는지 결정하지 않았을 것이다. 최후의 심판의 날이, 신이 그것을 결정하는 날일까? 그러나 신이 어느 쪽으로 결정한다고 해서 무엇이 바뀌는 것일까? 신의 결정에 따라 우리 처지에 무엇이 더해지거나 감해지는 것일까?

그리고 당신은 결정이 어느 쪽으로 내려지기를 바라는가?

더 깊은 내용을 원하는 독자들에게

이 책 『이런, 이게 바로 나야!』에서 다룬 거의 모든 주제는 이미 〈인지과학〉 분야에서 폭발적으로 증가하는 문헌에서 훨씬 더 상세하게 탐구되었다. 여기에서 이야기하는 인지과학은 마음의 철학, 심리학, 인공 지능, 그리고 신경과학과 같은 중심적인 분야를 지칭하는 것이다. 또한 이러한 분야들을 다룬 SF도 모두 쌓아놓는다면 산을 이룰 만큼 많이 쏟아져 나왔다. 그렇지만 이 목록이 실험적인 연구를 통해 기이한 증례들에 대한 임상적인 연구에서부터 이론적이거나 사변적인 탐구에 이르는, 온갖 범위를 망라하여 가장 뛰어나고 읽기 쉬운 최근 저서와 논문들을 모두 다루려는 것은 아니다. 이 목록은 각 장에서 언급된 순서에 따라 주제별로 정리되어 있다. 그리고 여기에 포함된 문헌들은 인용을 통해서 다시 연관 문헌들을 소개해 줄 것이다. 따라서 이 목록이 인도하는 대로 따라가다 보면 여러분은 발견, 사변, 그리고 주장이라는 복잡하게 서로 뒤얽힌 가지들로 이루어진 거대한 나무를 발견하게 될 것이다. 이 나무가 해당 주제들에 대해 씌어진 모든 문헌을 포괄하지는 않지만, 확실하게 말할 수 있는 것은 여기에 수록되지 않은 자료들은 대부분의 전문가들 주의 또한 끌지 못했을 것이라는 점이다.

서문

몸바꾸기 body-switching이라는 생각은 오랜 기간 동안 철학자들을 매료시켜 왔다. 존 로크는 *Essay Concerning Human Understanding*(1690)에서 만약 〈왕자의 영혼〉이 〈구두 수선공의 몸에 들어간다면〉, 즉 왕자의 기억을 모두 불어넣는다면 어떤 일이 일어나게 될지 묻고 있다. 그 후 이 중심적인 주제는 10여 개의 다른 변주로 발전했다. 뇌 이식, 인격 분할, 인격 융합(둘 또는 그 이상의 개인들이 복수의 기억과 취향을 가진 한 사람으로 혼융되는 것), 그리고 인격 복제 등의 주제에 관해 상상력 풍부한 사례로 가득찬 두 권의 훌륭한 논문 선집으로는 존 페리 John Perry가 편집한 *Personal Identity*(1975)와 아멜리 로티 Amelie O. Rorty가 편집한 *The Identities of Persons*(1976)가 있다. 두 권 모두 캘리포니아 대학 출판사에서 보급판으로 출간되었다. 또 다른 좋은 책으로는 버나드 윌리엄스 Bernard Williams의 *Problems of the Self*(New York: Cambridge University Press, 1973)가 있다.

마음이나 자아는 원자나 분자와는 별도로 실제로 존재하는가? 이러한 존재론적 물음(존재한다고 말할 수 있는 사물의 유형에 대한 물음이나 사물들이 존재하는 방식에 관한 물음)은 플라톤 이래 철학자들의 주된 관심사였다. 아마도 오늘날 완고하고 고집 센 과학적 존재론자들 중에서 가장 영향력이 큰 학자는 하버드 대학의 윌러드 콰인 Willard V. O. Quine일 것이다. 그의 고전적인 논문 「On What There Is」는 1948년에 《*Review of Metaphysics*》에 실렸다. 이 글은 콰인의 논문 모음집 *From a Logical Point of View* (Cambridge, Mass.: Harvard University Press, 1953)에 재수록되었다. 콰인의 저서 *Word and Object*(Cambridge, Mass.: MIT Press, 1960), 그리고 *Ontological Relativity and Other Essays*(New York: Columbia University Press, 1969)에서는 그 후 한층 정교해진 그의 단호한 존재론적 입장이 잘 나타난다. *Australasian Journal of Philosophy*(vol. 48, 1970, 206-212쪽)에 실린 「Holes」이라는 제목의 논문은 완강한 유물론자라면 상당히 곤혹스러움을 느낄 흥미로운 대화를 담고 있다. 만약 구멍이 실재하는 사물이라면, 음성은 어떠한가? 음성은 무엇인가? 이러한 물음은 다니엘 데닛의 저서 *Content and Consciousness*(London: Routledge & Kegan Paul; Atlantic Highlands, NJ.: Humanities Press, 1969) 1장에서 다루어진다. 데닛은 이 책에서 마음이 음성의 존재와 같은 종류라는 (유령이나 도깨비처럼 그 존재가 의심스럽지도 않고, 또한 물질도 아닌) 주장을 제기한다.

의식을 다룬 문헌들은 이 장의 뒷부분에서 부 논제subtopic로 소개될 것이다. 서문에서 소개된 의식에 관한 논의는 앞으로 발간될 *Oxford Companion to the Mind*(New York: Oxford University Press)에서 데닛이 제기할 주제에 대한 입문에 해당한다. 이 책은 그레고리R. L. Gregory가 편집한 일종의 백과사전으로 최근 마음에 대한 연구에서 얻어진 내용을 망라하고 있다. 서문에 인용된 의식에 대한 존의 정의는 태처R. W. Thatcher와 존의 저서 *Foundations of Cognitive Processes*(Hillsdale, NJ.: Erlbaum, 1977, 294쪽)에서 따온 것이다. 소리가 양쪽 귀에 다르게 들리는 실험은 래크너J. R. Lackner와 개럿M. Garrett의 논문 "Resolving Ambiguity: Effects of Biasing Context in the Unattended Ear" *Cognition*(1973, 359-372쪽)에 실려 있다.

제1부 자아의 의미

보르헤스는 자신에 대해 생각하는 다른 방식들로 우리의 주의를 돌린다. 나를 찾아서에서 언급된 최근의 철학 연구를 소개하는 글로는 스티븐 뵈어Steven Boër와 윌리엄 라이컨William Lycan이 쓴 "Who, Me?," *The Philosophical Review* vol. 89(1980, 427-466쪽)이다. 이 글은 헥터-네리 카스타네드Hector-Neri Castaneda와 피터 기치Peter Geach의 선구적인 연구, 그리고 존 페리John Perry와 데이비드 루이스David Lewis가 이룩한 최근의 탁월한 연구를 포함하는 포괄적인 서지 목록을 담고 있다.

머리가 없는 상태에 대한 하딩의 기이한 숙고는 고(故) 제임스 깁슨James J. Gibson의 심리학 이론에서 공명을 얻는다. 깁슨의 마지막 저서인 *The Ecological Approach to Visual Perception* (Boston: Houghton Mifflin, 1979)은 시각 지각을 통해서 자신에 대해 얻을 수 있는 정보(자신의 위치, 머리가 향하는 방향, 심지어는 시야의 한쪽 귀퉁이에서 희미하게 윤곽이 나타나는 코의 중요한 역할까지)에 대한 여러 가지 놀라운 관찰과 실험 결과를 담고 있다. 특히 이 책의 7장 「자기-지각을 위한 광학적 정보The Optical Information for Self-Perception」를 보라. 깁슨의 주장에 대해 제기된 최근의 비판은 시몬 울먼`Shimon Ullman의 「Against Direct

Perception," *The Behavioral and Brain Sciences*(September, 1980, 373-415쪽)을 참조하라. 마음과 존재에 대한 도교와 선(禪)의 이론에 대해서는 스멀리안의 *The Tao is Silent*(New York: Harper & Row, 1975)를 보라. 또한 폴 렙스의 *Zen Flesh, Zen Bones*(New York: Doubleday Anchor)도 참조하라.

모로위츠의 글과 작품 해설에 등장한 양자역학적 개념의 물리학적 배경에 대해서는 여러 가지 난이도의 수준에서 참조할 수 있다. 이러한 개념에 대한 흥미로운 입문서로는 아돌프 베이커Adolph Baker의 *Modern Physics and Anti-physics*(Reading, Mass.: Addison-Wesley, 1970)가 있다. 또한 리처드 파인만의 The Character of Physical Law(Cambridge, Mass.: MIT Press, 1967)를 보라. 약간의 수학을 사용하는 중간 수준의 소개서로는 야우치J. Jauch의 훌륭한 저서인 *Are Quanta Real?*(Bloomington: Indiana University Press, 1973)와 파인만, 로버트 레이턴Robert Leighton, 그리고 매튜 샌즈Matthew Sands의 *The Feynman Lectures in Physics*, vol.III (Reading, Mass.: Addison-Wesley, 1963)를 보라. 전문적인 수준의 전공 논문으로는 맥스 재머Max Jammer의 *The Conceptual Development of Quantum Mechanics*(New York: McGraw-Hill, 1966)을 보라. 그 밖에 테드 배스틴Ted Bastin이 편집한 *Quantum Theory and Beyond: Essays and Discussions Arising from a Colloquium*(Cambridge, Eng.: Cambridge Univ. Press, 1971)에도 추론적인 글이 여러 편 실려 있다. 20세기 물리학의 가장 중요한 인물 중 하나인 유진 위그너는 *Symmetries and Reflections* (Cambridge, Mass.: MIT press, 1970)라는 이름의 에세이 모음집에 "Epistemology and Quantum Mechanics"라는 주제에 한 절을 모두 할애하고 있다.

휴 에버렛의 독창적인 논문은 다른 물리학자들의 토론과 함께 듀잇B. S. Dewitt과 그레이엄N. Graham이 편집한 *The Many-Worlds Interpretation of Quantum Mechanics*(Princeton, NJ.: Princeton University Press, 1973)에 들어 있다. 이 수수께끼와도 같은 다세계(多世界) 주제를 다룬 좀더 쉬운 저서는 폴 데이비스의 *Other Worlds*(New York: Simon & Schuster, 1981)를 참조하라.

이러한 분기(分岐) 조건에 처한 개인의 정체성이라는 기묘한 문제는 간접적으로, 철학자이자 논리학자인 솔 크립키가 자신의 고전적인 논문인

"Naming and Necessity"에서 제기한 여러 가지 주장을 둘러싸고 철학자들 사이에서 벌어진 격렬한 논쟁 속에서 탐구되었다. 크립키의 논문은 1972년에 도널드 데이비슨과 하먼G. Harman이 편집한 *The Semantics of Natural Language* (Hingham, Mass.: Reidel, 1972)에 처음 실렸고, 이후 크립키의 저서 *Naming and Necessity*(Cambridge, Mass.: Harvard University Press, 1980)에 재수록되었다. 작품 해설에 여러분들이 흔히 궁금증을 느꼈을 만한 물음, 즉 〈만약 우리 부모님이 만나지 못했다면 나는 존재하지 않았을까, 아니면 다른 어떤 부모의 아이로 태어났을까?〉라는 주제가 등장한다. 크립키는 (놀랄 정도의 설득력으로) 당신과 정확히 비슷한 누군가가 다른 시간에 다른 부모에게, 또는 여러분의 부모에게 태어났더라도 그 사람은 당신일 수 없다고 주장한다. 언제, 어디에서, 누구에게서 당신이 태어났는가가 여러분의 본질 가운데 일부인 것이다. 더글러스 호프스태터, 그레이 클로스먼Gray Clossman, 그리고 마샤 메리디스Marsha Meredith는 "Shakespeare's Plays Weren't Written by Him, but by Someone Else of the Same Name"(Indiana University Computer Science Dept. Technical Report 96)에서 이 기묘한 영역을 탐색하고 있다. 그리고 데닛은 앤드류 우드필드Andrew Woodfield가 편집한 *Thought and Object*(New York: Oxford University Press, 1981)에서 이 탐구 작업에 대해 약간의 의문을 제기하고 있다. 사이먼 블랙번Simon Blackburn이 편집한 *Meaning, Reference and Necessity*(New York: Cambridge University Press, 1975)는 이 주제에 대한 연구를 모아 놓은 좋은 논문집이다. 이 주제를 다룬 논문들은 주요 철학 학술 잡지에 계속 발표되고 있다.

모로위츠는 진화 과정에서 이루어지는 특별한 종류의 갑작스러운 자의식 창발, 즉 우리의 먼 선조들의 발생 과정에서 나타나는 불연속성에 대한 최근의 연구를 인용하고 있다. 틀림없이 이러한 발생에 대해 가장 대담하고 독창적인 주장은 줄리언 제인스Julian Jaynes의 *The Origins of Consciousness in the Breakdown of the Bicameral Mind*(Boston: Houghton Mifflin, 1976)일 것이다. 이 책에서 그는 우리에게 친숙한, 즉 전형적으로 인간적인 종류의 의식이 극히 최근의 현상이며, 그 출발점은 생물학적인 억겁(億劫)의 세월이 아니라 역사적인 시간 속에서 그 시기를 추정할 수 있는 정도라고 주장한다. 제인스는 호머Homer의 『일리아드 *Iliad*』에서 이야기되는 인간은 의식을 가진 인간이 아니라고 말한다! 물론 그렇다고 해서 그들이 마비 상태에 있었거나 지각력이 없었다는 말은 아니다. 단지 우리가 우리 자신의 내적 삶이라고 생각하는 것과 비슷한 것을 갖지 않았다는 뜻이다. 설령 제인스가 자신의 주장을 허풍스럽게 제기했다 하더라도(대부분의 평자들이 그렇게 생각하듯이), 그는 매력적인 물음을 제기하고 지금까지 이러한 주제에 대해 사상가들이 한번도 고려하지 않았던 사실과 문제에 주의를 집중시켰다. 우연히도 프리드리히 니체 Friedrich Nietzsche는 발터 카우프만 Walter Kaufmann에 의해 *The Gay Science*(New York: Random House, 1974)로 번역된 *Die fröhliche Wissenschaft*(1882)에서 의식과 언어적 실행 사이의 관계에 대해 비슷한 견해를 제기했다.

제2부 영혼 탐색

튜링 테스트는 철학과 인공 지능 분야의 여러 논문에서 논의의 초점이 되어왔다. 최근 다시 이 주제와 연관된 문제를 다룬 좋은 글로는 네드 블록의 "Psychologism and Behaviorism," *The Philosophical Review*(January 1981, 5-43쪽)이 있다. 요제프 바이첸바움의 유명한 컴퓨터 프로그램 ELIZA는 심리 치료사를 시뮬레이트한 프로그램으로 사람들은 이 프로그램과 내밀한 대화를 나누면서(실제로는 자판을 통해 컴퓨터에 입력시키는 방식이지만) 심리 치료를 받는다. 이 프로그램은 컴퓨터가 튜링 테스트를 〈통과한〉 가장 극적인 실제 사례로 자주 언급된다. 그러나 바이첸바움 자신은 이런 이야기를 들으면 펄쩍 뛸 것이다. 그는 자신의 저서 *Computer Power and Human Reason*(San Francisco: Freeman, 1976)에서 튜링 테스트를 오용(誤用)하는 (물론 그의 관점에서) 사람들을 통렬하게 비판했다. 케네스 콜비 Kenneth M. Colby의 프로그램인 PARRY는 편집증 환자를 시뮬레이션한 프로그램으로 튜링 테스트의 두 가지 변형판을 통과했다. 이 프로그램에 대해서는 "Simulation of Belief Systems," Computer Models of Thought and Language Roger C. Shank and Kenneth M. Colby, eds. (San Francisco: Freeman, 1973)를 참조하라. PARRY와 전문가들의 대화 내용을 보여주는 *Communications of the Association for Computing Machinery*(vol. 17, no. 9, September 1974, 543쪽)에 실린 편지에서 바이첸바움은 이 첫번째 테스트에 대해 흥미로운 비판을 제기하고 있다. 콜비의 추론에 의거하면, 바이첸바움은 모든 전기 타자기는 유아 자폐증의 좋은 과학적 모델이 될 것이라고 주장했다. 타자기에 질문을 타이핑하면 그 타자기는 가만히 앉아서 아무 말도 하지 않고 웅웅거리는 소리만 내고 있으니까 말이다. 그리고 자폐증에 대한 어떤 전문가도 이처럼 무익한 타이핑 작업과 실제로 자폐아와 의사 소통하려는 시도를 구분하지 못할 것이다! 두번째 튜링 테스트 실험은 그러한 비판에 대한 대응으로 이루어진 것이고, 하이저 J. F. Heiser, 콜비, 파우트 W. S. Faught, 그리고 파킨슨 K. C. Parkinson이 공동 집필한 논문 "Can Psychiatrists Distinguish a Computer Simulation of Paranoia from the Real Thing?" *Journal of Psychiatric Research* (vol.15, 1980, 149-162쪽)에 실려 있다.

튜링의 〈수학적 문제 제기〉는 초수학적 제한 정리와 수학적 마음의 가능성 사이의 관계에 대한 숱한 문헌이 쏟아지게 만들었다. 적절한 논리적 근거에 대해서는 하워드 드 롱 Howard De Long의 *A Profile of Mathematical Logic*(Reading, Mass.: Addison-Wesley, 1970)을 보라. 튜링의 주장을 확장시킨 이론에 대해서는 루카스 J. R. Lucas의 악명 높은 논문 "Minds, Machines, and Gödel"을 보라. 이 논문은 앨런 로스 앤더슨 Alan Ross Anderson이 편집한 *Minds and Machines*(Engelwood Cliffs, NJ.: Prentice-Hall, 1964)에 재수록되었다. 드 롱의 뛰어난 주석이 달린 서지 목록은 루카스의 논문이 불러일으킨 소동에 대해 좋은 지침을 제공해 줄 것이다. 그 밖에도 호프스태터의 『괴델, 에셔, 바흐 *Gödel, Escher, Bach: an Eternal Golden Braid*』(New York: Basic Books, 1979)와 저드슨 웹 Judson Webb의 *Mechanism, Mentalism, and Metamathematics* (Hingham, Mass.: D. Reidel, 1980)를 보라.

초감각 지각과 그 밖의 초자연적인 현상에 대한 최근 논쟁은 계간지 *The Skeptical Enquirer*에서 쉽게 찾아볼 수 있을 것이다.

유인원 언어에 대한 전망은 최근 몇 년 동안 집중적인 연구와 논쟁의 대상이었다. 제인 폰 라빅 구달 Jane von Lawick Goodall이 숲에서 직접 관찰한 내용을 담은 *In the Shadow of Man*(Boston: Houghton Mifflin, 1971), 앨런과 베아트리체 가드너 부부 Allen and Beatrice Gardner, 실험실 동물들에게 수화를 비롯한 인공 언어를 가르치려는 데이비드 프리맥 David Premack, 로저 파우츠 Roger Fouts를 비롯한 여러 과학자들의 시도를 소개한 수백 편의 논문, 그리고 그 밖에 수십 명의 연구자와 그 비판자들이 지은 20여 권의 저서들이 있다. 고등학생들을 대상으로 한 실험은 레네버그 E. H.

Lenneberg의 "A Neuropsychological Comparison between Man, Chimpanzee and Monkey," Neuropsychologia (vol. 13, 1975, 125쪽)이 있다. 최근에 허버트 테래스Herbert Terrace는 *Nim: A Chimpanzee Who Learned Sign Language*(New York: Knopf, 1979)에서 그의 침팬지 님 침프스키Nim Chimpsky를 대상으로 한 자신의 노력을 포함해서 이러한 종류의 연구가 대부분 실패를 겪게 된 과정에 대한 상세한 분석을 통해 이러한 열광주의를 진정시키려는 시도를 했다. 그렇지만 그의 시도가 앞으로 발간될 논문이나 저서에 대해서는 분명 부작용으로 나타날 것이다. *The Behavioral and Brain Sciences*(BBS) 1978년 12월호는 이러한 주제를 다루고 있으며, *The Question of Animal Awareness*(New York: Rockefeller Press, 1976)의 저자 도널드 그리핀Donald Griffin, 프리맥, 가이 우드러프Guy Woodruff, 두에인 럼바우Duane Rumbaugh, 수 새비지-럼바우Sue Savage-Rumbaugh, 그리고 샐리 보이센Sally Boysen 등 필자들의 논문이 실려 있다. 그 밖에도 언어학, 동물행동학, 심리학, 철학 분야의 저명한 연구자들의 비판적인 평론과 그에 대한 답변도 실려있다. 새로운 간학문적(間學問的) 잡지인 *BBS*에 게재되는 모든 논문에는 다른 전문가들의 수십 편에 달하는 비평과 그에 대한 저자의 반론이 함께 실린다. 인지과학처럼 불안정하고 논쟁의 여지가 많은 분야의 경우, 이러한 방식이 여러 학문 분야에 속하는 사람들에게 그 분야의 주제들을 소개하는 데 큰 도움이 된다는 사실이 입증되었다. 여기에서 언급된 논문 이외에도 많은 *BBS* 논문들이 최근 진행 중인 연구에 참여할 수 있는 진입 지점을 훌륭하게 소개해 주고 있다.

의식과 언어 사용 능력 사이에는 분명 매우 중요한 연관성이 존재하지만, 이러한 주제를 독립적으로 탐구해 나가는 것이 중요하다. 동물의 자의식self-consciousness은 실험적인 방식으로 연구되어 왔다. 흥미로운 일련의 실험에서 고든 갤럽Gordon Gallup은 침팬지들이 거울 속에 비친 자신의 모습을 인식할 수 있다는 사실을 확인해 주었다. 그는 침팬지들이 자고 있는 동안 이마에 페인트를 칠해 놓는 방법을 사용했다. 침팬지들은 거울 속에 비친 자신의 모습을 보자 즉시 이마에 손을 대고 자신의 손가락인지를 확인했다. 이 실험에 대해서는 고든 갤럽 주니어Gordon G. Gallup Jr.의 "Self-recognition in Primates: A Comparative Approach to the Bidirection Properties of Consciousness," *American Psychologist* (vol. 32, (5), 1977, 329-338쪽)를 참조하라. 인간의 의식에서 언어가 수행하는 역할과 인간의 사고에 대한 연구를 둘러싼 최근의 의견 교환에 대해서는 리처드 니스벳Richard Nisbett과 티모시 드 캠프 윌슨Timothy De Camp Wilson의 "Telling More Than We Know: Verbal Reports on Mental Processes," Psychological Review(vol. 84, (3), 1977, 321-359쪽), 그리고 앤더스 에릭슨K. Anders Ericsson과 허버트 사이몬의 "Verbal Reports as Data," Psychological Review(vol. 87, (3), May 1980, 215-250쪽)를 참조하라.

최근 몇 년 동안 동물 마크 III와 비슷한 로봇들이 많이 제조되었다. 실제로 존스 홉킨스 대학에서 만들어진 한 로봇은 홉킨스 비스트Hopkins Beast라고 불린다. 로봇의 역사, 로봇과 인공 지능에 대한 연구의 간략한 개괄서(삽화 포함)로는 버트램 라파엘Bertram Raphael의 *The Thinking Computer: Mind Inside Matter*(San Francisco: Freeman, 1976)를 보라. 인공 지능 분야를 다룬 좀더 최근의 입문서로는 패트릭 윈스턴Patrick Winston의 Artificial Intelligence(Reading, Mass.: Addison-Wesley, 1977)와 필립 잭슨Philip C. Jackson의 *Introduction to Artificial Intelligence* (Princeton, NJ.: Petrocelli Books, 1975), 그리고 닐스 닐슨Nils Nilsson의 Principles of Artificial Intelligence(Menlo Park, Ca.: Tioga, 1980)를 보라. 마가렛 보덴Margaret Boden의 *Artificial Intelligence and Natural Man*(New York: Basic Books, 1979)은 철학자의 관점에서 본 인공 지능의 훌륭한 입문서이다. 인공 지능 분야에서 제기되는 개념적 주제를 다룬 논문집으로는 존 호지랜드가 편집한 *Mind Design: Philosophy, Psychology, Artificial Intelligence* (Montgomery, Vt.: Bradford, 1981)와 그보다 앞서 마틴 링글Martin Ringle의 편집으로 발간된 *Philosophical Perspectives on Artificial Intelligence*(Atlantic Highlands, NJ.: Humanities Press, 1979)를 참조하라. 인공 지능의 철학적 주제를 다룬 그 밖의 뛰어난 논문집으로는 웨이드 새비지C. Wade Savage가 편집한 *Perception and Cognition: Issues in the Foundations of Psychology* (Minneapolis: University of Minnesota Press, 1978)와 도널드 노먼Donald E. Norman이 편집한 *Perspectives on Cognitive Science* (Norwood, NJ.: Ablex, 1980)가 있다.

다른 한편 인공 지능에 대한 비판도 간과해서는 안 된다. *Computer Power and Human Reason*의 여러 장을 인공 지능 비판에 할애한 바이첸바움 이외에도 휴버트 드레퓌스가 있다. 그의 저서 *What Computers Can't*

Do(New York: Harper & Row, 2nd ed., 1979)는 인공 지능의 방법론과 그 전제에 대해 가장 일관되고 상세한 비판을 제기하고 있다. 이 분야가 탄생한 역사에 대해 많은 정보를 제공해주는 흥미로운 저서로는 파멜라 매코덕 Pamela McCorduck의 *Machines Who Think: A Personal Inquiry into the History and Prospects of Artificial Intelligence*(San Francisco: Freeman, 1979)를 보라.

제3부 하드웨어에서 소프트웨어로

유전자를 자연 선택의 단위로 바라보는 도킨스의 도발적인 견해는 그동안 생물학자와 생물철학자들 사이에서 상당한 관심을 끌었다. 이 주제를 다룬 비교적 읽기 쉬운 뛰어난 논문으로는 윌리엄 윔샛 William Wimsatt의 "Reductionistic Research Strategies and Their Biases in the Units of Selection Controversy," *Scientific Discovery,* Thomas Nickles, ed. vol. 2, Case Studies(Hingham, Mass.: Reidel, 1980, 213-259쪽)와 엘리엇 소버 Elliott Sober의 "Holism, Individualism, and the Units of Selection," *Proceedings of the Philosophy of Science Association*(vol. 2, 1980)을 보라.

그 동안 뇌를 기술하는 여러 수준을 정립하고 그 수준들 사이의 관계를 기술하려는 여러 차례의 시도가 있었다. 신경과학자들에 의한 일부 선구적인 시도로는 칼 프라이브럼 Karl Pribram의 *The Languages of the Brain*(Engelwood Cliffs, NJ.: Prentice-Hall, 1971)과 마이클 아비브 Michael Arbib의 *The Metaphorical Brain*(New York: Wiley Interscience, 1972), 그리고 스페리 R. W. Sperry의 "A Modified Concept of Consciousness," *Psychological Review*(vol. 76, (6), 1969, 532-536쪽) 등이 있다. 글로버스 G. Globus, 맥스웰 G. Maxwell, 그리고 사보드닉 I. Savodnick이 편집한 *Consciousness and Brain: A Scientific and Philosophical Inquiry*(New York: Plenum, 1976)에는 〈뇌가 하는 말 brain-talk〉과 〈마음이 하는 말 mind-talk〉을 서로 연관지으려 시도했던 사람들이 모두 직면했던 문제에 대한 여러 가지 논의가 포함되어 있다. 그보다 앞서 발간되었지만 매우 신선한 통찰력으로 가득 찬 또 다른 저서로는 딘 울드리지 Dean Wooldridge의 *Mechanical Man: The Physical Basis of Intelligent Life*(New York: McGraw-Hill, 1968)가 있다.

마음과 뇌에 대한 논의에서 등장하는 설명 수준의 일반적인 문제는 호프스태터의 『괴델, 에셔, 바흐』의 중심적 주제 중 하나이다. 그것은 사이몬의 *The Sciences of the Artificial*(Cambridge, Mass.: MIT Press, 2nd ed., 1981)과 하워드 패티Howard H. Pattee가 편집한 Hierarchy Theory(New York: George Braziller, 1973)의 주제이기도 하다.

개미 군집과 같은 생물 시스템에서의 환원과 전체론은 지난 수십 년 동안 논쟁의 주제였다. 이미 1911년에 윌리엄 모턴 휠러William Morton Wheeler는 "The Ant-Colony as an Organism," *Journal of Morphology* (vol. 22, no. 2, 1911, 307-325쪽)라는 영향력 있는 논문을 썼다. 보다 최근에 에드워드 윌슨Edward O. Wilson은 사회성 곤충을 다룬 괄목할 만한 저서 *The Insect Societies* (Cambridge, Mass.: Harvard Univ. Press, Belknap Press, 1971)를 집필했다. 그러나 아직까지 사회 자체의 〈지능〉을 다룬 문헌은 발견하지 못했다. 가령 〈개미 군집이 새로운 전력을 학습할 수 있는가〉와 같은 주제가 거기에 해당한다.

뚜렷하게 반환원주의적인 정서를 나타내는 국제적인 연구자 집단의 가장 대표적인 인물은 소설가이자 철학자인 아서 쾨슬러Arthur Koestler를 들 수 있다. 그는 스미시스J. R. Smythies와 함께 *Beyond Reductionism*(Boston: Beacon Press, 1969)을 편집했다. 쾨슬러 자신의 입장은 *Janus: A Summing Up*(New York: Vintage, 1979), 특히 "Free Will in a Hierarchic Context"라는 장을 참조하라.

「전주곡——개미의 푸가」의 나를 찾아서에 인용한 글의 출처는 리처드 매툭의 *A Guide to Feynman Diagrams in the Many-Body Probrem*(New York: McGraw-Hill, 1976), 그리고 윌리엄 캘빈William H. Calvin과 조지 오제맨George A. Ojemann의 *Inside the Brain*(New York:Mentor, 1980)이다. 아마도 철학자로 훈련을 받고 인공 지능 분야에 입문한 최초의 학자일 아론 슬로먼은 *The Computer Revolution in Philosophy*(Brighton, England: Harvester, 1979)의 저자이다. 다른 혁명적 선언문들과 마찬가지로 슬로먼의 저서도 승리의 선언, 승리의 불가피성에 대한 선언, 그리고 독자들에게 난해하고 불확실한 캠페인에 동참할 것을 권고하는 내용 사이에서 동요하고 있다. 이 운동이 그동안 거둔 성과와 향후 전망에 대한 슬로먼의 관점은 장미빛으로 물든 낙관론이지만 상당한 통찰력을 보여주고 있다. 지식 표상 체계에 대한 그 밖의 중요한 연구 성과에 대해서는 리 그레그Lee W. Gregg가 편집한 *Knowledge and Cognition*(New York: Academic Press, 1974), 다니엘 보브로Daniel G. Bobrow와 앨런 콜린스Allan Collins가 편집한 *Representation and Understanding*(New York: Academic Press, 1975), 로저 섕크와 로버트 아벨슨Robert P. Abelson의 *Scripts, Plans, Goals and Understanding*(Hillsdale, NJ.: Erlbaum, 1977), 니콜러스 핀들러Nicholas V. Findler가 편집한 *Foundations of Semantic Networks*(New York: Academic Press), 도널드 노먼과 데이비드 루멜하트David Rumelhart가 편집한 *Explorations in Cognition*(San Francisco: W. H. Freeman, 1975), 패트릭 헨리 윈스턴Patrick Henry Winston의 *The Psychology of Computer Vision*(New York: McGraw-Hill, 1975), 그리고 이 장에서 언급된 인공지능에 관한 그 밖의 저서와 논문을 참조하라.

단일한 마음single mind의 활동을 구성하는 합동적인 움직임joint activity을 설명하기 위해 정자미인(여기에서는 뇌 속에 들어 있는 작은 사람이라는 의미 —— 옮긴이)의 비유적인 화법을 사용하는 전략은 데닛의 Brainstorms(Montgomery, Vt.: Bradford Books, 1978)에서 상세하게 다루어진다. 앞서 발표된 같은 맥락의 글로는 애트니브F. Attneave의 "In Defense of Homunculi," Sensory Communication, W. Rosenblith, ed.(Cambridge, Mass.: MIT Press, 1960, 777-782쪽)"이 있다. 윌리엄 라이컨은, "Form, Function, and Fee," *Journal of Philosophy*(vol. 78, (1), 1981, 24-50쪽)에서 같은 흐름의 주장을 펴고 있다. 그 밖에도 로널드 드 소사Ronald de Sousa의 "Rational Homunculi"(in Rorty's *The Identities of Persons*)을 참조하라.

육체에서 분리된 뇌disembodied brains의 문제는 철학적 공상에서 오랫동안 선호된 주제였다. 데카르트는 *Meditations*(1641)에서 악마적 데몬, 또는 악마적 천재에 대한 유명한 사고 실험을 제기했다. 실제로 그는 사고 실험에서 자신에게 이렇게 물었다. 〈내가 무한한 능력을 가진 악마적 데몬의 속임수에 빠져 있는 것이 아니고, 그 데몬은 내가 외부 세계(그리고 나 자신의 육체)의 존재를 믿도록 나를 속이려 들고 있지 않다는 것을 알 수 있는가?〉 아마도 데카르트는 그 데몬과 별도로 존재하는 유일한 것은 그 자신의 비물질적 마음이며, 그것은 그 데몬의 속임수에서 벗어날 수 있는 마지막 보루라는 주장을 펴고 있는 것 같다. 당시에 비해 좀더 물질주의적 시대인 오늘날 그 물음은 종종 다음과 같은 식으로 변형되곤 한다. 〈내가 자고 있을 때 악마적인 과학자들이 내 뇌를 두개골에서 들어내 생명 유지 장치에 넣어놓았고, 그 곳에서 그 과학자들이 내 뇌에, 즉 내게 가짜 자극을 주는 것이 아니라는 것을 어떻게 알 수 있는가?〉 악마적 데몬에 대한 데카르트의 사고 실험에 대해서는 문자 그대로 수백 편의 논문과 저서가 발표되었다. 그 중에서 비교적 최근에 발간된 두 권의 훌륭한 책으로는 앤터니 케니Anthony Kenny의 *Descartes: A Study of his Philosophy*(Random House, 1968)와 해리 프랑크푸르트Harry Frankfurt의 Demons, *Dreamers, and Meddmen: The Defense of Reason in Descartes' Meditations*(Indianapolis: Bobbs-Merrill, 1970)가 있다. 같은 주제를 다룬 뛰어난 논문 선집으로는 윌리스 도니Willis Doney가 편집한 *Descartes: a Collection of Critical Essays*(New York: Macmillan, 1968)를 보라. 기억에 남는 흥미로운 토론을 담은 논문으로는 보즈마O. K. Bouwsma의 "Descartes' Evil Genius," *Philosophical Review* (vol. 58, 1949, 141-151쪽)가 있다.

즈보프의 기이한 이야기도 미발간 사례에 포함될 〈배양조 속의 뇌〉에 관한 문헌들이 일부 새로운 비판적 경향을 띠고 새롭게 발간되었다. 로렌스 데이비스Lawrence Davis의 "Disembodied Brains," *Australasian Journal of Philosophy*(vol. 52, 1974, 121-132쪽)와 시드니 슈메이커Sydney Shoemaker의 "Embodiment and Behavior," Rorty's *The Identities of Persons*를 보라. 힐러리 퍼트넘도 자신의 저서 *Reason, Truth and History* (New York: Cambridge University Press, 1981)에서 이 주제를 상세히 다루었다. 그는 그 가정이 기술적으로 터무니없을 뿐 아니라 개념상으로도 근본적으로 모순된다고 주장한다.

제4부 프로그램으로서의 마음

사람을 복제한다는 주제, 즉 원자 하나하나까지 복제한다는 주제는 철학자들이 다룬 상상에서 빌려온 것이다. 특히 가장 유명한 철학자는 퍼트넘이다. 그는 자신이 쌍둥이 지구Twin Earth라는 행성을 상상했다. 그 행성에는 우리 자신과 정확히 똑같은 복제, 또는 퍼트넘이 좋아한 독일어 용어를 사용하자면 도플갱어Doppelgänger(살아 있는 자신의 분신으로 생령이라고도 한다.——옮긴이)가 있다는 것이다. 퍼트넘은 이 괴이한 사고 실험을 케이스 군더슨Keith Gunderson이 편집한 *Language, Mind and Knowledge*

(Minneapolis: University of Minnesota Press, 1975, 131-193쪽)에서 소개하고 있다. 그 글에서 퍼트넘은 의미에 대해 놀라울 만큼 새로운 이론을 수립하기 위해 그 사고 실험을 수행했다. 그 논문은 퍼트넘 저작선 *Mind, Language and Reality*(New York: Cambridge University Press, 1975) 2권에 재수록되어 있다. 철학자들 중에서 퍼트넘의 주장을 진지하게 받아들일 사람은 거의 없을 것이다. 실제로 많은 철학자들이 그렇게 말한다. 그리고 그의 주장이 정확히 어떤 지점에서 잘못되었는지를 상세하게 지적하고 싶은 충동을 억누를 수 있는 사람도 거의 없을 것이다. 퍼트넘의 공상을 활용한 도발적이고 영향력 있는 글로는 제리 포더의 거창한 제목의 논문 "Methodological Solipsism Considered as a Research Strategy in Cognitive Psychology," *Behavioral and Brain Sciences* (vol. 3, no. 1, 1980, 63-73쪽)을 보라. 이 잡지에는 그 밖에도 포더의 글보다 훨씬 더 공격적인 논문과 반박이 들어 있다. 「넌 세르비엄」의 나를 찾아서에 인용된 위노그라드의 SHRDLU에 대한 평론의 출처는 이 논문이다. 이 글은 호지랜드의 *Mind Design*에 재수록되었다.

「나는 어디에 있는가」와 「박쥐가 된다는 것은 어떤 것인가」의 나를 찾아서에서 언급된 맹인을 위한 인공 시각 장치는 오랫동안 개발이 계속되었지만, 아직까지도 조잡한 수준을 면치 못하고 있다. 이 분야의 연구와 개발 작업은 주로 유럽에서 이루어졌다. 이러한 연구에 대한 개괄적인 조망은 거너 잰슨Gunnar Jansson의 "Human Locomotion Guided by a Matrix of Tactile Point Stimuli," *Active Touch* G. Gordon, ed.(Elmsford, N.Y.: Pergamon Press, 1978, 263-271쪽)를 보라. 이 주제에 대한 철학적 검증은 데이비드 루이스의 "Veridical Hallucination and Prosthetic Vision," *Australasian Journal of Philosophy*(vol. 58, no. 3, 1980, 239-249쪽)을 보라. 원격 대리인telepresence에 대한 마빈 민스키의 논문은 *Omni*(May 1980, 45-52쪽)를 참조하라. 그 잡지에는 같은 주제에 대한 참고 문헌들이 소개되어 있다.

샌퍼드가 상하 역전 렌즈에 대한 고전적 실험을 이야기했을 때, 그는 20세기 초에 시작되었던 실험의 오랜 역사를 언급하고 있다. 당시 스트래튼 G. M. Stratton은 며칠 동안 한쪽 눈을 가리고 다른 쪽 눈에는 상하가 역전되는 렌즈를 끼고 지냈다. 이러한 실험에 대한 연구는 그레그리의 매력적인 저서 *Eye and Brain* (London: Weidenfeld and Nicolson, 3rd ed., 1977)

을 보라. 이 책에는 아름다운 삽화가 포함되어 있다. 그 외에도 이보 콜러 Ivo Kohler의 "Experiments with Goggles," *Scientific American* (vol. 206, 1962, 62-72쪽)을 참조하라. 좀더 최근에 발간된 읽기 쉬운 저서로는 존 프리스비 John R. Frisby의 *Seeing: Illusion, Brain, and Mind*(Oxford: Oxford Univ. Press, 1980)를 보라.

괴델문장, 자기 준거 구성, 〈기이한 루프〉, 그리고 이러한 주제들이 마음의 이론에 대해 갖는 함축은 호프스태터의 『괴델, 에셔, 바흐』에서 상세하게 다루어진다. 그리고 데닛의 "The Abilities of Men and Machines"(in Brainstorms)에서는 좀더 변형된 형태로 탐구된다. 괴델의 정리가 유심론이라기보다는 오히려 유물론의 최후의 보루라는 견해는 저드슨 웹의 *Mechanism, Mentalism, and Metamathematics*에서 강력하게 제기된 주제이다. 이러한 개념을 좀더 가볍게 다루면서도 많은 시사점을 주는 연구는 패트릭 휴즈 Patrick Hughes와 조지 브레히트 George Brecht의 *Vicious Circles and Paradoxes*(New York: Doubleday, 1975)이다. 루카스 명제에 대한 휘틀리의 반박은 그의 논문 "Minds, Machines and Gödel: A Reply to Mr. Lucas," *Philosophy* (vol. 37, 1962, 61쪽)를 보라.

가공의 대상 fictional object은 최근 미학을 탐구하는 논리 철학자들의 비상한 관심을 끌고 있다. 이 주제에 대해서는 테렌스 파슨스 Terence Parsons의 *Nonexistent Objects*(New Haven, Conn.: Yale University Press, 1980), 데이비드 루이스의 "Truth in Fiction," *American Philosophical Quarterly*(vol. 15, 1978, 37-46쪽), 페터 판 인바겐 Peter van Inwagen의 "Creatures of Fiction," *American Philosophical Quarterly*(vol. 14, 1977, 299-308쪽), 로버트 호웰 Robert Howell의 "Fictional Objects," *Body, Mind, and Method Essays in Honor of Virgil C. Aldrich,* D. F. Gustafson and B. L. Tapscott, eds.(Hingham, Mass.: Reidel, 1979), 켄달 월튼 Kendall Walton의 "How Remote are Fictional Worlds from the Real World?," *The Journal of Aesthetics and Art Criticism*(vol. 37, 1978, 11-23쪽)을 보라. 문학적 이원론, 즉 허구가 실재라는 관점에 대해서는 허구에 대한 글이 수백 편 발간되었다. 그 중에서 가장 뛰어나고 아름다운 글은 보르헤스의 "Tlön, Uqbar, Orbis Tertius," *Labyrinths*(New York: New Directions, 1964)를 보라. 이 책에 실린 보르헤스의 작품들은 모두 이 저서에서 인용되었다.

제5부 창조적 자아와 자유 의지

이 책에서 언급된 인공 지능에 관한 모든 저서는 「넌 세르비엄」에서 서술된 세계와 흡사하게 (물론 그 세계가 훨씬 작다는 점만 빼면) 시뮬레이트된 세계에 대한 상세한 논의를 포함하고 있다(견고한 실재성은 저자의 스타일을 속박한다). 특히 라파엘의 저서 266-269쪽을 참조하라. 이러한 〈장난감 세계〉의 영고성쇠는 포더의 논문집 *RePresentations*(Cambridge, Mass.: Bradford Books/MIT Press, 1981)에 실려 있는 "Tom Swift and his Procedural Grandmother"를 참조하라. 그리고 데닛의 "Beyond Belief" 도 보라. 라이프 게임과 그 전개 과정은 마틴 가드너Martin Gardner가 *Scientific American*(vol. 223, no.4, 120-123쪽)에서 열정적으로 탐구하고 있다.

자유 의지는 영원한 철학의 논쟁거리이다. 이 주제를 다룬 문헌에 대해 훌륭한 입문서 구실을 하는 최근의 연구 논문집으로는 테드 혼데리치Ted Honderich가 편집한 *Essays on Freedom of Action*(London: Routledge & Kegan Paul, 1973)이 있다. 그 밖에도 *Journal of Philosophy*(March 1980)에 실린 마이클 슬로트Michael Slote의 "Understanding Free Will,"(vol. 77, 136-151쪽)과 수잔 울프Susan Wolf의 "Asymmetrical Freedom,"(vol. 77, 151-166쪽)을 보라. 철학자들도 지금까지 어떤 사람도 자유 의지에 대한 토론에서 도달하지 못했던 비관적 견해에 가끔씩 귀착한다. 이 주제에 대한 논의는 무한히 계속되며, 영원히 해결되지 않을 것이다. 그러나 이 책에 실린 글은 더 이상 이러한 비관론을 지지하지 않는다. 어쩌면 우리는 우리 자신을 자유로우면서 동시에 이성적인 행위자, 즉 우리의 행동 경로를 선택하고 결정하는 물리적 환경의 물리적 시민이면서 동시에, 모든 행성이나 무생물적 물체와 마찬가지로 〈자연의 법칙〉에 종속되는 물체로 볼 수 있을지도 모른다.

설의 「마음, 뇌, 그리고 프로그램」에 대한 다른 사람들의 논평을 보려면 그 글이 실려 있는 1980년 9월호 *The Behavioral and Brain Sciences*를 참조하라. 설의 참조 문헌들은 바이첸바움, 위노그라드, 포더, 생크와 아벨슨 등의 저서와 논문이다. 이들 저자에 대해서는 이미 이 장에서 소개했다. 그 밖에 앨런 뉴엘과 허버트 사이먼의 "GPS: A Program that Simulates Human Thought," Computers and Thought, E. Feigenbaum and J.

Feldman, eds. (New York: McGraw Hill, 1963), 그리고 존 매카시 John McCarthy의 "Ascribing Mental Qualities to Machines," Ringle's *Philosophical Perspectives in Artificial Intelligence,* 그리고 설 자신의 논문 "Intentionality and the Use of Language," *Meaning and Use,* A. Margolit, ed. (Hingham, Mass.: Reidel, 1979)과 "What is an Intentional State?," Mind (vol. 88, 1979, 74-92쪽)를 참조하라.

언어를 통해(또는 여러 언어를 통해) 사고한다는 것이 무엇을 뜻하는가라는 주제는 조지 스타이너의 After Babel (New York: Oxford Univ. Press, 1975)에서 문학적 관점에서 다루어졌고, 마틴 앨버트 Martin L. Albert와 로레인 오블러 Loraine K. Obler의 *The Bilingual Brain* (New York: Academic Press, 1978)에서 과학적 관점에서 논의되었다. 컴퓨터 과학의 시뮬레이션과 에뮬레이션은 앤드류 타넨바움의 뛰어난 교과서인 *Structured Computer Organization* (Englewood Cliffs, NJ.: Prentice-Hall, 1976)에서 명쾌하게 설명되었다.

베넷과 샤이틴의 복잡계의 진화 속도 한계에 대한 수학적 이론에 대한 개괄적 설명은 샤이틴의 "Algorithmic Information Theory," IBM Journal of Research and Development (vol. 21, no. 4, 1977, 350-359쪽)를 보라.

이원론에 대한 최근의 변형판은 칼 포퍼 Karl Popper와 존 에클리스 John Eccles의 *The Self and Its Brain* (New York: Springer-Verlag, 1977), 그리고 *Journal of Philosophy* (vol. 76, (2), 1979, 91-98쪽)에 실린 데닛의 (신랄한) 비판을 참조하라. 에클리스의 이원론의 기본 토대는 자극의 지각 타이밍에 대한 벤전민 리베 Benjamin Libet의 실험적인 연구이다(*Science,* vol. 158, 1967, 1597-1600쪽). 패트리셔 처칠랜드 Patricia Churchland는 "On the Alleged Backwards Referral of Experiences and its Relevance to the Mind-Body Problem," *Philosophy of Science* (vol. 48, no. 1, 1981)에서 리베의 연구를 신랄하게 비판했다. 처칠랜드에 대한 리베의 반박은 "The Experimental Evidence for a Subject Referral of a Sensory Experience, Backwards in Time: Reply to P. S. Churchland" (vol. 48, (2), 1981)를 보라. 그리고 이 글에 대한 처칠랜드의 재반박은 같은 잡지의 vol. 48, (3), 1981을 보라. 그 밖에 크리스 모튼슨 Chris Mortensen도 "Neurophysiology and Experiences," *Australasian Journal of Philosophy* (1980, 250-264)쪽에서 리베의 연구를 비판했다.

이원론에 대한 실험적 근거를 제공하려는 그 밖의 시도는 Neurophysiology and Experiences에 발표되었다. 그 밖에 로랜드 푸체티 Roland Puccetti와 로버트 다이크스 Robert Dykes의 "Sensory Cortex and the Mind-Brain Problem," *BBS*(vol. 3 1978, 337-376쪽)과 푸체티의 "The Case for Mental Duality: Evidence from Split-Brain Data and other Considerations," *BBS*(1981)를 보라.

제6부 내면의 눈

네이글은 〈최근 밀려드는 환원주의 도취증의 물결〉에 대항해서 박쥐가 된다는 것이 어떤 것인가에 대한 자신의 고찰을 제기하고 있다. 그는 이러한 경향을 나타내는 연구로 스마트 J. J. C. Smart의 *Philosophy and Scientific Realism*(London: Routledge & Kegan Paul, 1963), 데이비드 루이스의 "An Argument for the Identity Theory," *Journal of Philosophy*(vol. 63, 1966), 퍼트넘의 "Psychological Predicates," *Art, Mind, and Religion*, W. H. Capitan and D. D. Merrill eds.(Pittsburgh, University of Pittsburgh Press, 1967), 그리고 데닛의 *Content and Consciousness* 등을 거론하고 있다. 퍼트넘의 논문은 그의 저서 *Mind, Language and Reality*; D. M. Armstrong, *A Materialist Theory of the Mind* (London: Routledge & Kegan Paul, 1968)에 재수록되어 있다. 이 주제에 대한 반대 입장으로 네이글은 크립키의 "Naming and Necessity," 손튼 M. T. Thornton의 "Ostensive Terms and Materialism," *The Monist*(vol. 56, 1972, 193-214쪽), 그리고 자신이 쓴 암스트롱에 대한 평론(*Philosophical Review*[vol. 79, 1970, 394-403쪽])과 데닛의 글(*Journal of Philosophy*[vol. 69, 1972]) 을 인용하고 있다. 그가 인용한 마음의 철학에 관한 그 밖의 중요한 논문들로는 데이비슨의 "Mental Events," *Experience and Theory*, L. Foster and J. W. Swanson, eds.(Amherst: University of Massachusetts Press, 1970), 리처드 로티 Richard Rorty의 "Mind-Body, Identity, Privacy, and Categories," *Review of Metaphysics*(vol. 19, 1965, 37-38쪽), 그리고 네이글 자신의 "Physicalism," *Philosophical Review*(vol. 74, 1965, 339-356쪽) 이 있다.

네이글은 풍부한 상상력을 발휘해서 주관성에 대한 연구를 확장시켜나갔다. 이러한 연구에 대해서는 세 차례의 강연으로 이루어진 "The Limits of Objectivity"를 참조하라. 이 강연은 스털링 맥머린Sterling McMurrin이 편집한 *The Tanner Lectures on Human Values*(New York: Cambridge University Press, and Salt Lake City: University of Utah Press, 1980)에 수록되어 있다. 역시 풍부한 상상력으로 이루어진 그 밖의 연구는 애덤 모튼Adam Morton의 *Frames of Mind*(New York: Oxford University Press, 1980)와 제노 벤들러Zeno Vendler의 "Thinking of Individuals," *Nous*(1976, 35-46쪽)를 보라.

비교적 최근에 발간된 여러 연구서에서도 네이글이 제기한 물음들이 탐구되었다. 그 중에서 뛰어난 논문이 두 권으로 간행된 네드 블록의 논문집 *Readings in Philosophy of Psychology* (Cambridge, Mass.: Harvard University Press, 1980, 1981)에 실려 있다. 이 논문집에는 이 책『이런, 이게 바로 나야!』에서 다룬 그 밖의 주제와 연관된 많은 논문도 함께 수록되어 있다. 과학에 대한 다른 이해가 우리가 생각하는 과학의 모습을 어떻게 바꾸어놓을 수 있는가에 대한 매력적인 사고 실험은 폴 처칠랜드의 *Scientific Realism and the Plasticity of Mind*(New York: Cambridge University Press, 1979)를 보라.

거울상 문제에 대한 신중한 논의에 대해서는 블록의 원서 해당 부분(*Journal of Philosophy*[1974, 259-277쪽])을 보라.

스멀리언이「인식론적 악몽」에서 탐구한 색지각(色知覺)의 문제는 역전된 스펙트럼 사고 실험이라는 관점에서 철학자들에 의해 자주 제기된다. 이 주제는 최소한 로크의 *Essay Concerning Human Understanding*(1690, book 2, chap. 32, par. 15)까지 거슬러 올라갈 수 있을 만큼 오래 된 주제이다. 우리가 맑은 〈푸른〉 하늘을 보고 있을 때 당신이 보고 있는 것을 내가 보고 있다는 것을 어떻게 알 수 있는가(색이라는 측면에서)? 우리는 맑은 하늘과 같은 대상을 보면서 〈푸르다〉라는 말을 배웠다. 따라서 설령 우리가 보고 있는 것이 다르다 할지라도 우리의 색용어 사용은 동일할 것이다! 이 오래된 수수께끼에 대한 최근의 연구로는 블록의 논문집, 그리고 폴 처칠랜드와 패트리셔 처치랜드의 "Functionalism, Qualia, and Intentionality," *Philosophical Topics*, (vol. 12, no. 1, spring 1981)을 보라.

허구보다 더 허구적인

이 책에 실린 환상적인 글과 사고 실험들은 흔히 도달하기 힘든 우리 관념의 외진 구석에 독자들의 생각이 미치게 하기 위해 고안되었다. 그러나 때로는 완벽하게 실재하는 현상도 우리 자신에 대해 충격적일 만큼 새로운 관점으로 우리를 인도할 수 있을 정도로 낯설게 느껴진다. 지금도 이 낯선 사례와 연관된 사실을 둘러싸고 뜨거운 논쟁이 벌어지고 있다. 따라서 우리는 얼핏 보기에 명백한 사실적인 설명일지라도 회의주의의 건강한 도움을 받으면서 독해해야 한다.

다중 인격(시기를 교차하면서 둘 이상의 인격이 하나의 몸에 〈거주〉하는 것)의 사례들은 다음 두 권의 책을 통해 많은 사람들에게 알려졌다. 코베트 티펜 Corbett H. Thigpen과 허비 클레클리 Hervey M. Cleckley의 *The Three Faces of Eve*(New York: McGraw-Hill, 1957)와 플로라 레타 슈라이버 Flora Rheta Schreiber의 *Sybil*(Warner paperbacks, 1973)이 그것이다. 이 두 권의 책은 영화로 제작되었다. 이 책에 실린 환상적인 글과 그에 대한 나를 찾아서에 개괄적으로 소개되었거나 함축된 이론들은 다중 인격을 불가능한 것으로 배제했다. 기록된 사례들은 문헌 속에서 아무리 세세하게 기록되었다 할지라도 연구 대상이 될 만한 현상이라기보다는 관찰자들의 이론적 예상에 의거한 산물일 가능성이 높다.

실험자들은 호기심에 가득 찬 과학자가 연구 대상인 현상에 직면했을 때 갖기 쉬운 불가피한 편향 bias의 위험에 대해서 잘 알고 있다. 대개 우리는 발견하기를 희구하는 대상에 대해 알고 있다(왜냐하면 일반적으로 우리는 자신이 좋아하는 이론이 예상하는 결과를 알고 있기 때문이다). 그리고 그러한 편향을 극복하기 위해 상당한 고통을 치르지 않는 한, 그러한 희구가 우리의 눈과 귀를 마비시키고, 실험 대상에게 우리가 원하는 것을, 알아차리기 힘들 만큼 미묘한 암시의 형태로라도 부여하게 된다(설령 우리와 우리의 실험 대상 모두 그러한 암시를 인식하지 못한다 하더라도). 실험에서 이러한 〈수요 특성 demand characteristics〉을 배제하고 〈이중 맹검법 double-blind technique〉(실험 효과를 객관적으로 판단하기 위해 실험자와 피실험자 모두에게 실험 효과를 알리지 않고 실험을 하는 방법──옮긴이)을 적용시키기 위해서는 상당한 주의와 노력이 필요하며, 고도로 인위적이고 제약된 환경이 요청된다. 그렇지만 환자들이 겪는 기이하고 비극적인 고통을 연구하는 심리 분석가와 의사들은 이렇게 엄격한 실험실 조건하에서 환자들을 다루기 힘들다. 따라서 임상의들이 제출하는 정밀한 보고서는 자신들이 갈망하는 사고에서 기인한 것이 아니라 그들이 보고 듣고자 갈망하는 것들에 기인하는 경우가 허다하다. 이른바 〈영리한 한스 효과Clever Hans effect〉가 그것이다. 영리한 한스는 20세기 초 사람들을 놀라게 만든 말[馬]이다. 그 말은 산술 능력을 가진 것으로 알려졌는데, 예를 들어 사람들이 그 말에게 4 더하기 7이 무엇이냐고 물으면 한스는 발굽을 11번 치고 멈추었다. 그 과정에서 주인은 아무런 도움도 주지 않았고, 사람들이 내는 여러 가지 산술 문제를 모두 알아맞추었다. 그러나 끈질긴 검사 끝에 회의적인 관찰자들은, 조련사의 알아차릴 수 없을 만큼 미묘한 호흡 동작에서 한스가 힌트를 얻었다는 사실을 밝혀냈다. 즉 한스의 발굽 두드리기가 정확한 답에 도달하면 조련사가 숨을 들이마시는 동작을 했던 것이다(이 동작이, 아무런 의도가 개입되지 않은 무의식적인 것이라고 하기는 어렵다). 이 영리한 한스 효과는 사람을 대상으로 하는 수많은 심리 실험에서도 마찬가지로 나타난다는 사실이 밝혀졌다(가령 실험자의 얼굴에 나타나는 희미한 미소가 피실험자에게 그들이 제대로 된 대답을 했다는 것을 알려준다. 설령 피실험자들이 왜 자신이 그렇게 생각했는지 알지 못하고, 실험자들이 자신이 미소를 지었다는 사실을 알지 못했다 하더라도 말이다). 〈이브Eve〉와 〈시빌Sybil〉과 같이 경이로운 임상 사례는 우리의 이론을 그러한 사례에 적용시키려는 진지한 시도를 하기 이전에 엄격한 실험실 조건에서 연구되어야 한다. 그러나 일반적으로 그러한 조건이 환자들의 관심과 일치한다는 것은 밝혀지지 않았다. 그렇지만 이브의 분열된 인격, 특히 그녀 또는 그들의 언어적 연상에 대한 최소한 한 가지 놀라운 연구가 있다. 여기에 사용된 방법은 〈이브 화이트Eve White〉, 〈이브 블랙Eve Black〉, 그리고 〈제인Jane〉(치료가 끝나갈 무렵 명백하게 하나로 융합된 인격)에 대해서 각기 전혀 다른 〈의미론적 편차 semantic differential〉가 존재한다는 사실을 밝혀주었다. 이 사례는 오스굿 C. E. Osgood, 수치G. J. Suci, 그리고 타넨바움P. H. Tannenbaum의 *The Measurement of Meaning*(Champaign: University of Illinois Press, 1957)에 수록되어 있다. 다중 인격에 대해 최근에 발견된 두드러진 사례에 대한 보고는 데보라 위너Deborah Winer의 "Anger and Dissociation: A Case Study of Multiple Personality," *Journal of Abnormal Psychology*(vol. 87, (3), 1978, 368-372쪽)를 참조하라.

유명한 분할뇌의 사례는 또 다른 주제이다. 왜냐하면 이러한 증상을 가진 환자들은 오랜 기간 실험실 환경에서 집중적이고 엄격한 조사를 받았기 때문이다. 간질과 같이 특정 질병에서 암시되는 의학적 처치는 이른바 교련 절개술 commissurotomy(交連切開術)이다. 이것은 뇌를 절반으로 나누어 좌뇌와 우뇌를 거의 독립적으로 움직이게 하는 수술이다. 이 수술 결과 놀라운 현상이 나타난다. 즉 흔히 교련 절개술이 그 사람의 인격, 또는 자아를 둘로 나누어놓는다는 해석을 강하게 암시한다. 분할뇌 환자와 그 사례의 함축에 대해 최근 봇물처럼 쏟아져 나온 방대한 문헌에 대한 세밀한 분석은 마이클 가자니거 Michael Gazzaniga의 *The Bisected Brain*(New York: Appleton-Century-Crofts, 1970), 가자니거와 조지프 레둑스 Joseph Ledoux의 *The Integrated Mind*(New York: Plenum, 1978), 그리고 이 분야에 정통한 철학자인 찰스 마크스 Charles Marks의 *Commissurotomy, Consciousness and the Unity of Mind*(Montgomery, Vt.: Bradford Books, 1979)를 참조하라. 네이글도 이 주제에 대해 매우 흥미로운 논문 "Brain Bisection and the Unity of Consciousness"을 썼다. 이 논문은 Synthese(1971)에 처음 실렸고, 「박쥐가 된다는 것은 어떤 것일까」를 비롯해서 이 책에서 제기된 여러 가지 주제를 포함하는 매력적인 에세이와 함께 그의 저서 *Mortal Questions*(New York: Cambridge University Press, 1979)에 재수록되었다.

최근 철학자와 심리학자들의 관심을 끈 또 다른 사례는 두뇌 손상으로 인해 시각 영역의 한 지점이 시각 능력을 상실한 한 남자에 대한 이야기이다. 그는 자신의 시각 영역의 그 지점에서 사물을 보거나 경험할 수 없다고 주장한다(이것은 그리 놀랍지 않다). 그런데 (놀랍게도) 그는 그의 시각 영역의 〈맹점〉에 포착된 특정 기호의 형태나 방향을 상당히 확실하게 〈추측〉할 수 있다. 이러한 증례는 그 후 〈블라인드 사이트 blind sight〉라고 불리게 되었다. 이러한 사례는 바이스크란츠 L. Weiskrantz와 워링턴 E. K. Warrington, 사운더스 M. D. Saunders, 그리고 마셜 J. Marshall의 Visual Capacity in the Hemianopic Field Following a Restricted Occipital Ablation," *Brain*(vol. 97, 1974, 709-728쪽)에 실려 있다.

하워드 가드너 Howard Gardner의 *The Shattered Mind: The Patient After Brain Damage*(New York: Knopf, 1974)는 그 밖의 괄목할 만한 현상에 대한 세심하고 읽기 쉬운 연구서로서, 그러한 분야에 대한 훌륭한 서

지 목록을 제공한다.

의식과 자아의 문제를 이론화하려고 시도하는 사람들이라면 친숙해졌을 인물들에 대한 고전적인 해설은 다음의 두 책을 참고하라. 러시아의 위대한 심리학자인 루리아A. R. Luria의 *The Mind of a Mnemonist*(New York: Basic Books, 1968)는 비정상적으로 활발하고 간결한 기억력을 가진 한 남자에 대한 이야기를 다루고 있다. 같은 저자의 *The Man with a Shattered World*(New York: Basic Books, 1972)는 제2차 세계대전 중에 포괄적인 뇌 손상을 입은 한 남자의 애통하면서도 매혹적인 이야기가 들어 있다. 그 남자는 오랜 기간 피나는 노력 끝에 마음을 되찾을 수 있었고, 나중에는 자신의 경험에 대해 자전적 설명을 집필하기까지 했다. 아마도 그 경험은 박쥐가 우리에게 해줄 수 있는 이야기만큼이나 기이할 것이다.

채 두 살도 되지 않아서 시각과 청각을 잃은 헬렌 켈러Helen Keller는 여러 권의 저서를 남겼다. 그녀의 책은 감동적인 기록일 뿐 아니라 이론가들에게는 매력적인 관찰로 가득 차 있다. *The Story of My Life*(New York: Doubleday, 1903, 이 책은 1954년에 랠프 바턴 페리Ralph Barton Perry의 서문이 덧붙어서 재출간되었다)와 *The World I Live In*(Century, 1908)은 그녀에게 비친 세계의 모습을 잘 보여주고 있다.

올리버 삭스Oliver Sacks는 *Awakenings*(New York: Doubleday, 1974))에서 20세기판 〈립 반 윙클스Rip Van Winkles (워싱턴 어빙의 작품 The Sketch Books에 나오는 인물로 20년 동안 잠자다가 세상에 나와 놀랐다는 인물——옮긴이)〉나 〈잠자는 숲속의 공주〉에 해당하는 실존 인물의 역사를 기술하고 있다. 그 사람은 1919년에 뇌염으로 수면과 흡사한 상태에 빠졌다가 1960년대에 L-도파(L-Dopa)라는 신약이 개발되어 〈깨어났다〉. 그것은 한편으로 놀랍고, 다른 한편으로는 끔찍한 결과이다.

또 다른 특이한 사례는 밀턴 로키치Milton Rokeach의 *The Three Christs of Ypsilanti*(New York: Knopf, 1964)에서 발견할 수 있다. 그는 미시건주 입실란티에 있는 한 정신 병원에 수용되어 있는 세 명의 실제 환자에 대한 이야기를 하고 있다. 그들은 모두 자신이 예수라고 주장했는데, 그들을 서로 대면시켰을 때 흥미로운 결과가 나타났다.

여기에서 언급한 책과 논문들은 찾아서 읽지 않으면 잊혀지기 쉬운 것들이다. 만약 여러분이 이 책에서 인용된 글들을 찾아본다면 인지과학을 비롯한 연관 분야에 대해 해박한 지식을 얻게 될 것이다. 그런 의미에서 이 책은 여러분들이 마음대로, 자유롭게, 그리고 즐겁게 여러분 자신의 궤적을 선택할 수 있는 갈림길이 나 있는 정원인 셈이다. 필요할 때면 언제든 되돌아올 수 있고, 심지어 시간을 앞질러 앞으로 연구되어야 할 주제를 미리 볼 수 있는 신비스러운 정원이다.

D. C. D.

D. R. H.

옮긴이 후기

당연한 것들에 대한 낯선 체험

도대체 나란 무엇인가? 내가 다른 사람, 또는 다른 무엇이 아닌 나일 수 있는 까닭은 무엇인가? 마음과 몸은 분리될 수 있을까? 이런 물음은 나고 자라면서 누구나 한번쯤 품어봄직한 것들이다. 그렇지만 많은 사람들은 성인이 되고 자신을 둘러싼, 이미 만들어진 세계 속에 편입되면서 이런 물음을 더 이상 깊이 파고들지 못하게 된다.

『괴델, 에셔, 바흐』라는 저서로 이미 우리에게도 낯설지 않은 더글러스 호프스태터와 괄목할 만한 철학자인 다니넬 데닛이 편집한 이 책 『이런, 이건 바로 나야!』는 앞에서 열거한 물음들에 대한 명확한 답을 주지는 않는다. 그들 스스로 이야기했듯이 이 책의 목적은 물음에 대한 답을 주기보다는 꼬리에 꼬리를 무는 물음을 제기하고, 지금까지 우리가 그 위에서 토론하고, 이론과 물건을 만들고, 생활하고, 숨쉬던 숱한 믿음과 가정을 그 뿌리에서부터 뒤흔드는 것이다. 호프스태터와 데닛은 이 책을 편집한 의도가 〈독자들을 뒤흔들고, 혼란시켜서 모든 것을 뒤죽박죽으로 만들어 지금까지 너무도 당연하게 받아들이던 모든 것을 낯설게 만들고, 반대로 낯설던 것들을 지극히 자명한 것으로 뒤바꾸려는 음모를 꾸미는〉 것이라고 말한다.

사실 이 책은 한 편의 방대한 SF이다. 여러분은 아무런 부담도 없이 휴일이 시작되는 토요일 오후에 여유를 부리며 동네 비디오 가게에 들러 새로 나온 SF 영화를 한 편 골라잡는 기분으로 이 책을 집어들면 된다. 여러분은 자신의 방이나 거실에서 이 세상에서 가장 편안한 자세로 비디오를 볼 것이다. 『이런, 이게 바로 나야!』를 읽는 최선의 독서 방법도 마찬가지이다. 이 『이런, 이게 바로 나야!』 SF 비디오를 보다가 잠에 빠져들어도 나무랄 사람은 없다. 그러나 가끔씩, 가령 안드레이 타르코프스키의 「잠입자」와 같은 작품처럼 누워서 보다가 어느 순간 벌떡 일어나 다시 되감기를 해가며, 노트를 해가며, 진지하게 보는 대목도 있을 것이다. 그 경험은 각자의 관심 영역에 따라 다를 수 있다. 보르헤스나 렘의 풍부한 상징으로 가득찬 글에서 정신이 번쩍 들 수도 있고, 루디 러커의 고전 SF인 「소프트웨어」의 한 대목에서 무릎을 칠 수도 있고, 「박쥐가 된다는 것은 무엇인가」라는 토머스 네이글의 철학적 고찰에서 번개를 맞을 수도 있다. 아마도 그 순간 여러분은 이렇게 외칠 것이다. 〈아니, 이런 생각을 한 사람이 나 말고 또 있잖아!〉 이 책이 노리는 음모는 바로 그런 것이다. 이 책은 새로운 이론을 소개하려는 것이 아니라 여러분이 생활 세계 속에서 맞닥뜨리는, 그렇지만 일상화된 세계 속에서는 깊은 탐구가 허용되지 않기 때문에 의식의 외진 변방에 처박혀 있던 〈미심쩍은, 그러나 무언가 심상치 않은 구석〉들을 정곡으로 찔러준다. 지금까지 내가 나라고 믿고 있었던 것이 나라는 증거가 무엇이지? 여러분들은 이른바 나의 정체성 문제에 도달하게 되는 것이다. 그것도 거창하고 난해한 이론이 아니라 『이런, 이건 바로 나야!』 SF 비디오를 통해서 말이다. 많은 자격증을 요구하는 이론적 고찰이 아니라 숱한 SF적 도약을 통해 단번에 여러분들을 자신과 현대라는 생활 세계에 대한 깊은 통찰로 이끄는 것이 이 책의 음모이다.

이 책이 그런 통찰을 가능하게 해주는 또 하나의 측면은 그 독특한 형식에 있다. 이 책은 논문집이면서 단순한 논문집이 아니다. 여기에 실린 글들은 심오한 철학 논문에서부터 SF 작품, 문학 작품 등 그야말로 이질적인 글들이 한데 모여 기묘한 구성을 이루고 있다. 게다가 각각의 글에는 두 사람의 편집자가 쓴 글이 붙어 있다. 내가 「나를 찾아서」라는 애매한 제목을 붙인 그 글은 해설도 아니고 평론도 아니며, 어떤 면에서는 독립적인 에세이라고 할 수도 있다. 따라서 이 책은 복수의 화자들이 등장하는 다수준multi-level의 구성물인 셈이다. 이 구성에서 빠질 수 없는 부분은 바로 독자이다. 여러분이 어떻게 읽는가에 따라서 이 책은 다양한 경로와 풍경을 제공할 것이다. 호프스태터와 데닛이 말했듯이 『이런, 이건 바로 나야!』는 숱한 소로(小路)들이 뚫려 있고, 경우에 따라서는 얼마든지 새로운 길을 낼 수도 있는 신비로운 정원이다. 그리고 그 정원은, 실은 여러분의 마음이다. 오솔길을 탐험하면서 발견하는 새로운 풍경은 우리 자신의 마음의 풍경이다.

그 동안 번역에 들어간 긴 시간을 참아준 〈사이언스북스〉의 여러분들께 감사드린다. 내용의 어색함이나 이해하기 어려운 표현은 전적으로 옮긴이의 잘못임을 밝혀둔다.

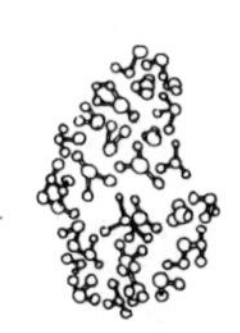

이런, 이게 바로 나야! 2

1판 1쇄 펴냄 2001년 2월 1일
1판 4쇄 펴냄 2017년 10월 20일

지은이 더글러스 호프스태터, 다니엘 데닛
옮긴이 김동광
펴낸이 박상준
펴낸곳 (주)사이언스북스

출판등록 1997. 3. 24 (제16-1444호)
(06027) 서울특별시 강남구 도산대로1길 62
대표전화 515-2000, 팩시밀리 515-2007
편집부 517-4263, 팩시밀리 514-2329

www.sciencebooks.co.kr

ISBN 978-89-8371-074-1 03400
ISBN 978-89-8371-072-7(전2권)